安徽省高等学校"十二五"规划教材
安徽省省级精品课程教材

高职高等数学基础（第3版）

汪志锋　主编
宣立新　主审

北京师范大学出版集团
BEIJING NORMAL UNIVERSITY PUBLISHING GROUP
安徽大学出版社

图书在版编目(CIP)数据

高职高等数学基础/汪志锋主编. —3版. —合肥:安徽大学出版社,2015.6(2020.7重印)
ISBN 978-7-5664-0963-8

Ⅰ.①高… Ⅱ.①汪… Ⅲ.①高等数学－高等职业教育－教材 Ⅳ.①O13

中国版本图书馆 CIP 数据核字(2015)第 136497 号

高职高等数学基础(第3版) 汪志锋 主编

出版发行:	北京师范大学出版集团	
	安 徽 大 学 出 版 社	
	(安徽省合肥市肥西路3号 邮编230039)	
	www. bnupg. com. cn	
	www. ahupress. com. cn	
印 刷:	安徽省人民印刷有限公司	
经 销:	全国新华书店	
开 本:	184mm×260mm	
印 张:	20.75	
字 数:	504 千字	
版 次:	2015 年 6 月第 3 版	
印 次:	2020 年 7 月第 5 次印刷	
定 价:	45.00 元	

ISBN 978-7-5664-0963-8

策划编辑:李 梅 张明举		装帧设计:李 军
责任编辑:张明举		美术编辑:李 军
责任校对:程中业		责任印制:赵明炎

版权所有 侵权必究

反盗版、侵权举报电话:0551－65106311
外埠邮购电话:0551－65107716
本书如有印装质量问题,请与印制管理部联系调换。
印制管理部电话:0551－65106311

再版前言

高等数学课程是高等职业教育各专业的一门重要的公共基础理论课,它对提高学生的科学文化素养,为学生学习后续职业基础课和职业技术课,从事工程技术应用以及进一步获得现代科学技术知识奠定了必要的数学基础。近几年来,随着高等职业教育改革与发展的逐步深入,高等职业教材建设也得以快速发展,高等数学教材同其他课程教材一样彻底改变了使用本科教材的局面,满足专业培养目标、体现高职特色的数学教材如雨后春笋般涌现出来.

以汪志锋副教授为核心的安徽工业职业技术学院高等数学教学团队主动服务专业教学改革,不断深化课程改革.《高职高等数学基础》于2006年获得省级精品课程立项建设,教学研究项目《高职高等数学分层次、模块化教学研究》获得2008年省级教学成果三等奖.《高职高等数学基础》教材于2008年、2013年分别获得"十一五"、"十二五"省级规划教材立项建设。《高职高等数学基础》教材经过三轮修改,较好地满足了各专业教学的实际需要。归纳起来,具有如下几个特色:

1. 真正做到了淡化理论,降低教材难度,便于按照高职学生的实际入学文化水平组织教学.如极限概念、两个重要极限等都舍弃了严格的数学定义和理论证明,代之以直观的几何描述和表格化说明,不定积分的第一、二类换元法以解决问题的思路代替定理证明,通俗易懂.

2. 真正体现了理论基础知识必需够用的原则,课程内容和知识点的选取紧密围绕应用这一宗旨,讲清必要的理论、原理.如基础篇中大胆回避了邻域、间断点分类、罗必塔法则、变上限的积分函数等,加强了微积分重要基本概念、实际背景意义和基本方法的介绍;模块篇内容的选取也能较好地满足当前高职主要专业的教学需要.

3. 紧密联系实际,真正体现应用为本.概念、定义的引入都采取从特殊到一般,再回到特殊的方法;适量充足、新颖,既有大量的物理、工程上的例子,又有在经济上的应用,实用性强.

4. 可以灵活组合课程模块,方便教学.基础篇为一元函数微积分基本知识,适合于各专业使用;模块篇可以根据需要组合成计算机应用数学、机电应用数学、经济应用数学等,可以根据不同课时需要组织教学.

参加本书编写的和修改的有安徽工业职业技术学院数学教研室汪志锋、朱仁先、柳劲松、魏强、薛亮、庄红艳等老师,由汪志锋负责总体策划,制定编写大纲,修改统稿及相关技术处理等.

南京师范大学高等职业技术学院名誉院长、教授宣立新先生审阅全书,修正了书稿中不妥之处并提出了许多中肯的意见,使本书大为增色.

本教材在组织编写、统稿和出版及再版过程中得到了安徽工业职业技术学院领导、教务处和各系部的大力支持和帮助,我们表示衷心的感谢.

由于编者水平有限,加上工作量大、时间紧,书中不当和考虑不周之处仍有不少,恳请得到专家、同行和读者的批评指正.

编 者

2015 年 6 月

目　录

基　础　篇

第 1 章　数与函数 ··· 1
　§ 1.1　数 ··· 1
　§ 1.2　实数进位制 ·· 5
　§ 1.3　平面向量与复数 ··· 10
　§ 1.4　函数 ·· 15
　§ 1.5　初等函数 ·· 21
　§ 1.6　函数模型及其建立 ··· 27
　习题 1 ··· 34

第 2 章　极限初步 ·· 36
　§ 2.1　极限的概念 ··· 36
　§ 2.2　极限的四则运算法则 ··· 42
　§ 2.3　两个重要极限 ··· 45
　§ 2.4　无穷小与无穷大 ··· 48
　§ 2.5　函数的连续性概念 ··· 51
　习题 2 ··· 54

第 3 章　微分学及其应用 ·· 56
　§ 3.1　导数的概念 ··· 56
　§ 3.2　求导法则 ·· 61
　§ 3.3　微分 ·· 66
　§ 3.4　函数的单调性与极值 ··· 71
　§ 3.5　函数的最大值与最小值 ··· 76
　§ 3.6　二元函数及偏导数与全微分 ··· 78
　习题 3 ··· 80

第 4 章　不定积分 …… 83
§4.1　不定积分的概念 …… 83
§4.2　换元积分法 …… 87
§4.3　分部积分法 …… 94
§4.4　利用不定积分求解一阶微分方程 …… 96
习题 4 …… 102

第 5 章　定积分及其应用 …… 104
§5.1　定积分的概念 …… 104
§5.2　定积分的计算 …… 109
§5.3　无穷区间上的广义积分 …… 115
§5.4　定积分在几何上的应用 …… 116
§5.5　定积分在物理上的应用 …… 122
§5.6　定积分在经济上的应用 …… 124
习题 5 …… 127

模 块 篇

第 6 章　线性代数 …… 130
§6.1　行列式的概念 …… 130
§6.2　行列式的性质 …… 136
§6.3　矩阵的概念与运算 …… 141
§6.4　矩阵的初等行变换与矩阵的秩 …… 152
§6.5　逆矩阵 …… 157
§6.6　解线性方程组 …… 163
习题 6 …… 171

第 7 章　数理逻辑与图论 …… 174
§7.1　命题逻辑 …… 174
§7.2　谓词逻辑 …… 182
§7.3　图的基本概念及表示 …… 188
§7.4　树与生成树 …… 194
§7.5　根树及其应用 …… 198
习题 7 …… 203

第 8 章　概率与统计 …… 206
§8.1　描述统计 …… 206
§8.2　随机事件 …… 211
§8.3　随机事件的概率 …… 215
§8.4　条件概率与事件的独立性 …… 219

§8.5 随机变量及常见分布 ………………………………………………… 225
§8.6 随机变量的数字特征 …………………………………………………… 235
习题 8 ………………………………………………………………………… 240

第9章 级数 …………………………………………………………………… 244
§9.1 数项级数的概念与性质 ………………………………………………… 244
§9.2 数项级数的审敛法 ……………………………………………………… 246
§9.3 幂级数 …………………………………………………………………… 250
§9.4 函数展开成幂级数 ……………………………………………………… 255
§9.5 傅里叶级数 ……………………………………………………………… 257
习题 9 ………………………………………………………………………… 262

第10章 拉普拉斯变换 ………………………………………………………… 264
§10.1 拉氏变换的基本概念 …………………………………………………… 264
§10.2 拉氏变换的性质 ………………………………………………………… 268
§10.3 拉氏逆变换 ……………………………………………………………… 271
§10.4 拉氏变换的应用 ………………………………………………………… 274
习题 10 ……………………………………………………………………… 277

附录Ⅰ 初等数学常用公式 ……………………………………………………… 278
附录Ⅱ 标准正态分布表 ………………………………………………………… 280
附录Ⅲ Mathematica 的极限、导数和积分的计算 …………………………… 282
附录Ⅳ EXCEL 在解线性代数问题中的应用 ………………………………… 291
附录Ⅴ 习题参考答案 …………………………………………………………… 295

参考文献 …………………………………………………………………………… 321

第1章 数与函数

数学是研究现实世界的数和形的一门基础学科.高等数学是在实数集合上研究函数的性质,因此,本章先回顾实数的分类、绝对值及区间等基本概念,重点讲述实数进位制内容,介绍向量与复数的概念.初等数学研究的主要是常量及其运算,而高等数学所研究的主要是变量及变量之间的依赖关系,函数正是这种依赖关系的体现.本章将在复习中学教材中有关函数内容的基础上,进一步研究函数的性质,阐述数学模型的概念及建立过程.

§1.1 数

一、实数的分类

随着社会的发展,人类在逐步加深对数的认识.正整数首先被人们所认识,全体正整数构成的集合记为$\{1,2,\cdots\}$.为了使减法运算顺利进行,数的范围扩大到了整数,整数集$\mathbf{Z}=\{\cdots,-2,-1,0,1,2,\cdots\}$.为了使除法运算顺利进行,数的范围又扩大到了有理数,有理数集$\mathbf{Q}=\left\{x \mid x=\dfrac{p}{q}; p,q\in\mathbf{Z}, q\neq 0\right\}$.即一个数是有理数,当且仅当它可以写成分数.

如果用十进制小数来表示有理数,则有理数被写成有穷小数或无限循环小数.如:$\dfrac{1}{2}=0.5, -\dfrac{1}{4}=-0.25, \dfrac{4}{3}=1.\dot{3}$.反之,有穷小数或无限循环小数都可以化成分数.

具有原点、正方向和长度单位的直线称为数轴.任何一个有理数都恰有数轴上的一个点与其对应.这种与有理数对应的点称为有理点.有理点在数轴上是处处稠密的,即在任意的两个有理点之间,仍有有理点.事实上,对于任何不相等的两个有理数 a 和 b,都有有理数 $\dfrac{a+b}{2}$ 介于其间.虽然有理点在数轴上处处稠密,但却未充满整个数轴.如圆周率 π,边长为1的正方形的对角线长度 $\sqrt{2}$,当它们被表示成十进制小数时,都不是有穷的或无限循环的.经计算 $\pi=3.1415926\cdots, \sqrt{2}=1.4142135\cdots$.这种无限不循环小数称为无理数.无理数在数轴上对应的点叫无理点.

有理数与无理数统称为实数.实数集记为 $\mathbf{R}$.本书如无特殊说明,总是在实数集 $\mathbf{R}$ 上讨论问题.实数的全体充满了整个数轴,实数与数轴上的点形成了一一对应的关系.实数系可表示为:

二、实数的绝对值

实数的绝对值是数学里经常用到的概念,回顾一下实数绝对值的定义及性质十分必要.

实数 x 的绝对值,记为 $|x|$,它是一个非负实数,即

$$|x| = \begin{cases} x, & x \geqslant 0, \\ -x, & x < 0. \end{cases}$$

例如,$|3.7|=3.7$,$|-6|=6$,$|0|=0$ 等.

实数 x 的绝对值 $|x|$ 的几何意义为数轴上点 x 到原点的距离.

绝对值有如下性质:

设 a,b 为任意实数,则有

(1) $|a| = \sqrt{a^2}$; (2) $|a| \geqslant 0$,仅当 $a=0$ 时,$|a|=0$;

(3) $|-a| = |a|$; (4) $-|a| \leqslant a \leqslant |a|$;

(5) $|a+b| \leqslant |a|+|b|$; (6) $||a|-|b|| \leqslant |a-b|$;

(7) $|a \cdot b| = |a| \cdot |b|$; (8) $\left|\dfrac{b}{a}\right| = \dfrac{|b|}{|a|}$ ($a \neq 0$).

上述性质(1)~(4)可以由绝对值的定义直接得到.现对性质(5)给予证明,其余留给读者考虑.

性质(5)的证明 由性质(4),得 $-|a| \leqslant a \leqslant |a|$,$-|b| \leqslant b \leqslant |b|$,从而有 $-(|a|+|b|) \leqslant a+b \leqslant |a|+|b|$.于是 $|a+b| \leqslant |a|+|b|$.故 $|a+b| \leqslant |a|+|b|$ 成立.

三、区间的概念

区间是高等数学中常用的实数集,包括四种有限区间和五种无限区间,它们的名称、记号和定义如下:

闭区间 $[a,b] = \{x \mid a \leqslant x \leqslant b\}$

开区间 $(a,b) = \{x \mid a < x < b\}$

半开区间 $(a,b] = \{x \mid a < x \leqslant b\}$ $[a,b) = \{x \mid a \leqslant x < b\}$

无限区间 $(a,+\infty) = \{x \mid a < x\}$ $[a,+\infty) = \{x \mid a \leqslant x\}$

$(-\infty,b) = \{x \mid x < b\}$ $(-\infty,b] = \{x \mid x \leqslant b\}$

$(-\infty,+\infty) = \{x \mid x \in \mathbf{R}\}$

其中 a,b 为确定的实数,分别称为区间的左端点和右端点.闭区间 $[a,b]$、半开区间 $[a,b)$ 及 $(a,b]$、开区间 (a,b) 为有限区间.数 $b-a$ 称为这些区间的长度.从数轴上看,这些有限区间是长度为有限的线段.闭区间 $[a,b]$ 与开区间 (a,b) 在数轴上表示出来,分别如图 1-1(a) 和 (b) 所示.引进记号 $+\infty$(读作正无穷大)及 $-\infty$(读作负无穷大),则可表示无限区间.无限区间 $[a,+\infty)$ 与 $(-\infty,b)$ 在数轴上表示出来,分别如图 1-1(c) 和 (d) 所示.

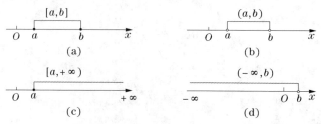

图 1-1

在计算科学中,我们常见的数又可分为:整型数(Integer Number)和浮点数(Floating-point Number).

整型数如 123,-456,0 等,而浮点数有两种表示形式:

(1) 十进制小数形式,如 12.45,0.0 等;

(2) 指数形式,如 1.23e4 或 1.23E4 都代表 1.23×10^4. 注意字母 e 或 E 之前必须有数字,且 e 后面的指数必须为整数.

在数的王国内,有许多有趣的数,这里介绍几个.

① 水仙花数:所谓水仙花数是指一个 3 位数,其各位数字立方和等于该数本身.例如,153 是一水仙花数,因为 $153 = 1^3 + 5^3 + 3^3$.

② 完美数:即各因数之和为它的两倍或不计它自己时恰等于它本身.例如,6 是一个完美数,因为 $6 = 1 + 2 + 3$,28 和 496 等也是完美数.

③ e 与 π:e 与 π 都是无理数.

$$\pi = 3.141\ 592\ 653\ 589\ 793\ 238\ 46\cdots$$
$$e = 2.718\ 281\ 828\ 459\ 045\ 235\ 36\cdots$$

π 与 e 的一种奇妙联系:

$$\pi^4 + \pi^5 = e^6$$

$$\frac{\pi}{4} = 1 - \frac{1}{3} + \frac{1}{5} - \frac{1}{7} + \cdots + (-1)^{n+1} \cdot \frac{1}{2n-1} + \cdots$$

$$e = 1 + \frac{1}{1!} + \frac{1}{2!} + \frac{1}{3!} + \cdots + \frac{1}{n!} + \cdots$$

四、最大公约数与最小公倍数

定义 1 如果数 m 能被 n($n \neq 0$)整除,m 就叫作 n 的倍数,n 就叫作 m 的约数(或因数).倍数和约数是相互依存的.

几个数公有的约数,叫作这几个数的公约数,其中最大的一个,叫作这几个数的最大公约数.古希腊数学家欧几里得提出的"辗转相除"法,求两个数的最大公约数,其流程框图如下:

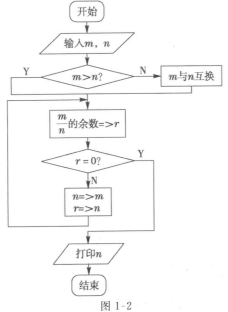

图 1-2

所谓流程图是用一些图框表示的各种操作,用图形表示算法,直观形象,易于理解.
常见框图含义:

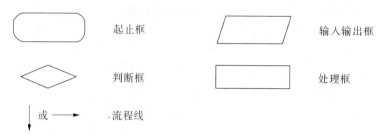

定义 2 几个数公有的倍数,叫作这几个数的公倍数,其中最小的一个,叫作这几个数的最小公倍数,如 6 和 8 的最小公倍数为 24.

求两个正整数 m 和 n 的最小公倍数的一般算法:

P1:输入两个数 m,n 的值.

P2:如果 m 小于 n,交换 m,n.

P3:$m*n \Rightarrow P$.

P4:$\dfrac{m}{n}$ 的余数 $\Rightarrow r$.

P5:如果 $r=0$,表示最大公约数为 n,执行 P7,否则,执行 P6.

P6:$n \Rightarrow m, r \Rightarrow n$,执行 P4.

P7:最小公倍数为 P/n,然后结束.

五、素数

定义 3 一个数,如果只有 1 和它本身两个约数,这样的数叫作素数(或质数).

例如:2,3,5,7,11 等都是素数.

例 写出 50 以内的所有素数.

古希腊数学家用筛选法找质数,先画掉 2 的倍数,再依次画掉 3,5,7 的倍数(但 2,3,5,7 本身不画掉),剩下的数都是质数.

	2	3	4̸	5	6̸	7	8̸	9̸	1̸0̸
11	1̸2̸	13	1̸4̸	1̸5̸	1̸6̸	17	1̸8̸	19	2̸0̸
2̸1̸	2̸2̸	23	2̸4̸	2̸5̸	2̸6̸	2̸7̸	2̸8̸	29	3̸0̸
31	3̸2̸	3̸3̸	3̸4̸	3̸5̸	3̸6̸	37	3̸8̸	3̸9̸	4̸0̸
41	4̸2̸	43	4̸4̸	4̸5̸	4̸6̸	47	4̸8̸	4̸9̸	5̸0̸

判断一个数 $m(m \geq 3)$ 是否为素数的方法:将 m 作为被除数,将 2 到 $(m-1)$ 各个整数轮流作为除数,如果都不能被整除,则 m 为素数,算法可以表示如下:

P1:输入 m 的值.

P2:$2 \Rightarrow n$(n 作为除数).

P3:m 被 n 除,得余数 r.

P4:如果 $r=0$,表示 m 能被 n 整除,则打印 m "不是素数",算法结束;否则执行 P5.

P5:$n+1 \Rightarrow n$.

P6:如果 $n \leq m-1$,返回 P3;否则打印 m "是素数",然后结束.

事实上，m 不必被 2 到 $(m-1)$ 的整数除，只需被 2 到 $\dfrac{m}{2}$ 间的整数除即可，甚至只需被 2 到 $\sqrt{m}$ 之间的整数除即可.

以上算法的流程框图如下：

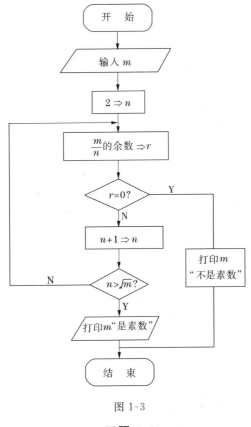

图 1-3

习题 1.1

1. 画出求两个正整数 m,n 的最大公约数和最小公倍数的流程图.
2. 设 $m=12, n=8$，根据题 1 的流程，写出求最大公约数和最小公倍数的过程.
3. 选择题：
(1) 以下选项中正确的整型数是（　　）.
　　A. 12.0　　　B. -20　　　C. 1,000　　　D. 4 5 6
(2) 以下选项中正确的浮点数是（　　）.
　　A. 0　　　B. 3.1415　　　C. 0.329×10^2　　　D. .871

§1.2 实数进位制

本节首先介绍常用数制及数的表示，然后介绍常用数制之间相互转换的方法.

一、数制概念

数制是数的表示及计算方法，进位计数制是一种计数的方法. 习惯上最常用的是十进制数法. 一个任意的十进制数可以表示为：

$$a_n a_{n-1} \cdots a_0 . b_1 b_2 \cdots b_m.$$

其含义是：
$$a_n \cdot 10^n + a_{n-1} \cdot 10^{n-1} + \cdots + a_0 \cdot 10^0 + b_1 \cdot 10^{-1} + b_2 \cdot 10^{-2} + \cdots + b_m \cdot 10^{-m}.$$

十进制数制有以下三个要点：

(1) 数码：
$$a_i (i=0,1,\cdots,n), \quad b_j (j=1,2,\cdots,m)$$
是 0,1,2,3,4,5,6,7,8,9 十个数码的一个.

数码的个数为基数，十进制数的基数为 10.

(2) 进位规则：逢十进一.

(3) 权：10^k 称为每位数字的权.

十进制数用 D 来表示.

例1 $1234.567 = 1\times 10^3 + 2\times 10^2 + 3\times 10^1 + 4\times 10^0 + 5\times 10^{-1} + 6\times 10^{-2} + 7\times 10^{-3}.$

二、二进制数

十进制数不是唯一的数制．例如计时用的时、分、秒就是按 60 进制数计数的，一个星期有 7 天，是按 7 进制计数的，等等．计算机中为了便于存储及计算的物理实现，采用的是二进制数.

二进制数的基数为 2，即只有 2 个数码 0,1，遵循"逢二进一"的进位规则，各位的权为 2 的幂.

二进制数一般用 B 来表示.

例2 $(1011011)_2 = 1\times 2^6 + 0\times 2^5 + 1\times 2^4 + 1\times 2^3 + 0\times 2^2 + 1\times 2^1 + 1\times 2^0 = (91)_{10}.$

例3 $(10.11)_2 = 1\times 2^1 + 0\times 2^0 + 1\times 2^{-1} + 1\times 2^{-2} = (2.75)_{10}.$

二进制数的运算规则：

加法规则：$0+0=0, \quad 0+1=1, \quad 1+0=1, \quad 1+1=10.$

乘法规则：$0\times 0=0, \quad 0\times 1=0, \quad 1\times 0=0, \quad 1\times 1=1.$

4 位二进制数能表示十进制中的 0~15，共 16 个数如下：

十 进 制 数	二 进 制 数
0	0000
1	0001
2	0010
3	0011
4	0100
5	0101
6	0110
7	0111
8	1000
9	1001
10	1010
11	1011
12	1100
13	1101
14	1110
15	1111

例4 求$(101101)_2 + (100111)_2$.

解
$$\begin{array}{r} 101101 \\ +100111 \\ \hline 1010100 \end{array}$$

即 $(101101)_2 + (100111)_2 = (1010100)_2$.

在计算机中广泛使用的是二进制,这是因为:

(1) 二进制只使用两个不同的数码0和1,它的每一数位只需用任何具有两个不同稳定状态的元件来表示,电路设计简单,节省设备且工作可靠.

(2) 二进制数运算简单,由前述运算规则可知,当进行简单的算术运算时,只用到两个整数的和与乘积各四个法则.

三、八进制数与十六进制数

八进制数采用0,1,2,3,4,5,6,7共8个数码,基数为8,进位规则为"逢八进一",各位的权为8的幂.

例如:
$$(245)_8 = 2 \times 8^2 + 4 \times 8^1 + 5 \times 8^0,$$
$$(67.25)_8 = 6 \times 8^1 + 7 \times 8^0 + 2 \times 8^{-1} + 5 \times 8^{-2}.$$

八进制数用O来表示.

十六进制数采用0,1,2,3,4,5,6,7,9,A,B,C,D,E,F共16个数码,其中A,B,C,D,E,F分别相当于十进制的10,11,12,13,14,15.基数为16,进位规则为"逢十六进一",各位的权为16的幂,例如:
$$(2BC.48)_{16} = 2 \times 16^2 + 11 \times 16^1 + 12 \times 16^0 + 4 \times 16^{-1} + 8 \times 16^{-2}.$$

四、常用数制的转换

将数由一种数制转换成另一种数制称为数制间的转换.在实际应用中,经常需要将一种数制的数转换成另一种数制的数.

1. 二进制(八进制、十六进制)数转换为十进制数

二进制(八进制、十六进制)各位数码乘以与其对应的权之和,即为二进制(八进制、十六进制)数对应的十进制数.例如:

$$(10110101.10111)_2 = 1 \times 2^7 + 1 \times 2^5 + 1 \times 2^4 + 1 \times 2^2 + 1 \times 2^0$$
$$+ 1 \times 2^{-1} + 1 \times 2^{-3} + 1 \times 2^{-4} + 1 \times 2^{-5}$$
$$= (181.71875)_{10},$$
$$(136)_8 = 1 \times 8^2 + 3 \times 8^1 + 6 \times 8^0 = (94)_{10},$$
$$(35A)_{16} = 3 \times 16^2 + 5 \times 16^1 + 10 \times 16^0 = (858)_{10}.$$

2. 十进制数转换成二进制数

由于计算机采用二进制,在使用计算机进行数据处理时,首先必须把输入的十进制数转换成计算机使用的二进制数;计算机在运算结束后,再把二进制数转换为人们所习惯的十进制数输出,这两个转换过程完全由计算机系统自动完成,不需用户参与.

十进制数转换成二进制数时，规则是：

整数：除 2 取余，

小数：乘 2 取整.

对整数而言，将十进制整数除以 2，得到第一个余数，此余数为二进制数的最低位的值；再将商除以 2，又得到一个余数，以此类推，直到商为零为止，最后得到余数为二进制数的最高位.

例 5 将十进制数 45 转换成二进制数.

解 其过程如下所示：

$$
\begin{array}{r|l}
2 & 45 \\
2 & 22 \\
2 & 11 \\
2 & 5 \\
2 & 2 \\
2 & 1
\end{array}
\begin{array}{l}
\cdots\cdots 1 \\
\cdots\cdots 0 \\
\cdots\cdots 1 \\
\cdots\cdots 1 \\
\cdots\cdots 0 \\
\cdots\cdots 1
\end{array}
$$

余数：低位 ↑ 高位

于是得到：$(45)_{10}=(101101)_2$.

对小数而言，将十进制小数乘以 2 后，将每次得到的积的整数取出排列，先得到的整数是高位，后得到的整数是低位，就得到相应的二进制小数.

例 6 将十进制小数 0.625 转换为二进制小数.

解 其过程如下所示：

$$
\begin{array}{r}
0.625 \\
\times\quad 2 \\
\hline
\boxed{1}.250 \\
\times\quad 2 \\
\hline
\boxed{0}.500 \\
\times\quad 2 \\
\hline
\boxed{1}.000
\end{array}
\quad
\begin{array}{l}
\text{整数} \\
\\
1 \quad \text{高位} \\
\\
0 \\
\\
1 \quad \text{低位}
\end{array}
$$

所以 $(0.625)_{10}=(0.101)_2$.

在将十进制数转换为二进制数时，只需要将十进制数的整数部分和小数部分分别转换为二进制整数和二进制小数，再将两部分合并即可.

例如，将十进制数 45.625 转换为二进制数.

由例 5 和例 6 知：$(45.625)_{10}=(101101.101)_2$.

3. 二进制数与八进制数之间的相互转换

（1）由于八进制数的基数是 8，它是二进制数的基数 2 的 3 次幂，即 $2^3=8$，所以一位八进制数相当于 3 位二进制数，这样，在将二进制数转换为八进制数时，由小数点开始，整数部分向左，小数部分向右，每 3 位分成一组，不够 3 位的补零，分别换成对应的八进制数.

例 7 将下列二进制数转换为八进制数.

（1）$(110010001.101)_2$；

（2）$(11001.01)_2$.

解 (1) 110　010　001　. 101
　　　　　↑　　↑　　↑　　　↑
　　　　　6　　2　　1　　. 5

即　$(110010001.101)_2 = (621.5)_8$；

(2) 011　001　. 010
　　↑　　↑　　　↑
　　3　　1　　. 2

即　$(11001.01)_2 = (31.2)_8$.

(2) 八进制数转换为二进制数:将每位八进制数用 3 位二进制数表示即可.

例 8　将下面八进制数转换为二进制数：

$(456.23)_8$.

解　4　　5　　6　　. 2　　3
　　　↑　　↑　　↑　　　↑　　↑
　　100　101　110　. 010　011

即　$(456.23)_8 = (100101110.010011)_2$.

4. 二进制数与十六进制数之间的相互转换

由于十六进制数的基数 16 是二进制的基数 2 的 4 次幂,即 $2^4 = 16$,所以一位十六进制数相当于四位二进制数.

(1) 二进制数转换为十六进制数:将二进制数由小数点开始,整数部分向左,小数部分向右,每四位分成一组,不够四位的补零,每组二进制数对应一位十六进制数.

例 9　将下列二进制数转换为十六进制数：

$(111000101101.010)_2$.

解　1110　0010　1101　. 0100
　　　　↑　　　↑　　　↑　　　↑
　　　　E　　　2　　　D　　. 4

即　$(111000101101.010)_2 = (E2D.4)_{16}$.

(2) 十六进制数转换为二进制数:将每位十六进制数用四位二进制数表示即可.

例 10　将下列十六进制数转换为二进制数：

$(ABCD.EF)_{16}$.

解　A　　　B　　　C　　　D　　. E　　　F
　　　↑　　　↑　　　↑　　　↑　　　↑　　　↑
　　1010　1011　1100　1101　. 1110　1111

即　$(ABCD.EF)_{16} = (1010101111001101.11101111)_2$.

习题 1.2

1.选择题：

(1) 下列(　)可能是八进制数.

　　A. 10101101　　B. 123A　　C. 1016702　　D. 0002

(2) 下列各种进制的数据中最小的数是(　).

　　A. $(101001)_2$　　B. $(53)_8$　　C. $(2B)_{16}$　　D. $(44)_{10}$

(3) 在计算机内部,一切信息存取处理的形式是(　　).

　　A. ASCII 码　　　B. BCD 码　　　C. 二进制码　　　D. 十六进制码

2. 计算题:

(1) 将$(55.625)_{10}$转换成二进制数.

(2) 将$(2CE.D8)_{16}$转换成十进制数.

(3) 将$(1011010.101)_2$转换成十六进制数.

(4) 将$(AB34.5)_{16}$转换成二进制数和八进制数.

3. 填空:

(1) $(10101011.101)_2 = ($ 　　　　$)_{10}$.

(2) $(57.25)_{10} = ($ 　　　　$)_2 = ($ 　　　　$)_{16}$.

(3) $(2CD.D8)_{16} = ($ 　　　　$)_2 = ($ 　　　　$)_{10}$.

§1.3　平面向量与复数

一、向量

1. 向量的概念及表示

数学中,我们把既有大小又有方向的量叫作向量,又称"矢量".

向量的几何表示:

对于向量,我们常用带箭头的线段来表示,线段按一定比例(标度)画出,它的长短表示向量的大小,箭头的指向表示向量的方向.

以 A 为起点,B 为终点的有向线段$\overrightarrow{AB}$.$\overrightarrow{AB}$的长度记作$|\overrightarrow{AB}|$.

有向线段包含三个要素:起点,方向,长度. 向量也可以用字母a, b, c, $\cdots$表示. (注:向量的印刷形式用黑斜体表示,如a;书写形式可在字母上方加一箭头表示,如$\vec{a}$.)

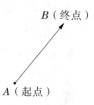

向量的坐标表示,如图 1-4 所示.

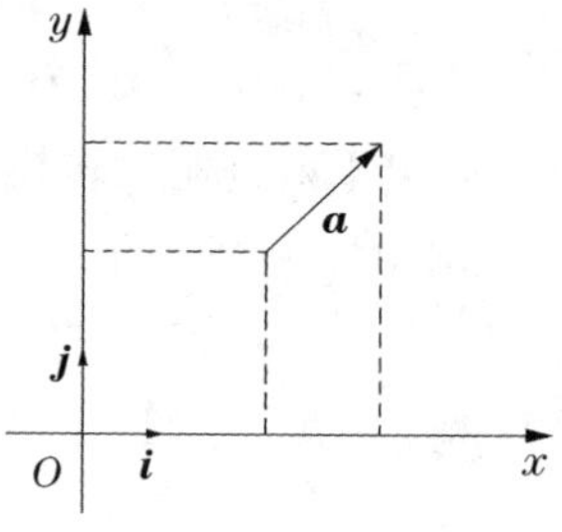

在平面直角坐标系中,分别取与 x 轴,y 轴方向相同的两个单位向量 i 与 j 作基底,平面内的一个向量 a 有且只有一对实数 x, y,使得

$$a = xi + yj,$$

我们称有序实数对(x, y)为向量 a 的坐标,记作$a = (x, y)$. 其中 x 叫作 a 在 x 轴上的坐标,y 叫作 a 在 y 轴上的坐标.

向量的大小:$|a| = \sqrt{x^2 + y^2}$.

图 1-4

2. 向量的运算

(1) 向量加法的平行四边形法则.

以同一点 O 为起点的两个已知向量 a, b 为邻边,作▱$OACB$,则以 O 为起点的对角线$\overrightarrow{OC}$就是 a 与 b 的和,把这种方法叫作向量加法的平行四边形法则.

即　　$\overrightarrow{OB} + \overrightarrow{OA} = \overrightarrow{OC}$,如图 1-5 所示.

(2) 向量的减法运算.

我们规定,与 a 长度相等,方向相反的向量,叫作 a 的相反向量,记作$-a$,则

$$-(-a)=a.$$

规定,零向量的相反向量仍是零向量.
$$a+(-a)=(-a)+a=0.$$

定义:$a-b=a+(-b)$,即减去一个向量相当于加上这个向量的相反向量.如图 1-5 所示.
$$\overrightarrow{BA}=b-a$$

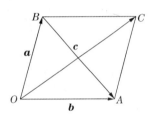

图 1-5

即 $b-a$ 表示从向量 a 的终点指向向量 b 的终点的向量,这也是向量减法的几何意义.

(3) 向量的数乘运算.

设向量 $a=(x_1,y_1)$,$b=(x_2,y_2)$,λ 为常数,则向量 a,b 满足下列运算律:
$$a+b=(x_1+x_2,y_1+y_2),$$
$$a-b=(x_1-x_2,y_1-y_2),$$
$$\lambda a=(\lambda x_1,\lambda y_1).$$

例1 已知 $a=(2,1)$,$b=(-3,4)$,求 $a+b,a-b,3a+4b$.

解 $a+b=(2-3,1+4)=(-1,5)$,
$a-b=(2+3,1-4)=(5,-3)$,
$3a+4b=(6,3)+(-12,16)=(-6,19)$.

(4) 向量的数量积及其含义.

已知两个非零向量 a 与 b,我们把数 $|a|\cdot|b|\cos\theta$ 叫作 a 与 b 的数量积,记作 $a\cdot b$,即
$$a\cdot b=|a|\cdot|b|\cos\theta,$$
其中 θ 是 a 与 b 的夹角.

规定,零向量与任一向量的数量积为 0.

例2 已知 $|a|=5$,$|b|=4$,a 与 b 的夹角 $\theta=120°$,求 $a\cdot b$.

解 $a\cdot b=|a|\cdot|b|\cos\theta=5\times 4\times\cos 120°$
$=-10.$

根据向量数量积的定义,有以下结论:

① $a\perp b \Leftrightarrow a\cdot b=0$;

② $a^2=|a|^2$;

③ 设 $a=(x_1,y_1)$,$b=(x_2,y_2)$,有 $a\cdot b=x_1x_2+y_1y_2$;

④ 设 θ 是 a 与 b 的夹角,则
$$\cos\theta=\frac{a\cdot b}{|a|\cdot|b|}=\frac{x_1x_2+y_1y_2}{\sqrt{x_1^2+y_1^2}\cdot\sqrt{x_2^2+y_2^2}}.$$

3. 向量的应用

向量在平面几何和科学技术发展中有着广泛的应用.下面通过具体的例子,说明向量的一些应用.

例3 求证:平行四边形两条对角线的平方和等于两条邻边平方和的两倍.

解 如图 1-6 所示,设 $\overrightarrow{AB}=a$,$\overrightarrow{AD}=b$,有
$$\overrightarrow{AC}=a+b,\quad \overrightarrow{DB}=a-b,$$
$$|\overrightarrow{AB}|^2=|a|^2,\quad |\overrightarrow{AD}|^2=|b|^2.$$

$$|\overrightarrow{AC}|^2 = \overrightarrow{AC} \cdot \overrightarrow{AC} = (\boldsymbol{a}+\boldsymbol{b}) \cdot (\boldsymbol{a}+\boldsymbol{b})$$
$$= |\boldsymbol{a}|^2 + 2\boldsymbol{a} \cdot \boldsymbol{b} + |\boldsymbol{b}|^2.$$

同理，
$$|\overrightarrow{DB}|^2 = |\boldsymbol{a}|^2 - 2\boldsymbol{a} \cdot \boldsymbol{b} + |\boldsymbol{b}|^2,$$

综上可得，
$$|\overrightarrow{AC}|^2 + |\overrightarrow{BD}|^2 = 2(|\boldsymbol{a}|^2 + |\boldsymbol{b}|^2) = 2(|\overrightarrow{AB}|^2 + |\overrightarrow{AD}|^2).$$

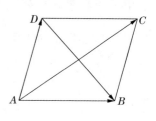

图 1-6

例 4 一条河的两岸平行，河的宽度 $d=500$m. 一船从 A 处出发到河对岸. 已知船的速度 $|\boldsymbol{v}_1|=10$km/h，水流的速度 $|\boldsymbol{v}_2|=2$km/h. 问行驶航程最短时，所用时间是多少？（精确到 0.1min）

解 考虑到水流的速度，要使船行驶最短航程，那么船的速度与水流速度的合速度 $\boldsymbol{v}$ 必须垂直于对岸，如图 1-7 所示.
$$|\boldsymbol{v}| = \sqrt{|\boldsymbol{v}_1|^2 - |\boldsymbol{v}_2|^2} = \sqrt{96} \text{ (km/h)},$$
$$t = \frac{d}{|\boldsymbol{v}|} = \frac{0.5}{\sqrt{96}} \times 60 \approx 3.1 \text{ (min)}.$$

答：行驶航程最短时，所用时间是 3.1min.

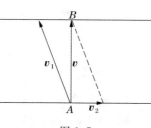

图 1-7

二、复数

1. 复数的概念

我们来研究把实数系进一步扩充的问题. 为了解决 $x^2+1=0$ 这样的方程在实数系中无解的问题，我们设想引入一个新数 i，使 i 是方程 $x^2+1=0$ 的根，即 $i^2=-1$，把这个新数 i 添到实数集中去，得到一个新数集 A. 从数集 A 出发，数 i 与实数之间进行加法和乘法，得到一个新数写成 $a+bi$（$a,b \in \mathbf{R}$）的形式，所以实数系经过扩充后得到的新数集应该是
$$\mathbf{C} = \{a+bi | a,b \in \mathbf{R}\}.$$

我们把集合 $\mathbf{C}=\{a+bi | a,b \in \mathbf{R}\}$ 中的数，即形如 $a+bi$（$a,b \in \mathbf{R}$）的数叫作复数，其中 i 叫作虚数单位，全体复数形成的集合 $\mathbf{C}$ 叫作复数集.

复数通常用字母 z 表示，即 $z=a+bi$（$a,b \in \mathbf{R}$），这一表示形式叫作复数的代数形式. 其中 a 和 b 分别叫作复数 z 的实部与虚部.

在 $\mathbf{C}$ 中任取两个数 $z_1=a+bi, z_2=c+di$（$a,b,c,d \in \mathbf{R}$）. 规定 $z_1=z_2$ 的充要条件是 $a=c$ 且 $b=d$.

对于复数 $a+bi$，当且仅当 $b=0$ 时，它表示实数；当且仅当 $a=0$ 且 $b=0$ 时，它表示实数 0；$b \neq 0$ 时，叫作虚数；当 $a=0$ 且 $b \neq 0$ 时，叫作纯虚数.

例 5 实数 m 取什么值时，数 $z=m+1+(m-2)i$ 是以下几种数？
① 实数　② 虚数　③ 纯虚数

解 ① $m-2=0$，$m=2$.
② $m-2 \neq 0$，$m \neq 2$.
③ $m+1=0$ 且 $m-2 \neq 0$，即 $m=-1$.

(1) 复数的几何表示.

根据复数相等的定义，任何一个复数 $z=a+bi$ 都可以由一个有序实数对 (a,b) 唯一确定.

如图 1-8 所示,点 z 的横坐标是 a,纵坐标是 b. 复数 $z=a+bi$ 可以用点 $z(a,b)$ 表示,则该直角坐标系所表示的平面叫作复平面,x 轴叫作实轴,y 轴叫作虚轴.

复数集 **C** 和复平面内所有点所形成的集合是一一对应的,即

$$z=a+bi \xrightleftharpoons{\text{一一对应}} z(a,b),$$

这是复数的一种几何意义,也是它的一种表示.

设复平面内的点 z 表示复数 $z=a+bi$,连接 Oz,显然向量 $\overrightarrow{Oz}$ 由 z 唯一确定,即

$$z=a+bi \xrightleftharpoons{\text{一一对应}} \text{向量} \overrightarrow{Oz},$$

这是复数的另一种几何意义,也是另一种表示,即复数的向量表示.

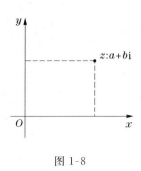

图 1-8

(2) 复数的三角形式和指数形式.

在图 1-9 中,$z=x+yi$ 的长度称为该复数的模,记作

$$|z|=r=\sqrt{x^2+y^2}.$$

在 $z\neq 0$ 的情况下,以实轴为始边,以表示 z 的向量 $\overrightarrow{OP}$ 为终边的角 θ 称为 z 的辐角,记作 $\text{Arg}z=\theta$.

如果 θ_1 是其中一个辐角,那么 z 的全部辐角为

$$\text{Arg}z=\theta_1+2k\pi \quad (k\in \mathbf{Z}).$$

其中把满足 $-\pi<\theta_0\leq\pi$ 的 θ_0 称为 $\text{Arg}z$ 的主值.

利用直角坐标与极坐标的关系有:

$$\begin{cases} x=r\cos\theta, \\ y=r\sin\theta. \end{cases}$$

复数可以表示成 $z=r(\cos\theta+i\sin\theta)$. 此形式称为复数的三角形式.

利用欧拉公式 $e^{i\theta}=\cos\theta+i\sin\theta$,复数还可以表示成 $z=re^{i\theta}$,这就是复数的指数形式.

例 6 将下列复数化为三角形式与指数形式:

$$z=\sqrt{3}+i.$$

解 如图 1-10 所示,$\theta=\dfrac{\pi}{6}$,$r=2$. 所以,

三角形式: $z=2\left(\cos\dfrac{\pi}{6}+i\sin\dfrac{\pi}{6}\right)$,

指数形式: $z=2e^{i\frac{\pi}{6}}$.

2. 复数的四则运算

(1) 复数代数形式的加、减、乘、除运算.

设 $z_1=a+bi$,$z_2=c+di$,规定:

① $z_1+z_2=(a+bi)+(c+di)=(a+c)+(b+d)i$;

② $z_1-z_2=(a+bi)-(c+di)=(a-c)+(b-d)i$;

③ $z_1\cdot z_2=(a+bi)\cdot(c+di)=(ac-bd)+(ad+bc)i$;

④ $\dfrac{z_1}{z_2}=\dfrac{a+bi}{c+di}=\dfrac{ac+bd}{c^2+d^2}+\dfrac{bc-ad}{c^2+d^2}i \quad (c+di\neq 0)$.

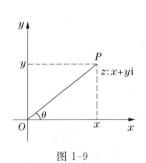

图 1-9

(2) 复数三角形式的乘除法.

设 $z_1=r_1(\cos\theta_1+i\sin\theta_1)$，$z_2=r_2(\cos\theta_2+i\sin\theta_2)$，有

$$z_1\cdot z_2=r_1r_2[\cos(\theta_1+\theta_2)+i\sin(\theta_1+\theta_2)],$$
$$\frac{z_1}{z_2}=\frac{r_1}{r_2}[\cos(\theta_1-\theta_2)+i\sin(\theta_1-\theta_2)].$$

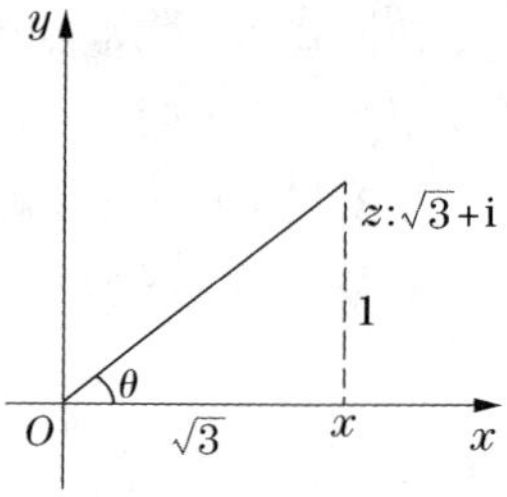

例7 设 $z_1=3+4i$，$z_2=5-6i$，求 z_1+z_2，z_1-z_2，$z_1\cdot z_2$，$\dfrac{z_1}{z_2}$.

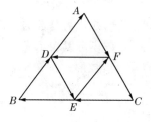

图 1-10

解 $z_1+z_2=3+4i+5-6i=8-2i$，

$z_1-z_2=3+4i-(5-6i)=-2+10i$，

$z_1\cdot z_2=(3+4i)(5-6i)=15-18i+20i+24=39+2i$，

$\dfrac{z_1}{z_2}=\dfrac{3+4i}{5-6i}=-\dfrac{9}{61}+\dfrac{38}{61}i$.

例8 设 $z_1=\sqrt{2}\left(\cos\dfrac{\pi}{12}+i\sin\dfrac{\pi}{12}\right)$，$z_2=\sqrt{3}\left(\cos\dfrac{\pi}{6}+i\sin\dfrac{\pi}{6}\right)$，求 $z_1\cdot z_2$，$\dfrac{z_1}{z_2}$.

解 $z_1\cdot z_2=\sqrt{6}\left[\cos\left(\dfrac{\pi}{12}+\dfrac{\pi}{6}\right)+i\sin\left(\dfrac{\pi}{12}+\dfrac{\pi}{6}\right)\right]=\sqrt{6}\left(\cos\dfrac{\pi}{4}+i\sin\dfrac{\pi}{4}\right)$，

$\dfrac{z_1}{z_2}=\dfrac{\sqrt{2}}{\sqrt{3}}\left[\cos\left(\dfrac{\pi}{12}-\dfrac{\pi}{6}\right)+i\sin\left(\dfrac{\pi}{12}-\dfrac{\pi}{6}\right)\right]=\dfrac{\sqrt{6}}{3}\left(\cos\dfrac{\pi}{12}-i\sin\dfrac{\pi}{12}\right)$.

习题 1.3

1. 如图 1-11 所示，D,E,F 分别是 $\triangle ABC$ 各边的中点，写出图中与 $\overrightarrow{DE},\overrightarrow{EF},\overrightarrow{FD}$ 相等的向量.

图 1-11

2. 化简：

(1) $5(3\boldsymbol{a}-2\boldsymbol{b})+4(2\boldsymbol{b}-3\boldsymbol{a})$;

(2) $\dfrac{1}{2}\left[(3\boldsymbol{a}-2\boldsymbol{b})+5\boldsymbol{a}-\dfrac{1}{3}(6\boldsymbol{a}-9\boldsymbol{b})\right]$.

3. 已知作用在坐标原点的三个力分别为 $\boldsymbol{F}_1=(3,4),\boldsymbol{F}_2=(2,-5),\boldsymbol{F}_3=(3,1)$. 求作用在原点的合力 $\boldsymbol{F}_1+\boldsymbol{F}_2+\boldsymbol{F}_3$.

4. 已知 $\square ABCD$ 的顶点 $A(-1,2),B(3,-1),C(5,6)$，求顶点 D 的坐标.

5. 已知 $|\boldsymbol{a}|=3,|\boldsymbol{b}|=4$，且 $\boldsymbol{a}$ 与 $\boldsymbol{b}$ 的夹角为 $150°$，求 $\boldsymbol{a}\cdot\boldsymbol{b},(\boldsymbol{a}+\boldsymbol{b})^2$.

6. 已知 $|\boldsymbol{a}|=4,|\boldsymbol{b}|=3,(2\boldsymbol{a}-3\boldsymbol{b})(2\boldsymbol{a}+\boldsymbol{b})=61$，求 $\boldsymbol{a}$ 与 $\boldsymbol{b}$ 的夹角.

7. 如果 $(x+y)+(y-1)i=(2x+3y)+(2y+1)i$，求实数 x,y 的值.

8. 实数 m 取什么值时，数 $(m^2-5m+6)+(m^2-3m)i$ 是

(1) 实数 (2) 虚数 (3) 纯虚数

9. 计算：

(1) $(7-6i)(3+4i)$；　　　(2) $(\sqrt{3}+\sqrt{2}i)(-\sqrt{3}+\sqrt{2}i)$；

(3) $(1-i)^2$；　　　(4) $\dfrac{1+i}{1-i}$.

§1.4　函　数

一、函数的概念

1. 函数的定义

在同一个自然现象或技术过程中，往往同时有几个变量在变化着，这几个变量不是孤立地变化，而是相互联系并遵循着一定的变化规律.下面仅就两个变量的情形进行举例说明.

例 1　圆的面积 S 与它的半径 r 之间的关系，由公式 $S=\pi r^2$ 确定.当半径 r 取某一正的数值时，圆的面积 S 也相应地有一个确定的数值.

例 2　在初速度为零的自由落体运动中，路程 S 和时间 t 之间的关系为 $S=\dfrac{1}{2}gt^2$（$0\leqslant t \leqslant T$），g 是重力加速度，T 是物体着地的时刻.当时间 t 变化时，所经历的路程 S 也相应地发生变化.

上述两例都表达了两个变量之间的依赖关系，这种依赖关系给出了一种对应法则，根据这一法则，当其中一个变量在其变化范围内任意取定一个数值时，另一个变量就有确定的值与之对应，两个变量之间的这种对应关系就是函数关系.

定义　设有两个变量 x 和 y，D 是一个给定的数集.如果对于每个 $x\in D$，变量 y 按照一定法则总有确定的数值和它对应，则称 y 是 x 的函数.记作

$$y=f(x),\quad x\in D.$$

数集 D 叫作这个函数的定义域，x 叫作自变量，y 叫作因变量.

当 x 取数值 $x_0\in D$ 时，与 x_0 对应的 y 的数值称为函数 $y=f(x)$ 在点 x_0 处的函数值，记作 $f(x_0)$.当 x 遍取 D 的各个数值时，对应的函数值的全体所组成的数集 $W=\{y|y=f(x),x\in D\}$ 称为函数的值域.

如果自变量在定义域内任取一个数值时，对应的函数值总是只有一个，这种函数叫作单值函数，否则叫作多值函数.例1，例2中的函数都是单值函数.由方程 $x^2+y^2=1$ 可确定函数 $y=\pm\sqrt{1-x^2}$，任取 $x\in(-1,1)$，y 就有两个值与其对应，因此这里 y 是 x 的多值函数.

以后凡是没有特别说明，本书讨论的函数都是指单值函数.

在函数的定义中要着重理解以下两点：

(1) 函数的两个要素.

函数的定义表明函数是由定义域和对应法则所确定的.对两个变量只要给出定义域和对应法则就构成了一个函数关系.因此，又把函数的定义域和对应法则称为函数的两个要素.

(2) 函数的定义域.

如果自变量取某一数值 x_0 时，函数有一确定的值和它对应，那么就称函数在 x_0 处有定

义.因此函数的定义域就是使函数有定义的实数的全体.

在实际问题中,函数的定义域是根据问题的实际意义确定的.如例1中,定义域 $D=(0,+\infty)$;在例2中,定义域 $D=[0,T]$.

在数学中,有时不考虑函数的实际意义,而抽象地研究算式表达的函数.这里函数的定义域就是使算式有意义的自变量的一切实数值.

例3 求函数 $y=\dfrac{x+1}{x-2}$ 的定义域.

解 当分母 $x-2\neq 0$ 时,函数表达式才有意义,因此,函数的定义域是 $x\neq 2$ 的全体实数,用区间表示为 $(-\infty,2)\cup(2,+\infty)$.

例4 求函数 $y=\sqrt{4-x^2}+\lg x$ 的定义域.

解 要使函数 y 有意义,必须使

$$\begin{cases} 4-x^2\geqslant 0, \\ x>0, \end{cases}$$

成立,即

$$\begin{cases} -2\leqslant x\leqslant 2, \\ x>0. \end{cases}$$

这两个不等式的公共解为 $0<x\leqslant 2$.
所以函数的定义域为 $(0,2]$.

例5 求函数 $y=\sqrt{x^2-x-2}+\arcsin\dfrac{2x-1}{7}$ 的定义域.

解 要使函数 y 有意义,必须使

$$\begin{cases} x^2-x-2\geqslant 0, \\ \left|\dfrac{2x-1}{7}\right|\leqslant 1, \end{cases}$$

成立.即

$$\begin{cases} x\geqslant 2 \text{ 或 } x\leqslant -1, \\ -3\leqslant x\leqslant 4. \end{cases}$$

所以函数的定义域为 $[-3,1]\cup[2,4]$.

例6 求函数 $f(x)=x^2-3x+5$ 在 $x=2, x=x_0+\Delta x$ 处的函数值.

解 $f(2)=2^2-3\times 2+5=3$,

$$\begin{aligned} f(x_0+\Delta x) &= (x_0+\Delta x)^2-3(x_0+\Delta x)+5 \\ &= x_0^2+2x_0\cdot\Delta x+(\Delta x)^2-3x_0-3\Delta x+5 \\ &= x_0^2+(2\Delta x-3)x_0+((\Delta x)^2-3\Delta x+5). \end{aligned}$$

例7 设 $f(x+1)=x^2+5x+6$,求 $f(x)$.

解 令 $t=x+1$,则 $x=t-1$,代入上式得

$$f(t)=(t-1)^2+(5t-1)+6=t^2+3t+2,$$

即 $f(x)=x^2+3x+2$.

2.函数的表示法

函数通常有三种表示法:表格法、图示法和公式法(解析法).

(1) 表格法.

表格法就是把自变量 x 和因变量 y 的一些对应值用表格列出,这样函数关系就用表格表示出来了.例如常用的平方表、对数表和三角函数表等都是用表格法来表示函数的.表格法表示函数的优点是使用方便.

(2) 图示法.

设函数 $y=f(x)$ 的定义域为 D,对于任意取定的 $x\in D$,对应的函数值 $y=f(x)$.这样,以 x 为横坐标,y 为纵坐标,就在 xOy 平面上确定一点 (x,y).当 x 遍取 D 上的每一个数值时,就得到点 (x,y) 的一个集合 C:
$$C=\{(x,y)\mid y=f(x), x\in D\}.$$
这个点集 C 称为函数 $y=f(x)$ 的图形(如图 1-12 所示).图中的 W 表示函数 $y=f(x)$ 的值域.

函数 $y=f(x)$ 的图形直观地表达了自变量 x 与因变量 y 之间的关系.图示法表示函数的优点是直观性强,函数的主要特性在图上都一目了然.

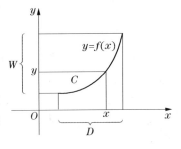

图 1-12

(3) 公式法(解析法).

把两个变量之间的函数关系直接用数学公式表示,对数学公式进行运算就可由自变量的值得到对应的函数值.高等数学中所涉及的函数大多数都是用公式法给出的.如例1,例2都是用公式法表示函数.

用公式法表示函数的优点是简明准确,便于理论分析;缺点是不够直观.为了把函数关系表达清楚,常常在用公式法表示函数的同时辅之以图示法(即画出函数的图形).

二、分段函数

在用公式法表示函数时,有时自变量在不同范围内取值,对应法则不能用同一个公式来表示,而要用两个或两个以上的公式来表示,这类函数称为分段函数.下面给出几个分段函数的例子.

例 8 函数
$$y=|x|=\begin{cases} x, & x\geqslant 0, \\ -x, & x<0 \end{cases}$$
的定义域 $D=(-\infty,+\infty)$,值域 $W=[0,+\infty)$,如图 1-13 所示.此函数称为绝对值函数.

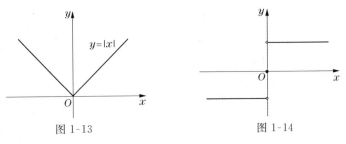

图 1-13　　　　　　　　图 1-14

例9 函数
$$y = \mathrm{sgn}\, x = \begin{cases} 1, & x > 0, \\ 0, & x = 0, \\ -1, & x < 1 \end{cases}$$

称为符号函数. 它的定义域为 $(-\infty, +\infty)$, 值域 $W = \{-1, 0, 1\}$, 如图 1-14 所示.

例10 单位阶跃函数是电学中的一个常用函数, 它可表示为
$$u(t) = \begin{cases} 1, & t \geqslant 0, \\ 0, & t < 0. \end{cases}$$

例11 旅客带行李乘飞机旅行时, 若行李重量不超过 20 千克, 则不收费用; 若超过 20 千克, 则每超过 1 千克收运费 a 元. 试建立运费 y 和行李重量 x 之间的函数关系.

解 因为, 当 $0 \leqslant x \leqslant 20$ 时, 运费 $y = 0$; 而当 $x > 20$ 时, 只有超过的部分 $x - 20$ 按每千克收运费 a 元, 此时 $y = a(20 - x)$, 于是函数可以写成:
$$y = \begin{cases} 0, & 0 \leqslant x \leqslant 20, \\ a(x - 20), & x > 20. \end{cases}$$

分段函数是用公式法表达函数的一种方式, 在理论分析和实际应用方面都很有用. 需要注意的是, 分段函数是用几个公式合起来表示一个函数, 而不是表示几个函数.

例12 设 $f(x) = \begin{cases} 2^x, & -1 < x < 0, \\ 2, & 0 \leqslant x < 1, \\ x - 1, & 1 \leqslant x \leqslant 3, \end{cases}$

试求: (1) $f(x)$ 的定义域; (2) $f(2), f(0), f\left(\dfrac{1}{2}\right)$ 和 $f\left(-\dfrac{1}{2}\right)$.

解 (1) 因为 $(-1, 0) \cup [0, 1) \cup [1, 3] = (-1, 3]$, 所以 $f(x)$ 的定义域为 $(-1, 3]$;

(2) 因为 $2 \in [1, 3]$, 所以 $f(2) = 2 - 1 = 1$.

类似地, 有 $f(0) = 2, f\left(\dfrac{1}{2}\right) = 2, f\left(-\dfrac{1}{2}\right) = 2^{-\frac{1}{2}} = \dfrac{1}{\sqrt{2}}$.

三、函数的性质

1. 单调性

设 $y = f(x)$ 在区间 I 上有定义, 如果对于区间 I 上任意两点 x_1 及 x_2, 当 $x_1 < x_2$ 时, 恒有 $f(x_1) < f(x_2)$, 则称函数 $f(x)$ 在区间 I 上是单调增加的 (如图 1-15 所示); 如果对于区间 I 上任意两点 x_1 及 x_2, 当 $x_1 < x_2$ 时, 恒有 $f(x_1) > f(x_2)$, 则称函数 $f(x)$ 在区间 I 上是单调减少的 (如图 1-16 所示). 单调增加和单调减少的函数统称为单调函数.

例如, 函数 $f(x) = x^2$ 在区间 $[0, +\infty)$ 上是单调增加的, 而在区间 $(-\infty, 0]$ 上是单调减少的, 则在区间 $(-\infty, +\infty)$ 内函数 $f(x) = x^2$ 不是单调的 (如图 1-17 所示).

又例如, 函数 $f(x) = x^3$ 在区间 $(-\infty, +\infty)$ 内是单调增加的 (如图 1-18 所示).

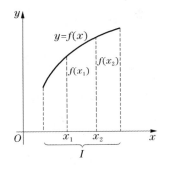
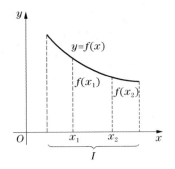

图 1-15　　　　　　　　图 1-16

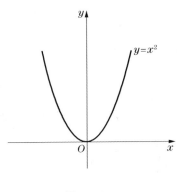
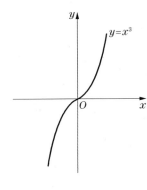

图 1-17　　　　　　　　图 1-18

2. 奇偶性

设函数 $y=f(x)$ 的定义域 D 关于原点对称. 如果对于任一 $x\in D$,
$$f(-x)=f(x),$$
恒成立,则称 $f(x)$ 为偶函数. 如果对于任一 $x\in D$,
$$f(-x)=-f(x),$$
恒成立,则称 $f(x)$ 为奇函数.

例如,$f(x)=x^2$, $g(x)=\cos x$ 在 $(-\infty,+\infty)$ 上是偶函数;$f(x)=x^3$, $g(x)=\sin x$ 在 $(-\infty,+\infty)$ 上是奇函数.

3. 有界性

设 $y=f(x)$ 在 D 上有定义. 如果存在常数 M,使得对一切 $x\in D$,都有 $f(x)\leqslant M$,则称 $f(x)$ 在 D 上有上界;如果存在常数 m,使得对一切 $x\in D$,都有 $f(x)\geqslant m$,则称 $f(x)$ 在 D 上有下界.

如果存在正数 M,使得对于一切 $x\in D$,都有 $|f(x)|\leqslant M$,则称 $f(x)$ 在 D 上有界,否则称为无界.

例如:$f(x)=2-x^2$,因为 $f(x)\leqslant 2$,故 $f(x)$ 在 $(-\infty,+\infty)$ 有上界;$g(x)=e^x$,因为 $g(x)>0$,故 $g(x)$ 在 $(-\infty,+\infty)$ 有下界;$h(x)=1+\sin x$,因为 $|h(x)|\leqslant 2$,故 $h(x)$ 在 $(-\infty,+\infty)$ 有界.

4. 周期性

设函数 $f(x)$ 的定义域为 D,如果存在一个不为零的数 T,使得对于任一 $x\in D$ 有 $(x\pm T)$

$\in D$,且 $f(x+T)=f(x)$ 恒成立,则称 $f(x)$ 为周期函数,T 称为 $f(x)$ 的周期,通常我们说的周期函数的周期是指最小正周期.

例如,函数 $\sin x,\cos x$ 都是周期为 2π 的周期函数;函数 $\tan x,\cot x$ 都是周期为 π 的周期函数.

图 1-19 表示周期为 T 的一个周期函数,在这个函数定义域内每个长度为 T 的区间上,函数图形有相同的形状.

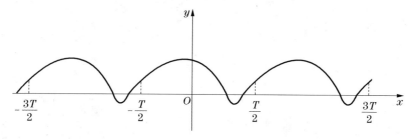

图 1-19

例 13 在电子科学中,有大量的波形函数,如图 1-20 所示为一周期为 T 的锯齿形波的图形,在函数的一个周期 $[0,T]$ 上可表示为 $y=\dfrac{h}{T}x\ (0\leqslant x<T)$.

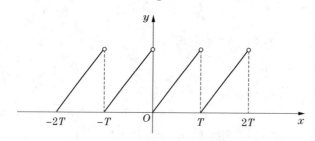

图 1-20

习题 1.4

1. 下列各题中,函数 $f(x)$ 和 $g(x)$ 是否相同？为什么？

(1) $f(x)=x$, $g(x)=\sqrt{x^2}$；

(2) $f(x)=x+2$, $g(x)=\dfrac{x^2-4}{x-2}$；

(3) $f(x)=\lg x^2$, $g(x)=2\lg x$；

(4) $f(x)=\sqrt[3]{x^4-x^3}$, $g(x)=x\cdot\sqrt[3]{x-1}$.

2. 求下列函数的定义域：

(1) $y=\dfrac{1}{1-x^2}$；

(2) $y=\sqrt{x^2-3}$；

(3) $y=\sqrt{2-x}+\ln(2x-1)$；

(4) $y=\dfrac{2x}{x^2-3x+2}$；

(5) $y=\arcsin\dfrac{1-x}{2}$；

(6) $y=\begin{cases} x^2, & x>0, \\ 2-x, & x\leqslant 0; \end{cases}$

(7) $y = \begin{cases} \cos x, & 0 < x \leq \frac{\pi}{2}, \\ x, & \frac{\pi}{2} < x \leq \pi. \end{cases}$

3. 设 $f(x) = \sqrt{4+x^2}$,求:$f(0)$,$f(1)$,$f(-1)$,$f(x_0)$ 和 $f\left(\frac{1}{a}\right)$.

4. 设 $f(x) = 3x+2$,求 $f(-1)$,$f(x_0)$,$\frac{f(x_0+h)-f(x_0)}{h}$.

5. 设 $f(x-2) = x^2+2x+3$,求 $f(x)$,$f(x-1)$.

6. 设 $f(t) = 2t^2 + \frac{2}{t^2} + \frac{5}{t} + 5t$,证明:$f(t) = f\left(\frac{1}{t}\right)$.

7. 设 $f(x) = \begin{cases} |\cos x|, & x < \frac{\pi}{3}, \\ 2, & |x| \geq \frac{\pi}{3}. \end{cases}$

试求 $f(x)$ 的定义域并求 $f\left(\frac{\pi}{6}\right)$,$f\left(\frac{\pi}{4}\right)$,$f\left(\frac{\pi}{3}\right)$ 和 $f\left(\frac{3}{2}\right)$.

8. 指出下列函数哪些是偶函数?哪些是奇函数?哪些是非奇非偶函数?

(1) $f(x) = 3x^2 - 2x^3$;

(2) $f(x) = \frac{1-x^2}{1+x^2}$;

(3) $f(x) = \frac{e^x - e^{-x}}{2}$;

(4) $f(x) = x(x-1)(x+1)$.

9. 指出下列函数的单调性:

(1) $f(x) = 2x+1$ $(x \in \mathbf{R})$;

(2) $f(x) = (x+1)^2$ $(x \leq -1)$;

(3) $f(x) = 3^{-x}$ $(x \in \mathbf{R})$;

(4) $f(x) = \tan x$ $\left(-\frac{\pi}{2} < x < \frac{\pi}{2}\right)$.

10. 下列函数哪些是周期函数?对于周期函数,指出其周期.

(1) $y = \cos 3x$;

(2) $y = \sin(2x-3)$;

(3) $y = \sin^2 x$;

(4) $y = x\cos x$.

§1.5 初等函数

一、基本初等函数

基本初等函数是最基本、最常见的一类函数.基本初等函数包括:幂函数、指数函数、对数函数、三角函数和反三角函数.这五类函数是今后研究各种函数的基础.这些函数在中学课程中已经学过,这里简要地给出这些函数的性质和图形.

1. 幂函数 $y = x^u$(u 是常数)

幂函数 $y = x^u$ 的定义域与 u 的取值有关,例如:当 $u = 3$ 时,$y = x^3$ 的定义域是 $(-\infty, +\infty)$;当 $u = \frac{1}{2}$ 时,$y = x^{\frac{1}{2}} = \sqrt{x}$ 的定义域是 $[0, +\infty)$;当 $u = -\frac{1}{2}$ 时,$y = x^{-\frac{1}{2}} = \frac{1}{\sqrt{x}}$ 的定义域是 $(0, +\infty)$.但不论 u 取何值,幂函数在 $(0, +\infty)$ 内总有定义.

$y=x^u$ 中，$u=1,2,3,\dfrac{1}{2},-1$ 是最常见的幂函数（如图 1-21 所示）.

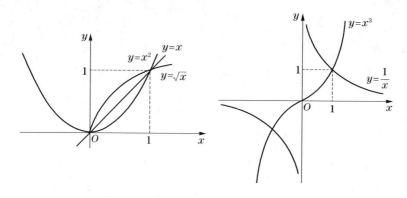

图 1-21

2. 指数函数 $y=a^x$（a 是常数且 $a>0$，$a\neq 1$）

指数函数的定义域为 $(-\infty,+\infty)$，当 $a>1$ 时，指数函数 a^x 单调增加；当 $0<a<1$ 时，指数函数 a^x 单调减少. 对于任何大于零的 a，a^x 的值域都是 $(0,+\infty)$. 指数函数的图形总在 x 轴的上方，且通过点 $(0,1)$（如图 1-22 所示）.

以常数 $e=2.7182818\cdots$ 为底的指数函数 $y=e^x$ 是科技中常用的指数函数.

3. 对数函数 $y=\log_a x$（a 是常数且 $a>0$，$a\neq 1$）

对数函数 $\log_a x$ 是指数函数 a^x 的反函数，其定义域为 $(0,+\infty)$. 当 $a>1$ 时，对数函数 $\log_a x$ 单调增加；当 $0<a<1$ 时，对数函数 $\log_a x$ 单调减少. 对于任何大于零的 a，$\log_a x$ 的值域都是 $(-\infty,+\infty)$. 对数函数的图形总在 y 轴的右方，且通过点 $(1,0)$（如图 1-23 所示）.

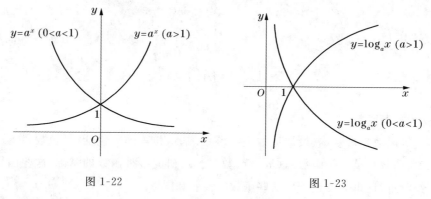

图 1-22　　　　　图 1-23

科技中常用的以常数 e 为底的对数函数 $y=\log_e x$ 叫作自然对数函数，简记为 $y=\ln x$.

4. 三角函数

常用的三角函数有：

正弦函数：$y=\sin x$（图形如图 1-24 所示）；

余弦函数：$y=\cos x$（图形如图 1-25 所示）；

正切函数：$y=\tan x$（图形如图 1-26 所示）；

余切函数：$y=\cot x$（图形如图 1-27 所示）.

其中自变量都以弧度做单位.

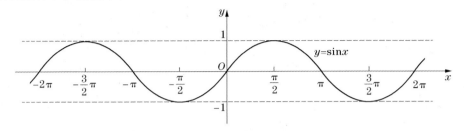

图 1-24

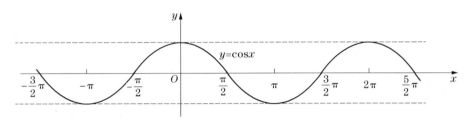

图 1-25

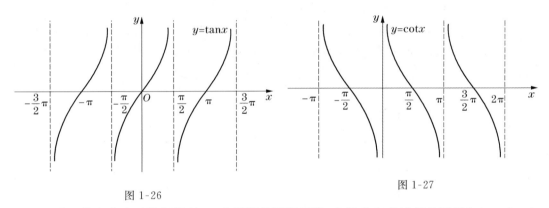

图 1-26 图 1-27

正弦函数和余弦函数都是以 2π 为周期的周期函数,它们的定义域都是区间 $(-\infty,+\infty)$,值域都是闭区间 $[-1,1]$.正弦函数是奇函数,余弦函数是偶函数.

正切函数 $y=\tan x$ 的定义域为
$$D=\left\{x\,|\,x\in\mathbf{R},x\neq(2n+1)\frac{\pi}{2},n\in\mathbf{Z}\right\}.$$

余切函数 $y=\cot x$ 的定义域为
$$D=\{x\,|\,x\in\mathbf{R},x\neq n\pi,n\in\mathbf{Z}\}.$$

这两个函数的值域都是区间 $(-\infty,+\infty)$.

正切函数和余切函数都是以 π 为周期的周期函数,它们都是奇函数.

三角函数还包括正割函数 $y=\sec x$、余割函数 $y=\csc x$,其中 $\sec x=\dfrac{1}{\cos x}$,$\csc x=\dfrac{1}{\sin x}$,它们都是以 2π 为周期的周期函数,并且在开区间 $\left(0,\dfrac{\pi}{2}\right)$ 内都是无界的.

此外,初等数学中的三角公式在高等数学中仍有使用.以下给出主要的三角公式.

(1) 基本关系式.

$$\sin^2\alpha+\cos^2\alpha=1, \quad \frac{\sin\alpha}{\cos\alpha}=\tan\alpha, \quad \frac{\cos\alpha}{\sin\alpha}=\cot\alpha,$$

$$\sec\alpha=\frac{1}{\cos\alpha}, \quad \csc\alpha=\frac{1}{\sin\alpha},$$

$$1+\tan^2\alpha=\sec^2\alpha, \quad 1+\cot^2\alpha=\csc^2\alpha.$$

(2) 倍角公式.

$$\sin 2\alpha=2\sin\alpha\cos\alpha,$$

$$\cos 2\alpha=\cos^2\alpha-\sin^2\alpha=2\cos^2\alpha-1=1-2\sin^2\alpha.$$

5. 反三角函数

反三角函数是三角函数的反函数. $y=\sin x$, $y=\cos x$, $y=\tan x$ 和 $y=\cot x$ 的反函数都是多值函数,我们按下列区间取其一个单值分支,称为主值分支,分别记作：

$y=\arcsin x$, $y\in\left[-\frac{\pi}{2},\frac{\pi}{2}\right]$, 定义域为 $[-1,1]$,

$y=\arccos x$, $y\in[0,\pi]$, 定义域为 $[-1,1]$,

$y=\arctan x$, $y\in\left(-\frac{\pi}{2},\frac{\pi}{2}\right)$, 定义域为 $(-\infty,+\infty)$,

$y=\operatorname{arccot} x$, $y\in(0,\pi)$, 定义域为 $(-\infty,+\infty)$.

分别称它们为反正弦函数、反余弦函数、反正切函数和反余切函数. 其图形见图 1-28 至图 1-31. 反正弦函数和反正切函数在各自定义区间内单调增加,反余弦函数和反余切函数在各自定义区间内单调减少.

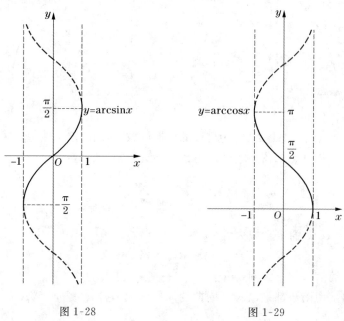

图 1-28 　　　　　　图 1-29

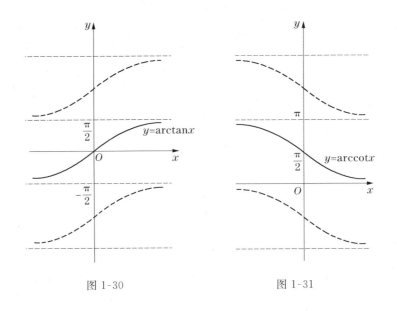

图 1-30 图 1-31

二、复合函数

先考察一个具体的例子. 函数 $y=\sqrt{1-x^2}$ 表示 y 是 x 的函数,它的定义域为 $[-1,1]$. 如果我们引进辅助变量 u,把这个函数的对应法则看作是这样的:首先,对于任一 $x\in[-1,1]$,通过 $u=1-x^2$ 得到对应 u 的值,然后对于这个 u 值,通过 $y=\sqrt{u}$ 得到对应 y 的值. 这时,我们便说函数 $y=\sqrt{1-x^2}$ 是由函数 $y=\sqrt{u}$ 和 $u=1-x^2$ 复合而成的复合函数,u 称为中间变量.

定义 1 如果 y 是 u 的函数: $y=f(u)$,而 u 是 x 的函数: $u=\varphi(x)$,当 x 在某一区间取值时,相应的 u 值可使 y 有定义,则称 y 是 x 的复合函数,$y=f(u)=f[\varphi(x)]$,这个函数是由函数 $y=f(u)$ 及 $u=\varphi(x)$ 复合而成的函数,简称复合函数. x 是自变量,u 称为中间变量.

由定义可知,复合函数是说明函数对应法则的某种表达方式的一个概念,利用这一概念,有时可以把函数分解成几个函数,另一方面也可利用它来产生新的函数.

例如,函数 $y=\sin x^2$ 可看作由 $y=\sin u$ 和 $u=x^2$ 复合而成. 又例如,$y=(3x+1)^4$ 可看作由 $y=u^4$ 和 $u=3x+1$ 复合而成的.

注:① 不是任何两个函数都可以复合成一个复合函数. 例如:$y=\arcsin u$ 与 $u=2+x^2$ 就不能复合成一个复合函数. 因为对于 $u=2+x^2$ 的定义域 $(-\infty,+\infty)$ 内任何 x 值所对应的 u 值(都大于或等于 2),都不能使 $y=\arcsin u$ 有意义.

② 复合函数也可以由两个以上的函数经过复合而成. 例如,设 $y=\sqrt{u}, u=\cot v, v=\dfrac{x}{2}$,则得复合函数 $y=\sqrt{\cot\dfrac{x}{2}}$,这里 u 和 v 都是中间变量.

例 1 分析下列函数是由哪些函数复合而成的:

(1) $y=\ln\sin\sqrt{x}$;   (2) $y=5^{\cot\frac{1}{x}}$.

解 (1) 函数 $y=\ln\sin\sqrt{x}$ 是由 $y=\ln u, u=\sin v, v=\sqrt{x}$ 复合而成的.

(2) 函数 $y=5^{\cot\frac{1}{x}}$ 是由 $y=5^u, u=\cot v$ 和 $v=\frac{1}{x}$ 复合而成的.

例 2 设 $f(x)=\dfrac{1}{1-x}$ $(x\neq 0, x\neq 1)$, 求 $f[f(x)], f\{f[f(x)]\}$.

解 $f[f(x)]=\dfrac{1}{1-f(x)}=\dfrac{1}{1-\dfrac{1}{1-x}}=\dfrac{x-1}{x}$.

$f\{f[f(x)]\}=\dfrac{1}{1-f[f(x)]}=\dfrac{1}{1-\dfrac{x-1}{x}}=x$.

三、初等函数

定义 2 由常数和基本初等函数经过有限次的四则运算和有限次的复合运算所构成的并可用一个式子表示的函数,称为初等函数.

例如,$y=\sqrt{1-x^2}, y=\sin x^2, y=\sqrt{\cot\dfrac{x}{2}}$ 都是初等函数. 高等数学所讨论的函数大多数都是初等函数.

注:初等函数是用一个式子表示的函数. 如果一个函数必须用几个式子表示时,例如,函数

$$y=\begin{cases} x^2+1, & -2<x\leqslant 1, \\ 3-x, & x>1 \end{cases}$$

就不是初等函数,而称为非初等函数. 分段函数一般说来不是初等函数.

习题 1.5

1. 设 $F(x)=e^x$, 证明:(1) $F(x)\cdot F(y)=F(x+y)$; (2) $\dfrac{F(x)}{F(y)}=F(x-y)$.

2. 设 $G(x)=\ln x$, 证明:当 $x>0, y>0$, 下列等式成立:

(1) $G(x)+G(y)=G(xy)$; (2) $G(x)-G(y)=G\left(\dfrac{x}{y}\right)$.

3. 利用 $y=\sin x$ 的图形,做出下列函数的图形.

(1) $y=\dfrac{1}{2}+\sin x$; (2) $y=\sin\left(x+\dfrac{\pi}{4}\right)$;

(3) $y=2\sin x$; (4) $y=\sin 3x$.

4. 在下列各题中,求由所给函数复合而成的函数,并求这些函数分别对应于所给定自变量 x_1 和 x_2 的函数值.

(1) $y=u^2$, $u=\sin x$, $x_1=\dfrac{\pi}{4}$, $x_2=\dfrac{\pi}{3}$;

(2) $y=\cos u$, $u=2x$, $x_1=\dfrac{\pi}{8}$, $x_2=\dfrac{\pi}{4}$;

(3) $y=\sqrt{u}$, $u=1+x^2$, $x_1=1$, $x_2=\sqrt{3}$;

(4) $y=e^u$, $u=x^2$, $x_1=-2$, $x_2=1$;

(5) $y=u^2$, $u=e^x$, $x_1=1$, $x_2=-1$.

5. 分析下列函数是由哪些函数复合而成的:

(1) $y=(1+x)^{\frac{3}{2}}$; (2) $y=\sin^2\left(2x+\dfrac{\pi}{3}\right)$;

(3) $y=\ln \tan x$; (4) $y=e^{\cot \frac{x}{2}}$.

6. 设 $f(x)=2^x$, $g(x)=x^2$, 求 $f[g(x)]$, $g[f(x)]$.

7. 设 $f(x)=\dfrac{x}{x-1}$, 试验证 $f[f[f(x)]]=f(x)$ ($x\neq 0, x\neq 1$), 并求 $f\left[\dfrac{1}{f(x)}\right]$ ($x\neq 0, x\neq 1$).

§1.6 函数模型及其建立

一、数学模型的概念

随着科学技术的迅速发展,"数学模型"这个词汇越来越多地出现在现代人的生产、工作和社会活动中. 对于广大的科技人员来说,数学模型是摆在面前的实际问题与他们掌握的数学工具之间的一座必不可少的桥梁.

一般地说,数学模型可以描述为对于现实世界的一个特定对象,为了一个特定的目的,根据特有的内在规律,做出一些必要的简化假设,运用适当的数学工具得到的一个数学结构. 数学模型能解释特定对象的现实性态,或者能预测对象的未来状态,或者能提供处理对象的最优决策或控制.

二、建立数学模型的过程

数学模型的建立过程一般可以分为表述、求解、解释、验证几个阶段,并且通过这些阶段完成从现实对象到数学模型,再从数学模型回到现实对象的循环(如图 1-32 所示).

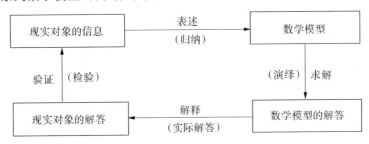

图 1-32

表述 是指根据建立数学模型的目的和掌握的信息(如数据、现象),将实际问题翻译成数学问题,用数学语言确切地表述出来.

求解 即选择适当的数学方法求得数学模型的解答.

解释 是指把数学语言表述的解答翻译回现实对象,给出实际问题的解答.

验证 是指用现实对象的信息检验得到的解答,以确认结果的正确性.

图 1-32 揭示了现实对象和数学模型的关系. 数学模型是将现实对象的信息加以翻译、归纳的产物,它经过求解、演绎,得到数学上的解答,再经过翻译回到现实对象,给出结果. 最后,这些结果必须经受实际的检验,完成实践——理论——实践这一循环. 如果检验结果正确或基本正确,就可以用来指导实践,否则应重复上述过程.

三、函数模型的建立举例

函数关系可以说是一种变量相依关系的数学模型. 建立函数模型的步骤可分为:

(1) 分析问题中哪些是变量,哪些是常量,并分别用字母表示;

(2) 根据所给条件,运用数学、物理或其他知识,确定等量关系;

(3) 具体写出函数关系式 $y=f(x)$,并指明其定义域.

例1 将一个底半径为 2cm,高为 10cm 的圆锥形杯做成量杯.要在上面刻上表示容积的刻度,试求出溶液高度与其对应容积之间的函数关系.

解 设溶液高度为 h,其对应的容积为 V,对应的液面半径为 r,如图1-33 所示,则
$$V=\frac{1}{3}\pi r^2 h.$$
为消去变量 r,注意到 $\triangle ABC \backsim \triangle DEC$,从而有
$$\frac{CE}{CB}=\frac{DE}{AB},$$
即 $\frac{h}{10}=\frac{r}{2}$,$r=\frac{1}{5}h$,代入(1)式,得
$$V=\frac{1}{3}\pi\left(\frac{1}{5}h\right)^2 h,$$
即 $V=\frac{1}{75}\pi h^3 \quad (0\leqslant h\leqslant 10).$

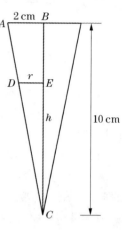

图1-33

例2 (单三角脉冲的电压)脉冲发生器产生一个单三角冲,其波形如图1-34 所示,写出电压 U 与时间 t 的函数关系.

解 当 $t\in\left[0,\frac{\tau}{2}\right)$ 时,$U=\frac{E}{\frac{\tau}{2}}t$,即
$$U=\frac{2E}{\tau}t.$$
当 $t\in\left[\frac{\tau}{2},\tau\right]$ 时,$\frac{U-0}{t-\tau}=\frac{E-0}{\frac{\tau}{2}-\tau}$,即
$$U=-\frac{2E}{\tau}(t-\tau).$$
当 $t\in(\tau,\infty)$ 时,$U=0$.

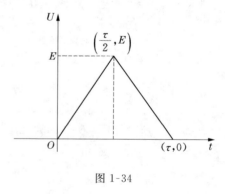

图1-34

归纳以上讨论的结果,知函数 $U=U(t)$ 是一个分段函数,其表达式为
$$U=\begin{cases} \frac{2E}{\tau}t, & t\in\left[0,\frac{\tau}{2}\right), \\ -\frac{2E}{\tau}(t-\tau), & t\in\left[\frac{\tau}{2},\tau\right], \\ 0, & t\in(\tau,\infty). \end{cases}$$

例3 (利润与销售之间的函数关系)收音机每台售价 90 元,成本为 60 元,厂家为鼓励销售商大量采购,决定凡是订购量超过 100 台以上的,每多订购一台,售价就降低 0.1 元,但最低价为 75 元/台.

(1) 将每台的实际售价 p 表示为订购量 x 的函数;
(2) 将利润 P 表示成订购量 x 的函数;
(3) 当一商行订购 180 台时,厂家可获利润多少?

解 (1) 当 $x \leq 100$ 时,售价为 90 元/台.由 $(90-75)/0.1=150$ 可知,当订购量超过 $100+150=250$ 台时,每台售价为 75 元;而当 $100<x<250$ 时,每台售价为 $90-(x-100)\cdot 0.1=100-0.1x$,因此每台的实际售价 p 与订购量 x 之间的函数关系为

$$p=\begin{cases} 90, & 0\leq x\leq 100, \\ 100-0.1x, & 100<x<250, \\ 75, & x\geq 250. \end{cases}$$

(2) 因为每台的利润是实际售价 p 与成本之差,因此

$$P=(p-60)x$$
$$=\begin{cases} 30x, & 0\leq x\leq 100, \\ 40x-0.1x^2, & 100<x<250, \\ 15x, & x\geq 250. \end{cases}$$

(3) 由(2)知,$P=40\times 180-0.1\times 180^2=3960$(元).

例 4 (我国工薪人员纳税问题)根据 2005 年修订后的中华人民共和国个人所得税法规定:个人工资、薪金所得应纳个人所得税.应纳税所得额的计算为:工资、薪金所得,以每月收入额减除费用 1600 元后的余额,为应纳税所得额.税率如下表所示.

个人所得税税率表(工资、薪金所得适用)

级数	全月应纳税所得额	税率(%)
1	不超过 500 元的	5
2	超过 500 元不超过 2000 元的部分	10
3	超过 2000 元不超过 5000 元的部分	15
4	超过 5000 元不超过 20000 元的部分	20
5	超过 20000 元不超过 40000 元的部分	25
6	超过 40000 元不超过 60000 元的部分	30
7	超过 60000 元不超过 80000 元的部分	35
8	超过 80000 元不超过 100000 元的部分	40
9	超过 100000 元的部分	45

若某人的月工资、薪金所得为 x 元,试列出他应缴纳的税款 y 与其工资、薪金所得 x 之间的函数关系.

解 按税法规定,当 $x\leq 1600$ 元时,不必纳税,这时 $y=0$;
当 $1600<x\leq 2100$ 元时,纳税部分为 $x-1600$,税率为 5%,因此

$$y=(x-1600)\cdot\frac{5}{100};$$

当 $2100<x\leq 3600$ 元,其中 1600 元不纳税,500 元应纳 5% 的税,即 $500\times\frac{5}{100}=25$(元).
再多的部分,即 $x-2100$ 按 10% 纳税.因此,他应纳税款为

$$y=25+(x-2100)\cdot\frac{10}{100}.$$

依此可列出下面的函数关系:

$$y=\begin{cases} 0, & 0\leqslant x\leqslant 1600, \\ (x-1600)\cdot\dfrac{5}{100}, & 1600<x\leqslant 2100, \\ 25+(x-2100)\cdot\dfrac{10}{100}, & 2100<x\leqslant 3600, \\ 25+150+(x-3600)\cdot\dfrac{15}{100}, & 3600<x\leqslant 6400, \\ 175+450+(x-6400)\cdot\dfrac{20}{100}, & 6400<x\leqslant 21600, \\ 625+3000+(x-21600)\cdot\dfrac{25}{100}, & 21600<x\leqslant 41600, \\ 3625+5000+(x-41600)\cdot\dfrac{30}{100}, & 41600<x\leqslant 61600, \\ 8625+6000+(x-61600)\cdot\dfrac{35}{100}, & 61600<x\leqslant 81600, \\ 14625+7000+(x-81600)\cdot\dfrac{40}{100}, & 81600<x\leqslant 101600, \\ 21625+8000+(x-101600)\cdot\dfrac{45}{100}, & x>101600. \end{cases}$$

例5 在交通拥挤及事故多发地段,为确保安全,规定在此地段车距 d 与车速 v(km/h) 的平方和车身长 s(m) 的积成正比,且最小车距不许小于车身长的一半,现假定车速为 50km/h 时,车距恰为车身长.

(1) 试写出车距 d 与车速 v 的函数模型(其中 s 为常数);

(2) 应规定怎样的车速才能使此地段的车流量最大?

解 (1) 设车距 d 与车速 v 的平方和车身长 s 之积的比例系数为 A,则它们间的函数模型为

$$d=Asv^2 \quad (\text{其中 } s \text{ 为常数}),$$

因为当 $v=50$km/h 时,$d=s$,则有

$$d=50^2\times As=2500As=2500Ad,$$

所以 $A=\dfrac{1}{2500}$,即 d 与 v 间的函数模型为:

$$d=\dfrac{1}{2500}v^2 s \quad (\text{其中 } s \text{ 为常数}).$$

(2) 因为最小车距不得小于车身长的一半,即 $d\geqslant\dfrac{s}{2}$,则

$$v=\sqrt{\dfrac{2500d}{s}}\geqslant\sqrt{\dfrac{2500\times\dfrac{s}{2}}{s}}=\sqrt{\dfrac{2500}{2}}=25\sqrt{2}\ (\text{km/h}).$$

所以当车速最小为每小时 $25\sqrt{2}$km 时,才能使此地段的车流量最大.

例6 当干燥的空气上升,会膨胀、冷却,如果地面温度是 20℃,而 1km 高度的气温是 10℃,假设温度随高度的变化满足线性关系.

(1) 将气温 T(单位:℃)表示为高度 h(单位:km)的函数;

(2) 求 2.5km 高度的气温是多少?

解 (1) 因为假设 T 是 h 的一次函数,所以设
$$T=kh+b,$$
已知 $h=0$ 时,$T=20$;$h=1$ 时,$T=10$,故有
$$\begin{cases} 20=0\cdot k+b, \\ 10=1\cdot k+b. \end{cases}$$

解得 $k=-10,b=20.$

所以所求函数为 $T=-10h+20.$

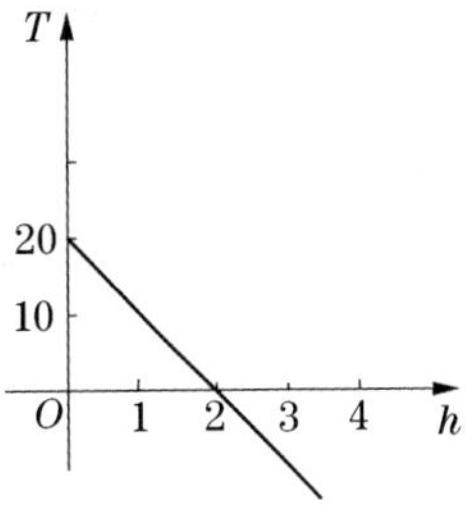

图 1-35

(2) 图像见图 1-35,斜率 $R=-10℃/km$,表示温度关于高度的变化速度.

(3) 在 $h=2.5km$ 的高度,气温为 $T=-10\times 2.5+20=-5℃.$

四、常用经济函数

在用数学方法解决经济问题时,往往需要找出经济变量之间的函数关系,建立数学模型.下面介绍几种常见的经济函数.

1. 需求函数与供给函数

(1) 需求函数.

一种商品的市场需求量 Q 与该商品价格 P 密切相关,通常降低商品价格会使需求量增加;提高商品价格会使需求量减少.如果不考虑其他因素的影响,需求量 Q 可以看成是价格 P 的函数,称为需求函数.记作
$$Q=Q(P),\quad P\geq 0.$$

一般来说,需求函数为价格 P 的单调减少函数.

常见的需求函数有以下几种类型:

① 线性需求函数 $\quad Q=a-bP \quad (a>0,b>0);$

② 二次需求函数 $\quad Q=a-bP-cP^2 \quad (a>0,b>0,c>0);$

③ 指数需求函数 $\quad Q=ae^{-bP} \quad (a>0,b>0).$

需求函数 $Q=Q(P)$ 的反函数,就是价格函数,记作
$$P=P(Q).$$

例 7 市场上售出的某种衬衫的件数 Q 是价格 P 的线性函数.当价格 P 为 50 元时,可售出 1500 件;当 P 为 60 元时,可售出 1200 件,试确定需求函数和价格函数.

解 设线性需求函数
$$Q=a-bP \quad (a>0,b>0).$$
根据题意,当 $P=50$ 时,$Q=1500$;当 $P=60$ 时,$Q=1200$.代入需求函数中,有
$$\begin{cases} a-50b=1500, \\ a-60b=1200, \end{cases}$$
解得 $a=3000,b=30.$ 所求需求函数为
$$a=3000-30P.$$
求需求函数的反函数,得价格函数
$$P=100-\frac{Q}{30}.$$

(2) 供给函数.

某种商品的市场供给量 S 也受商品价格 P 的制约,价格上涨将刺激生产,向市场提供更多的商品,使供给量增加;反之,价格下跌将使供给量减少.供给量 S 也可看成价格 P 的一元函数,称为供给函数.记为
$$S=S(P).$$
供给函数为价格 P 的单调增加函数.

常见的供给函数有线性函数、二次函数、幂函数、指数函数等.其中,线性供给函数为
$$S=-c+dP \quad (c>0, d>0).$$

使某种商品的市场需求量与供给量相等的价格 P_0,称为均衡价格.当市场价格 P 高于均衡价 P_0 时,供给量将增加而需求量相应地减少,这时产生的"供大于求"的现象必然使价格 P 下降;当市场价格 P 低于均衡价格 P_0 时,供给量将减少而需求量增加,这时会产生"物资短缺"现象,从而又使得价格 P 上升.市场价格的调节就是这样来实现的.

例 8 市场上对某种商品的需求函数为 $Q=3000-3P$,该种商品的供给函数为 $S=-1000+50P$,试确定该商品的均衡价格 P_0 和均衡数量 Q_0.

解 由题意知
$$\begin{cases} Q=3000-30P, \\ S=-1000+50P, \\ Q=S. \end{cases}$$

解得 $P_0=50$ 元, $Q_0=1500$ 件.

即该种商品的均衡价格为 50 元,均衡数量为 1500 件.当价格低于 50 元时,需求大于供给;当价格高于 50 元时,供给大于需求.

2. 成本函数

(1) 总成本函数.

总成本是指生产一定产量的产品所需要的成本总额.它包括两部分:固定成本和变动成本.

固定成本是尚没有生产产品时的支出,如厂房费用、机器折旧费用、管理费用等.变动成本是随产量变动而变动的费用,如原材料、燃料和劳动力费用等.

以 Q 表示产量,C 表示总成本,则 C 与 Q 之间的函数关系称为总成本函数,记作
$$C(Q)=C_0+C_1(Q).$$
其中 $C_0 \geq 0$ 是固定成本,$C_1(Q)$ 是变动成本.显然,总成本函数是单调增加函数.特别地,当 $Q=0$ 时,$C(0)=C_0$.即尚没有生产产品时,总成本 $C(0)$ 即为固定成本 C_0.

(2) 平均成本函数.

平均成本是指平均每一单位产品的成本,记作 $\overline{C}(Q)$.若已知总成本函数 $C=C(Q)$,则平均成本函数为
$$\overline{C}=\frac{C(Q)}{Q} \quad (Q>0).$$

例 9 已知某种产品的总成本函数为
$$C(Q)=500+2Q \quad (单位:元).$$
求生产 50 件产品时的总成本和平均成本.

解 当 $Q=50$ 时，总成本
$$C(50)=500+2\times50=600(元).$$
平均成本
$$\bar{C}=\frac{C(Q)}{Q}=\frac{500}{Q}+2.$$
当 $Q=50$ 时，平均成本为
$$\bar{C}=\frac{500}{50}+2=12(元/件).$$
即生产 50 件产品的总成本为 600 元，而平均成本为 12 元/件.

3. 收入函数与利润函数

(1) 收入函数.

收入是指生产者出售商品的收入. 总收入是指将一定量产品出售所得到的全部收入，总收入记作 R. 总收入 R 为销售价格 P 与销售数量 Q 的乘积. 则 R 与 Q 之间的函数关系称为总收入函数，记作
$$R=R(Q)=P\cdot Q.$$

(2) 利润函数.

在假设产量与销量一致的情况下，总利润函数定义为总收入函数 $R=R(Q)$ 与总成本函数 $C=C(Q)$ 之差，记作
$$L(Q)=R(Q)-C(Q).$$

例 10 设某商品的成本函数和收入函数分别为
$$C=7+2Q+Q^2;\quad R=10Q.$$
试求：(1) 该商品的利润函数；(2) 销售为 4 时的总利润.

解 (1) 根据题意，总利润函数为
$$L(Q)=R(Q)-C(Q)=10Q-(7+2Q+Q^2)=-7+8Q-Q^2.$$
(2) 当 $Q=4$ 时
$$L(4)=-7+8\times4-4^2=9.$$
即销售量为 4 时，总利润为 9.

习题 1.6

1. 市场中某种商品的需求函数为 $Q=25-p$，而该种商品的供给函数为 $S=\frac{20}{3}P-\frac{40}{3}$. 试求市场均衡价格和市场均衡数量.

2. 某水泥厂生产水泥 1000 吨，定价为 80 元/吨. 总销售在 800 吨以内时，按定价出售；超过 800 吨时，超过部分打九折出售，试将销售收入作为销售量的函数，列出函数关系式.

3. 设某商品的成本函数是线性函数，并已知产量为零时成本为 100 元，产量为 100 时成本为 400 元. 试求：(1) 成本函数和固定成本；(2) 产量为 200 时的总成本和平均成本.

4. 设某商品的需求函数为 $Q=1000-5P$. 试求该商品的收入函数 $R(Q)$，并求销量为 200 件时的总收入.

5. 某厂生产某种产品，固定成本为 100 元，每生产一件产品需增加 6 元成本. 又知产品的需求函数为 $Q=1000-100P$. 试写出：

(1) 总成本 C 与产量 Q 的函数关系；

(2) 总收入 R 与产量 Q 的函数关系；

(3) 利润 L 与产量 Q 的函数关系.

6. 把横截面为圆形的木材(直径为 d),锯成长与宽分别为 h 和 b 的矩形断面方木(如图 1-36 所示),试将锯成的截面积 A 表示为 h 的函数.

7. 拟建一个容积为 V 的长方体水池,设它的底面为正方形,已知池壁单位面积造价是池底单位面积造价的 2 倍.试求总造价与底边长的函数关系.

8. 某厂有一容积为 $100 m^3$ 的水池,原有水 $10 m^3$,现以每分钟 $0.5 m^3$ 的速率向池中注入水,求水池中的水量 V 与时间 t 的函数关系.

9. 某出租汽车公司规定,3 公里以内(含 3 公里)收费 5 元;超出 3 公里,超出部分每公里 1.2 元,试列出车费 y 与公里数 x 之间的函数关系.

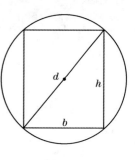

图 1-36

习 题 1

1. 选择题:

(1) 下列函数对中为同一函数的是(　　).

A. $y_1 = x$, $y_2 = \dfrac{x^2}{x}$ B. $y_1 = x$, $y_2 = (\sqrt{x})^2$

C. $y_1 = x+1$, $y_2 = \dfrac{x^2-1}{x-1}$ D. $y_1 = |x|$, $y_2 = \sqrt{x^2}$

(2) 函数 $f(x) = \sqrt{2+x} + \ln(1-x)$ 的定义域是(　　).

A. $[-2, 1]$ B. $[-2, 1)$ C. $(-2, 1)$ D. $(-\infty, -2) \cup (1, +\infty)$

(3) 下列函数中,是奇函数的是(　　).

A. $y = x + \cos x$ B. $y = \dfrac{e^x + e^{-x}}{2}$ C. $y = x \cos x$ D. $y = x^2 \ln(x+1)$

(4) 在区间 $(0, +\infty)$ 上单调增加的函数是(　　).

A. $\tan x$ B. $\cos x$ C. $\dfrac{1}{x}$ D. x^2

(5) 函数 $y = \sin \dfrac{x}{2} + \cos x$ 的周期为(　　).

A. 4π B. 2π C. π D. 6π

(6) 如果 $f\left(\dfrac{1}{x}\right) = \left(\dfrac{x+1}{x}\right)^2$ $(x \neq 0)$,则 $f(x) = ($　　$)$.

A. $\left(\dfrac{x}{x+1}\right)^2$ $(x \neq -1)$ B. $\left(\dfrac{x+1}{x}\right)^2$ C. $(1+x)^2$ D. $(1-x)^2$

2. 填空题:

(1) 设 $f(x) = \begin{cases} x, & x < 0, \\ 2x+1, & 0 < x < 1, \\ \ln x, & 1 \leq x \leq 3, \end{cases}$ 则 $f(x)$ 的定义域为_____.

(2) 设 $f(x) = e$,则 $f(x+2) - f(x+1) = $_____.

(3) 设 $f(x) = 4x - 3$,则 $f[f(x) + 2] = $_____.

(4) 设 $f(x) = \ln x$, $g(x) = e^{2x+1}$,则 $f[g(x)] = $_____.

(5) 函数 $f(x) = \cos x \sin x$ 的周期 $T = $_____.

(6) 复合函数 $y = e^{\sin(2x+1)}$ 可分解为_____.

3. 求下列函数的定义域:

(1) $f(x) = \dfrac{1}{x} - \sqrt{1 - x^2}$;   (2) $f(x) = \sqrt{\dfrac{3-x}{x+3}}$;

(3) $f(x) = \lg \dfrac{1}{1-x} + \sqrt{x+2}$;   (4) $f(x) = \arccos \dfrac{3x-1}{2}$.

4. 分析下列函数是由哪些函数复合而成的:

(1) $f(x)=\sqrt{\ln\sqrt{x}}$; (2) $f(x)=3^{(4x+1)^2}$;

(3) $f(x)=\sin e^{2x}$; (4) $f(x)=\cos^3\dfrac{x}{2}$.

5. 设 $f(x)=3x^2+4x$, $\varphi(x)=\ln(1+x)$, 求 $f[\varphi(x)]$, $\varphi[f(x)]$.

6. 设 $f(x^2+1)=x^4+1$, 求 $f(x)$.

7. 判断函数 $f(x)=\lg(x+\sqrt{x^2+1})$ 的奇偶性.

8. 已知函数 $f(x)=\begin{cases} x^2, & 0\leqslant x<1, \\ 1, & 1\leqslant x<2, \\ 3-x, & 2\leqslant x\leqslant 4. \end{cases}$

(1) 作出函数 $f(x)$ 的图形,并写出其定义域;

(2) 求 $f\left(\dfrac{1}{2}\right)-f\left(\dfrac{3}{2}\right)+f\left(\dfrac{5}{2}\right)$.

9. 设一正圆柱体内接于一高为 h,底半径为 r 的正圆锥体内,设圆柱体的高为 x,试把圆柱体的底半径 y 和体积 V 分别表示为 x 的函数.

10. 旅客乘坐火车时,随身携带的物品,不超过 20 千克的免费,超过 20 千克的部分,每千克收费 0.50 元,超过 50 千克的部分,每千克收费 0.60 元,试列出收费和物品重量的函数关系式.

11. 计算题:

(1) 将下列十进制数转换成二进制数:

① 024; ② 0.750; ③ 25.6875; ④ 125.125.

(2) 将下列八进制数转换成二进制数:

① 536; ② 201.26.

(3) 将下列二进制数转换成八进制数:

① 1110111011; ② 101011.1011.

(4) 将下列十六进制数转换成二进制数:

① ED; ② 3FF; ③ 14D.3C; ④ EC.12.

(5) 将下列二进制数转换成十六进制数:

① 11011011; ② 111011.11101; ③ 1011011101; ④ 101110.11.

12. 画流程图:

(1) 计算 5!;

(2) 有两个瓶子 A 和 B,分别盛放醋和酱油,要求将它们互换(即 A 瓶原来盛醋,现在改盛酱油,B 瓶则相反);

(3) 求 $1+2+3+\cdots+100$;

(4) 判断一个数 n 能否同时被 5 和 7 整除;

(5) 求方程 $ax^2+bx+c=0$ ($a\neq 0$) 的根. 分别考虑:① 有两个不等的实根,② 有两个相等的实根.

13. 在 $\triangle ABC$ 中,D,E,F 分别是 AB,BC,CA 的中点. BF 与 CD 交于点 O,设 $\overrightarrow{AB}=\boldsymbol{a}$, $\overrightarrow{AC}=\boldsymbol{b}$.

(1) 证明:A,O,E 三点在同一直线上,且

$$\dfrac{AO}{OE}=\dfrac{BO}{OF}=\dfrac{CO}{OD}=2;$$

(2) 用 $\boldsymbol{a},\boldsymbol{b}$ 表示向量 $\overrightarrow{AO}$.

14. 平面上三个力 F_1,F_2,F_3 作用于一点且处于平衡状态,$|\boldsymbol{F}_1|=1$,$|\boldsymbol{F}_2|=\dfrac{\sqrt{6}+\sqrt{2}}{2}$,$F_1,F_2$ 的夹角为 $45°$. 求 $\boldsymbol{F}_3$ 的大小.

第2章 极限初步

极限的概念是研究变量在某一过程中的变化趋势时引出的.它是微积分学最重要的概念之一,是微积分学的基础.微积分学中其他几个重要概念,如连续、导数、定积分,都是用极限表述的.本章主要研究极限的概念和基本方法,并用极限方法讨论无穷小及函数的连续性.

§2.1 极限的概念

一、数列的极限

定义 1 按自然数编号,依次排列起来的一列数 $x_1, x_2, x_3, \cdots, x_n, \cdots$ 叫作数列,记作 $\{x_n\}$,数列中的每一个数叫作数列的项,第 n 项 x_n 叫作数列的一般项或通项.

例如:$\dfrac{1}{2}, \dfrac{2}{3}, \dfrac{3}{4}, \cdots, \dfrac{n}{n+1}, \cdots$ 是通项 $x_n = \dfrac{n}{n+1}$ 的数列.

常见的数列有:

1. 等差数列

通项公式 $a_n = a_1 + (n-1)d$.

前 n 项和公式 $S_n = \dfrac{n(a_1 + a_n)}{2}$ 或 $S_n = na_1 + \dfrac{n(n-1)}{2}d$.

2. 等比数列

通项公式 $a_n = a_1 q^{n-1}$.

前 n 项和公式 $S_n = \dfrac{a_1(1-q^n)}{1-q}$ $(q \neq 1)$.

数列 $\{x_n\}$ 也可以看作自变量为正整数 n 的函数.
$$x_n = f(n), \quad n \in \mathbf{Z}^+.$$

当自变量 n 依次取 1,2,3 等一切正整数时,对应的函数值就排成数列 $\{x_n\}$.

数列的几何意义:数列 $\{x_n\}$ 可看作数轴上的一个动点,它依次取数轴上的点 $x_1, x_2, x_3, \cdots, x_n, \cdots$(如图 2-1 所示).

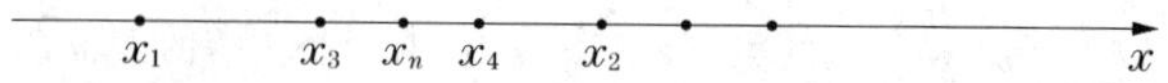

图 2-1

对于给定的数列 $\{x_n\}$,重要的不是研究它的每一项数值如何,而是要知道,当项数 n 无限增大时,x_n 是如何变化的.

观察下列的数列:

(1) $\left\{\dfrac{1}{n}\right\}$:$1, \dfrac{1}{2}, \dfrac{1}{3}, \cdots, \dfrac{1}{n}, \cdots$;

(2) $\left\{\dfrac{n}{n+1}\right\}$：$\dfrac{1}{2},\dfrac{2}{3},\dfrac{3}{4},\cdots,\dfrac{n}{n+1},\cdots$；

(3) $\left\{(-1)^n\dfrac{1}{n}\right\}$：$-1,\dfrac{1}{2},-\dfrac{1}{3},\cdots,(-1)^n\dfrac{1}{n},\cdots$；

(4) $\{2n\}$：$2,4,6,\cdots,2n,\cdots$；

(5) $\{(-1)^{n+1}\}$：$1,-1,1,-1,\cdots,(-1)^{n+1},\cdots$.

它们的一般项分别为：

(1) $x_n=\dfrac{1}{n}$；

(2) $x_n=\dfrac{n}{n+1}$；

(3) $x_n=(-1)^n\dfrac{1}{n}$；

(4) $x_n=2n$；

(5) $x_n=(-1)^{n+1}$.

下面利用数列的几何意义，观察当 n 无限增大时，x_n 的变化情况.

(1) $\left\{\dfrac{1}{n}\right\}$.

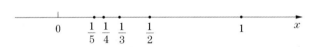

图 2-2

当 n 无限增大时，一般项 $x_n=\dfrac{1}{n}$ 从 0 的右侧无限接近于常数 0.

(2) $\left\{\dfrac{n}{n+1}\right\}$.

图 2-3

当 n 无限增大时，一般项 $x_n=\dfrac{n}{n+1}$ 从 1 的左侧无限接近于常数 1.

(3) $\left\{(-1)^n\dfrac{1}{n}\right\}$.

图 2-4

当 n 无限增大时，一般项 $x_n=(-1)^n\dfrac{1}{n}$ 从 0 的左右两侧无限接近于常数 0.

(4) $\{2n\}$.

图 2-5

当 n 无限增大时，一般项 $x=2n$ 也无限增大.

(5) $\{(-1)^{n+1}\}$.

图 2-6

当 n 无限增大时,一般项 $x=(-1)^{n+1}$ 有时为 1,有时为 -1.

通过对以上 5 个数列的观察可以看出,当 n 无限增大时,数列 $\{x_n\}$ 的一般项 x_n 的变化趋势有两种:一种是无限接近于某一确定的常数,如(1),(2),(3);另一种是不能接近一个确定的常数,如(4),(5).这样可以得到数列极限的描述性定义.

定义 2 设数列 $\{x_n\}$,如果当 n 无限增大时,x_n 无限接近于一个确定的常数 a,则称数 a 是数列 $\{x_n\}$ 当 n 无限增大时的极限,或称数列 $\{x_n\}$ 收敛于 a,记作 $\lim\limits_{n\to\infty}x_n=a$ 或 $x_n\to a\,(n\to\infty)$,否则称数列 $\{x_n\}$ 没有极限或称数列 $\{x_n\}$ 发散.

如:(1) $\lim\limits_{n\to\infty}\dfrac{1}{n}=0$; (2) $\lim\limits_{n\to\infty}\dfrac{n}{n+1}=1$;

(3) $\lim\limits_{n\to\infty}(-1)^n\dfrac{1}{n}=0$; (4) $\lim\limits_{n\to\infty}2n$ 不存在;

(5) $\lim\limits_{n\to\infty}(-1)^{n+1}$ 不存在.

二、函数的极限

数列是一种特殊的函数,是自变量取正整数的函数,下面讨论一般函数的极限.

1. $x\to+\infty$ 时,函数 $f(x)$ 的极限

定义 3 设函数 $f(x)$ 在 $(b,+\infty)$(b 为某个实数)内有定义,如果当自变量 x 沿着 x 轴的正向无限增大时,相应的函数值 $f(x)$ 无限接近于某一个确定的常数 A,则称 A 为 $x\to+\infty$ 时函数 $f(x)$ 的极限,记作 $\lim\limits_{x\to+\infty}f(x)=A$ 或 $f(x)\to A\,(x\to+\infty)$.

例 1 函数 $y=2^{-x}$,当 x 无限增大时,函数值 y 无限接近于常数 0(如图 2-7 所示).

由此可知 $\lim\limits_{x\to+\infty}2^{-x}=0$.

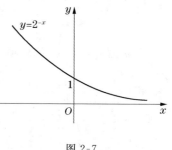

图 2-7

例 2 一个 5Ω 的电阻器与一个电阻为 R 的可变电阻并联,电路的总电阻为 $R_T=\dfrac{5R}{5+R}$.当含有可变电阻 R 的这条支路突然断路时,可变电阻为 $R\to+\infty$ 时电路的总电阻的极限,记为 $\lim\limits_{R\to+\infty}\dfrac{5R}{5+R}$.

由实际情况可知 $\lim\limits_{R\to+\infty}\dfrac{5R}{5+R}=5$.

2. $x\to-\infty$ 时,函数 $f(x)$ 的极限

定义 4 设函数 $f(x)$ 在 $(-\infty,b)$(b 为某个实数)内有定义,如果当自变量 x 沿着 x 轴的负向无限减小时,相应的函数值 $f(x)$ 无限接近于某一个确定的常数 A,则称 A 为 $x\to-\infty$ 时

函数 $f(x)$ 的极限,记作 $\lim\limits_{x\to-\infty}f(x)=A$ 或 $f(x)\to A\ (x\to-\infty)$.

例 3 函数 $y=e^x$,当 $x\to-\infty$ 时函数值无限接近于常数 0(如图 2-8 所示).

由此可知 $\lim\limits_{x\to-\infty}e^x=0$.

3. $x\to\infty$ 时,函数 $f(x)$ 的极限

定义 5 设函数 $f(x)$ 在 $|x|>b$(b 为某个正实数)时有定义,如果当自变量 x 的绝对值无限增大时,相应的函数值 $f(x)$ 无限接近于某一个确定的常数 A,则称 A 为 $x\to\infty$ 时函数 $f(x)$ 的极限,记作 $\lim\limits_{x\to\infty}f(x)=A$ 或 $f(x)\to A\ (x\to\infty)$.

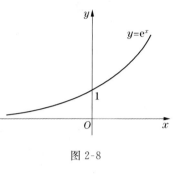

图 2-8

例 4 函数 $f(x)=1+\dfrac{1}{x}$,当 $|x|$ 无限增大时,$f(x)$ 的函数值无限接近于常数 1(如图 2-9 所示).

由此可知 $\lim\limits_{x\to\infty}\left(1+\dfrac{1}{x}\right)=1$.

4. $x\to x_0$ 时,函数 $f(x)$ 的极限

例 5 研究函数:

(1) $f(x)=x+1$; (2) $g(x)=\dfrac{x^2-1}{x-1}$.

当 x 无限趋近于 1 时,函数的变化趋势.

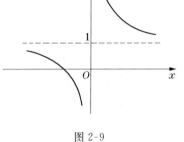

图 2-9

解 (1) $f(x)$ 的定义域为 $(-\infty,+\infty)$. 由图 2-10 知,当 $x\to1$ 时,函数 $f(x)$ 的值无限接近于常数 2.

(2) $g(x)$ 的定义域为 $(-\infty,1)\cup(1,+\infty)$. 即当 $x=1$ 时,函数没有定义. 由图 2-11 知,当 $x\to1$ 时,函数 $g(x)$ 的值无限接近于常数 2.

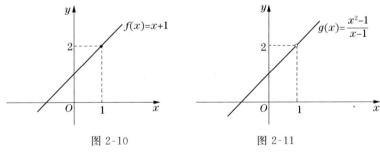

图 2-10   图 2-11

定义 6 设函数 $f(x)$ 在点 x_0 的附近有定义(点 x_0 除外),如果当 $x\to x_0$ 时,相应的函数值 $f(x)$ 无限接近于某一个确定的常数 A,则称 A 为 $f(x)$ 在当 $x\to x_0$ 时的极限,记作 $\lim\limits_{x\to x_0}f(x)=A$ 或记作 $f(x)\to A\ (x\to x_0)$,如上例 5 中,(1) 记作 $\lim\limits_{x\to1}(x+1)=2$,(2) 记作 $\lim\limits_{x\to1}\dfrac{x^2-1}{x-1}=2$.

例 6 若一个人沿直线走向目标——路灯的正下方那一点. 设路灯的高度为 H,人的高度为 h,人离目标的距

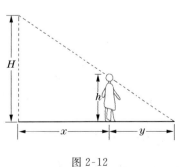

图 2-12

离为 x,人影长度为 y(如图 2-12 所示),则 $y=\dfrac{h}{H-h}x$.当人越来越接近目标($x\to 0$)时,显然,人影的长度 $y=\dfrac{h}{H-h}x\to 0$,即 $\lim\limits_{x\to 0}\dfrac{h}{H-h}x=0$.

例 7 设 $f(x)=\begin{cases}x+1, & x\neq 0,\\ 0, & x=0.\end{cases}$ 求 $\lim\limits_{x\to 0}f(x),f(0)$.

解 由函数 $f(x)$ 的图像(如图 2-13 所示)知
$$\lim_{x\to 0}f(x)=1, \quad f(0)=0.$$

注:① 函数 $f(x)$ 在点 x_0 处的极限与函数 $f(x)$ 在点 x_0 处有无定义无关.

② 函数 $f(x)$ 在 x_0 处的极限并非 $f(x)$ 在 x_0 点的函数值,而是当 $x\to x_0$ 时,$f(x)$ 的变化趋势.

5. $x\to x_0^+$,$x\to x_0^-$ 时,函数 $f(x)$ 的极限

定义 7 设函数 $f(x)$ 在 x_0 右侧有定义.如果当 x 从 x_0 的右侧趋向于 x_0 时,相应的函数值 $f(x)$ 无限接近于某一个确定的常数 A,则称 A 为 $f(x)$ 当 $x\to x_0^+$ 时的极限(也称 $x\to x_0$ 时 $f(x)$ 的右极限).记作

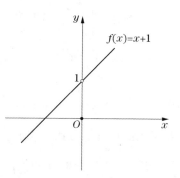

图 2-13

$$\lim_{x\to x_0^+}f(x)=A \quad 或 \quad f(x)\to A\ (x\to x_0^+).$$

设函数 $f(x)$ 在点 x_0 左侧有定义,如果当 x 从 x_0 左侧趋向于 x_0 时,相应的函数值 $f(x)$ 无限接近于某一个确定的常数 A,则称 A 为 $f(x)$ 当 $x\to x_0^-$ 时的极限(也称 $x\to x_0$ 时 $f(x)$ 的左极限).记作

$$\lim_{x\to x_0^-}f(x)=A \quad 或 \quad f(x)\to A\ (x\to x_0^-).$$

根据定义 6 和定义 7,我们可以得出当 $x\to x_0$ 时,$f(x)$ 极限存在的充分必要条件.

定理 1 当 $x\to x_0$ 时,$f(x)$ 极限为 A 的充分必要条件是 $f(x)$ 在点 x_0 处左、右极限都存在,且都等于 A.即

$$\lim_{x\to x_0}f(x)=A \Leftrightarrow \lim_{x\to x_0^-}f(x)=\lim_{x\to x_0^+}f(x)=A.$$

例 8 设 $f(x)=\begin{cases}x+2, & x\geqslant 1,\\ 3x, & x<1.\end{cases}$

试判断 $\lim\limits_{x\to 1}f(x)$ 是否存在.

解 先分别求 $f(x)$ 当 $x\to 1$ 时的左、右极限.
$$\lim_{x\to 1^-}f(x)=\lim_{x\to 1^-}3x=3,$$
$$\lim_{x\to 1^+}f(x)=\lim_{x\to 1^+}(x+2)=3.$$

根据极限存在的充要条件知:$\lim\limits_{x\to 1}f(x)$ 存在,且 $\lim\limits_{x\to 1}f(x)=3$.

例 9 设函数 $f(x)=\begin{cases}x-1, & x<0,\\ x+1, & x\geqslant 0.\end{cases}$

试判断 $\lim\limits_{x\to 0}f(x)$ 是否存在.

解 $x \to 0$ 时 $f(x)$ 的左、右极限：
$$\lim_{x \to 0^-} f(x) = \lim_{x \to 0^-} (x-1) = -1,$$
$$\lim_{x \to 0^+} f(x) = \lim_{x \to 0^+} (x+1) = 1.$$

因为 $\lim_{x \to 0^-} f(x) \neq \lim_{x \to 0^+} f(x)$，所以 $\lim_{x \to 0} f(x)$ 不存在. 函数图像如图 2-14 所示.

例 10 如图 2-15 所示的矩形波在一个周期 $[-\pi, \pi]$ 内的函数(解析式)为

$$f(x) = \begin{cases} 0, & -\pi \leqslant x < 0, \\ A, & 0 \leqslant x \leqslant \pi. \end{cases} \quad (A \neq 0),$$

问函数 $f(x)$ 在 $x=0$ 处的极限是多少？

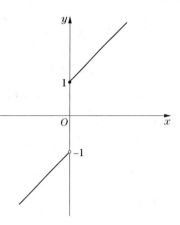

图 2-14

解 $\lim_{x \to 0^-} f(x) = \lim_{x \to 0^-} 0 = 0,$

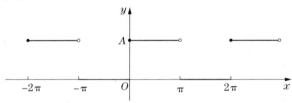

图 2-15

$$\lim_{x \to 0^+} f(x) = \lim_{x \to 0^+} A = A.$$

因为 $\lim_{x \to 0^-} f(x) \neq \lim_{x \to 0^+} f(x)$，所以 $\lim_{x \to 0} f(x)$ 不存在.

习题 2.1

1. 观察下列数列是否收敛，若收敛，写出它们的极限.

(1) $1, -\dfrac{1}{2}, \dfrac{1}{3}, -\dfrac{1}{4}, \cdots, (-1)^{n+1}\dfrac{1}{n}, \cdots$;

(2) $0, \dfrac{1}{3}, \dfrac{2}{5}, \dfrac{3}{7}, \dfrac{4}{9}, \cdots, \dfrac{n-1}{2n-1}, \cdots$;

(3) $1-\dfrac{1}{2}, 1-\dfrac{1}{2^2}, 1-\dfrac{1}{2^3}, \cdots, 1-\dfrac{1}{2^n}, \cdots$;

(4) $5, 5, 5, \cdots, 5, \cdots$;

(5) $1, \dfrac{5}{2}, \dfrac{5}{3}, \dfrac{9}{4}, \dfrac{9}{5}, \cdots, \dfrac{2n+(-1)^n}{n}, \cdots$;

(6) $1, 3, 5, \cdots, 2n-1, \cdots$;

(7) $-\dfrac{1}{2}, \dfrac{2}{3}, -\dfrac{3}{4}, \dfrac{4}{5}, \cdots, (-1)^n \dfrac{n}{n+1}, \cdots$;

(8) $\dfrac{1}{2}, \dfrac{3}{2}, \dfrac{1}{3}, \dfrac{4}{3}, \cdots, \dfrac{1}{n+1}, \dfrac{n+2}{n+1}, \cdots$.

2. 观察循环数列

$$0.9, 0.99, 0.999, \cdots, 0.\underbrace{999\cdots 9}_{n\text{个}}, \cdots$$

的变化趋势，判断 $\lim_{n \to \infty} 0.\underbrace{999\cdots 9}_{n\text{个}}$ 是否存在.

3. 一只球从 100m 的高空掉下，每次弹回的高度为上次高度的 $\dfrac{2}{3}$，这样运动下去. 用球第 $1, 2, \cdots, n$ 次的高度来表示球的运动规律，则得数列

$$100, 100 \times \dfrac{2}{3}, 100 \times \left(\dfrac{2}{3}\right)^2, \cdots, 100 \times \left(\dfrac{2}{3}\right)^{n-1}, \cdots.$$

以数列的变化趋势,判断 $\lim\limits_{n\to\infty}100\times\left(\dfrac{2}{3}\right)^{n-1}$ 是否存在.

4. 若某人有本金 A 元,银行存款的年利率为 r,不考虑个人所得税. 试建立此人 n 年来的本利和数列,并分析此数列的极限,解释其实际意义.

5. 观察函数 $f(x)=\dfrac{1}{x}$ 的图像,判断 $\lim\limits_{x\to\infty}\dfrac{1}{x}$ 是否存在.

6. 利用函数图像求 $\lim\limits_{x\to-\infty}(1+\mathrm{e}^x)$.

7. 利用函数图像求下列函数的极限.

(1) 求 $\lim\limits_{x\to 1}(3x-1)$; (2) 求 $\lim\limits_{x\to -1}x^2$; (3) 求 $\lim\limits_{x\to\frac{1}{2}}\dfrac{4x^2-1}{2x-1}$.

8. 设函数
$$f(x)=\begin{cases}-x^2, & x\neq 0,\\ 1, & x=0.\end{cases}$$

判断 $\lim\limits_{x\to 0}f(x)$ 是否存在.

9. 设函数
$$f(x)=\begin{cases}x+1, & x<3,\\ 2x-3, & x>3.\end{cases}$$

试利用函数极限存在的充要条件判断 $\lim\limits_{x\to 3}f(x)$ 是否存在.

10. 设函数
$$f(x)=\begin{cases}\sqrt{x}, & x\geqslant 0,\\ \dfrac{1}{x}, & x<0.\end{cases}$$

试判断 $\lim\limits_{x\to 0}f(x)$ 是否存在.

11. 在一个电路中电荷量 Q 由下式定义
$$Q=\begin{cases}c, & t\leqslant 0,\\ c\mathrm{e}^{-\frac{t}{R}}, & t>0.\end{cases}$$

其中 c,R 为正常数,分析电荷量 Q 在时间 $t\to 0$ 时的极限.

§2.2 极限的四则运算法则

前一节给出了极限的定义,但没有给出求极限的具体方法,这一节我们不加证明地给出极限的四则运算法则.

为简便起见,"求 $\lim f(x)$"没有注明自变量的变化过程,都规定 x 在同一变化过程中,即都是 $x\to x_0$ 或 $x\to\infty$ 等.

定理 设 $\lim f(x)=A,\lim g(x)=B$,则

(1) $\lim[f(x)\pm g(x)]=\lim f(x)\pm\lim g(x)=A\pm B$;

(2) $\lim[f(x)g(x)]=\lim f(x)\lim g(x)=AB$;

(3) $\lim\dfrac{f(x)}{g(x)}=\dfrac{\lim f(x)}{\lim g(x)}=\dfrac{A}{B}$ $(B\neq 0)$.

注:① 关于数列的极限有类似的四则运算法则.

② 法则(1),(2)可推广到有限个函数的情形.

推论 1 $\lim k = k$ （k 为常数）.

推论 2 $\lim[kf(x)] = k\lim f(x) = kA$ （k 为常数）.

推论 3 $\lim[f(x)]^n = [\lim f(x)]^n = A^n$.

例 1 求 $\lim\limits_{x \to 1}(x^2 + 2x + 3)$.

解 $\lim\limits_{x \to 1}(x^2 + 2x + 3) = \lim\limits_{x \to 1}x^2 + \lim\limits_{x \to 1}2x + \lim\limits_{x \to 1}3$
$= (\lim\limits_{x \to 1}x)^2 + 2\lim\limits_{x \to 1}x + 3$
$= 1^2 + 2 \times 1 + 3 = 6.$

例 2 求 $\lim\limits_{x \to 1}\dfrac{x^2 - 2}{x^2 - x + 1}$.

解 分母的极限不为零

$$\lim_{x \to 1}\frac{x^2 - 2}{x^2 - x + 1} = \frac{\lim\limits_{x \to 1}(x^2 - 2)}{\lim\limits_{x \to 1}(x^2 - x + 1)} = \frac{\lim\limits_{x \to 1}x^2 - \lim\limits_{x \to 1}2}{\lim\limits_{x \to 1}x^2 - \lim\limits_{x \to 1}x + \lim\limits_{x \to 1}1}$$
$$= \frac{1 - 2}{1 - 1 + 1} = -1.$$

例 3 求 $\lim\limits_{x \to 2}\dfrac{x^2 - 4}{x^2 - 3x + 2}$.

解 当 $x \to 2$ 时,分子、分母的极限均为零,不能直接运用法则,分子、分母中有公因式 $x - 2$,当 $x \to 2$ 时 $x - 2 \neq 0$,可约去不为零的公因式 $x - 2$,所以

$$\lim_{x \to 2}\frac{x^2 - 4}{x^2 - 3x + 2} = \lim_{x \to 2}\frac{(x+2)(x-2)}{(x-1)(x-2)} = \lim_{x \to 2}\frac{x + 2}{x - 1} = 4.$$

例 4 求下列极限:

(1) $\lim\limits_{x \to \infty}\dfrac{2x^2 - x + 1}{3x^2 + x - 4}$;   (2) $\lim\limits_{x \to \infty}\dfrac{2x + 1}{x^2 + x - 1}$.

解 (1) 当 $x \to \infty$ 时,分子、分母的极限都不存在,不能直接运用商的法则,分子、分母同除以 x 的最高次幂 x^2,则有

$$\lim_{x \to \infty}\frac{2x^2 - x + 1}{3x^2 + x - 4} = \lim_{x \to \infty}\frac{2 - \dfrac{1}{x} + \dfrac{1}{x^2}}{3 + \dfrac{1}{x} - \dfrac{4}{x^2}} = \frac{\lim\limits_{x \to \infty}\left(2 - \dfrac{1}{x} + \dfrac{1}{x^2}\right)}{\lim\limits_{x \to \infty}\left(3 + \dfrac{1}{x} - \dfrac{4}{x^2}\right)}$$

$$= \frac{\lim\limits_{x \to \infty}2 - \lim\limits_{x \to \infty}\dfrac{1}{x} + \lim\limits_{x \to \infty}\dfrac{1}{x^2}}{\lim\limits_{x \to \infty}3 + \lim\limits_{x \to \infty}\dfrac{1}{x} - 4\lim\limits_{x \to \infty}\dfrac{1}{x^2}} = \frac{2 - 0 + 0}{3 + 0 - 0} = \frac{2}{3}.$$

(2) $\lim\limits_{x \to \infty}\dfrac{2x + 1}{x^2 + x - 1} = \lim\limits_{x \to \infty}\dfrac{\dfrac{2}{x} + \dfrac{1}{x^2}}{1 + \dfrac{1}{x} - \dfrac{1}{x^2}} = \dfrac{0}{1} = 0.$

一般地,当 $a_0 \neq 0, b_0 \neq 0, m, n$ 为非负整数时,有

$$\lim_{x \to \infty}\frac{a_0 x^n + a_1 x^{n-1} + \cdots + a_n}{b_0 x^m + b_1 x^{m-1} + \cdots + b_m} = \begin{cases} \infty, & m < n, \\ \dfrac{a_0}{b_0}, & \text{当 } m = n, \\ 0, & \text{当 } m > n. \end{cases}$$

例5 求 $\lim\limits_{x\to 1}\left(\dfrac{x^3-1}{x^2-1}\right)^3$.

解 $\lim\limits_{x\to 1}\left(\dfrac{x^3-1}{x^2-1}\right)^3=\left(\lim\limits_{x\to 1}\dfrac{x^3-1}{x^2-1}\right)^3=\left(\lim\limits_{x\to 1}\dfrac{x^2+x+1}{x+1}\right)^3=\left(\dfrac{3}{2}\right)^3=\dfrac{27}{8}$.

例6 求 $\lim\limits_{x\to 0}\dfrac{\sqrt{1+x}-1}{x}$.

解 $\lim\limits_{x\to 0}\dfrac{\sqrt{1+x}-1}{x}=\lim\limits_{x\to 0}\dfrac{(\sqrt{1+x}-1)(\sqrt{1+x}+1)}{x(\sqrt{1+x}+1)}$

$=\lim\limits_{x\to 0}\dfrac{x}{x(\sqrt{1+x}+1)}=\lim\limits_{x\to 0}\dfrac{1}{\sqrt{1+x}+1}=\dfrac{1}{2}$.

例7 求 $\lim\limits_{x\to 1}\left(\dfrac{1}{x-1}-\dfrac{2}{x^2-1}\right)$.

解 当 $x\to 1$ 时,$\dfrac{1}{x-1}$ 和 $\dfrac{2}{x^2-1}$ 的极限都不存在,因此不能直接用求和的极限法则,这时可将函数变形

$\lim\limits_{x\to 1}\left(\dfrac{1}{x-1}-\dfrac{2}{x^2-1}\right)=\lim\limits_{x\to 1}\dfrac{x+1-2}{x^2-1}=\lim\limits_{x\to 1}\dfrac{1}{x+1}=\dfrac{1}{2}$.

例8 已知某厂生产 x 个汽车轮胎的成本(单位:元)为 $C(x)=300+\sqrt{1+x^2}$,生产 x 个汽车轮胎的平均成本为 $\dfrac{C(x)}{x}$,当产量很大时,每个轮胎的成本大致为 $\lim\limits_{x\to+\infty}\dfrac{C(x)}{x}$,试求这个极限.

解 $\lim\limits_{x\to+\infty}\dfrac{C(x)}{x}=\lim\limits_{x\to+\infty}\dfrac{300+\sqrt{1+x^2}}{x}=\lim\limits_{x\to+\infty}\left(\dfrac{300}{x}+\sqrt{1+\dfrac{1}{x^2}}\right)$

$=\lim\limits_{x\to+\infty}\dfrac{300}{x}+\lim\limits_{x\to+\infty}\sqrt{1+\dfrac{1}{x^2}}=0+1=1$.

习题 2.2

1. 求下列极限:

(1) $\lim\limits_{n\to\infty}\dfrac{1+2+3+\cdots+n}{n^2}$;

(2) $\lim\limits_{n\to\infty}\left(1+\dfrac{1}{2}+\dfrac{1}{4}+\cdots+\dfrac{1}{2^n}\right)$;

(3) $\lim\limits_{n\to\infty}\dfrac{n^3+2n^2-3n+1}{3n^3}$.

2. 求下列函数的极限:

(1) $\lim\limits_{x\to 1}(x^2-2x+3)$;

(2) $\lim\limits_{x\to 1}\dfrac{x^2+1}{x^3+2}$;

(3) $\lim\limits_{x\to\sqrt{2}}\dfrac{x^2-2}{x^2+1}$;

(4) $\lim\limits_{x\to -2}\dfrac{x^2-4}{x+2}$;

(5) $\lim\limits_{x\to -1}\dfrac{x^2-1}{2x^2+x-1}$;

(6) $\lim\limits_{x\to 1}\left(\dfrac{1}{1-x}-\dfrac{3}{1-x^3}\right)$;

(7) $\lim\limits_{x\to\infty}\dfrac{2x^2-3x+1}{3x^2+2x-1}$;

(8) $\lim\limits_{x\to\infty}\dfrac{x^2-2x-1}{3x^3+2x^2+1}$.

3. 求下列函数的极限：

(1) $\lim\limits_{x\to 3}\sqrt{\dfrac{x-3}{x^2-9}}$； (2) $\lim\limits_{x\to\infty}\left(\dfrac{x^2-1}{2x^2+1}\right)^3$.

4. 设一产品的价格满足 $P(t)=20-20\mathrm{e}^{-0.5t}$（单位：元），随着时间的推移，产品价格会随之变化，请你对该产品的长期价格做一预测.

§2.3 两个重要极限

这节介绍两个重要极限：$\lim\limits_{x\to 0}\dfrac{\sin x}{x}=1$ 和 $\lim\limits_{x\to\infty}\left(1+\dfrac{1}{x}\right)^x=\mathrm{e}$.

一、重要极限 $\lim\limits_{x\to 0}\dfrac{\sin x}{x}=1$

我们先列表看当 $x\to 0$ 时，$\dfrac{\sin x}{x}$ 的变化趋势.

表 2—1

x	± 0.5	± 0.1	± 0.01	± 0.0001	$\to 0$
$\dfrac{\sin x}{x}$	0.9589	0.9983	0.99998	0.999999998	$\to 1$

从上表中可以看出，当 $x\to 0$ 时，$\dfrac{\sin x}{x}\to 1$，即

$$\lim_{x\to 0}\dfrac{\sin x}{x}=1.$$

注：① 由当 $x\to 0$ 时，$\sin x\to 0$，$x\to 0$ 知，这个重要极限属于 $\dfrac{0}{0}$ 型的极限.

② 实际运用过程中，x 可以是一个表达式"□"，其一般变形形式为

$$\lim_{\square\to 0}\dfrac{\sin\square}{\square}=1.$$

例 1 求 $\lim\limits_{x\to 0}\dfrac{\sin 5x}{x}$.

解 当 $x\to 0$ 时，$5x\to 0$.

$$\lim_{x\to 0}\dfrac{\sin 5x}{x}=\lim_{x\to 0}\dfrac{5\sin 5x}{5x}=5\lim_{5x\to 0}\dfrac{\sin 5x}{5x}=5\times 1=5.$$

例 2 $\lim\limits_{x\to 0}\dfrac{\tan x}{x}$.

解 $\lim\limits_{x\to 0}\dfrac{\tan x}{x}=\lim\limits_{x\to 0}\dfrac{\sin x}{x}\cdot\dfrac{1}{\cos x}=\lim\limits_{x\to 0}\dfrac{\sin x}{x}\cdot\lim\limits_{x\to 0}\dfrac{1}{\cos x}=1\times 1=1.$

例 3 求 $\lim\limits_{x\to 0}\dfrac{\sin 3x}{\sin 4x}$.

解 当 $x\to 0$ 时，$3x\to 0$，$4x\to 0$.

$$\lim_{x\to 0}\frac{\sin 3x}{\sin 4x}=\lim_{x\to 0}\frac{3\dfrac{\sin 3x}{3x}}{4\dfrac{\sin 4x}{4x}}=\frac{3\lim\limits_{3x\to 0}\dfrac{\sin 3x}{3x}}{4\lim\limits_{4x\to 0}\dfrac{\sin 4x}{3x}}=\frac{3}{4}.$$

例 4 求 $\lim\limits_{x\to 0}\dfrac{1-\cos x}{x^2}$.

解 $\lim\limits_{x\to 0}\dfrac{1-\cos x}{x^2}=\lim\limits_{x\to 0}\dfrac{2\sin^2\dfrac{x}{2}}{x^2}=\lim\limits_{x\to 0}\dfrac{1}{2}\left(\dfrac{\sin\dfrac{x}{2}}{\dfrac{x}{2}}\right)^2=\dfrac{1}{2}\lim\limits_{x\to 0}\left(\dfrac{\sin\dfrac{x}{2}}{\dfrac{x}{2}}\right)^2=\dfrac{1}{2}.$

例 5 求 $\lim\limits_{x\to\infty}x\sin\dfrac{1}{x}$.

解 当 $x\to\infty$ 时,$\dfrac{1}{x}\to 0$.

$$\lim_{x\to\infty}x\sin\frac{1}{x}=\lim_{x\to\infty}\frac{\sin\dfrac{1}{x}}{\dfrac{1}{x}}=\lim_{\frac{1}{x}\to 0}\frac{\sin\dfrac{1}{x}}{\dfrac{1}{x}}=1.$$

例 6 求 $\lim\limits_{x\to 1}\dfrac{\sin(x^2-1)}{x-1}$.

解 当 $x\to 1$ 时,$x-1\to 0$,$x^2-1\to 0$.

$$\lim_{x\to 1}\frac{\sin(x^2-1)}{x-1}=\lim_{x\to 1}\frac{(x+1)\sin(x^2-1)}{x^2-1}=\lim_{x\to 1}(x+1)\lim_{x^2-1\to 0}\frac{\sin(x^2-1)}{x^2-1}$$
$$=2\times 1=2.$$

二、重要极限 $\lim\limits_{x\to\infty}\left(1+\dfrac{1}{x}\right)^x=\mathrm{e}$

我们首先列表观察 $n\to\infty$ 时,数列 $\left\{\left(1+\dfrac{1}{n}\right)^n\right\}$ 的变化趋势.

表 2—2

n	1	2	5	10	10^2	10^4	10^6	$\to\infty$
$\left(1+\dfrac{1}{n}\right)^n$	2.0	2.25	2.48832	2.593742	2.704814	2.718268	2.718280	$\to\mathrm{e}$

从表中可以看出,当 $n\to\infty$ 时,$\left(1+\dfrac{1}{n}\right)^n\to\mathrm{e}$,即

$$\lim_{n\to\infty}\left(1+\frac{1}{n}\right)^n=\mathrm{e}.$$

实际上,对于实数变量 x 也有

$$\lim_{x\to\infty}\left(1+\frac{1}{x}\right)^x=\mathrm{e}.$$

令 $\dfrac{1}{x}=t$,当 $x\to\infty$ 时,$t\to 0$,于是有 $\lim\limits_{t\to 0}(1+t)^{\frac{1}{t}}=\mathrm{e}$.

同样,公式中的 x 或 t 可以是一个表达式"□",上述两个式子的变形形式为

$$\lim_{\square\to\infty}\left(1+\frac{1}{\square}\right)^{\square}=\mathrm{e} \quad 或 \quad \lim_{\square\to 0}(1+\square)^{\frac{1}{\square}}=\mathrm{e}.$$

例 7 求 $\lim\limits_{x\to\infty}\left(1-\dfrac{1}{x}\right)^x$.

解 $\lim\limits_{x\to\infty}\left(1-\dfrac{1}{x}\right)^x=\lim\limits_{x\to\infty}\left[\left(1+\dfrac{1}{-x}\right)^{-x}\right]^{-1}=\left[\lim\limits_{-x\to\infty}\left(1+\dfrac{1}{-x}\right)^{-x}\right]^{-1}=\mathrm{e}^{-1}$.

例 8 求 $\lim\limits_{x\to\infty}\left(1+\dfrac{2}{x}\right)^x$.

解 $\lim\limits_{x\to\infty}\left(1+\dfrac{2}{x}\right)^x=\lim\limits_{x\to\infty}\left(1+\dfrac{1}{\frac{x}{2}}\right)^x=\lim\limits_{x\to\infty}\left[\left(1+\dfrac{1}{\frac{x}{2}}\right)^{\frac{x}{2}}\right]^2$

$\qquad\qquad=\lim\limits_{\frac{x}{2}\to\infty}\left[\left(1+\dfrac{1}{\frac{x}{2}}\right)^{\frac{x}{2}}\right]^2=\mathrm{e}^2$.

例 9 求 $\lim\limits_{x\to 0}(1+3x)^{\frac{1}{x}}$.

解 $\lim\limits_{x\to 0}(1+3x)^{\frac{1}{x}}=\lim\limits_{x\to 0}\left[(1+3x)^{\frac{1}{3x}}\right]^3=\lim\limits_{3x\to 0}\left[(1+3x)^{\frac{1}{3x}}\right]^3=\mathrm{e}^3$.

例 10 求 $\lim\limits_{x\to\infty}\left(\dfrac{2-x}{3-x}\right)^x$.

解法一 $\lim\limits_{x\to\infty}\left(\dfrac{2-x}{3-x}\right)^x=\lim\limits_{x\to\infty}\left(\dfrac{x-3+1}{x-3}\right)^x=\lim\limits_{x\to\infty}\left(1+\dfrac{1}{x-3}\right)^x$

$\qquad\qquad=\lim\limits_{x\to\infty}\left[\left(1+\dfrac{1}{x-3}\right)^{x-3}\cdot\left(1+\dfrac{1}{x-3}\right)^3\right]$

$\qquad\qquad=\lim\limits_{x-3\to\infty}\left(1+\dfrac{1}{x-3}\right)^{x-3}\lim\limits_{x\to\infty}\left(1+\dfrac{1}{x-3}\right)^3$

$\qquad\qquad=\mathrm{e}\cdot 1=\mathrm{e}$.

解法二 $\lim\limits_{x\to\infty}\left(\dfrac{2-x}{3-x}\right)^x=\lim\limits_{x\to\infty}\left(\dfrac{1-\dfrac{2}{x}}{1-\dfrac{3}{x}}\right)^x=\dfrac{\lim\limits_{x\to\infty}\left(1+\dfrac{1}{-\dfrac{x}{2}}\right)^x}{\lim\limits_{x\to\infty}\left(1+\dfrac{1}{-\dfrac{x}{3}}\right)^x}$

$\qquad\qquad=\dfrac{\mathrm{e}^{-2}}{\mathrm{e}^{-3}}=\mathrm{e}$.

习题 2.3

1. 求下列极限：

(1) $\lim\limits_{x\to 0}\dfrac{\sin ax}{x}$ ($a\neq 0$ 常数);   (2) $\lim\limits_{x\to 0}\dfrac{x}{\tan 2x}$;   (3) $\lim\limits_{x\to 0}\dfrac{\sin 2x}{\tan 3x}$;

(4) $\lim\limits_{x\to 1}\dfrac{(x-1)^2}{\sin(x-1)}$;   (5) $\lim\limits_{x\to\infty}x\tan\dfrac{1}{x}$;   (6) $\lim\limits_{x\to\pi}\dfrac{\sin x}{\pi-x}$.

2. 求下列极限：

(1) $\lim\limits_{x\to 0}(1-x)^{\frac{1}{x}}$;   (2) $\lim\limits_{x\to\infty}\left(\dfrac{1+x}{x}\right)^{2x}$;

(3) $\lim\limits_{x\to\infty}\left(1+\dfrac{2}{x}\right)^{x+2}$;   (4) $\lim\limits_{x\to\infty}\left(\dfrac{3x+4}{3x-1}\right)^x$.

§2.4 无穷小与无穷大

运用函数极限的概念,我们讨论两个特殊的极限问题,即无穷小与无穷大的问题.

一、无穷小与无穷大的定义

定义 1 如果函数 $f(x)$ 当 $x \to x_0$(或 $x \to \infty$)时的极限为零,即 $\lim\limits_{\substack{x \to x_0 \\ (x \to \infty)}} f(x) = 0$,则称 $f(x)$ 为 $x \to x_0$(或 $x \to \infty$)时的无穷小.

简单地说,极限为零的变量称为无穷小.

例如:因为 $\lim\limits_{x \to 2}(x-2) = 0$,所以 $x-2$ 是 $x \to 2$ 时的无穷小.

因为 $\lim\limits_{x \to \infty} \dfrac{1}{x} = 0$,所以 $\dfrac{1}{x}$ 是 $x \to \infty$ 时的无穷小.

注:无穷小指的是一个变化过程,是极限为零的变量,不是很小的数,但因为 $\lim 0 = 0$,所以常数零是唯一可作为自变量在任何趋向下($x \to x_0$ 或 $x \to \infty$)的无穷小的常数.

定义 2 如果当 $x \to x_0$(或 $x \to \infty$)时,相应函数值的绝对值 $|f(x)|$ 无限增大,则称 $f(x)$ 是当 $x \to x_0$(或 $x \to \infty$)时的无穷大. 记作 $\lim\limits_{x \to x_0} f(x) = \infty$(或 $\lim\limits_{x \to \infty} f(x) = \infty$).

例如:因为 $\lim\limits_{x \to +\infty} e^x = \infty$,所以 e^x 是 $x \to +\infty$ 时的无穷大;

因为 $\lim\limits_{x \to 0} \dfrac{1}{x} = \infty$,所以 $\dfrac{1}{x}$ 是 $x \to 0$ 时的无穷大.

注:$\lim\limits_{x \to x_0} f(x) = \infty$,并不表示极限存在,仅是为了表述方便,是一个记号.

例 1 自变量 x 在怎样的变化过程中,下列函数是无穷小、无穷大?

(1) $y = \dfrac{1}{x-1}$; (2) $y = 2^x$.

解 (1) 由于 $\lim\limits_{x \to \infty} \dfrac{1}{x-1} = 0$,所以 $\dfrac{1}{x-1}$ 是 $x \to \infty$ 时的无穷小;

由于 $\lim\limits_{x \to 1} \dfrac{1}{x-1} = \infty$,所以 $\dfrac{1}{x-1}$ 是 $x \to 1$ 时的无穷大.

(2) 由于 $\lim\limits_{x \to -\infty} 2^x = 0$,所以 2^x 是 $x \to -\infty$ 时的无穷小;

由于 $\lim\limits_{x \to +\infty} 2^x = +\infty$,所以 2^x 是 $x \to +\infty$ 时的无穷大.

例 2 单摆离开铅直位置的偏度可以用角 θ 来度量,如图 2-16 所示. 这个角可规定当偏到一方(如右方)为正,而偏到另一方(如左方)为负. 如果让单摆自己摆,则由于机械摩擦力和空气阻力,振幅就不断地减小. 在这个过程中,角 θ 是一个无穷小量.

例 3 已知在时间 t(单位 min)容器中的细菌个数为 $y = 10^4 \times 2^{kt}$(k 为常数),那么

(1) 若经过 30min,细菌个数增加一倍,求 k 值;

(2) 预测 $t \to +\infty$ 时容器中细菌的个数.

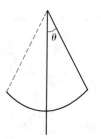

图 2-16

解 (1) 时刻 t 容器中的细菌个数为 $y = 10^4 \times 2^{kt}$,经过 30min,即 $t+30$ 时的细菌个数

为 $10^4 \times 2^{k(t+30)}$,由题意知
$$10^4 \times 2^{k(t+30)} = 2 \times 10^4 \times 2^{kt},$$
解得 $k = \dfrac{1}{30}$.

(2) $\lim\limits_{t \to +\infty} 10^4 \times 2^{\frac{1}{30}t} = 10^4 \cdot \lim\limits_{t \to +\infty} 2^{\frac{1}{30}t} = +\infty.$

由此可知,当时间无限增大时,容器中的细菌个数是无穷大量.

二、无穷小的性质

性质 1 有限个无穷小的代数和仍是无穷小.

例如,因为 $\lim\limits_{x \to \infty} \dfrac{1}{x} = 0, \lim\limits_{x \to \infty} e^{-x^2} = 0$,所以 $\lim\limits_{x \to \infty} \left(\dfrac{1}{x} + e^{-x^2} \right) = 0.$

性质 2 有界函数与无穷小之积仍是无穷小.

例 4 求 $\lim\limits_{x \to \infty} \dfrac{1}{x} \sin x.$

解 因为 $\lim\limits_{x \to \infty} \sin x$ 不存在,所以不能用积的法则,但当 $x \to \infty$ 时,$\dfrac{1}{x}$ 是无穷小,而 $|\sin x| \leqslant 1$,即 $\sin x$ 是有界函数.

根据性质 2,$\dfrac{1}{x} \sin x$ 是当 $x \to \infty$ 时的无穷小,所以 $\lim\limits_{x \to \infty} \dfrac{1}{x} \sin x = 0.$

推论 1 常数与无穷小之积是无穷小.

推论 2 有限个无穷小之积仍是无穷小.

推论 3 在自变量的同一变化过程中,无穷小与无穷大是倒数关系(常数 0 除外).

如 $\lim\limits_{x \to 1}(x-1) = 0$,即当 $x \to 1$ 时 $(x-1)$ 是无穷小,所以当 $x \to 1$ 时,$\dfrac{1}{x-1}$ 是无穷大.

例 5 $\lim\limits_{x \to \infty} \left(x \sin \dfrac{1}{x} + \dfrac{1}{x^2} \cos x \right).$

解 $\lim\limits_{x \to \infty} \left(x \sin \dfrac{1}{x} + \dfrac{1}{x^2} \cos x \right) = \lim\limits_{x \to \infty} \dfrac{\sin \dfrac{1}{x}}{\dfrac{1}{x}} + \lim\limits_{x \to \infty} \dfrac{1}{x^2} \cos x = 1 + 0 = 1.$

这里,求 $\lim\limits_{x \to \infty} \dfrac{1}{x^2} \cos x$ 不能运用乘积的法则($\lim\limits_{x \to \infty} \cos x$ 不存在),而当 $x \to \infty$ 时,$\dfrac{1}{x^2} \to 0$,$|\cos x| \leqslant 1$.

三、常见的等价无穷小

前面已经给出了有限多个无穷小的和与积仍为无穷小的结论,但两个无穷小的商会出现各种不同结果,例如,当 $x \to 0$ 时,$x^2, x, \sin x$ 都是无穷小,但
$$\lim\limits_{x \to 0} \dfrac{x^2}{x} = 0, \quad \lim\limits_{x \to 0} \dfrac{x}{x^2} = \infty, \quad \lim\limits_{x \to 0} \dfrac{\sin x}{x} = 1.$$

可见两个无穷小之比的极限结果不同,这主要反映了作为分子、分母的两个无穷小趋向零的"快慢"程度不同.

一般地,设 α, β 都是在自变量同一变化过程($x \to x_0$ 或 $x \to \infty$)中的无穷小,且 $\alpha \neq 0$:

(1) 如果 $\lim \dfrac{\beta}{\alpha} = 0$,则称 β 与 α 是高阶无穷小,记作 $\beta = o(\alpha)$;

(2) 如果 $\lim\dfrac{\beta}{\alpha}=1$,则称 β 是与 α 等阶的无穷小,记作 $\beta\sim\alpha$.

例如,因为 $\lim\limits_{x\to 0}\dfrac{x^2}{x}=0$,所以当 $x\to 0$ 时 x^2 是比 x 高阶的无穷小,记作 $x^2=o(x)\,(x\to 0)$;

因为 $\lim\limits_{x\to 0}\dfrac{\sin x}{x}=1$,所以当 $x\to 0$ 时,$\sin x$ 与 x 是等价无穷小,记作 $\sin x\sim x\,(x\to 0)$.

关于常见的等价无穷小,有:

$\sin x\sim x\,(x\to 0)$, $\quad\tan x\sim x\,(x\to 0)$, $\quad\arcsin x\sim x\,(x\to 0)$,

$\arctan x\sim x\,(x\to 0)$, $\quad\ln(1+x)\sim x\,(x\to 0)$, $\quad e^x-1\sim x\,(x\to 0)$,

$1-\cos x\sim\dfrac{1}{2}x^2\,(x\to 0)$, $\quad\sqrt{1+x}-1\sim\dfrac{1}{2}x\,(x\to 0)$.

现证明其中两个.

例 6 证明:当 $x\to 0$ 时,$x\sim\arcsin x$.

证 设 $u=\arcsin x$,则 $x=\sin u$,当 $x\to 0$ 时,$u\to 0$.

$$\lim_{x\to 0}\dfrac{\arcsin x}{x}=\lim_{u\to 0}\dfrac{u}{\sin u}=1.$$

即当 $x\to 0$ 时,$x\sim\arcsin x$.

类似地可证明,当 $x\to 0$ 时,$x\sim\arctan x$.

例 7 证明:当 $x\to 0$ 时,$x\sim\ln(1+x)$.

证 $\lim\limits_{x\to 0}\dfrac{\ln(1+x)}{x}=\lim\ln(1+x)^{\frac{1}{x}}=\ln[\lim(1+x)^{\frac{1}{x}}]=\ln e=1.$

即当 $x\to 0$ 时,$\ln(1+x)\sim x$.

类似地可以证明,当 $x\to 0$ 时,$e^x-1\sim x$.

利用无穷小的等价性质,可以方便地计算一些函数的极限,即在自变量的同一变化过程中,如果 $\alpha,\alpha',\beta,\beta'$ 都是无穷小,且 $\alpha\sim\alpha',\beta\sim\beta'$,$\lim\dfrac{\beta'}{\alpha'}$ 存在,则 $\lim\dfrac{\beta}{\alpha}=\lim\dfrac{\beta'}{\alpha'}$.

事实上,$\lim\dfrac{\beta}{\alpha}=\lim\dfrac{\beta}{\beta'}\cdot\dfrac{\beta'}{\alpha'}\cdot\dfrac{\alpha'}{\alpha}=\lim\dfrac{\beta}{\beta'}\lim\dfrac{\beta'}{\alpha'}\lim\dfrac{\alpha'}{\alpha}=\lim\dfrac{\beta'}{\alpha'}.$

按照这个性质,求两个无穷小之比的极限时,分子分母都可以用等价无穷小来代替. 如果用来代替的无穷小选择适当,则可以使计算更加简便.

例 8 求 $\lim\limits_{x\to 0}\dfrac{\sin 3x}{\tan 4x}$.

解 当 $x\to 0$ 时,$\sin 3x\sim 3x$,$\tan 4x\sim 4x$,所以 $\lim\limits_{x\to 0}\dfrac{\sin 3x}{\tan 4x}=\lim\limits_{x\to 0}\dfrac{3x}{4x}=\dfrac{3}{4}$.

例 9 求 $\lim\limits_{x\to 0}\dfrac{\tan x-\sin x}{x^3}$.

解 $\lim\limits_{x\to 0}\dfrac{\tan x-\sin x}{x^3}=\lim\limits_{x\to 0}\dfrac{\sin x\left(\dfrac{1}{\cos x}-1\right)}{x^3}=\lim\limits_{x\to 0}\dfrac{\sin x(1-\cos x)}{x^3\cos x}$

$=\lim\limits_{x\to 0}\dfrac{x\cdot\dfrac{1}{2}x^2}{x^3\cos x}=\dfrac{1}{2}\lim\limits_{x\to 0}\dfrac{1}{\cos x}=\dfrac{1}{2}.$

注：等价无穷小的替换必须是对分子、分母的整体或分子、分母的因式(乘积形式)进行替换，否则将出现错误.

例如，上例中，当 $x \to 0$ 时，$x \sim \sin x$，$x \sim \tan x$，则有错误结果.

$$\lim_{x \to 0} \frac{\tan x - \sin x}{x^3} = \lim_{x \to 0} \frac{x-x}{x^3} = 0.$$

习题 2.4

1. 当 $x \to 0$ 时，下列函数哪些是无穷小？哪些是无穷大？

(1) $\dfrac{1+2x}{x^2}$；　　(2) $2^x - 1$；　　(3) $\ln(1+x)$；

(4) $\dfrac{1}{2}x + \dfrac{2}{3}x^2$；　　(5) $x^2 + \sin 3x$；　　(6) $\cot x$.

2. 求下列极限：

(1) $\lim\limits_{x \to 0} x^2 \cos \dfrac{1}{x}$；　　(2) $\lim\limits_{x \to \infty} \dfrac{\arctan x}{x}$；　　(3) $\lim\limits_{x \to \infty}\left(\dfrac{1}{x}\sin x - x \sin \dfrac{1}{x}\right)$.

3. 证明：(1) 当 $x \to 0$ 时，$x \sim \arctan x$；　　(2) 当 $x \to 0$ 时，$x \sim e^x - 1$.

4. 求下列极限.

(1) $\lim\limits_{x \to 0} \dfrac{\sin 2x}{\tan 5x}$；　　(2) $\lim\limits_{x \to 0} \dfrac{\sin x^n}{(\sin x)^n}$ $(n \in \mathbf{Z}^+)$；

(3) $\lim\limits_{x \to \pi} \dfrac{\sin x}{\pi - x}$；　　(4) $\lim\limits_{x \to 0} \dfrac{1-\cos x}{x \tan x}$；

(5) $\lim\limits_{t \to 0} \dfrac{\sin t^2}{\ln(1+t^2)}$；　　(6) $\lim\limits_{x \to 0} \dfrac{e^{x^2}-1}{1-\cos x}$.

5. 一种新的电子游戏程序推出时，在短期内销售量会迅速增加，然后开始下降，其函数关系式为 $s(t) = \dfrac{200t}{t^2+100}$，$t$ 为月份.

(1) 请计算游戏推出后第 6 个月，第 12 个月和第 36 个月的销售量；

(2) 请对该产品的长期销售做出预测.

§2.5 函数的连续性概念

一、函数的连续性

自然界中有很多现象，如气温的变化，液体的流动，植物的生长等，都是随着时间的变化而连续变化的. 这种连续变化的现象在函数关系上的反映就是函数的连续性.

从几何图形看，连续函数的图形是一条连续不断的曲线.

设函数 $y = f(x)$ 在点 x_0 及其附近有定义，当自变量 x 从 x_0 变到 $x_0 + \Delta x$ 时(Δx 称为自变量 x 在点 x_0 处的增量)，函数 $f(x)$ 相应地从 $f(x_0)$ 变到 $f(x_0 + \Delta x)$，则函数 y 相应的增量为 $\Delta y = f(x_0 + \Delta x) - f(x_0)$.

增量的几何意义如图 2-17 所示.

定义 1 设函数 $y = f(x)$ 在点 x_0 及其附近有定义，如果当自变量 x 在 x_0 处有增量 $\Delta x \to 0$ 时，函数相应的增量 $\Delta y = f(x_0$

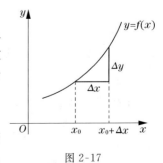

图 2-17

$+\Delta x)-f(x_0)$ 也趋向零,即 $\lim\limits_{\Delta x\to 0}\Delta y=0$,则称函数 $y=f(x)$ 在点 x_0 处连续.

从函数 $y=f(x)$ 在点 x_0 处连续的定义,我们可以体会到函数在一点连续的直观意义. 即当自变量的变化很微小时,相应函数值的变化也是很微小的.

在定义 1 中,若设 $x=x_0+\Delta x$,当 $\Delta x\to 0$ 时,$x\to x_0$,则

$$\lim_{\Delta x\to 0}\Delta y = \lim_{\Delta x\to 0}[f(x_0+\Delta x)-f(x_0)]$$
$$= \lim_{x\to x_0}[f(x)-f(x_0)]$$
$$= \lim_{x\to x_0}f(x)-f(x_0)=0.$$

即得 $\lim\limits_{x\to x_0}f(x)=f(x_0).$

因此,对函数 $y=f(x)$ 在点 x_0 处连续的定义也可按以下表述.

定义 1' 设函数 $y=f(x)$ 在点 x_0 及其附近有定义,如果 $\lim\limits_{x\to x_0}f(x)=f(x_0)$,则称函数 $y=f(x)$ 在点 x_0 处连续.

由此可见,函数 $y=f(x)$ 在点 x_0 处连续,必须同时满足 3 个条件:

(1) $f(x)$ 在点 x_0 及附近有定义;

(2) $\lim\limits_{x\to x_0}f(x)$ 存在;

(3) $\lim\limits_{x\to x_0}f(x)=f(x_0).$

例 1 证明:函数 $y=x^2$ 在点 x_0 处连续.

证 函数 $y=x^2$ 的定义域为 $(-\infty,+\infty)$,设自变量 x 在点 x_0 处有增量 Δx,则

$$\Delta y=f(x_0+\Delta x)-f(x_0)=(x_0+\Delta x)^2-x_0^2=2x_0\Delta x+\Delta x^2.$$

由于 $\lim\limits_{\Delta x\to 0}\Delta y=\lim\limits_{\Delta x\to 0}(2x_0\cdot\Delta x+\Delta x^2)=0.$ 所以,由定义 1 知函数 $y=x^2$ 在点 x_0 处连续.

定义 2 如果函数 $y=f(x)$ 在某区间上的每点都连续,则称函数 $f(x)$ 在该区间上连续, 或称 $f(x)$ 为该区间上的连续函数.

如由例 1 知,函数 $y=x^2$ 在 $(-\infty,+\infty)$ 上连续或称 $y=x^2$ 为 $(-\infty,+\infty)$ 上的连续函数.

对于初等函数,我们不加证明地给出结论:一切初等函数在其定义区间内都是连续的.

利用初等函数的连续性可知:若 x_0 在初等函数 $f(x)$ 的定义区间内,那么

$$\lim_{x\to x_0}f(x)=f(x_0).$$

例如,因为函数 $y=\ln\sin x$ 在 $x=\dfrac{\pi}{2}$ 处连续,所以

$$\lim_{x\to\frac{\pi}{2}}\ln\sin x=\ln\sin\frac{\pi}{2}=\ln 1=0.$$

因为函数 $y=\sqrt{x^2+1}$ 的定义域为 $(-\infty,+\infty)$,所以

$$\lim_{x\to 1}\sqrt{x^2+1}=\sqrt{1^2+1}=\sqrt{2}.$$

例 2 设某城市出租车白天的收费 y(单位:元)与路程 x(单位:km)之间的关系为

$$y=f(x)=\begin{cases}5+1.2x, & 0<x<7,\\ 13.4+2.1(x-7), & x\geqslant 7.\end{cases}$$

(1) 求 $\lim\limits_{x\to 7}f(x)$;

(2) 函数 $y=f(x)$ 在 $x=7$ 处连续吗？在 $x=1$ 处连续吗？

解 (1) 因为
$$\lim_{x\to 7^-}f(x)=\lim_{x\to 7^-}(5+1.2x)=13.4,$$
$$\lim_{x\to 7^+}f(x)=\lim_{x\to 7^+}[13.4+2.1(x-7)]=13.4.$$

所以 $\lim_{x\to 7}f(x)=13.4$.

(2) 由于 $\lim_{x\to 7}f(x)=13.4=f(7)$，因此函数 $f(x)$ 在 $x=7$ 处连续.

因为 $x=1$ 是初等函数 $(5+1.2x)$ 定义区间内的点，所以函数 $f(x)$ 在 $x=1$ 处连续.

二、函数的间断点

函数不连续的点，称为函数的间断点. 要判断 x_0 是否是 $f(x)$ 的间断点，根据定义 $1'$，可分三种情况：

(1) $f(x)$ 在 x_0 附近有定义，但在 x_0 没有定义；

(2) 极限 $\lim_{x\to x_0}f(x)$ 不存在；

(3) $\lim_{x\to x_0}f(x)$ 存在，但 $\lim_{x\to x_0}f(x)\neq f(x_0)$.

以上三种情况中，只要有一种成立，x_0 即为 $f(x)$ 的间断点.

例 3 函数 $f(x)=\dfrac{1}{x}$ 在点 $x=0$ 处没有定义，所以 $x=0$ 是 $f(x)$ 的间断点(如图 2-18 所示).

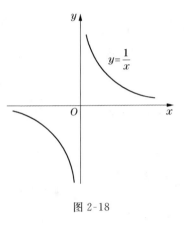

图 2-18

例 4 函数 $f(x)=\begin{cases}1, & x\geq 0,\\ -1, & x<0\end{cases}$ 在点 $x=0$ 处有定义，但 $\lim_{x\to 0}f(x)$ 不存在，所以 $x=0$ 是函数的间断点(如图 2-19 所示).

例 5 函数 $f(x)=\begin{cases}x+1, & x\neq 0,\\ 0, & x=0\end{cases}$ 在点 $x=0$ 处有定义，且 $\lim_{x\to 0}f(x)$ 存在，但 $\lim_{x\to 0}f(x)=1\neq f(0)=0$. 所以 $x=0$ 为函数 $f(x)$ 的间断点(如图 2-20 所示).

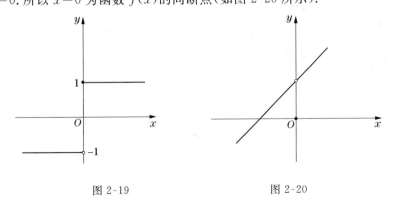

图 2-19   图 2-20

习题 2.5

1. 判断下列函数在指定点是否连续：

(1) $f(x)=\sqrt{5-x}$ 在 $x=3$ 处；　　(2) $f(x)=\dfrac{x^2-1}{x-1}$ 在 $x=1$ 处；

(3) $f(x)=\begin{cases}x^2,&x\neq 0,\\1,&x=0\end{cases}$ 在 $x=0$ 处；　　(4) $f(x)=\sin\dfrac{1}{x}$ 在 $x=0$ 处.

2. 求下列函数的极限：

(1) $\lim\limits_{x\to 1}(x^2+1)\tan\dfrac{\pi}{4}x$；　　(2) $\lim\limits_{x\to\frac{\pi}{4}}\dfrac{\sin 2x}{2\cos(\pi-x)}$；

(3) $\lim\limits_{x\to 0}\ln\cos x$；　　(4) $\lim\limits_{x\to\frac{\pi}{4}}(\sin 2x)^3$.

3. 求下列函数的连续区间：

(1) $f(x)=\dfrac{1}{x^2-3x+2}$；　　(2) $f(x)=\ln(2x-1)$；

(3) $f(x)=\dfrac{\sqrt{x^2-2x+3}}{x+2}+\sin(3x-1)$.

4. 设 1g 冰从 -40℃ 升到 100℃ 所需要的热量(单位:J)为

$$f(x)=\begin{cases}2.1x+84,&-40\leqslant x\leqslant 10,\\4.2x+420,&x>10.\end{cases}$$

试问当 $x=0$ 时,函数是否连续？

习　题　2

1. 选择题：

(1) 当 $n\to\infty$ 时,下列变量为无穷小量的是(　　).

A. $\dfrac{1}{n}$　　B. 2^n　　C. $\dfrac{(-1)^n+1}{2}$　　D. $[(-1)^n+1]$

(2) 已知 $\lim\limits_{x\to\infty}\dfrac{ax-1}{2x+1}=4$,则常数 $a=$(　　).

A. 2　　B. 4　　C. 6　　D. 8

(3) 函数 $y=f(x)$ 在点 x_0 处有定义是 $\lim\limits_{x\to x_0}f(x)$ 存在的(　　).

A. 充分条件　　B. 必要条件　　C. 充要条件　　D. 无关条件

(4) 若 $\lim\limits_{x\to x_0}f(x),\lim\limits_{x\to x_0}g(x)$ 不存在,则 $\lim\limits_{x\to x_0}[f(x)\pm g(x)]$(　　).

A. 一定不存在　　B. 一定存在　　C. 零　　D. 不能确定

(5) 当 $x\to 0$ 时,下列与 x 不是等价无穷小的是(　　).

A. $\ln(1+x)$　　B. $\dfrac{\sqrt{1+x}-\sqrt{1-x}}{2}$　　C. $\tan x$　　D. $\sin x$

(6) 设 $f(x)=\begin{cases}\dfrac{\sin ax}{x},&x\neq 0,\\-\dfrac{1}{2},&x=0\end{cases}$ 在 $x=0$ 处连续,则 $a=$(　　).

A. 2　　B. -2　　C. $-\dfrac{1}{2}$　　D. $\dfrac{1}{2}$

2. 填空题：

(1) 若 $\lim\limits_{x\to 2}\dfrac{x^2-x+a}{x-2}=3$,则 $a=$ _____.

(2) 若 $\lim\limits_{x\to\infty}\left(1+\dfrac{k}{x}\right)^{2x}=e$,则 $k=$ _____.

(3) 若函数 $f(x)=\begin{cases} x\sin\dfrac{1}{x}, & x\neq 0 \\ a+2, & x=0 \end{cases}$ 在 $x=0$ 连续,则 $a=$ _____.

(4) 设当 $x\to 0$ 时,ax^2 与 $\tan\dfrac{x^2}{4}$ 为等价无穷小,则 $a=$ _____.

(5) $\lim\limits_{n\to\infty}\dfrac{1+2+3+\cdots+n}{n^2}=$ _____.

(6) $\lim\limits_{x\to 0}\dfrac{\sqrt{1+x}-1}{e^x-1}=$ _____.

3. 求下列极限:

(1) $\lim\limits_{n\to\infty}\dfrac{3n^2-2n+1}{2n^2+5n-1}$;

(2) $\lim\limits_{n\to\infty}\dfrac{2n^2+n-1}{n^3-2n^2+2}$;

(3) $\lim\limits_{n\to\infty}\dfrac{n^4-3n^3-n+3}{2n^2+1}$;

(4) $\lim\limits_{n\to\infty}\dfrac{\sqrt{n+1}}{n}$.

4. 求下列极限:

(1) $\lim\limits_{x\to 0}\dfrac{x^3-3x+1}{x^2-4}$;

(2) $\lim\limits_{x\to 1}\dfrac{x^2-3x+2}{x-1}$;

(3) $\lim\limits_{x\to 0}\dfrac{\sqrt{1+x^2}-1}{x}$;

(4) $\lim\limits_{x\to +\infty}\dfrac{\sqrt{1+x^2}-1}{x}$;

(5) $\lim\limits_{x\to +\infty}(\sqrt{x^2+x}-\sqrt{x^2-x})$;

(6) $\lim\limits_{x\to 2}\dfrac{x^2-x-2}{x^2-5x+6}$.

5. 求下列极限:

(1) $\lim\limits_{x\to 0}\dfrac{\sin mx}{\sin nx}$ $(mn\neq 0)$;

(2) $\lim\limits_{x\to 0}\dfrac{1-\cos 2x}{x^2}$;

(3) $\lim\limits_{x\to 0}\dfrac{\sin x^3}{\tan^3 x}$;

(4) $\lim\limits_{x\to 0}\dfrac{\csc x-\cot x}{x}$;

(5) $\lim\limits_{x\to\infty}\left(1-\dfrac{1}{x}\right)^{2x}$;

(6) $\lim\limits_{x\to\infty}\left(\dfrac{x}{1+x}\right)^x$;

(7) $\lim\limits_{x\to 0}(1-2x)^{\frac{1}{x}}$;

(8) $\lim\limits_{x\to 0}\dfrac{\ln(1+x)}{x}$.

6. 若 $\lim\limits_{x\to +\infty}(\sqrt{x^2-x+1}-ax-b)=0$,试确定常数 a,b.

7. 在半径为 R 的圆内接正多边形中,当边数改变时,正多边形的面积随之改变,试建立圆内接正多边形的面积 A_n 与其边数 n $(n\geqslant 3)$ 的函数关系式,并求 $\lim\limits_{n\to\infty}A_n$.

第 3 章 微分学及其应用

微分学是微积分的重要组成部分,它的基本概念是导数与微分.导数起源于各种实际问题,它是一种特殊形式的极限,反映出函数相对于自变量的变化快慢程度;微分表明当自变量有微小变化时,函数大体变化了多少.导数与微分,在概念上既有本质的差异,又有密切的联系.本章将利用函数的导数进一步研究函数及曲线的性态.

在这一章中,我们主要介绍导数与微分的概念及其计算方法,并介绍导数在一些实际问题中的应用.

§3.1 导数的概念

一、两个实例

在历史上,微分学是由求变速直线运动的瞬时速度和求曲线的切线这样两个问题而引出的.

1. 变速直线运动的瞬时速度问题

假设 s 表示质点从某时刻开始到时刻 t 结束沿直线运动所经过的路程,则 s 是时刻 t 的函数 $s=f(t)$,求质点在 $t=t_0$ 时刻的瞬时速度.

当时间由 t_0 变到 $t_0+\Delta t$ 时,质点在 Δt 这段时间内所经过的路程为 $\Delta s=f(t_0+\Delta t)-f(t_0)$,于是从时刻 t_0 到 $t_0+\Delta t$ 这段时间内的平均速度为

$$\bar{v}=\frac{\Delta s}{\Delta t}=\frac{f(t_0+\Delta t)-f(t_0)}{\Delta t}.$$

如果质点做匀速运动,则 $\bar{v}$ 是常量,它代表质点在 t_0 时刻的速度,也是质点在任意时刻的速度.

如果质点做变速运动,就不能视 $\bar{v}$ 为质点在 t_0 时刻的速度.但是,当 Δt 很小时,便可用 $\bar{v}$ 近似地表示质点在 t_0 时刻的运动速度,Δt 愈小,近似程度愈好.因此,当 $\Delta t \to 0$ 时,如果 $\bar{v}$ 的极限存在,便可把这极限作为质点在 t_0 时刻的瞬时速度,即

$$v|_{t=t_0}=\lim_{\Delta t \to 0}\frac{\Delta s}{\Delta t}=\lim_{\Delta t \to 0}\frac{f(t_0+\Delta t)-f(t_0)}{\Delta t}.$$

2. 平面曲线的切线问题

设曲线 $y=f(x)$ 的图形如图 3-1 所示,点 $M(x_0,y_0)$ 为此曲线上一定点,在曲线上任取一点 $N(x_0+\Delta x,y_0+\Delta y)$,做割线 MN,其倾角为 φ,则割线 MN 的斜率为

$$\tan\varphi=\frac{\Delta y}{\Delta x}=\frac{f(x_0+\Delta x)-f(x_0)}{\Delta x}.$$

当 $\Delta x \to 0$ 时,动点 N 将沿曲线趋向于定点 M,割线 MN 将随着变动而趋向于直线 MT,此极限位置的直线称为曲线在点 M 处的切线.显然,这时割线的倾角 φ 趋向于切线的倾角 α,则切线的斜率为

$$k = \tan\alpha = \lim_{\Delta x \to 0}\tan\varphi = \lim_{\Delta x \to 0}\frac{f(x_0+\Delta x)-f(x_0)}{\Delta x}.$$

上述两例，其具体意义虽不相同，但在抽象的数量关系上，它们都可以归结为求函数增量与自变量增量之比，当自变量的增量趋于零的极限．在数学中，把这种类型的极限叫作函数的导数．

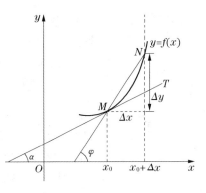

图 3-1

二、导数的定义

定义 1　设函数 $y=f(x)$ 在点 x_0 及其附近有定义，给 x_0 以增量 Δx，函数 y 相应地有增量 $\Delta y = f(x_0+\Delta x) - f(x_0)$，如果极限

$$\lim_{\Delta x \to 0}\frac{\Delta y}{\Delta x} = \lim_{\Delta x \to 0}\frac{f(x_0+\Delta x)-f(x_0)}{\Delta x}$$

存在，则称 $y=f(x)$ 在点 x_0 处可导，且称此极限为 $y=f(x)$ 在点 x_0 的导数，记作 $f'(x_0)$，即

$$f'(x_0) = \lim_{\Delta x \to 0}\frac{\Delta y}{\Delta x} = \lim_{\Delta x \to 0}\frac{f(x_0+\Delta x)-f(x_0)}{\Delta x}. \tag{1}$$

导数也可记作

$$y'\big|_{x=x_0},\quad \frac{dy}{dx}\bigg|_{x=x_0} \text{ 或 } \frac{df(x)}{dx}\bigg|_{x=x_0}.$$

在定义 1 中，令 $x = x_0 + \Delta x$，即 $\Delta x = x - x_0$，则式(1)可改写成如下形式：

$$f'(x_0) = \lim_{x \to x_0}\frac{f(x)-f(x_0)}{x-x_0}. \tag{2}$$

如果极限(1)或极限(2)不存在，则称 $y=f(x)$ 在点 x_0 处不可导；如果极限为无穷大，即 $\lim_{\Delta x \to 0}\frac{\Delta y}{\Delta x} = \infty$，当然不可导，但为了方便起见，也称 $y=f(x)$ 在点 x_0 处导数为无穷大，记作 $f'(x_0) = \infty$．

定义 2　如果 $y=f(x)$ 在区间 (a,b) 内每一点都可导，就称函数 $y=f(x)$ 在区间 (a,b) 内可导．显然，对于 (a,b) 内的每一点 x，都有一个确定的导数与之对应，就构成了一个新的函数，称为 $y=f(x)$ 的导函数，记作

$$f'(x) = \lim_{\Delta x \to 0}\frac{f(x+\Delta x)-f(x)}{\Delta x},$$

也可记作 y'，$\dfrac{dy}{dx}$ 或 $\dfrac{df(x)}{dx}$．

显然，函数 $y=f(x)$ 在点 x_0 处的导数，就是导函数 $f'(x)$ 在点 x_0 的函数值，即 $f'(x_0) = f'(x)\big|_{x=x_0}$．导函数也常简称为"导数"．

例 1　求 $f(x) = C$（C 为常数）的导数．

解　(1) 求增量 $\Delta y = f(x+\Delta x) - f(x) = C - C = 0$；

(2) 求增量比 $\dfrac{\Delta y}{\Delta x} = 0$；

(3) 求极限 $\lim_{\Delta x \to 0}\dfrac{\Delta y}{\Delta x} = \lim_{\Delta x \to 0} 0 = 0$．

所以 $f'(x) = 0$，即 $C' = 0$．

例2 求 $y=x^2$ 的导数.

解 （1）求增量
$$\Delta y = f(x+\Delta x) - f(x) = (x+\Delta x)^2 - x^2 = 2x \cdot \Delta x + (\Delta x)^2.$$

（2）求增量比 $\dfrac{\Delta y}{\Delta x} = \dfrac{2x \cdot \Delta x + (\Delta x)^2}{\Delta x} = 2x + \Delta x.$

（3）求极限 $\lim\limits_{\Delta x \to 0} \dfrac{\Delta y}{\Delta x} = \lim\limits_{\Delta x \to 0}(2x + \Delta x) = 2x.$

所以 $(x^2)' = 2x$. 一般的有，$(x^u)' = ux^{u-1}$（u 为实数）.

利用这个公式,可以很方便地求出幂函数的导数,例如:
$$(x^5)' = 5x^4, \quad (\sqrt{x})' = (x^{\frac{1}{2}})' = \frac{1}{2}x^{-\frac{1}{2}} = \frac{1}{2\sqrt{x}}, \quad \left(\frac{1}{x}\right)' = (x^{-1})' = -\frac{1}{x^2}.$$

例3 求正弦、余弦函数的导数.

解 设 $f(x) = \sin x$.

（1）求增量
$$\Delta y = f(x+\Delta x) - f(x) = \sin(x+\Delta x) - \sin x = 2\cos\left(x+\frac{\Delta x}{2}\right)\sin\frac{\Delta x}{2}.$$

（2）求增量比 $\dfrac{\Delta y}{\Delta x} = \dfrac{2\cos\left(x+\frac{\Delta x}{2}\right)\sin\frac{\Delta x}{2}}{\Delta x}.$

（3）求极限
$$\lim_{\Delta x \to 0}\frac{\Delta y}{\Delta x} = \lim_{\Delta x \to 0}\frac{2\cos\left(x+\frac{\Delta x}{2}\right)\sin\frac{\Delta x}{2}}{\Delta x}$$
$$= \lim_{\Delta x \to 0}\cos\left(x+\frac{\Delta x}{2}\right) \cdot \lim_{\Delta x \to 0}\frac{\sin\frac{\Delta x}{2}}{\frac{\Delta x}{2}}$$
$$= \cos x.$$

所以 $(\sin x)' = \cos x$, 类似地求得: $(\cos x)' = -\sin x.$

例4 求对数函数 $y = \log_a x$（$a > 0, a \neq 1$）的导数.

解 （1）求增量
$$\Delta y = f(x+\Delta x) - f(x) = \log_a(x+\Delta x) - \log_a x = \log_a\left(1+\frac{\Delta x}{x}\right).$$

（2）求增量比 $\dfrac{\Delta y}{\Delta x} = \dfrac{\log_a\left(1+\frac{\Delta x}{x}\right)}{\Delta x} = \dfrac{1}{x}\log_a\left(1+\dfrac{\Delta x}{x}\right)^{\frac{x}{\Delta x}}.$

（3）求极限
$$\lim_{\Delta x \to 0}\frac{\Delta y}{\Delta x} = \lim_{\Delta x \to 0}\frac{1}{x}\log_a\left(1+\frac{\Delta x}{x}\right)^{\frac{x}{\Delta x}} = \frac{1}{x}\log_a e = \frac{1}{x \cdot \ln a}.$$

所以 $(\log_a x)' = \dfrac{1}{x \ln a}$, 特别当 $a = e$ 时，有 $(\ln x)' = \dfrac{1}{x}.$

物体做变速直线运动时,路程对时间的导数是速度,即 $\dfrac{ds}{dt}$ 或 $v = s'(t)$,而速度对时间的导数是加速度,即 $a=\dfrac{dv}{dt}=\dfrac{d}{dt}\left(\dfrac{ds}{dt}\right)$ 或 $a=[s'(t)]'$,这种导数的导数 $\dfrac{d}{dt}\left(\dfrac{ds}{dt}\right)$ 或 $[s'(t)]'$ 称为 $s(t)$ 对 t 的二阶导数. 一般定义如下.

定义 3 如果 $y=f(x)$ 的导数 $f'(x)$ 仍可导,则称 y'' 等于 $f'(x)$ 的导数为 $y=f(x)$ 的二阶导数,记作 y'',$f''(x)$ 或 $\dfrac{d^2 y}{dx^2}$,即 $y''=(y')'$ 或 $\dfrac{d^2 y}{dx^2}=\dfrac{d}{dx}\left(\dfrac{dy}{dx}\right)$. 二阶导数 $f''(x)$,实质上是一阶导函数 $f'(x)$ 的变化率,即

$$f''(x)=\lim_{\Delta x\to 0}\dfrac{f'(x+\Delta x)-f'(x)}{\Delta x}.$$

类似地,$y=f(x)$ 的二阶导数的导数称为 $f(x)$ 的三阶导数,记作 y''',$f'''(x)$ 或 $\dfrac{d^3 y}{dx^3}$. 依此类推,一般地,$y=f(x)$ 的 $n-1$ 阶导数的导数,称为 $y=f(x)$ 的 n 阶导数,记作 $y^{(n)}$,$f^{(n)}(x)$ 或 $\dfrac{d^n y}{dx^n}$. 如果函数 $y=f(x)$ 具有 n 阶导数,也称 $f(x)$ n 阶可导. 二阶及二阶以上的导数,统称为高阶导数. 例如:$y=\sin x$,则 $y'=\cos x$,二阶导数 $y''=(y')'=(\cos x)'=-\sin x$.

三、导数的实际意义

函数 $y=f(x)$,当自变量在点 x 处有增量 Δx 时,函数相应有增量 $\Delta y=f(x+\Delta x)-f(x)$,比值 $\dfrac{\Delta y}{\Delta x}$ 表示函数 $f(x)$ 关于自变量从点 x 到 $x+\Delta x$ 的平均变化率,而导数 $f'(x)=\lim\limits_{\Delta x\to 0}\dfrac{f(x+\Delta x)-f(x)}{\Delta x}$ 则表示函数 $f(x)$ 在点 x 处的变化率,它描述 $f(x)$ 在点 x 处的局部性质,反映出函数相对于自变量的变化快慢程度. 显然,当函数有不同的含义时,变化率的含义也是不相同的. 下面分别从几何、力学和经济学上对导数概念再做一些具体说明.

1. 导数的几何意义

由引例 2 及导数的定义可知,函数 $y=f(x)$ 在点 x_0 处的导数 $f'(x_0)$,在几何上表示曲线 $y=f(x)$ 在点 $M(x_0,f(x_0))$ 处切线的斜率,即

$$k=\tan\alpha=f'(x_0),$$

其中 α 为切线的倾角. 于是曲线 $y=f(x)$ 在点 $M(x_0,f(x_0))$ 处的切线方程为

$$y-y_0=f'(x_0)(x-x_0),$$

过点 M 而与切线垂直的直线称为曲线在点 M 处的法线.

若 $f'(x_0)\neq 0$,则曲线 $y=f(x)$ 在点 $M(x_0,f(x_0))$ 处的法线方程为

$$y-y_0=\dfrac{-1}{f'(x_0)}(x-x_0).$$

如果 $y=f(x)$ 在点 x_0 处的导数为无穷大,此时曲线在点 M 处的切线倾角为 $\dfrac{\pi}{2}$,因而曲线在点 M 处有与 x 轴垂直的切线,其方程为 $x=x_0$.

例 5 求双曲线 $y=\dfrac{1}{x}$ 在点 $\left(\dfrac{1}{2},2\right)$ 处的切线方程和法线方程.

解 由导数的几何意义知,所求切线的斜率为 $y'\big|_{x=\frac{1}{2}}=-\dfrac{1}{x^2}\big|_{x=\frac{1}{2}}=-4$,所以切线

方程为
$$y-2=-4\left(x-\frac{1}{2}\right), \quad 即 \quad 4x+y-4=0.$$

法线方程为
$$y-2=\frac{1}{4}\left(x-\frac{1}{2}\right), \quad 即 \quad 2x-8y+15=0.$$

2. 导数的力学意义

设 s 表示质点从某时刻开始到时刻 t 结束沿直线做变速运动所经过的路程,则 s 是时刻 t 的函数 $s=s(t)$.

比值 $\bar{v}=\dfrac{\Delta s}{\Delta t}=\dfrac{s(t+\Delta t)-s(t)}{\Delta t}$,表示质点从时刻 t 开始到 $t+\Delta t$ 这段时间内的平均速度.

导数 $v=s'(t)=\lim\limits_{\Delta t \to 0}\dfrac{\Delta s}{\Delta t}=\lim\limits_{\Delta t \to 0}\dfrac{s(t+\Delta t)-s(t)}{\Delta t}$,表示质点在 t 时刻的瞬时速度.

3. 导数的经济意义

设生产 Q 个单位的产品所需的总成本为 C,则 C 是产量 Q 的函数 $C=C(Q)$,称为总成本函数.

比值 $\dfrac{\Delta C}{\Delta Q}=\dfrac{C(Q+\Delta Q)-C(Q)}{\Delta Q}$ 表示生产 Q 个到 $Q+\Delta Q$ 个单位产品期间总成本的平均变化率.

导数 $C'(Q)=\lim\limits_{\Delta t \to 0}\dfrac{\Delta C}{\Delta Q}=\lim\limits_{\Delta t \to 0}\dfrac{C(Q+\Delta Q)-C(Q)}{\Delta Q}$ 称为产量为 Q 个单位产品时的边际成本. 它表示产量为 Q 时再生产一个单位的产量应增加的成本.

类似地,在经济学中,边际收入定义为多销售一个单位产品所增加的销售收入,即 $R'(Q)$,这里 $R(Q)$ 是销售量为 Q 时的总收入.

例 6 生产某种产品 Q 个单位时的总成本函数为 $C(Q)=100+0.05Q^2$,求:

(1) 生产 90 个到 100 个单位该产品时,成本的平均变化率;

(2) 生产 90 个单位、100 个单位该产品时的边际成本.

解 (1) 生产 90 个到 100 个单位产品时,总成本的改变量为
$$\Delta C(Q)=C(100)-C(90)=200+0.05\times 100^2-(200+0.05\times 90^2)$$
$$=95,$$
$$\Delta Q=100-90=10.$$

所以,成本的平均变化率为 $\dfrac{\Delta C(Q)}{\Delta Q}=\dfrac{95}{10}=9.5.$

(2) 边际成本 $C'(Q)=0.1Q$. 当 $Q=90$ 时,$C'(90)=0.1\times 90=9$;当 $Q=100$ 时,$C'(100)=0.1\times 100=10.$

习题 3.1

1. 将一物体垂直上抛,经 t 秒后,物体上升的高度为 $s=10t-\dfrac{1}{2}gt^2$,求下列各值:

(1) 物体在 1 秒到 $1+\Delta t$ 秒这段时间内的平均速度;

(2) 物体在 1 秒时的瞬时速度;

(3) 物体在 t_0 秒到 $t_0+\Delta t$ 秒这段时间内的平均速度;

(4) 物体在 t_0 秒时的瞬时速度.

2. 已知物体的运动规律为 $s=t^3$(m),求该物体在 $t=2$ 秒时的速度.

3. 按导数的定义求下列函数的导数:

(1) $f(x)=\sqrt{x}$,求 $f'(1)$;

(2) $f(x)=ax+b$ (a,b 为常数),求 $f'(x)$.

4. 求下列函数的导数:

(1) $y=x^3$;　　　(2) $y=\sqrt[4]{x^3}$;　　　(3) $y=x^2\sqrt{x}$;

(4) $y=\dfrac{1}{\sqrt{x}}$;　　(5) $y=\dfrac{1}{x^2}$;　　(6) $y=x^{1.8}$.

5. 求曲线 $y=\cos x$ 上点 $\left(\dfrac{\pi}{3},\dfrac{1}{2}\right)$ 处的切线方程和法线方程.

6. 求曲线 $y=\ln x$ 上点 $(e,1)$ 处的切线方程和法线方程.

7. 设生产 Q 单位某产品的总成本函数 C 是 Q 的函数:$C=1100+\dfrac{1}{1000}Q^2$,求生产 1200 单位产品时的边际成本.

§3.2　求导法则

根据定义 $f'(x)=\lim\limits_{\Delta x\to 0}\dfrac{\Delta y}{\Delta x}$ 计算函数 $y=f(x)$ 的导数,在 $f(x)$ 比较复杂时,往往是比较困难的. 我们主要研究初等函数,它是由基本初等函数经四则运算和复合运算而成的. 为了求得初等函数的导数,需要研究基本初等函数的导数公式和求导法则.

一、导数的四则运算法则

定理 1　设 $u=u(x),v=v(x)$ 可导,则有

(1) 和差法则　$(u\pm v)'=u'\pm v'$;

(2) 积法则　$(uv)'=u'v+uv'$,

　　　　　　$(Cu)'=Cu'$　(C 为常数);

(3) 商法则　$\left(\dfrac{u}{v}\right)'=\dfrac{u'v-uv'}{v^2}$　($v\neq 0$).

证　现仅证(1),设 $y=f(x)=u+v$,求增量

$$\Delta y=f(x+\Delta x)-f(x)=[u(x+\Delta x)+v(x+\Delta x)]-[u(x)+v(x)].$$

求增量比

$$\dfrac{\Delta y}{\Delta x}=\dfrac{[u(x+\Delta x)-u(x)]+[v(x+\Delta x)-v(x)]}{\Delta x}.$$

求极限

$$y'=\lim_{\Delta x\to 0}\dfrac{\Delta y}{\Delta x}=\lim_{\Delta x\to 0}\dfrac{[u(x+\Delta x)-u(x)]+[v(x+\Delta x)-v(x)]}{\Delta x}$$

$$=\lim_{\Delta x\to 0}\dfrac{u(x+\Delta x)-u(x)}{\Delta x}+\lim_{\Delta x\to 0}\dfrac{v(x+\Delta x)-v(x)}{\Delta x}$$

$$=u'(x)+v'(x).$$

即 $(u+v)' = u' + v'$.

类似地,可得 $(u-v)' = u' - v'$.

上述和法则与积法则可以推广到有限个可导函数的情形. 例如
$$[u(x)+v(x)+w(x)]' = u'(x)+v'(x)+w'(x),$$
$$(uvw)' = (uv)'w + (uv)w' = u'vw + uv'w + uvw'.$$

例1 设 $y = 2\sqrt{x}\sin x + \sin\dfrac{\pi}{3}$,求 y'.

解 $y' = (2\sqrt{x}\sin x)' + \left(\sin\dfrac{\pi}{3}\right)' = 2(\sqrt{x}\sin x)' + 0$

$= 2[(\sqrt{x})'\sin x + \sqrt{x}(\sin x)']$

$= 2\left[\dfrac{1}{2\sqrt{x}}\sin x + \sqrt{x}\cos x\right]$

$= \dfrac{1}{\sqrt{x}}[\sin x + 2x\cos x]$.

例2 设 $y = \tan x$,求 y'.

解 $y' = (\tan x)' = \left(\dfrac{\sin x}{\cos x}\right)' = \dfrac{(\sin x)'\cos x - \sin x(\cos x)'}{\cos^2 x}$

$= \dfrac{\cos^2 x + \sin^2 x}{\cos^2 x} = \sec^2 x$.

例3 设 $y = \sec x$,求 y'.

解 $y' = (\sec x)' = \left(\dfrac{1}{\cos x}\right)' = \dfrac{(1)'\cos x - 1(\cos x)'}{\cos^2 x}$

$= \dfrac{\sin x}{\cos^2 x} = \sec x \cdot \tan x$.

类似地可求得 $(\cot x)' = -\csc^2 x$,$(\csc x)' = -\csc x \cdot \cot x$.

例4 设 $y = \dfrac{x\ln x}{1+x^2}$,求 y'.

解 $y' = \dfrac{(x\ln x)'(1+x^2) - (x\ln x)(1+x^2)'}{(1+x^2)^2}$

$= \dfrac{\left(\ln x + x \cdot \dfrac{1}{x}\right)(1+x^2) - 2x \cdot x\ln x}{(1+x^2)^2}$

$= \dfrac{1 + x^2 + \ln x - x^2\ln x}{(1+x^2)^2}$.

以下我们不加证明地给出另外几个基本初等函数的求导公式:

$(a^x)' = a^x \ln a$ $(a>0$ 且 $a \neq 1)$, $(e^x)' = e^x$,

$(\arcsin x)' = \dfrac{1}{\sqrt{1-x^2}}$, $(\arccos x)' = -\dfrac{1}{\sqrt{1-x^2}}$,

$(\arctan x)' = \dfrac{1}{1+x^2}$, $(\text{arccot}\, x)' = -\dfrac{1}{1+x^2}$.

例 5 在一个含有电阻 3Ω,可变电阻 R 的电路中,电压由下式给出:
$$U = \frac{6R+25}{R+3}.$$
求在 $R=7\Omega$ 时的电压关于可变电阻 R 的变化率.

解 由题意知,电压 U 关于可变电阻 R 的变化率为
$$U' = \left(\frac{6R+25}{R+3}\right)' = \frac{6(R+3)-(6R+25)}{(R+3)^2} = -\frac{7}{(R+3)^2}.$$
在 $R=7\Omega$ 时电压关于可变电阻 R 的变化率为
$$U'\big|_{R=7} = -\frac{7}{10^2} = -0.07.$$

二、复合函数的求导

定理 2 设 $u=\varphi(x)$ 在点 x 处可导,$y=f(u)$ 在点 u 处可导,则复合函数 $y=f[\varphi(x)]$ 在点 x 处可导,且
$$\frac{\mathrm{d}y}{\mathrm{d}x} = \frac{\mathrm{d}y}{\mathrm{d}u} \cdot \frac{\mathrm{d}u}{\mathrm{d}x} \quad \text{或} \quad y' = f'(u) \cdot \varphi'(x).$$

事实上,设自变量 x 存在增量 Δx,则相应的中间变量 $u=\varphi(x)$ 有增量 Δu ($\Delta u \neq 0$),从而 $y=f(u)$ 有增量 Δy.
$$\frac{\Delta y}{\Delta x} = \frac{\Delta y}{\Delta u} \cdot \frac{\Delta u}{\Delta x}.$$
因为 $u=\varphi(x)$ 连续,可知当 $\Delta x \to 0$ 时,$\Delta u \to 0$. 又已知
$$\lim_{\Delta x \to 0} \frac{\Delta u}{\Delta x} = \frac{\mathrm{d}u}{\mathrm{d}x}, \quad \lim_{\Delta u \to 0} \frac{\Delta y}{\Delta u} = \frac{\mathrm{d}y}{\mathrm{d}u}.$$
所以
$$\frac{\mathrm{d}y}{\mathrm{d}x} = \lim_{\Delta x \to 0} \frac{\Delta y}{\Delta x} = \lim_{\Delta x \to 0}\left(\frac{\Delta y}{\Delta u} \cdot \frac{\Delta u}{\Delta x}\right) = \lim_{\Delta x \to 0} \frac{\Delta y}{\Delta u} \cdot \lim_{\Delta u \to 0} \frac{\Delta u}{\Delta x} = \frac{\mathrm{d}y}{\mathrm{d}u} \cdot \frac{\mathrm{d}u}{\mathrm{d}x}.$$
复合函数的求导法则也称"链式法则". 这个法则可以推广到多个中间变量的情形. 例如,如果 $y=f(u), u=\varphi(v), v=\psi(x)$,那么复合函数 $y=f[\varphi(\psi(x))]$ 的导数为
$$\frac{\mathrm{d}y}{\mathrm{d}x} = \frac{\mathrm{d}y}{\mathrm{d}u} \cdot \frac{\mathrm{d}u}{\mathrm{d}v} \cdot \frac{\mathrm{d}v}{\mathrm{d}x} \quad \text{或} \quad y' = f'(u) \cdot \varphi'(v) \cdot \psi'(x).$$

例 6 求下列函数的导数:

(1) $y = \sin^3 x$; (2) $y = \sqrt{4-x^2}$; (3) $y = \ln \cos x$.

解 (1) 令 $u = \sin x$,则函数由 $y = u^3$ 和 $u = \sin x$ 复合而成,因此
$$\frac{\mathrm{d}y}{\mathrm{d}x} = \frac{\mathrm{d}y}{\mathrm{d}u} \cdot \frac{\mathrm{d}u}{\mathrm{d}x} = 3u^2 \cdot \cos x = 3\sin^2 x \cos x.$$

(2) 令 $u = 4-x^2$,则函数由 $y = \sqrt{u}$ 和 $u = 4-x^2$ 复合而成,因此
$$\frac{\mathrm{d}y}{\mathrm{d}x} = \frac{\mathrm{d}y}{\mathrm{d}u} \cdot \frac{\mathrm{d}u}{\mathrm{d}x} = \frac{1}{2\sqrt{u}} \cdot (-2x) = -\frac{x}{\sqrt{4-x^2}}.$$

(3) 令 $u = \cos x$,则函数由 $y = \ln u$ 和 $u = \cos x$ 复合而成,因此
$$\frac{\mathrm{d}y}{\mathrm{d}x} = \frac{\mathrm{d}y}{\mathrm{d}u} \cdot \frac{\mathrm{d}u}{\mathrm{d}x} = \frac{1}{u} \cdot (-\sin x) = -\frac{\sin x}{\cos x} = -\tan x.$$

对于复合函数的导数,为简便起见,今后不再写出中间变量,只要将其默记在心,求导

时,将复合函数从最外层逐次往里层分解,运用复合函数的求导法则,直到最后一个中间变量对自变量求导为止. 如例 6 的计算可简化如下:

(1) $\dfrac{\mathrm{d}y}{\mathrm{d}x} = 3\sin^2 x \cdot (\sin x)' = 3\sin^2 x \cdot \cos x.$

(2) $\dfrac{\mathrm{d}y}{\mathrm{d}x} = \dfrac{1}{2\sqrt{4-x^2}}(4-x^2)' = \dfrac{1}{2\sqrt{4-x^2}}(-2x) = -\dfrac{x}{\sqrt{4-x^2}}.$

(3) $\dfrac{\mathrm{d}y}{\mathrm{d}x} = \dfrac{1}{\cos x}(\cos x)' = -\dfrac{\sin x}{\cos x} = -\tan x.$

例 7 求下列函数的导数:

(1) $y = \ln(\sec x + \tan x)$; (2) $y = \mathrm{e}^{\sin\frac{1}{x}}$; (3) $y = x\sqrt{x^2+1}.$

解 (1) $y' = \dfrac{1}{\sec x + \tan x} \cdot (\sec x + \tan x)' = \dfrac{\sec x \cdot \tan x + \sec^2 x}{\sec x + \tan x} = \sec x.$

(2) $y' = \mathrm{e}^{\sin\frac{1}{x}}\left(\sin\dfrac{1}{x}\right)' = \mathrm{e}^{\sin\frac{1}{x}}\cos\dfrac{1}{x} \cdot \left(\dfrac{1}{x}\right)' = -\dfrac{1}{x^2}\mathrm{e}^{\sin\frac{1}{x}} \cdot \cos\dfrac{1}{x}.$

(3) $y' = (x)'\sqrt{x^2+1} + x(\sqrt{x^2+1})' = \sqrt{x^2+1} + \dfrac{x}{2\sqrt{x^2+1}}(x^2+1)'$

$\qquad = \sqrt{x^2+1} + \dfrac{x^2}{\sqrt{x^2+1}} = \dfrac{2x^2+1}{\sqrt{x^2+1}}.$

例 8 一个弹簧的运动是受摩擦力和阻力的影响的(例如:汽车的减振器),它经常可以用指数和正弦函数的乘积来表示. 设这个弹簧上一点的运动方程为 $S(t) = 2\mathrm{e}^{-t}\sin 2\pi t$, 其中 S 的单位是厘米,t 的单位是秒,求弹簧在 t 秒时的速度.

解 由题意知,弹簧在 t 秒时的速度为

$S'(t) = 2(\mathrm{e}^{-t}\sin 2\pi t)' = 2[(\mathrm{e}^{-t})'\sin 2\pi t + \mathrm{e}^{-t}(\sin 2\pi t)']$

$\qquad = 2[-\mathrm{e}^{-t}\sin 2\pi t + \mathrm{e}^{-t}\cos 2\pi t \cdot 2\pi]$

$\qquad = 2\mathrm{e}^{-t}[2\pi\cos 2\pi t - \sin 2\pi t].$

三、初等函数的求导

到此为止,我们已经求出基本初等函数的导数,给出了函数的和、差、积、商的求导法则及复合函数的求导法则等. 这样,运用基本初等函数的求导公式和导数的各种运算法则,可以求初等函数的导数,也就是说,上述讨论解决了初等函数的求导问题. 现将已得到的导数公式和求导法则归纳如下.

1. 基本初等函数的导数公式

(1) $(C)' = 0$; (2) $(x^\mu)' = \mu x^{\mu-1}$;

(3) $(a^x)' = a^x \ln a \ (a > 0, a \neq 1)$; (4) $(\mathrm{e}^x)' = \mathrm{e}^x$;

(5) $(\log_a x)' = \dfrac{1}{x \ln a} \ (a > 0, a \neq 1)$; (6) $(\ln x)' = \dfrac{1}{x}$;

(7) $(\sin x)' = \cos x$; (8) $(\cos x)' = -\sin x$;

(9) $(\tan x)' = \sec^2 x$; (10) $(\cot x)' = -\csc^2 x$;

(11) $(\sec x)' = \tan x \cdot \sec x$; (12) $(\csc x)' = -\csc x \cdot \cot x$;

(13) $(\arcsin x)' = \dfrac{1}{\sqrt{1-x^2}}$; (14) $(\arccos x)' = -\dfrac{1}{\sqrt{1-x^2}}$;

(15) $(\arctan x)' = \dfrac{1}{1+x^2}$; (16) $(\operatorname{arccot} x)' = -\dfrac{1}{1+x^2}$.

2. 导数的四则运算法则

设 $u=u(x)$, $v=v(x)$ 可导，则

(1) $(u \pm v)' = u' \pm v'$; (2) $(uv)' = u'v + uv'$;

(3) $(Cu)' = Cu'$ （C 为常数）； (4) $\left(\dfrac{u}{v}\right)' = \dfrac{u'v - uv'}{v^2}$.

3. 复合函数的求导法则

设 $y=f(u), u=\varphi(x)$ 可导，则复合函数 $y=f[\varphi(x)]$ 的导数为

$$\dfrac{\mathrm{d}y}{\mathrm{d}x} = \dfrac{\mathrm{d}y}{\mathrm{d}u} \cdot \dfrac{\mathrm{d}u}{\mathrm{d}x} \quad \text{或} \quad y' = f'(u) \cdot \varphi'(x).$$

习题 3.2

1. 求下列函数的导数：

(1) $y = x^3 + 4\cos x - \sin\dfrac{\pi}{2}$; (2) $y = x^2(x + \sqrt{x})$;

(3) $y = x\ln x$; (4) $y = x\tan x - \sec x$;

(5) $y = x\sin x \lg x$; (6) $y = (2 + \csc x)\cot x$;

(7) $y = \dfrac{1-x}{1+x}$; (8) $y = \dfrac{\ln x}{x^3}$;

(9) $y = \dfrac{x^5 + \sqrt{x} + 1}{x}$; (10) $y = \dfrac{x\sin x}{1+\tan x}$;

(11) $y = x^3 + 3^x$; (12) $y = \dfrac{10^x - 1}{10^x + 1}$;

(13) $y = \arcsin x + \arccos x$; (14) $y = (1+x^2)\arctan x$;

(15) $y = \dfrac{1}{x + \cos x}$; (16) $y = x^3 \cos x$.

2. 求下列函数在给定点处的导数值：

(1) $y = \cos x \sin x$, 求 $y'\big|_{x=\frac{\pi}{4}}$; (2) $y = x\tan x + \dfrac{1}{2}\cos x$, 求 $y'\big|_{x=\frac{\pi}{3}}$;

(3) $f(t) = \dfrac{1-\sqrt{t}}{1+\sqrt{t}}$, 求 $f'(4)$; (4) $f(x) = \dfrac{3}{5-x} + \dfrac{x^2}{5}$, 求 $f'(2)$.

3. 设 $f(x) = (1+x^3)(5-x^{-2})$, 求 $f'(1), [f'(1)]'$.

4. 求下列函数的导数：

(1) $y = (3x^2 + 1)^4$; (2) $y = \cos(2x - 3)$;

(3) $y = \sqrt{1-2x}$; (4) $y = \sec^3 x$;

(5) $y = \ln(1+x^2)$; (6) $y = \mathrm{e}^{-2x}$;

(7) $y = \tan x^2$; (8) $y = \log_a(x^2 + x + 1)$;

(9) $y = \ln(\csc x - \cot x)$; (10) $y = \dfrac{1}{\cos^3 x}$;

(11) $y = \left(\sin\dfrac{x}{2}\right)^2$; (12) $y = \ln\tan\dfrac{x}{2}$;

(13) $y = \sqrt[3]{1 + \cos 6x}$; (14) $y = \sin^2 x \tan 2x$;

(15) $y=\arccos\dfrac{1}{x}$; (16) $y=5\tan\dfrac{x}{5}+\tan\dfrac{\pi}{8}$;

(17) $y=\dfrac{\sin2x}{x}$; (18) $y=\mathrm{e}^{-\frac{x}{2}}\cos3x$;

(19) $y=\ln\ln\ln x$; (20) $y=\arctan\dfrac{x+1}{x-1}$.

5. 求曲线 $y=2\sin x+x^2$ 上横坐标为 $x=0$ 处的切线方程和法线方程.

6. 曲线 $y=x^3+x-2$ 上哪一点的切线与直线 $y=4x-1$ 平行?

7. 一颗质量为 m,距地心距离为 r 的人造地球卫星与地球之间的万有引力 F 由下式给出:
$$F=\dfrac{GMm}{r^2},$$
其中 M 为地球的质量,G 为常量,求力 F 关于距离 r 的变化率.

§3.3 微 分

一、微分的概念

1. 微分定义

在函数的研究中,往往需要计算 $y=f(x)$ 的增量 $\Delta y=f(x_0+\Delta x)-f(x_0)$. 例如,有一正方形铁板,其面积 A 是边长 x 的函数,$A=f(x)=x^2$. 当铁板受热时,边长从 x_0 变到 $x_0+\Delta x$,边长有一增量 Δx,面积增量相应地为

$$\Delta A=f(x_0+\Delta x)-f(x_0)=(x_0+\Delta x)^2-x_0^2=2x_0\cdot\Delta x+(\Delta x)^2.$$

如图 3-2 所示,可见 ΔA 由两部分组成:一部分是 Δx 的线性函数 $2x_0\Delta x$,另一部分 $(\Delta x)^2$ 是比 Δx 高阶的无穷小,即 $(\Delta x)^2=o(\Delta x)$ $(\Delta x\to0)$. 当 $|\Delta x|$ 很小时,可以略去它,这时面积增量的近似值为

$$\Delta A\approx 2x_0\cdot\Delta x.$$

对于一般函数 $y=f(x)$,Δy 与 Δx 的关系往往比较复杂,且 Δy 难以计算,自然希望用关于 Δx 的简单函数来近似 Δy. 于是引进如下"微分"概念.

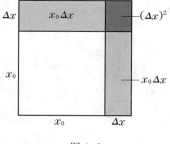

图 3-2

定义 1 设函数 $y=f(x)$ 在点 x_0 及其附近有定义,如果函数在点 x_0 的增量可表示为
$$\Delta y=A\cdot\Delta x+o(\Delta x),$$
其中 A 是不依赖于 Δx 的常量,$o(\Delta x)$ 是比 Δx 高阶的无穷小,则称 $y=f(x)$ 在点 x_0 处可微,且称 $A\cdot\Delta x$ 为 $y=f(x)$ 在点 x_0 处的微分,记作
$$\mathrm{d}y\big|_{x=x_0}=A\cdot\Delta x \quad \text{或} \quad \mathrm{d}f(x)\big|_{x=x_0}=A\cdot\Delta x.$$

设 $y=f(x)$ 在点 x_0 可微,即有
$$\Delta y=A\cdot\Delta x+o(\Delta x).$$
在上式两端各除以 Δx,有
$$\dfrac{\Delta y}{\Delta x}=A+\dfrac{o(\Delta x)}{\Delta x},$$
取极限,得 $\lim\limits_{\Delta x\to0}\dfrac{\Delta y}{\Delta x}=\lim\limits_{\Delta x\to0}\left(A+\dfrac{o(\Delta x)}{\Delta x}\right)=A.$ 即 $A=f'(x_0)$. 所以

$$dy|_{x=x_0} = f'(x_0) \cdot \Delta x.$$

反之,如果 $y=f(x)$ 在点 x_0 可导,则 $f(x)$ 在点 x_0 一定可微.从而可得结论:函数 $f(x)$ 在 x_0 可微的充分且必要条件是 $y=f(x)$ 在点 x_0 可导.若当 $f(x)$ 在 x_0 可微时,其微分一定是

$$dy = f'(x_0) \cdot \Delta x.$$

当 $f(x)=x$ 时,函数的微分 $df(x)=dx=(x)'\Delta x=\Delta x$,即
$$dx = \Delta x.$$

于是函数 $y=f(x)$ 在点 x_0 处的微分可记作
$$dy = f'(x_0)dx.$$

定义 2 如果 $y=f(x)$ 在区间 I 上每一点都可微,则称 $y=f(x)$ 在区间 I 上可微.其微分表达式为: $dy=f'(x)dx$.

注:在 $dy=f'(x)dx$ 两边同除以 dx,有 $\dfrac{dy}{dx}=f'(x)$.由此可见,导数等于函数的微分与自变量的微分之商.故导数又称为"微商".

例 1 当 $x=1, \Delta x=0.01$ 时求 $y=2x^3$ 的微分.

解 $y'=6x^2$, $y'|_{x=1}=6$,所以
$$dy|_{x=1} = y'|_{x=1} \cdot \Delta x = 6 \times 0.01 = 0.06.$$

例 2 求 $y=e^{2x}\sin x$ 的微分.

解 $y'=2e^{2x}\sin x+e^{2x}\cos x=e^{2x}(2\sin x+\cos x)$,所以
$$dy = y'dx = e^{2x}(2\sin x+\cos x)dx.$$

2. 微分的几何意义

在曲线 $y=f(x)$ 取两点 $M(x,y), N(x+\Delta x, y+\Delta y)$,如图 3-3 所示.于是 $MP=\Delta x, PN=\Delta y$,过点 M 作曲线的切线 MT,它的倾角为 α,则
$$PQ = MP \cdot \tan\alpha = \Delta x \cdot f'(x),$$

即 $dy=PQ$,可见,dy 是曲线在点 $M(x,y)$ 处切线上的点的纵坐标相应于 Δx 的增量.当 $|\Delta x|$ 很小时,$|\Delta y-dy|$ 比 $|\Delta x|$ 小得多.因此在点 M 的邻近,可以用切线段 MQ 来近似曲线段 .

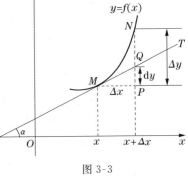

图 3-3

二、微分的运算法则

由微分公式 $dy=f'(x)dx$ 可知,欲求函数的微分,只要求出 $f'(x)$,再乘以 dx 即可.因此,由导数的基本公式和求导法则,即可得出相应的微分公式和微分法则.现将微分公式和微分法则归纳如下.

1. 基本初等函数的微分公式

(1) $d(C)=0$;   (2) $d(x^\mu)=\mu x^{\mu-1}dx$;

(3) $d(a^x)=a^x\ln a\,dx$;   (4) $d(e^x)=e^x dx$;

(5) $d(\log_a x)=\dfrac{1}{x\ln a}dx$;   (6) $d(\ln x)=\dfrac{1}{x}dx$;

(7) $d(\sin x)=\cos x\,dx$;   (8) $d(\cos x)=-\sin x\,dx$;

(9) $d(\tan x) = \sec^2 x\, dx$;   (10) $d(\cot x) = -\csc^2 x\, dx$;

(11) $d(\sec x) = \sec x \cdot \tan x\, dx$;   (12) $d(\csc x) = -\csc x \cdot \cot x\, dx$;

(13) $d(\arcsin x) = \dfrac{1}{\sqrt{1-x^2}} dx$;   (14) $d(\arccos x) = -\dfrac{1}{\sqrt{1-x^2}} dx$;

(15) $d(\arctan x) = \dfrac{1}{1+x^2} dx$;   (16) $d(\operatorname{arccot} x) = -\dfrac{1}{1+x^2} dx$.

2. 函数的和、差、积、商的微分法则(设 u,v 均可导)

(1) $d(u \pm v) = du \pm dv$;   (2) $d(uv) = v\,du + u\,dv$;

(3) $d(Cu) = C\,du$ (C 为常数);   (4) $d\left(\dfrac{u}{v}\right) = \dfrac{v\,du - u\,dv}{v^2}$.

3. 复合函数的微分法则

设 $y = f(u)$，$u = \varphi(x)$ 都是可微函数，则复合函数 $y = f[\varphi(x)]$ 的微分为

$$dy = y'_x dx = [f[\varphi(x)]]' dx = f'[\varphi(x)] \cdot \varphi'(x) dx.$$

由于 $\varphi'(x)dx = du$，$f'[\varphi(x)] = f'(u)$，故 $y = f[\varphi(x)]$ 的微分公式也可写成

$$dy = f'(u) du.$$

由此可见，无论 u 是自变量还是中间变量，$y = f(u)$ 的微分 dy 总可以用 $f'(u)$ 与 du 的乘积来表示. 这个性质称为微分的形式不变性. 它扩充了微分基本公式的运算范围，在以后的积分运算中尤为有用.

例 3 求下列函数的微分：

(1) $y = \ln(2x-1)$；   (2) $y = e^{2x}\cos 3x$；   (3) $y = \dfrac{x}{1+x^2}$.

解 (1) 若直接用公式 $dy = y' dx$，得

$$dy = [\ln(2x+1)]' dx = \dfrac{2}{2x-1} dx.$$

若用微分的形式不变性，得

$$dy = \dfrac{1}{2x-1} d(2x-1) = \dfrac{2}{2x-1} dx.$$

(2) $dy = \cos 3x\, d(e^{2x}) + e^{2x} d(\cos 3x)$

$\qquad = \cos 3x \cdot e^{2x} d(2x) + e^{2x}(-\sin 3x) d(3x)$

$\qquad = \cos 3x \cdot e^{2x} \cdot 2dx - e^{2x} \sin 3x \cdot 3dx$

$\qquad = e^{2x}(2\cos 3x - 3\sin 3x) dx.$

(3) $dy = \left(\dfrac{x}{1+x^2}\right)' dx = \dfrac{(1+x^2) - x \cdot 2x}{(1+x^2)^2} dx = \dfrac{1-x^2}{(1+x^2)^2} dx.$

三、微分在近似计算中的应用

如果 $y = f(x)$ 在点 x_0 处可微，那么

$$\Delta y = f(x_0 + \Delta x) - f(x_0) = f'(x_0) \cdot \Delta x + o(\Delta x).$$

当 $f'(x_0) \neq 0$，且 $|\Delta x|$ 很小时，略去 $o(\Delta x)$，就得到计算函数增量的近似公式：

$$\Delta y \approx f'(x_0) \cdot \Delta x. \tag{1}$$

式(1)也可写成

$$f(x_0 + \Delta x) - f(x_0) \approx f'(x_0) \cdot \Delta x,$$

即
$$f(x_0+\Delta x) \approx f(x_0) + f'(x_0) \cdot \Delta x.$$

若令 $x = x_0 + \Delta x$,即 $\Delta x = x - x_0$,则上式可写成

$$f(x) \approx f(x_0) + f'(x_0) \cdot \Delta x \quad (\text{当}|\Delta x|\text{很小时}). \tag{2}$$

式(1)表明,如果 $f'(x_0)$ 容易计算,可以用(1)式来计算 Δy 的近似值,因为 $|\Delta y| \approx |f'(x_0)||\Delta x|$,可见当自变量的变化 $|\Delta x|$ 极其微小时,函数的变化也极其微小,而且从数量上表明当自变量有微小变化时,函数值大体变化了多少.

式(2)表明,若 $f(x_0)$ 和 $f'(x_0)$ 都容易计算,可以用式(2)计算 $f(x)$ 的近似值,这种近似计算实际上是在点 x_0 附近,用 x 的线性函数 $y = f(x_0) + f'(x_0)(x - x_0)$ 近似地代替非线性函数 $y = f(x)$.

例 4 利用微分计算 $\cos 29°$ 的近似值.

解 设 $f(x) = \cos x, f'(x) = -\sin x$,由

$$f(x_0 + \Delta x) \approx f(x_0) + f'(x_0) \cdot \Delta x,$$

有

$$\cos(x_0 + \Delta x) \approx \cos(x_0) + (-\sin x_0) \cdot \Delta x.$$

这里 $x_0 = \dfrac{\pi}{6}, \Delta x = -\dfrac{\pi}{180}$,于是有

$$\cos 29° = \cos\left(\dfrac{\pi}{6} - \dfrac{\pi}{180}\right) \approx \cos \dfrac{\pi}{6} - \sin \dfrac{\pi}{6} \cdot \left(-\dfrac{\pi}{180}\right)$$

$$= \dfrac{\sqrt{3}}{2} + \dfrac{1}{2} \cdot \dfrac{\pi}{180} \approx 0.8748.$$

在式(2)中,若取 $x_0 = 0$,则

$$f(x) \approx f(0) + f'(0) \cdot x \quad (\text{当}|x|\text{很小时}), \tag{3}$$

这是 $y = f(x)$ 在点 $x = 0$ 处的线性近似表达式.

当 $|x|$ 很小时,由式(3)可推得下列近似等式:

$$e^x \approx 1 + x, \qquad \ln(1+x) \approx x, \qquad \sqrt[n]{1+x} \approx 1 + \dfrac{1}{n}x,$$

$$\sin x \approx x, \qquad \tan x \approx x \quad (x \text{ 用弧度计}).$$

例 5 求 $\sqrt[3]{65}$ 的近似值.

解 $\sqrt[3]{65} = \sqrt[3]{64+1} = \sqrt[3]{64\left(1+\dfrac{1}{64}\right)} = 4\sqrt[3]{1+\dfrac{1}{64}}$,此时 $\dfrac{1}{64}$ 较小,可以利用公式

$$\sqrt[n]{1+x} \approx 1 + \dfrac{1}{n}x,$$

此处 $n = 3, x = \dfrac{1}{64}$,于是

$$\sqrt[3]{65} = 4\sqrt[3]{1+\dfrac{1}{64}} \approx 4\left(1 + \dfrac{1}{3} \times \dfrac{1}{64}\right) \approx 4.021.$$

例 6 设某国的国民经济消费模型为

$$y = 10 + 0.4x + 0.01x^{\frac{1}{2}},$$

其中:y 为总消费(单位:十亿元),x 为可支配收入(单位:十亿元). 当 $x = 100.05$ 时,问总消费是多少?

解 $y=10+0.4x+0.01x^{\frac{1}{2}}$, $y'=0.4+\dfrac{0.01}{2\sqrt{x}}$.

由 $f(x_0+\Delta x)\approx f(x_0)+f'(x_0)\cdot\Delta x$,这里 $x_0=100,\Delta x=0.05$,于是
$$f(100.05)\approx(10+0.4\times100+0.01\times100^{\frac{1}{2}})+\left(0.4+\dfrac{0.01}{2\sqrt{100}}\right)\times0.05$$
$$=50.120025(十亿元).$$

例7 一张半径为6cm的普通光盘,在其边缘有1mm未写满时的容量为700MB,问将其完全写满,大约还可以增加多少容量(假设容量与面积成正比).

解 设可以增加的容量为 x MB,由于光盘的容量与面积成正比,因此我们可以先求光盘增加的可写面积 ΔS,而
$$\Delta S\approx dS,$$
由于 $dS=2\pi r\Delta r$,于是
$$\Delta S\approx dS=2\pi r\Delta r.$$
此时,$r=5.9\text{cm},\Delta r=0.1\text{cm}$,
$$\Delta S\approx 2\pi\times5.9\times0.1=0.59\times2\pi,$$
未写满时的面积 $S=\pi r^2=(5.9)^2\pi$,所以
$$\dfrac{x}{700}=\dfrac{0.59\times2\pi}{(0.59)^2\pi},$$
得 $x\approx23.7288$. 即大约还可以增加 23.7288 MB 容量.

习题 3.3

1. 已知 $y=x^3-x$,计算在点 $x=2$ 处当 Δx 分别等于 $1,0.1,0.01$ 时的 Δy 和 dy.

2. 求下列函数的微分:

(1) $y=\dfrac{1}{x}+2\sqrt{x}$; (2) $y=x\sin 2x$; (3) $y=x^2\cdot e^{2x}$;

(4) $y=\tan(1+2x^2)$; (5) $y=5^{\ln x}$; (6) $y=\arcsin\dfrac{x}{2}$;

(7) $y=\dfrac{\ln x}{x^2}$; (8) $y=\dfrac{2\csc x}{1+x^2}$; (9) $y=\sqrt{1+x^2}+\sin x^2$;

(10) $y=\ln(\sec x+\tan x)$.

3. 将适当的函数填入下列括号内,使等式成立.

(1) $d(\quad)=2dx$; (2) $d(\quad)=xdx$; (3) $d(\quad)=\cos x dx$;

(4) $d(\quad)=\dfrac{1}{1+x}dx$; (5) $d(\quad)=\dfrac{1}{\sqrt{x}}dx$; (6) $d(\quad)=e^{-2x}dx$.

4. 计算下列各式的近似值(计算到小数点后三位):

(1) $e^{0.05}$; (2) $\sqrt[3]{1.02}$; (3) $\sin 29°$.

5. 有一批半径为1cm的球,为了提高球面的光洁度,要镀上一层铜,厚度定为0.01cm.估计一下每只球需用铜多少 g(铜的密度为 8.9g/cm^3)?

§3.4 函数的单调性与极值

一、拉格朗日(Lagrange)中值定理

定理 1 设 $f(x)$ 满足：(1) 在 $[a,b]$ 上连续；(2) 在 (a,b) 内可导，则在开区间 (a,b) 内至少有一点 ξ，使

$$f'(\xi)=\frac{f(b)-f(a)}{b-a}, \quad a<\xi<b, \tag{1}$$

或

$$f(b)-f(a)=f'(\xi)(b-a) \quad a<\xi<b, \tag{2}$$

成立. 公式(1)或公式(2)称为拉格朗日中值公式.

我们考察定理的几何意义. 如图 3-4 所示，公式(1)等号右端恰为过曲线弧 $\overset{\frown}{AB}:y=f(x)$ ($a\leqslant x\leqslant b$) 的端点 $A(a,f(a))$，$B(b,f(b))$ 的弦 AB 的斜率. 定理的条件表示，曲线弧 $\overset{\frown}{AB}$ 是连续的，且有除端点外处处不垂直于 x 轴的切线. 定理的结论表明，在弧 $\overset{\frown}{AB}$ 上至少存在一点 $C(\xi,f(\xi))$，使曲线在点 C 处的切线平行于弦 AB.

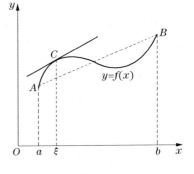

图 3-4

由拉格朗日中值定理可以推出两个结论.

推论 1 如果 $f(x)$ 在区间 I 上的导数恒为零，则 $f(x)$ 在区间 I 上是常数.

证 设 x_1,x_2 是区间 I 上任意两点，且 $x_1<x_2$，则 $f(x)$ 在区间 $[x_1,x_2]$ 上满足拉格朗日中值定理的条件，根据定理有

$$f(x_2)-f(x_1)=f'(\xi)(x_2-x_1), \quad x_1<\xi<x_2.$$

由条件可知 $f'(\xi)=0$，于是 $f(x_1)=f(x_2)$，即在区间 I 上任意两点处的函数值相等，所以 $f(x)$ 在区间 I 上是常数.

推论 2 如果 $f(x)$ 与 $g(x)$ 在区间 I 上每点的导数 $f'(x)$ 与 $g'(x)$ 处处相等，则在区间 I 上 $f(x)$ 与 $g(x)$ 最多相差一个常数，即 $f(x)=g(x)+C$ (C 为常数).

证 因为对一切 $x\in I$，有 $f'(x)=g'(x)$，因此

$$[f(x)-g(x)]'=f'(x)-g'(x)=0$$

对一切 $x\in I$ 成立. 据推论 1 知，$f(x)-g(x)$ 在区间 I 上是一个常数 C，即

$$f(x)=g(x)+C.$$

拉格朗日中值定理是微分学的一个基本定理，在理论和应用上都有很重要的价值. 它建立了函数在一个区间上的改变量和函数在这个区间内某点处的导数之间的联系，从而使我们有可能用导数去研究函数在区间上的性态.

例 1 验证函数 $f(x)=x^3-x^2+x$ 在区间 $[0,1]$ 上满足拉格朗日中值定理的条件，并求定理结论中的 ξ.

解 $f(x)=x^3-x^2+x$ 在 $[0,1]$ 上连续，$f'(x)=3x^2-2x+1$，即 $f(x)$ 在 $(0,1)$ 内可导，故 $f(x)$ 在 $[0,1]$ 上满足拉格朗日中值定理的条件.

又 $f(0)=0$，$f(1)=1$，由公式(1)，得

$$f'(\xi) = \frac{f(1)-f(0)}{1-0}$$

即 $3\xi^2 - 2\xi + 1 = 0$,解得

$$\xi_1 = \frac{2}{3}, \quad \xi_2 = 0 \notin (0,1).$$

所以满足拉格朗日中值定理结论的点 $\xi = \frac{2}{3}$.

二、函数单调性的判别

第 1 章介绍过函数在区间上的单调性定义,但用定义判定函数的单调性是很困难的.因此须寻求简单的判定方法.从几何上看,单调增加的函数图形,其上各点的切线与 x 轴的倾角 $\alpha < \frac{\pi}{2}$,因而 $f'(x) = \tan\alpha > 0$(如图 3-5(a)所示);单调减少的函数图形,其上各点的切线与 x 轴的倾角 $\alpha > \frac{\pi}{2}$,因而 $f'(x) = \tan\alpha < 0$(如图 3-5(b)所示),由此可知,可以用导数的正负判断函数的单调性.

定理 2 设函数 $f(x)$ 在 $[a,b]$ 上连续,在 (a,b) 内可导.

(1) 如果在 (a,b) 内,$f'(x) > 0$,则 $f(x)$ 在 $[a,b]$ 上单调增加;

(2) 如果在 (a,b) 内,$f'(x) < 0$,则 $f(x)$ 在 $[a,b]$ 上单调减少.

证 在 $[a,b]$ 上任取两点 x_1, x_2,不妨设 $x_1 < x_2$,则 $f(x)$ 在 $[x_1, x_2]$ 上连续,在 (x_1, x_2) 内可导,根据拉格朗日中值定理,得

$$f(x_2) - f(x_1) = f'(\xi)(x_2 - x_1) \quad (x_1 < \xi < x_2).$$

因为 $f'(x) > 0, x \in (a,b)$,所以 $f'(\xi) > 0$,故 $f(x_2) - f(x_1) > 0$,即 $f(x_1) < f(x_2)$,所以 $f(x)$ 在 $[a,b]$ 上单调增加.

因为 $f'(x) < 0, x \in (a,b)$,所以 $f'(\xi) < 0$,故 $f(x_2) - f(x_1) < 0$,即 $f(x_1) > f(x_2)$,所以 $f(x)$ 在 $[a,b]$ 上单调减少.

注:① 定理 2 对开区间,无穷区间也成立.

② 用定理 2 判断函数的单调性,须先将函数的定义区间分成若干个部分区间,使得在各个部分区间上,$f'(x)$ 保持正号或负号.其分界点可能是导数等于零的点或导数不存在的点.

③ 如果在某区间内,只有有限个点导数等于零或导数不存在,而在其余的各点导数均为正(或负)时,$f(x)$ 在该区间上仍是单调增加的(或单调减少的).

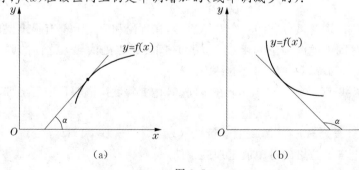

图 3-5

例2 研究函数 $f(x)=2x^3+3x^2-12x$ 的单调性.

解 (1) 求定义区间,$I=(-\infty,+\infty)$;

(2) 求 $f'(x)$,$f'(x)=6x^2+6x-12=6(x+2)(x-1)$;

(3) 令 $f'(x)=0$,得 $x_1=-2, x_2=1$;

(4) 列表讨论 $f(x)$ 的单调性.

x	$(-\infty,-2)$	-2	$(-2,1)$	1	$(1,+\infty)$
$f'(x)$	$+$	0	$-$	0	$+$
$f(x)$	↗		↘		↗

所以,$f(x)$ 在 $(-\infty,2]$,$[1,+\infty)$ 上单调增加,在 $[-2,1]$ 上单调减少.

例3 试确定 $f(x)=\sqrt[3]{x}$ 的单调区间.

解 (1) 求定义区间,$I=(-\infty,+\infty)$;

(2) 求 $f'(x)$,$f'(x)=\dfrac{1}{3\sqrt[3]{x^2}}$;

(3) 显然,当 $x=0$ 时,$f'(x)$ 不存在.

但 $f'(x)=\dfrac{1}{3\sqrt[3]{x}}>0\ (x\neq 0)$,所以 $f(x)$ 在 $(-\infty,+\infty)$ 上单调增加.(如图 3-6 所示)

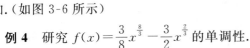

图 3-6

例4 研究 $f(x)=\dfrac{3}{8}x^{\frac{8}{3}}-\dfrac{3}{2}x^{\frac{2}{3}}$ 的单调性.

解 (1) 求定义区间,$I=(-\infty,+\infty)$;

(2) 求 $f'(x)$,$f'(x)=x^{\frac{5}{3}}-x^{-\frac{1}{3}}=\dfrac{(x+1)(x-1)}{\sqrt[3]{x}}$;

(3) 令 $f'(x)=0$,得 $x_1=1, x_2=-1$,又当 $x=0$ 时,$f'(x)$ 不存在;

(4) 列表讨论 $f(x)$ 的单调性.

x	$(-\infty,-1)$	-1	$(-1,0)$	0	$(0,1)$	1	$(1,+\infty)$
$f'(x)$	$-$	0	$+$	不存在	$-$	0	$+$
$f(x)$	↘		↗		↘		↗

所以,$f(x)$ 在 $(-\infty,-1]$,$[0,1]$ 上单调减少;在 $[-1,0]$,$[1,+\infty)$ 上单调增加.

下面举一个利用函数的单调性证明不等式的例子.

例5 证明:当 $x>1$ 时,$2\sqrt{x}>3-\dfrac{1}{x}$.

证 令 $f(x)=2\sqrt{x}-\left(3-\dfrac{1}{x}\right)$,则

$$f'(x)=\dfrac{1}{\sqrt{x}}-\dfrac{1}{x^2}=\dfrac{1}{x^2}(x\sqrt{x}-1),$$

$f(x)$ 在 $[1,+\infty)$ 上连续,在 $(1,+\infty)$ 内 $f'(x)>0$,因此在 $[1,+\infty)$ 上 $f(x)$ 单调增加,从而

当 $x>1$ 时，$f(x)>f(1)$.

由于 $f(1)=0$，故 $f(x)>0$，即
$$2\sqrt{x}-\left(3-\frac{1}{x}\right)>0,$$
于是
$$2\sqrt{x}>3-\frac{1}{x} \quad (x>1).$$

三、极值的概念

在 §3.4 的例 2 中，函数 $f(x)=2x^3+3x^2-12x$ 在单调区间的分界点 $x_1=-2$ 处的函数值 $f(-2)$ 要比附近的函数值大，而在 $x_2=1$ 处的函数值 $f(1)$ 要比附近的函数值小，这种局部的最大、最小值称为函数的极值.

定义 设 $f(x)$ 在点 x_0 及其附近有定义，且对点 x_0 附近的任一点 $x\,(x\neq x_0)$，如果恒有 $f(x)<f(x_0)$，则称 $f(x_0)$ 是 $f(x)$ 的极大值，x_0 是 $f(x)$ 的极大值点；如果恒有 $f(x)>f(x_0)$，则称 $f(x_0)$ 是 $f(x)$ 的极小值，x_0 是 $f(x)$ 的极小值点.

函数的极大值与极小值统称为函数的极值，函数的极大值点与极小值点统称为极值点.

在 §3.4 的例 4 中，函数 $f(x)=\frac{3}{8}x^{\frac{8}{3}}-\frac{3}{2}x^{\frac{2}{3}}$ 有极大值 $f(0)=0$，有极小值 $f(1)=-\frac{9}{8}$ 和 $f(-1)=-\frac{9}{8}$，且函数在极值点处的导数等于零(当在该点处 $f(x)$ 可导时)或者导数不存在.

注：函数极值的概念是局部性的，它们与函数的最大值、最小值(函数 $f(x)$ 在定义域上的最大值与最小值统称为 $f(x)$ 的最值)不同. 极值 $f(x_0)$ 是就点 x_0 附近的一个局部范围来说的，最大值与最小值是就 $f(x)$ 的整个定义域而言的. 如在图 3-7 中，函数 $f(x)$ 在区间 $[a,b]$ 上有两个极大值 $f(x_1),f(x_3)$；有两个极小值 $f(x_2),f(x_4)$. 在整个区间 $[a,b]$ 上，极小值 $f(x_2)$ 也是 $f(x)$ 在 $[a,b]$ 上的最小值，而 $f(x)$ 在 $[a,b]$ 上的最大值在端点 $x=b$ 处达到.

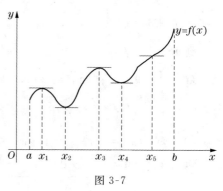

图 3-7

四、极值的求法

定理 3(极值的必要条件) 若 $f(x)$ 在点 x_0 可导，且在点 x_0 取得极值，则必有 $f'(x_0)=0$.

注：(1) 我们把使 $f'(x)=0$ 的点称为函数 $f(x)$ 的驻点. 于是定理 1 可简述为：可导函数的极值点必为驻点. 但是，若 $f(x)$ 在 x_0 不可导，则 x_0 也可能是极值点，如在 §3.4 的例 4 中，$f(x)=\frac{3}{8}x^{\frac{8}{3}}-\frac{3}{2}x^{\frac{2}{3}}$ 在点 $x=0$ 不可导，但在该点取得极大值 $f(0)=0$.

(2) 连续函数的极值点必定是驻点或导数不存在的点. 反之，驻点或导数不存在的点不一定是极值点. 例如：点 $x=0$ 分别是函数 $y=x^3$ 和 $y=x^{\frac{1}{3}}$ 的驻点和导数不存在的点，但它们在此点并不取得极值.

定理 4 (极值的充分条件)设 $f(x)$ 在点 x_0 连续，在点 x_0 附近可导，$f'(x_0)=0$(或

$f'(x_0)$ 不存在).

(1) 如果对于 x_0 的左侧邻近任意的点 x,$f'(x)>0$,而对于 x_0 的右侧邻近任意的点 x, $f'(x)<0$,则 $f(x)$ 在点 x_0 取得极大值 $f(x_0)$;

(2) 如果对于 x_0 的左侧邻近任意的点 x,$f'(x)<0$,而对于 x_0 的右侧邻近任意的点 x, $f'(x)>0$,则 $f(x)$ 在点 x_0 取得极小值 $f(x_0)$;

(3) 如果对于 x_0 左、右两侧邻近的任意点 x,$f'(x)$ 同号,则 $f(x)$ 在点 x_0 不能取得极值.

根据定理 2,将求 $f(x)$ 的极值的步骤归纳如下:

(1) 确定 $f(x)$ 的连续区间;

(2) 求 $f'(x)$;

(3) 令 $f'(x)=0$,求出 $f(x)$ 的全部驻点,以及导数不存在的点;

(4) 将(3)求得的点,把连续区间分成若干部分区间,列表讨论导数 $f'(x)$ 在各个部分区间内的符号,由定理 2,确定 $f(x)$ 在驻点及导数不存在的点是否取得极值,并求出极值.

例 6 求 $f(x)=3x^4-8x^3-6x^2+24x$ 的极值.

解 (1) $f(x)$ 的连续区间为 $(-\infty,+\infty)$;

(2) $f'(x)=12x^3-24x^2-12x+24=12[x^2(x-2)-(x-2)]$
$=12(x+1)(x-1)(x-2)$,

令 $f'(x)=0$,得驻点 $x_1=-1,x_2=1,x_3=2$;

(3) 列表讨论如下:

x	$(-\infty,-1)$	-1	$(-1,1)$	1	$(1,2)$	2	$(2,+\infty)$
$f'(x)$	$-$	0	$+$	0	$-$	0	$+$
$f(x)$	↘	极小值 -19	↗	极大值 13	↘	极小值 8	↗

所以,$f(x)$ 在 $x=-1$ 处取极小值 $f(-1)=-19$,在 $x=2$ 处取极小值 $f(2)=8$,在 $x=1$ 处取极大值 $f(1)=13$.

例 7 求 $f(x)=x-3(x-1)^{\frac{2}{3}}$ 的极值.

解 (1) $f(x)$ 的连续区间为 $(-\infty,+\infty)$;

(2) $f'(x)=1-\dfrac{2}{(x-1)^{\frac{1}{3}}}=\dfrac{(x-1)^{\frac{1}{3}}-2}{(x-1)^{\frac{1}{3}}}$,

令 $f'(x)=0$,得驻点 $x=9$,又当 $x=1$ 时导数不存在.

(3) 列表讨论如下:

x	$(-\infty,1)$	1	$(1,9)$	9	$(9,+\infty)$
$f'(x)$	$+$	不存在	$-$	0	$+$
$f(x)$	↗	极大值 1	↘	极小值 -3	↗

所以，$f(x)$ 在 $x=1$ 处取极大值 $f(1)=1$，在 $x=9$ 处取极小值 $f(9)=-3$.

习题 3.4

1. 下列函数在给定区间上是否满足拉格朗日中值定理的条件，如果满足就求出定理中的数值 ξ.

(1) $f(x)=\sqrt{x}$　$x\in[1,4]$；
(2) $f(x)=\arctan x$　$x\in[0,1]$.

2. 试确定下列函数的单调区间：

(1) $f(x)=\arctan x-x$；
(2) $f(x)=2x^2-\ln x$；

(3) $f(x)=x^4+4x^3-1$；
(4) $f(x)=3x+\sqrt[3]{x-2}$；

(5) $f(x)=x+\dfrac{4}{x}$；
(6) $f(x)=\dfrac{x}{1+x^2}$.

3. 求下列函数的极值：

(1) $f(x)=x^3-3x^2-9x+5$；
(2) $f(x)=(x-1)\cdot\sqrt[3]{x^2}$；

(3) $f(x)=\sqrt{2x-x^2}$；
(4) $f(x)=\dfrac{2}{3}x-\sqrt[3]{x}$；

(5) $f(x)=x^2\mathrm{e}^{-x}$；
(6) $f(x)=\dfrac{3x}{1+x^2}$.

§3.5　函数的最大值与最小值

在工程技术、经济活动和日常工作生活中，常常会遇到这样一类问题：在一定条件下，怎样才能使"成本最低"、"利润最大"、"用料最省"、"效率最高"等. 这些问题在数学上有时可归结为求某一函数（通常称为目标函数）的最大值或最小值问题.

上一节给出了函数 $f(x)$ 在其连续区间内的极值的求解方法，以下我们特别指出一种情形：$f(x)$ 在一个区间（有限或无限，开或闭）内可导，且只有一个驻点 x_0，并且这个驻点 x_0 是函数 $f(x)$ 的极值点，那么，当 $f(x_0)$ 是极大值时，$f(x_0)$ 就是 $f(x)$ 在该区间上的最大值（如图 3-8(a) 所示）；当 $f(x_0)$ 是极小值时，$f(x_0)$ 就是 $f(x)$ 在该区间上的最小值（如图 3-8(b) 所示），在应用问题中往往遇到这样的情形.

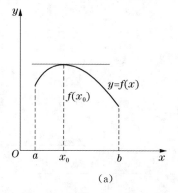
(a)

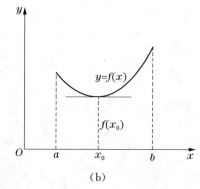
(b)

图 3-8

还要指出，在实际问题中，往往根据问题的性质就可以断定 $f(x)$ 确有最大值或最小值，而且一定在定义区间内部取得. 这时如果 $f(x)$ 在定义区间内部只一个驻点 x_0，那么不必讨

论 $f(x_0)$ 是不是极值,就可以断定 $f(x_0)$ 是最大值或最小值.

对于闭区间 $[a,b]$ 上连续函数 $f(x)$,一定存在最大、最小值. 显然,函数 $f(x)$ 在 $[a,b]$ 上的最大值和最小值只能在区间内的极值点或端点处取得. 因此,可用如下方法求出连续函数 $f(x)$ 在 $[a,b]$ 上的最大值和最小值:

(1) 求出函数 $f(x)$ 在 (a,b) 内的驻点和不可导点;
(2) 求出函数 $f(x)$ 在各驻点、不可导点和区间端点处的函数值;
(3) 比较这些函数值,其中最大的就是最大值,最小的就是最小值.

例 1 求周长为 $2a$ 的矩形中的面积最大者.

解 设矩形一边长为 x,则另一边长为 $a-x$ $(0<x<a)$. 于是矩形面积
$$S(x)=x(a-x)=ax-x^2 \quad (0<x<a),$$
$$S'(x)=a-2x.$$

令 $S'(x)=0$,得 $x=\dfrac{a}{2}$. 由于最大的矩形面积一定存在,而且在 $(0,a)$ 内部取得,现在 $S(x)$ 在 $(0,a)$ 内只有一个驻点 $x=\dfrac{a}{2}$,所以当 $x=\dfrac{a}{2}$ 时,$S(x)$ 的值最大. 此时,矩形为边长为 $\dfrac{a}{2}$ 的正方形.

例 2 求函数 $f(x)=x^3-3x+2$ 在 $[-2,3]$ 上的最大值和最小值.

解 (1) $f'(x)=3x^2-3=3(x+1)(x-1)$.

令 $f'(x)=0$,得 $f(x)$ 在 $[-2,3]$ 上的驻点 $x_1=-1, x_2=1$;

(2) 计算 $f(-1)=4, f(1)=0, f(-2)=0, f(3)=20$;

(3) 比较可得,$f(x)$ 在 $[-2,3]$ 上的最大值为 20,最小值为 0.

例 3 设由电动势 E,内电阻 r 与外电阻 R 构成的闭合电路,如图 3-9 所示,问当 E 与 r 为已知时,R 等于多少才有最大电功率?

解 根据欧姆定律 $I=\dfrac{E}{R+r}$,通过 R 的电功率是
$$P=I^2R=\dfrac{E^2R}{(R+r)^2} \quad (R\geqslant 0).$$

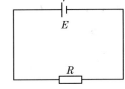

求导数,即 $P'=\dfrac{E^2(r-R)}{(R+r)^3}$,令 $P'=0$,得驻点 $R=r$.

图 3-9

由于在区间 $(0,+\infty)$ 内函数只有一个驻点 $R=r$,因此,当 $R=r$ 时,输出功率最大.

例 4 铁路线上 AB 段的距离为 100km(如图 3-10 所示). 铁路边一工厂 C 距 A 处的垂直距离为 20km. 为了运输需要,要在 AB 线上选定一处 D 建车站并向工厂 C 修筑一条公路. 已知铁路与公路每 km 货运费用之比为 3:5,为了使货物从供应站 B 运抵工厂 C 的运费最省,问点 D 应该选在何处?

解 设 $AD=x$ (km),那么 $DB=100-x$,
$$CD=\sqrt{20^2+x^2}=\sqrt{400+x^2}.$$

依题意可设铁路每 km 运费为 $3k$,公路每 km 运费为 $5k$,从 B 到 C 的总运费为 y,则
$$y=5k\cdot CD+3k\cdot DB,$$
即
$$y=5k\cdot\sqrt{400+x^2}+3k(100-x) \quad (0\leqslant x\leqslant 100).$$

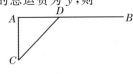

图 3-10

要使运费最省,即要求 y 在 $[0,100]$ 上取最小值.于是对 y 求导得

$$y' = k\left(\frac{5x}{\sqrt{400+x^2}} - 3\right).$$

令 $y'=0$,得 $x=15$(km).

因为这是一个实际应用问题,它只有唯一的解,因此在 AB 上距 A 点 15km 处建车站可使总运费最省.

习题 3.5

1. 求与其倒数之和为最小的正数.
2. 求内接于半径为 R 的半圆的矩形的最大面积.
3. 欲造一个容积为 V 的圆柱形反应罐(不计上盖),已知底面与侧面的单位面积造价比为 $2:1$,试问应如何设计才能使费用最省?
4. 某商品产量为 Q 件时,收入 $R(Q)=305Q-5Q^2$(元),总成本 $C(Q)=1600+65Q-2Q^2$(元),试求最大利润.
5. 一房地产公司有 50 套公寓要出租,当租金为每月 400 元时,公寓会全部租出去.当租金每月增加 25 元时,就有一套公寓租不出去,而租出去的房子每月需花费 40 元的整修维护费.试问租金定为多少时可获得最大收入?

§3.6 二元函数及偏导数与全微分

一、二元函数的定义

在前面的学习内容中,我们所讨论的函数只限于一个自变量的函数,简称一元函数.但在许多实际问题中所遇到的往往是多个变量的函数,例如,矩形的面积公式

$$S = xy.$$

描述了面积 S 与长 x、宽 y 这两个变量所确定的函数关系.这种有两个自变量的函数,称为二元函数.

定义 1 设平面上有一个非空点集 D,若有对应关系 f,使每一点 $(x,y) \in D$,有唯一个实数 z 与之对应,记作 $z=f(x,y)$,称为二元函数.

例 1 圆锥的体积 $V = \frac{1}{3}\pi r^2 h$,其中底半径为 r,高为 h.

二、二元函数的偏导数

1. 偏导数

定义 2 设 $z=f(x,y)$,$(x,y) \in D$,若 $(x_0,y_0) \in D$,当

$$\lim_{\Delta x \to 0} \frac{f(x_0+\Delta x, y_0) - f(x_0, y_0)}{\Delta x}$$

存在时,则称此极限为 $z=f(x,y)$ 在点 (x_0,y_0) 处对 x 的偏导数,记作

$$\frac{\partial z}{\partial x}\bigg|_{\substack{x=x_0 \\ y=y_0}}, \quad \frac{\partial f}{\partial x}\bigg|_{\substack{x=x_0 \\ y=y_0}} \text{ 或 } f_x(x_0,y_0), \; z_x(x_0,y_0).$$

类似地,当

$$\lim_{\Delta y \to 0} \frac{f(x_0, y_0+\Delta y) - f(x_0, y_0)}{\Delta y}$$

存在时,则称此极限为 $z = f(x,y)$ 在点 (x_0, y_0) 处对 y 的偏导数,记作

$$\frac{\partial z}{\partial y}\bigg|_{\substack{x=x_0 \\ y=y_0}}, \quad \frac{\partial f}{\partial y}\bigg|_{\substack{x=x_0 \\ y=y_0}} \text{ 或 } f_y(x_0, y_0), z_y(x_0, y_0).$$

若函数 $z = f(x,y)$ 在区域 D 上每一点 (x,y) 都存在对 x（或对 y）的偏导数,则得到函数 $z = f(x,y)$ 在区域 D 上对 x（或对 y）的偏导函数,记作

$$f_x(x,y), \quad z_x \text{ 或 } \frac{\partial f(x,y)}{\partial x}, \quad \frac{\partial z}{\partial x}.$$

$$f_y(x,y), \quad z_y \text{ 或 } \frac{\partial f(x,y)}{\partial y}, \quad \frac{\partial z}{\partial y}.$$

偏导数和偏导函数统称为"偏导数".

2. 偏导数的求法

由偏导数的定义可知,对哪一个变量求偏导数时,先把其他变量看作常数,从而变成一元函数求导问题.有关一元函数的求导的基本公式法则,对求二元函数偏导数仍然适用.

例 2 求 $z = \arctan \dfrac{y}{x}$ 的偏导数.

解 $\dfrac{\partial z}{\partial x} = \dfrac{1}{1+\left(\dfrac{y}{x}\right)^2} \cdot \left(-\dfrac{y}{x^2}\right) = -\dfrac{y}{x^2+y^2},$

$\dfrac{\partial z}{\partial y} = \dfrac{1}{1+\left(\dfrac{y}{x}\right)^2} \cdot \dfrac{1}{x} = \dfrac{x}{x^2+y^2}.$

例 3 设 $z = x^y (x > 0, x \neq 1)$,证明: $\dfrac{x}{y} \cdot \dfrac{\partial z}{\partial x} + \dfrac{1}{\ln x} \cdot \dfrac{\partial z}{\partial y} = 2z.$

证明 $\dfrac{\partial z}{\partial x} = yx^{y-1}, \dfrac{\partial z}{\partial y} = x^y \ln x,$

左边 $= \dfrac{x}{y} \cdot \dfrac{\partial z}{\partial x} + \dfrac{1}{\ln x} \cdot \dfrac{\partial z}{\partial y} = \dfrac{x}{y} \cdot yx^{y-1} + \dfrac{1}{\ln x} \cdot x^y \ln x = 2x^y = 2z =$ 右边.

原等式得证.

三、全微分

与一元函数微分概念相仿,下面我们引入二元函数全微分的概念,对于一般 n 元函数的全微分也可类似地给出.

定义 3 若函数 $z = f(x,y)$ 在其定义域 D 的点 (x_0, y_0) 处的全增量 Δz 可表示为:

$$\Delta z = f(x_0 + \Delta x, y_0 + \Delta y) - f(x_0, y_0) = A\Delta x + B\Delta y + o(\rho)$$

其中 A,B 是仅与点 (x_0, y_0) 有关,而与 $\Delta x, \Delta y$ 无关的常量,$o(\rho)$ 是高阶无穷小,则称函数 $f(x,y)$ 在点 (x_0, y_0) 处可微,并称 $A\Delta x + B\Delta y$ 为函数 $f(x,y)$ 在点 (x_0, y_0) 处的全微分,记作

$$dz = df = A\Delta x + B\Delta y$$

定理 若二元函数 $z = f(x,y)$ 在其定义域 D 的点 (x_0, y_0) 处可微,则函数在该点的偏导数 $f_x(x_0, y_0), f_y(x_0, y_0)$ 存在,且

$$A = f_x(x_0, y_0), \quad B = f_y(x_0, y_0),$$

与一元函数的情形一样,由于自变量增量等于自变量的微分,即

$$\Delta x = dx, \Delta y = dy$$

所以全微分又可写为
$$dz = f_x \cdot dx + f_y \cdot dy.$$

例 4 求 $z = xy$ 的全微分.

解 $f_x = \dfrac{\partial z}{\partial x} = y$, $f_y = \dfrac{\partial z}{\partial y} = x$,

$dz = f_x \cdot dx + f_y \cdot dy = ydx + xdy.$

《测量学基础》有关中误差的计算公式,设函数 $z = f(x_1, x_2, \cdots, x_n)$ 中误差:

$$m_Z = \pm \sqrt{\left(\dfrac{\partial f}{\partial x_1}\right)^2 \cdot m_{x_1}^2 + \left(\dfrac{\partial f}{\partial x_2}\right)^2 \cdot m_{x_2}^2 + \cdots + \left(\dfrac{\partial f}{\partial x_n}\right)^2 \cdot m_{x_n}^2}.$$

例 5 已知矩形的宽 $x = 30\text{m}$,其中误差 $m_x = 0.010\text{m}$,矩形的长 $y = 40\text{m}$,其中误差 $m_y = 0.012\text{m}$,计算矩形面积 A 及中误差 m_A.

解 矩形面积 $A = f(x, y) = xy = 1200\text{m}^2$,

对观测值取偏导数 $\dfrac{\partial f}{\partial x} = x$, $\dfrac{\partial f}{\partial y} = y$.

根据误差传播定律,得

$$m_A = \pm \sqrt{\left(\dfrac{\partial f}{\partial x}\right)^2 m_x^2 + \left(\dfrac{\partial f}{\partial y}\right)^2 m_y^2} = \pm \sqrt{y^2 m_x^2 + x^2 m_y^2} = \pm 0.54\text{m}^2.$$

通常写成 $A = 1200 \pm 0.54\text{m}^2$.

例 6 设沿倾斜面上 A、B 两点间量得距离 $D = 32.218 \pm 0.003\text{m}$,并测得两点之间的高差 $h = 2.35 \pm 0.005\text{m}$,求水平距离 D_0 及其中误差 m_{D_0}.

解 $D_0 = \sqrt{D^2 - h^2} = 32.153\text{m}$

对 $D_0 = \sqrt{D^2 - h^2}$ 求偏导数,得

$$\dfrac{\partial f}{\partial D} = \dfrac{D}{D_0}, \quad \dfrac{\partial f}{\partial h} = -\dfrac{h}{D_0},$$

$$m_{D_0} = \pm \sqrt{\left(\dfrac{\partial f}{\partial D}\right)^2 \cdot (0.003)^2 + \left(\dfrac{\partial f}{\partial h}\right)^2 \cdot (0.005)^2} = \pm 0.003\text{m}.$$

即 $D_0 = 32.153 \pm 0.003\text{m}$.

习题 3.6

求下列函数的偏导数与全微分:

1. $z = \dfrac{y}{x}$;

2. $z = \arctan \dfrac{x}{y}$;

3. $z = \ln\cos(x - 2y)$;

4. $z = y^x$;

5. 求 $z = x^2 y - 4x\sin y + y^2$ 在点 $(3, \pi)$ 的偏导数.

习 题 3

1. 选择题:

(1) 设 $y = \tan x$,则 $y' = ($).

A. $\cot x$ B. $\sec x$ C. $\sec^2 x$ D. $\sec x \cdot \tan x$

(2) 设 $y=\sqrt{x}+x$,则其不可导的点为( ).

A. $x=0$ B. $x=1$ C. $x=2$ D. $x=\left(\dfrac{1}{2}\right)^{\frac{1}{2}}$

(3) 下列函数中( )的导数等于 $\sin 2x$.

A. $\cos 2x$ B. $\cos^2 x$ C. $-\cos 2x$ D. $\sin^2 x$

(4) 曲线 $y=\cos x$ 在 $x=\dfrac{\pi}{3}$ 点处的切线斜率为( ).

A. $-\sin x$ B. $\dfrac{1}{2}$ C. $-\dfrac{\sqrt{3}}{2}$ D. $\dfrac{\sqrt{3}}{2}$

(5) 设 $y=e^{x^3}$,则 $dy=($).

A. $e^{x^3}dx$ B. $x^2 e^{x^3}dx$ C. $3x^2 e^{x^3}dx$ D. $x^3 e^{x^3}dx$

(6) $d($ $)=\dfrac{1}{2x+1}dx$.

A. $\ln(2x+1)$ B. $\dfrac{1}{2}\ln(2x+1)$ C. $\arctan\sqrt{x}$ D. $\dfrac{1}{x}\ln(2x+1)$

(7) 下列函数在 $[1,e]$ 上满足拉格朗日中值定理条件的是( ).

A. $\ln[\ln x]$ B. $\ln x$ C. $\dfrac{1}{\ln x}$ D. $\ln(2-x)$

(8) 设 x_0 是函数 $f(x)$ 的驻点,则 $y=f(x)$ 在点 x_0 处必定( ).

A. 有极值 B. 无极值 C. 不可导

D. 曲线 $y=f(x)$ 在 $(x_0,f(x_0))$ 处的切线平行或重合于 x 轴

(9) 若 x_0 是 $f(x)$ 的极值点,则( ).

A. $f'(x_0)=0$ B. $f'(x_0)\neq 0$

C. $f'(x_0)$ 不存在 D. $f'(x_0)=0$ 或 $f'(x_0)$ 不存在

(10) 函数 $y=x+\dfrac{1}{x}$ 的单调增加区间为( ).

A. $(-\infty,-1),(1,+\infty)$ B. $(-1,1)$

C. $(-\infty,0),(0,+\infty)$ D. $(-1,0),(0,1)$

2. 填空题:

(1) 设 $f(x)=\dfrac{2}{\sqrt{x}}-\dfrac{1}{x^2}$,则 $f'(1)=$ _____.

(2) 过曲线 $y=\dfrac{4+x}{4-x}$ 上点 $(2,3)$ 处法线的斜率为 _____.

(3) 设 $y=\ln x$,则 $y''=$ _____.

(4) 设 $y=x^2\cos x$,则 $dy=$ _____.

(5) $d(1-2x^3)=$ _____ dx.

(6) 做变速直线运动物体的运动方程 $s(t)=t^3+2t$,则其运动速度为 $v(t)=$ _____.

(7) 设 $f(x)=\dfrac{x+2}{x}$,则 $f(x)$ 在 $[1,2]$ 上满足拉格朗日中值定理的 $\xi=$ _____.

(8) 函数 $f(x)=\dfrac{1}{1+x^2}$ 的驻点为 _____.

(9) 函数 $y=x^3-3x^2-9x$ 的单调减少区间为 _____.

(10) 若函数 $f(x)=ax^2+bx$ 在 $x=1$ 处取极大值 1,则 $a=$ _____, $b=$ _____.

3. 求下列函数的导数:

(1) $y=2x^2+x\sqrt{x}+\sqrt{5}$;   (2) $y=x^2 e^x$;

(3) $y=\dfrac{1+\sqrt{x}}{1-\sqrt{x}}$;　　　　　　(4) $y=\ln(x^2+x+1)$;

(5) $y=\tan\dfrac{1}{x}$;　　　　　　(6) $y=\dfrac{1}{(x+1)^3}$;

(7) $y=2\mathrm{e}^{\sqrt{x}}(\sqrt{x}-1)$;　　　　(8) $y=\sqrt{1+\cos 2x}$;

(9) $y=\mathrm{e}^{x\sin x}$;　　　　　　(10) $y=3^{\cot\frac{x}{2}}$;

(11) $y=\dfrac{x^2+2\sqrt{x}+5x\sqrt[3]{x}}{x}$;　　(12) $y=x[1+\ln(1+x^2)]$;

(13) $y=\dfrac{1}{\sqrt{1-x^2}}$;　　　　　(14) $y=x\sec^2 x-\cot x$.

4. 设 $f(x)=(x-a)\varphi(x)$，其中 $\varphi(x)$ 在 $x=a$ 处连续，求 $f'(a)$.

5. 证明：双曲线 $xy=1$ $(x>0,y>0)$ 上任一点处的切线与两坐标轴所围成的三角形面积都等于 2.

6. 设 $y=\ln(x+\sqrt{1+x^2})$，求 $\mathrm{d}y$.

7. 已知生产某种产品的总成本函数 $C(Q)=Q^3+3Q^2+5Q+100$，求：
(1) 边际成本函数； (2) 当 $Q=10$ 单位时，边际成本是多少？

8. 一个气球以 40 (cm³/s) 的速度充气，当球半径 $r=10$(cm) 时，求球半径的增长率.

9. 某工厂生产某种产品，根据销售分析，得出利润 L(元) 与日产量 Q(吨) 的关系为 $L(Q)=120Q+\sqrt{Q}-1350$(元)，若日产量由 25 吨增加到 27 吨，求利润增加的近似值.

10. 确定下列函数的单调区间：

(1) $y=2x^3-9x^2+12x-3$;　　(2) $y=\dfrac{x^2-1}{x}$;

(3) $y=\dfrac{x}{\ln x}$;　　　　　　(4) $y=(x+2)^2(x-1)^3$.

11. 求下列函数的极值：

(1) $y=2x^3-6x^2-18x+7$;　　(2) $y=\dfrac{x^2}{x^4+4}$;

(3) $y=\sqrt{2+x-x^2}$;　　　　(4) $y=\dfrac{1}{2}x^2-\ln x$.

12. 若两个正数和为 8，求这两个正数的立方和的最小值.

13. 设有一半径为 R 的球，作内接于此球的圆柱体，问圆柱体的高 h 为何值时，圆柱体的体积最大.

14. 将边长为 a 的一块正方形铁皮的四角各截去一个大小相同的小正方形，然后将四边折起做成一个无盖盒，问截去的小正方形边长为多大时，所得方盒的容积最大.

15. 生产某种产品 Q 个单位时的费用为 $C(Q)=5Q+200$，收入函数为 $R(Q)=10Q-0.01Q^2$，问每批生产多少个单位，才能使利润最大？

16. 某商家以每条 10 元的价格购进一批牛仔裤，设此牛仔裤的需求函数为 $Q=40-P$，问该个体户将销售价格定为多少时，才能获得最大利润？

17. 设生产某产品 Q 单位时的总成本为 $C(Q)=2000+60Q$(百元)，且该产品的需求函数为 $Q=1000-10P$ (P 为价格)，试求产量为多少时可使利润最大？

18. 一银行的统计资料表明，存放在银行中的总存款量与银行付给存户利率的平方成正比. 现在假设银行可以用 12% 的利率再投资这笔钱. 试问为得到最大利润，银行所支付给存户的利率应定为多少？

第4章 不定积分

在第3章中,我们讨论了求已知函数的导数或微分的问题,这是微分学的基本问题. 与此相反,已知一个函数的导数或微分,求原来的函数,这正好是微分学的逆问题,从而产生了原函数与不定积分的概念,这就是本章所要讨论的中心问题.

§4.1 不定积分的概念

一、原函数与不定积分

在微分学中,已知一个函数 $F(x)$,便能求出它的导数 $F'(x)=f(x)$. 但若已知 $f(x)$,如何求 $F(x)$,使得 $F'(x)=f(x)$ 呢?例如,已知曲线上每点切线的斜率,求曲线方程.

定义 1 设函数 $f(x)$ 是定义在区间 I 上的已知函数,如果存在 $F(x)$,使得 $F'(x)=f(x)$ 或 $\mathrm{d}F(x)=f(x)\mathrm{d}x$,那么称 $F(x)$ 是 $f(x)$ 在区间 I 上的一个原函数.

例如,由于 $(\sin x)'=\cos x$,故 $\sin x$ 是 $\cos x$ 在 $(-\infty,+\infty)$ 上的一个原函数. 又如 $(x^2)'=2x$,故 x^2 是 $2x$ 在 $(-\infty,+\infty)$ 上的一个原函数,而 $(x^2+1)'=2x,(x^2+2)'=2x,\cdots,(x^2+C)'=2x$. 显然,$2x$ 有无穷多个原函数.

一般情形,设 $F(x)$ 是 $f(x)$ 的原函数,则 $F(x)+C$(C 为任意常数)也是 $f(x)$ 的原函数. 即如果 $f(x)$ 有一个原函数 $F(x)$,则它必有无穷多个原函数. 那么,每两个原函数间有什么关系呢?

设 $F(x)$ 是 $f(x)$ 的一个原函数,$\Phi(x)$ 是 $f(x)$ 的另一个原函数,则
$$F'(x)=f(x),\quad \Phi'(x)=f(x).$$
于是
$$[\Phi(x)-F(x)]'=[\Phi'(x)-F'(x)]=f(x)-f(x)=0.$$
利用上一章拉格朗日中值定理的推论,必有 $\Phi(x)-F(x)=C$(C 为常数). 那么
$$\Phi(x)=F(x)+C.$$

这表明了 $\Phi(x)$ 与 $F(x)$ 之间仅相差一个常数. 因此 $F(x)+C$ 就可以表示 $f(x)$ 全体的原函数了. $f(x)$ 的全体原函数 $F(x)+C$,又称 $f(x)$ 的原函数族.

定义 2 在区间 I 上,函数 $f(x)$ 的全体原函数 $F(x)+C$ 称为 $f(x)$ 的不定积分,记作 $\int f(x)\mathrm{d}x$,即
$$\int f(x)\mathrm{d}x=F(x)+C.$$

其中符号 "$\int$" 称为积分号,$f(x)$ 称为被积函数,$f(x)\mathrm{d}x$ 称为被积表达式,x 称为积分变量,任意常数 C 称为积分常数.

在几何上,$\int f(x)\mathrm{d}x=F(x)+C$ 表示一簇积分曲线(如图 4-1 所示).

由于 $[F(x)+C]'=F'(x)+C'=f(x)$，因此每条积分曲线在点 x 处的斜率都等于 $f(x)$，如果已做出 $f(x)$ 的任意一条积分曲线，然后把它沿 y 轴上下平行移动，就得到 $f(x)$ 所有的积分曲线. 称为函数 $f(x)$ 的积分曲线簇.

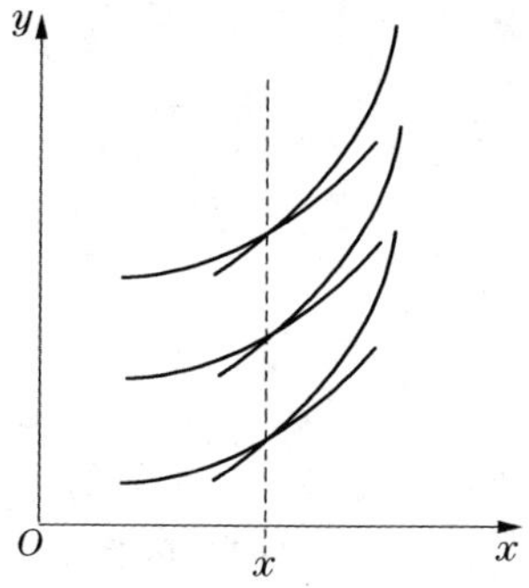

例 1 利用定义求 $\int x^\alpha \mathrm{d}x \ (\alpha \neq -1)$.

解 因为 $\left(\dfrac{1}{\alpha+1}x^{\alpha+1}\right)'=x^\alpha$，所以 $\dfrac{1}{\alpha+1}x^{\alpha+1}$ 是 x^α 的一个原函数. 因此

$$\int x^\alpha \mathrm{d}x = \dfrac{1}{\alpha+1}x^{\alpha+1}+C.$$

图 4-1

例 2 利用定义求 $\int \dfrac{1}{x}\mathrm{d}x$.

解 (1) 当 $x>0$ 时，由于 $(\ln x)'=\dfrac{1}{x}$，所以 $\ln x$ 是 $\dfrac{1}{x}$ 在 $(0,+\infty)$ 内的一个原函数，因此在 $(0,+\infty)$ 内 $\int \dfrac{1}{x}\mathrm{d}x = \ln x + C$.

(2) 当 $x<0$ 时，由于 $[(\ln(-x)]'=\dfrac{1}{-x}(-1)=\dfrac{1}{x}$，所以 $\ln(-x)$ 是 $\dfrac{1}{x}$ 在 $(-\infty,0)$ 内的一个原函数，因此在 $(-\infty,0)$ 内 $\int \dfrac{1}{x}\mathrm{d}x = \ln(-x)+C$.

综上所述 $\int \dfrac{1}{x}\mathrm{d}x = \ln|x| + C.$

例 3 设曲线经过点 $(1,2)$，且其上任一点 (x,y) 处切线的斜率为该点横坐标的 2 倍，求此曲线方程.

解 设所求曲线方程为 $y=F(x)$，根据题意 $F'(x)=2x$，所以

$$F(x)=\int 2x \mathrm{d}x = x^2 + C.$$

而曲线经过点 $(1,2)$，代入上式得 $C=1$，所以曲线方程为 $F(x)=x^2+1$.

例 4 设某物体运动速度 $v=2t$，且当 $t=1$ 时 $s=2$，试求路程 s 随时间 t 的变化规律.

解 由导数的物理意义知 $\dfrac{\mathrm{d}s}{\mathrm{d}t}=v=2t$，所以

$$s=\int 2t\mathrm{d}t = t^2 + C.$$

又当 $t=1$ 时 $s=2$，得 $C=1$，故路程与时间的函数关系为 $s=t^2+1$.

二、不定积分的性质

根据不定积分的定义可知，由于 $\int f(x)\mathrm{d}x$ 是 $f(x)$ 的原函数，所以

$$\left[\int f(x)\mathrm{d}x\right]'=f(x) \quad \text{或} \quad \mathrm{d}\int f(x)\mathrm{d}x = f(x)\mathrm{d}x.$$

又由于 $F(x)$ 是 $F'(x)$ 的原函数，所以

$$\int F'(x)\mathrm{d}x = F(x)+C \quad \text{或} \quad \int \mathrm{d}F(x)=F(x)+C.$$

由此可见，不定积分的运算与导数运算是互逆的.

性质 1 $\int kf(x)dx = k\int f(x)dx$ （k 为常数且 $k \neq 0$）.

性质 2 $\int [f(x) \pm g(x)]dx = \int f(x)dx \pm \int g(x)dx$.

以上两个性质，很容易证明，读者可以自己完成.

三、基本积分表

积分运算是微分运算的逆运算，利用导数公式可以得到相应的不定积分公式，我们把一些常用简单函数的积分列成基本积分表.

(1) $\int k dx = kx + C$（k 为常数）；

(2) $\int x^\mu dx = \dfrac{1}{\mu+1} x^{\mu+1} + C$ （$\mu \neq -1$）；

(3) $\int \dfrac{1}{x} dx = \ln|x| + C$；

(4) $\int a^x dx = \dfrac{a^x}{\ln a} + C$, $\int e^x dx = e^x + C$；

(5) $\int \sin x dx = -\cos x + C$；

(6) $\int \cos x dx = \sin x + C$；

(7) $\int \sec^2 x dx = \int \dfrac{1}{\cos^2 x} dx = \tan x + C$；

(8) $\int \csc^2 x dx = \int \dfrac{1}{\sin^2 x} dx = -\cot x + C$；

(9) $\int \sec x \tan x dx = \sec x + C$；

(10) $\int \csc x \cot x dx = -\csc x + C$；

(11) $\int \dfrac{1}{\sqrt{1-x^2}} dx = \arcsin x + C$；

(12) $\int \dfrac{1}{1+x^2} dx = \arctan x + C$.

以上公式是不定积分运算的基础，务必熟练掌握.

下面利用基本积分公式和不定积分的性质，求一些简单的不定积分，这种方法称为直接积分法.

例 5 求下列不定积分：

(1) $\int \dfrac{1}{x^2} dx$；   (2) $\int \dfrac{1}{\sqrt{2x}} dx$.

解 (1) $\int \dfrac{1}{x^2} dx = \int x^{-2} dx = \dfrac{1}{-2+1} x^{-2+1} + C = -\dfrac{1}{x} + C$.

(2) $\int \dfrac{1}{\sqrt{2x}} dx = \int \dfrac{1}{\sqrt{2}} x^{-\frac{1}{2}} dx = \dfrac{\sqrt{2}}{2} \cdot \dfrac{1}{-\dfrac{1}{2}+1} x^{-\frac{1}{2}+1} + C = \sqrt{2x} + C$.

例 6 求下列不定积分：

(1) $\int (\sqrt{x}+1)\left(x-\dfrac{1}{\sqrt{x}}\right)dx$；　　(2) $\int \dfrac{x^2-1}{x^2+1}dx$.

解 (1) 首先将被积函数化为和式，再利用性质 2 逐项积分.

$$\int (\sqrt{x}+1)\left(x-\dfrac{1}{\sqrt{x}}\right)dx = \int \left(x\sqrt{x}-1+x-\dfrac{1}{\sqrt{x}}\right)dx$$

$$=\int x^{\frac{3}{2}}dx - \int dx + \int x dx - \int x^{-\frac{1}{2}}dx = \dfrac{2}{5}x^{\frac{5}{2}} - x + \dfrac{1}{2}x^2 - 2x^{\frac{1}{2}} + C.$$

(2) 因为 $\int \dfrac{x^2-1}{x^2+1}dx$ 无法直接运用公式，因此先要将被积函数变形为基本积分表中的类型.

$$\int \dfrac{x^2-1}{x^2+1}dx = \int \dfrac{x^2+1-2}{x^2+1}dx = \int \left(1 - \dfrac{2}{x^2+1}\right)dx$$

$$= \int dx - 2\int \dfrac{1}{x^2+1}dx = x - 2\arctan x + C.$$

注：遇到逐项积分时，不需要对每个积分都加任意常数，只需待各项积分完成后，总的加一个任意常数就可以了.

例 7 求下列不定积分：

(1) $\int \dfrac{\cos 2x}{\cos x - \sin x}dx$；　　(2) $\int \tan^2 x dx$.

解 (1) 无法直接运用公式，但 $\cos 2x = \cos^2 x - \sin^2 x$，于是

$$\int \dfrac{\cos 2x}{\cos x - \sin x}dx = \int \dfrac{\cos^2 x - \sin^2 x}{\cos x - \sin x}dx = \int (\cos x + \sin x)dx$$

$$= \int \cos x dx + \int \sin x dx = \sin x - \cos x + C.$$

(2) $\int \tan^2 x dx = \int (\sec^2 x - 1)dx = \int \sec^2 x dx - \int dx$

$$= \tan x - x + C.$$

例 6、例 7 中的积分都是通过适当的化简，即运用代数运算或三角函数恒等式将被积函数化成几个简单函数的和，然后再利用积分的性质逐项积分，这是计算不定积分常用的方法.

例 8 求下列不定积分：

(1) $\int \dfrac{(1+2x^2)^2}{x^2(1+x^2)}dx$；　　(2) $\int \dfrac{1}{\cos^2 x \cdot \sin^2 x}dx$.

解 (1) $\int \dfrac{(1+2x^2)^2}{x^2(1+x^2)}dx = \int \dfrac{1+4x^2+4x^4}{x^2(1+x^2)}dx$

$$= \int \dfrac{1+4x^2(1+x^2)}{x^2(1+x^2)}dx = \int \left(\dfrac{1}{x^2(1+x^2)} + 4\right)dx$$

$$= \int \left(\dfrac{1+x^2-x^2}{x^2(1+x^2)} + 4\right)dx = \int \left(\dfrac{1}{x^2} - \dfrac{1}{1+x^2} + 4\right)dx$$

$$= -\dfrac{1}{x} - \arctan x + 4x + C.$$

(2) $\int \dfrac{1}{\cos^2 x \cdot \sin^2 x} \mathrm{d}x = \int \dfrac{\cos^2 x + \sin^2 x}{\cos^2 x \cdot \sin^2 x} \mathrm{d}x$

$\qquad = \int \left(\dfrac{1}{\sin^2 x} + \dfrac{1}{\cos^2 x} \right) \mathrm{d}x = -\cot x + \tan x + C.$

例 9 某化工厂生产某种产品,日生产 q 件的总成本 $C(q)$ 的边际成本为

$$C'(q) = 7 + \dfrac{25}{\sqrt{q}}.$$

已知固定成本是 4000 元,求总成本与日产量的函数关系.

解 因为总成本函数是边际成本函数的原函数,所以有

$$C(q) = \int C'(q) \mathrm{d}q = \int \left(7 + \dfrac{25}{\sqrt{q}} \right) \mathrm{d}q = 7q + 50\sqrt{q} + C.$$

已知固定成本为 4000 元,即 $C(0) = 4000$,代入上式,得 $C = 4000$,于是总成本与日产量的函数关系为

$$C(q) = 7q + 50\sqrt{q} + 4000.$$

习题 4.1

1. 求经过点 $(1,2)$,且点 (x,y) 处切线的斜率为 $3x^2$ 的曲线方程.
2. 一物体由静止开始运动,t 秒时的速度 $v = 3t^2 \,(\mathrm{m/s})$,问在 2 秒时物体离开出发点的距离是多少米?
3. 求下列不定积分:

(1) $\int x\sqrt{x}\,\mathrm{d}x$;

(2) $\int \dfrac{\mathrm{d}x}{x^2 \sqrt{x}}$;

(3) $\int (x^2 - 3x + 2)\,\mathrm{d}x$;

(4) $\int \left(3x^2 - \dfrac{1}{x} + \dfrac{1}{x^2} \right) \mathrm{d}x$;

(5) $\int (x+1)^2\,\mathrm{d}x$;

(6) $\int \left(\sqrt{x} + \dfrac{1}{\sqrt{x}} \right)\left(\sqrt{x} - \dfrac{1}{\sqrt{x}} \right) \mathrm{d}x$;

(7) $\int \left(x^2 - 3^x + \mathrm{e}^x + \sin \dfrac{\pi}{7} \right) \mathrm{d}x$;

(8) $\int \dfrac{x^2}{1+x^2}\,\mathrm{d}x$;

(9) $\int 3^x \mathrm{e}^x \,\mathrm{d}x$;

(10) $\int \dfrac{x^4}{1+x^2}\,\mathrm{d}x$;

(11) $\int \dfrac{1+2x^2}{x^2(1+x^2)}\,\mathrm{d}x$;

(12) $\int \cot^2 x \,\mathrm{d}x$;

(13) $\int \dfrac{1}{1+\cos 2x}\,\mathrm{d}x$;

(14) $\int \left(\cos \dfrac{x}{2} - \sin \dfrac{x}{2} \right)^2 \mathrm{d}x.$

§4.2 换元积分法

利用基本积分公式和不定积分的性质,可以求一些函数的不定积分,但还有很多函数的积分不能解决.为此必须进一步研究求不定积分的方法,本节将介绍最重要的积分方法——换元积分法.

一、第一类换元积分法(凑微分法)

在微分法中复合函数微分法是一种非常重要的方法.积分运算作为微分运算的逆运算,相应地有对复合函数的积分法.

先观察两个积分

$$\int 2x e^{x^2} dx = \int e^{x^2} \cdot 2x dx = \int e^{x^2} d(x^2) \quad (2x dx = d(x^2))$$

$$\xrightarrow{\diamondsuit\, x^2 = u} \int e^u du = e^u + C$$

$$\xrightarrow{u = x^2} e^{x^2} + C.$$

$$\int \sin^3 x \cos x dx = \int \sin^3 x d(\sin x) \quad (\cos x dx = d(\sin x))$$

$$\xrightarrow{\diamondsuit\, \sin x = u} \int u^3 du = \frac{1}{4} u^4 + C$$

$$\xrightarrow{u = \sin x} \frac{1}{4} \sin^4 x + C.$$

上面两个积分形如 $\int f[\varphi(x)]\varphi'(x)dx$，被积表达式一部分是 $f[\varphi(x)]$，另一部分是 $\varphi'(x)dx = d[\varphi(x)]$ 凑成 $\varphi(x)$ 的微分，通过引入新的变量 $u = \varphi(x)$，将原积分化为 $\int f(u)du$，而 $\int f(u)du$ 是很容易解决的.

一般地，设 $f(u)$ 有原函数 $F(u)$，且 $u = \varphi(x)$ 可微，那么

$$\int f[\varphi(x)] \cdot \varphi'(x) dx \xrightarrow[\text{凑微分}]{\varphi'(x)dx = d(\varphi(x))} \int f[\varphi(x)] d\varphi(x)$$

$$\xrightarrow[\text{换元}]{\diamondsuit\, \varphi(x) = u} \int f(u) du$$

$$\xrightarrow{\text{积分}} F(u) + C$$

$$\xrightarrow[\text{还原}]{u = \varphi(x)} F[\varphi(x)] + C.$$

事实上，

$$\{F[\varphi(x)]\}' \xrightarrow{\diamondsuit\, \varphi(x) = u} \frac{dF}{du} \cdot \frac{du}{dx}$$

$$= f(u) \cdot \varphi'(x)$$

$$= f[\varphi(x)] \varphi'(x).$$

根据不定积分的定义，有

$$\int f[\varphi(x)] \varphi'(x) dx = F[\varphi(x)] + C.$$

这种换元积分的方法，称为第一类换元积分法，也称凑微分法.

例1 求 $\int x\sqrt{x^2+4} dx$.

解 $\int x\sqrt{x^2+4} dx \xrightarrow{\text{凑微分}} \frac{1}{2} \int (x^2+4)^{\frac{1}{2}} d(x^2+4) \quad \left(x dx = \frac{1}{2} d(x^2+4)\right)$

$$\xrightarrow{\diamondsuit\, x^2+4=u} \frac{1}{2} \int u^{\frac{1}{2}} du = \frac{1}{3} u^{\frac{3}{2}} + C$$

$$\xrightarrow{\text{回代}\, u = x^2+4} \frac{1}{3}(x^2+4)^{\frac{3}{2}} + C.$$

例 2 求 $\int (1-2x)^{10} dx$.

解 $\int (1-2x)^{10} dx \xrightarrow{\text{凑微分}} -\frac{1}{2}\int (1-2x)^{10} d(1-2x) \quad \left(dx = -\frac{1}{2} d(1-2x)\right)$

$\xrightarrow{\text{令 } 1-2x = u} -\frac{1}{2}\int u^{10} du = -\frac{1}{22} u^{11} + C$

$\xrightarrow{\text{回代 } u = 1-2x} -\frac{1}{22}(1-2x)^{11} + C.$

例 3 求下列不定积分：

(1) $\int \dfrac{1}{a^2 + x^2} dx \quad (a \neq 0)$; (2) $\int \dfrac{1}{\sqrt{a^2 - x^2}} dx \quad (a > 0)$.

解 (1) $\int \dfrac{1}{a^2 + x^2} dx = \int \dfrac{1}{a^2} \dfrac{1}{1 + \left(\dfrac{x}{a}\right)^2} dx$

$\xrightarrow{\text{凑微分}} \dfrac{1}{a} \int \dfrac{1}{1 + \left(\dfrac{x}{a}\right)^2} d\left(\dfrac{x}{a}\right) \quad \left(dx = a\, d\left(\dfrac{x}{a}\right)\right)$

$\xrightarrow{\text{令 } \frac{x}{a} = u} \dfrac{1}{a} \int \dfrac{1}{1 + u^2} du = \dfrac{1}{a} \arctan u + C$

$\xrightarrow{\text{回代 } u = \frac{x}{a}} \dfrac{1}{a} \arctan \dfrac{x}{a} + C.$

(2) $\int \dfrac{1}{\sqrt{a^2 - x^2}} dx = \int \dfrac{1}{a} \dfrac{1}{\sqrt{1 - \left(\dfrac{x}{a}\right)^2}} dx$

$\xrightarrow{\text{凑微分}} \int \dfrac{1}{\sqrt{1 - \left(\dfrac{x}{a}\right)^2}} d\left(\dfrac{x}{a}\right)$

$\xrightarrow{\text{令 } \frac{x}{a} = u} \int \dfrac{1}{\sqrt{1 - u^2}} du = \arcsin u + C$

$\xrightarrow{\text{回代 } u = \frac{x}{a}} \arcsin \dfrac{x}{a} + C.$

在比较熟练地掌握凑微分法后，可省略中间的换元过程.

例 4 求下列不定积分：

(1) $\int \dfrac{x}{a^2 + x^2} dx$; (2) $\int \dfrac{\sin \sqrt{x}}{\sqrt{x}} dx$.

解 (1) $\int \dfrac{x}{a^2 + x^2} dx = \dfrac{1}{2} \int \dfrac{1}{a^2 + x^2} d(a^2 + x^2) \quad \left(x\, dx = \dfrac{1}{2} d(x^2 + a^2)\right)$

$= \dfrac{1}{2} \ln|a^2 + x^2| + C.$

(2) $\int \dfrac{\sin\sqrt{x}}{\sqrt{x}}\mathrm{d}x = 2\int \sin\sqrt{x}\,\mathrm{d}\sqrt{x} \quad \left(\dfrac{1}{\sqrt{x}}\mathrm{d}x = 2\mathrm{d}(\sqrt{x})\right)$

$\qquad\qquad\quad = -2\cos\sqrt{x}+C.$

从以上几例可以看出,凑微分法是一种较为灵活的积分方法,关键在于将被积表达式中的某一部分凑成 $\mathrm{d}[\varphi(x)]$. 因此,要掌握这种方法,首先必须充分理解基本积分公式,特别是四个常用积分模型:

$$\int \dfrac{1}{u}\mathrm{d}u = \ln|u|+C, \qquad \int u^{\mu}\mathrm{d}u = \dfrac{1}{\mu+1}u^{\mu+1}+C,$$

$$\int \dfrac{1}{1+u^{2}}\mathrm{d}u = \arctan u+C, \qquad \int \dfrac{1}{\sqrt{1-u^{2}}}\mathrm{d}u = \arcsin u+C.$$

其次,要熟悉微分运算. 凑微分时,常用的微分式有:

$$\mathrm{d}x = \dfrac{1}{a}\mathrm{d}(ax), \qquad \mathrm{d}x = \dfrac{1}{a}\mathrm{d}(ax+b),$$

$$x\mathrm{d}x = \dfrac{1}{2}\mathrm{d}(x^{2}), \qquad \dfrac{1}{\sqrt{x}}\mathrm{d}x = 2\mathrm{d}\sqrt{x},$$

$$\cos x\,\mathrm{d}x = \mathrm{d}(\sin x), \qquad \sin x\,\mathrm{d}x = -\mathrm{d}(\cos x),$$

$$\dfrac{1}{x}\mathrm{d}x = \mathrm{d}(\ln x), \qquad \mathrm{e}^{x}\mathrm{d}x = \mathrm{d}(\mathrm{e}^{x}),$$

$$\dfrac{1}{1+x^{2}}\mathrm{d}x = \mathrm{d}(\arctan x), \qquad \dfrac{1}{\sqrt{1-x^{2}}}\mathrm{d}x = \mathrm{d}(\arcsin x),$$

$$\sec^{2}x\,\mathrm{d}x = \mathrm{d}(\tan x), \qquad \csc^{2}x\,\mathrm{d}x = -\mathrm{d}(\cot x).$$

例 5 求下列不定积分:

(1) $\int \tan x\,\mathrm{d}x$; (2) $\int \sec x\,\mathrm{d}x.$

解 (1) $\int \tan x\,\mathrm{d}x = \int \dfrac{\sin x}{\cos x}\mathrm{d}x = -\int \dfrac{1}{\cos x}\mathrm{d}(\cos x)$

$\qquad\qquad\qquad = -\ln|\cos x|+C.$

(2) $\int \sec x\,\mathrm{d}x = \int \dfrac{\sec x(\sec x+\tan x)}{\sec x+\tan x}\mathrm{d}x = \int \dfrac{\sec^{2}x+\sec x\cdot\tan x}{\sec x+\tan x}\mathrm{d}x$

$\qquad\qquad = \int \dfrac{1}{\sec x+\tan x}\mathrm{d}(\sec x+\tan x) = \ln|\sec x+\tan x|+C.$

类似地有 $\int \cot x\,\mathrm{d}x = \ln|\sin x|+C,\ \int \csc x\,\mathrm{d}x = \ln|\csc x-\cot x|+C.$

例 6 求下列不定积分:

(1) $\int \sin^{2}x\,\mathrm{d}x$; (2) $\int \dfrac{1}{1+\cos x}\mathrm{d}x.$

解 (1) $\int \sin^{2}x\,\mathrm{d}x = \int \dfrac{1-\cos 2x}{2}\mathrm{d}x = \dfrac{1}{2}\int \mathrm{d}x - \dfrac{1}{2}\int \cos 2x\,\mathrm{d}x$

$\qquad\qquad = \dfrac{1}{2}x - \dfrac{1}{4}\int \cos 2x\,\mathrm{d}(2x) = \dfrac{1}{2}x - \dfrac{1}{4}\sin 2x+C.$

(2) $\int \dfrac{1}{1+\cos x}\mathrm{d}x = \int \dfrac{1}{2\cos^2 \dfrac{x}{2}}\mathrm{d}x = \int \sec^2 \dfrac{x}{2}\mathrm{d}\left(\dfrac{x}{2}\right)$

$$= \tan \dfrac{x}{2} + C.$$

例7 求 $\int \sin 2x \mathrm{d}x$.

解 方法一：$\int \sin 2x \mathrm{d}x = \dfrac{1}{2}\int \sin 2x \mathrm{d}(2x) = -\dfrac{1}{2}\cos 2x + C.$

方法二：$\int \sin 2x \mathrm{d}x = 2\int \sin x \cos x \mathrm{d}x = 2\int \sin x \mathrm{d}(\sin x) = \sin^2 x + C.$

方法三：$\int \sin 2x \mathrm{d}x = 2\int \cos x \sin x \mathrm{d}x = -2\int \cos x \mathrm{d}(\cos x) = -\cos^2 x + C.$

例7的结果表明，同一个不定积分，选择不同的积分方法，得到结果的形式可能不同，这是正常的. 事实上，它们也仅相差一个常数，$\sin^2 x = -\cos^2 x + 1$，$\sin^2 x = \dfrac{1-\cos 2x}{2} = \dfrac{1}{2} - \dfrac{1}{2}\cos 2x$，$\cos^2 x = \dfrac{1+\cos 2x}{2} = \dfrac{1}{2} + \dfrac{1}{2}\cos 2x$.

二、第二类换元积分法

第一类换元积分法是先凑微分，后换元积分，但有些被积函数必须先换元后积分. 如：

例8 求 $\int \dfrac{1}{1+\sqrt{x}}\mathrm{d}x$.

解 因为被积函数含根号，不容易凑微分，可先换元化去根号，令 $\sqrt{x} = t$，则 $x = t^2$，$\mathrm{d}x = 2t\mathrm{d}t$，于是

$$\int \dfrac{1}{1+\sqrt{x}}\mathrm{d}x = \int \dfrac{1}{1+t}2t\mathrm{d}t = 2\int \dfrac{(t+1)-1}{1+t}\mathrm{d}t$$

$$= 2\int \left(1 - \dfrac{1}{1+t}\right)\mathrm{d}t = 2[t - \ln|1+t|] + C$$

$$= 2[\sqrt{x} - \ln|1+\sqrt{x}|] + C.$$

一般地，设 $x = \varphi(t)$ 可导且有反函数 $t = \varphi^{-1}(x)$，则

$$\int f(x)\mathrm{d}x \xrightarrow[\text{换元}]{\text{令 } x = \varphi(t)} \int f[\varphi(t)]\mathrm{d}[\varphi(t)]$$

$$= \int f[\varphi(t)]\varphi'(t)\mathrm{d}t$$

$$\xrightarrow{\text{积分}} F(t) + C$$

$$\xrightarrow{t = \varphi^{-1}(x)} F[\varphi^{-1}(x)] + C.$$

这种积分方法称为第二类换元积分法.

例9 求 $\int \dfrac{\sqrt{x}}{1+\sqrt{x}}\mathrm{d}x$.

解 设 $\sqrt{x} = t$，则 $x = t^2$，$\mathrm{d}x = 2t\mathrm{d}t$，则

$$\int \frac{\sqrt{x}}{1+\sqrt{x}} dx \xrightarrow[\text{换元}]{\diamondsuit \sqrt{x}=t} \int \frac{t}{1+t} 2t dt = 2\int \frac{t^2-1+1}{1+t} dt$$

$$= 2\int \left(t-1+\frac{1}{1+t}\right) dt = 2\int (t-1) dt + 2\int \frac{1}{1+t} dt$$

$$= 2\left[\frac{1}{2}t^2 - t + \ln|1+t|\right] + C$$

$$\xrightarrow[\text{回代}]{t=\sqrt{x}} 2\left[\frac{1}{2}x - \sqrt{x} + \ln|1+\sqrt{x}|\right] + C.$$

例 10 求 $\int \frac{x+1}{\sqrt[3]{3x+1}} dx$.

解 设 $\sqrt[3]{3x+1}=t$，则 $x=\frac{t^3-1}{3}$，$dx=t^2 dt$，则

$$\int \frac{x+1}{\sqrt[3]{3x+1}} dx \xrightarrow{\diamondsuit \sqrt[3]{3x+1}=t} \int \frac{\frac{t^3-1}{3}+1}{t} t^2 dt$$

$$= \frac{1}{3}\int (t^4+2t) dt = \frac{1}{15}t^5 + \frac{1}{3}t^2 + C$$

$$\xrightarrow[\text{回代}]{t=\sqrt[3]{3x+1}} \frac{1}{15}\sqrt[3]{(3x+1)^2}(3x+1+5) + C$$

$$= \frac{1}{5}\sqrt[3]{(3x+1)^2}(x+2) + C.$$

由以上 3 例可以看出：被积函数中含有被开方因式为一次式的根式 $\sqrt[n]{ax+b}$ 时，令 $\sqrt[n]{ax+b}=t$，可以消去根号，从而求得积分.

例 11 求 $\int \sqrt{a^2-x^2} dx$ $(a>0)$.

解 被积函数中含有被开方式为二次式的根式，如果像上例那样令 $t=\sqrt{a^2-x^2}$，则一般不能消去根号，为了消去根号，我们联想到用三角恒等式 $\sin^2 t + \cos^2 t = 1$. 因此作三角变换，令 $x=a\sin t$ $\left(0 \leqslant t \leqslant \frac{\pi}{2}\right)$，则 $dx=a\cos t dt$，$\sqrt{a^2-x^2}=a\cos t$，于是

$$\int \sqrt{a^2-x^2} dx = a^2 \int \cos^2 t dt = \frac{a^2}{2}\int (1+\cos 2t) dt$$

$$= \frac{a^2}{2}\left(t + \frac{1}{2}\sin 2t\right) + C$$

$$= \frac{a^2}{2}t + \frac{a^2}{2}\sin t \cos t + C.$$

为把 t 回代成 x 的函数，可根据 $\sin t = \frac{x}{a}$ 作一个辅助三角形（如图 4-2 所示），得 $\cos t = \frac{\sqrt{a^2-x^2}}{a}$. 所以

$$\int \sqrt{a^2-x^2} dx = \frac{a^2}{2}\arcsin \frac{x}{a} + \frac{1}{2}x\sqrt{a^2-x^2} + C.$$

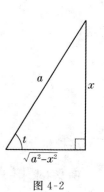

图 4-2

一般地，当被积函数含有

(1) $\sqrt{a^2-x^2}$,可作代换 $x=a\sin t$;

(2) $\sqrt{a^2+x^2}$,可作代换 $x=a\tan t$;

(2) $\sqrt{x^2-a^2}$,可作代换 $x=a\sec t$.

习题 4.2

1. 请在下列括号中填写正确的内容：

(1) $dx=(\quad)d(ax)$;

(2) $dx=(\quad)d(2-3x)$;

(3) $xdx=(\quad)d(x^2)$;

(4) $\dfrac{1}{x^2}dx=d(\quad)$;

(5) $e^{-x}dx=(\quad)d(e^{-x})$;

(6) $\sin 2x dx=(\quad)d(\cos 2x)$;

(7) $\dfrac{1}{x}dx=d(\quad)$;

(8) $\dfrac{\ln x}{x}dx=\ln x d(\quad)=d(\quad)$;

(9) $\dfrac{1}{\sqrt{x}}dx=d(\quad)$;

(10) $\dfrac{1}{4+x^2}dx=(\quad)d\left(\arctan\dfrac{x}{2}\right)$.

2. 求下列不定积分：

(1) $\displaystyle\int \sin 3x\, dx$;

(2) $\displaystyle\int \sqrt{1-2x}\, dx$;

(3) $\displaystyle\int \dfrac{1}{2x}\, dx$;

(4) $\displaystyle\int \sqrt[3]{(3+2x)^2}\, dx$;

(5) $\displaystyle\int e^{-x}\, dx$;

(6) $\displaystyle\int (1-x)^{10}\, dx$;

(7) $\displaystyle\int \dfrac{1}{1+4x^2}\, dx$;

(8) $\displaystyle\int \dfrac{1}{\sqrt{9-4x^2}}\, dx$;

(9) $\displaystyle\int x\sqrt{1+x^2}\, dx$;

(10) $\displaystyle\int \dfrac{x}{\sqrt{1-x^2}}\, dx$;

(11) $\displaystyle\int \dfrac{x^2}{1+x^3}\, dx$;

(12) $\displaystyle\int xe^{x^2}\, dx$;

(13) $\displaystyle\int \dfrac{\ln x}{x}\, dx$;

(14) $\displaystyle\int \dfrac{1}{x\ln x}\, dx$;

(15) $\displaystyle\int \dfrac{e^{2x}}{1+e^{2x}}\, dx$;

(16) $\displaystyle\int \dfrac{e^x}{1+e^{2x}}\, dx$;

(17) $\displaystyle\int \dfrac{e^{\sqrt{x}}}{\sqrt{x}}\, dx$;

(18) $\displaystyle\int \dfrac{1}{x^2}\cos\dfrac{1}{x}\, dx$;

(19) $\displaystyle\int \dfrac{\cos x}{1+\sin x}\, dx$;

(20) $\displaystyle\int \dfrac{\sin x}{\cos^2 x}\, dx$;

(21) $\displaystyle\int \dfrac{\arctan x}{1+x^2}\, dx$;

(22) $\displaystyle\int \dfrac{\arcsin x}{\sqrt{1-x^2}}\, dx$.

3. 求下列不定积分：

(1) $\displaystyle\int x\sqrt{x-1}\, dx$;

(2) $\displaystyle\int \dfrac{\sqrt{x}}{1+x}\, dx$;

(3) $\displaystyle\int \dfrac{x^2}{\sqrt[3]{2-x}}\, dx$;

(4) $\displaystyle\int \dfrac{1}{1-\sqrt{2x+1}}\, dx$;

(5) $\displaystyle\int \dfrac{\sqrt{1-x^2}}{x^2}\, dx$;

(6) $\displaystyle\int \dfrac{\sqrt{1-x^2}}{x}\, dx$;

(7) $\int \dfrac{1}{x^2\sqrt{1+x^2}}\mathrm{d}x$;

(8) $\int \dfrac{1}{(x^2+4)^{\frac{3}{2}}}\mathrm{d}x$;

(9) $\int \dfrac{1}{\sqrt{x^2-1}}\mathrm{d}x$;

(10) $\int \dfrac{\sqrt{x^2-1}}{x}\mathrm{d}x$.

§4.3 分部积分法

上一节讲的换元积分法是利用复合函数的微分导出的,但该方法对有些被积函数是两个不同类型函数乘积的形式,一般不太适用.因此,本节利用函数乘积的求导法,推出另一常用的积分方法——分部积分法.

设 $u=u(x),v=v(x)$ 具有连续导数,则由两个函数乘积的微分公式

$$\mathrm{d}(uv)=v\mathrm{d}u+u\mathrm{d}v,$$

可得

$$u\mathrm{d}v=\mathrm{d}(uv)-v\mathrm{d}u.$$

两边积分

$$\int u\mathrm{d}v=uv-\int v\mathrm{d}u \quad \text{或} \quad \int uv'\mathrm{d}x=uv-\int vu'\mathrm{d}x.$$

此公式称为分部积分公式,它的主要作用是将求 $\int u\mathrm{d}v$ 的问题转化为求 $\int v\mathrm{d}u$ 的问题.

例1 求 $\int x\cos x\mathrm{d}x$.

解 设 $u=x,\mathrm{d}v=\cos x\mathrm{d}x=\mathrm{d}\sin x$,则 $\mathrm{d}u=\mathrm{d}x,v=\sin x$,于是

$$\int x\cos x\mathrm{d}x = \int x\mathrm{d}(\sin x)=x\sin x-\int \sin x\mathrm{d}x$$
$$=x\sin x+\cos x+C.$$

注意,若设 $u=\cos x,\mathrm{d}v=x\mathrm{d}x=\mathrm{d}\left(\dfrac{x^2}{2}\right)$,则 $\mathrm{d}u=-\sin x\mathrm{d}x,v=\dfrac{x^2}{2}$,

$$\int x\cos x\mathrm{d}x=\int \cos x\mathrm{d}\left(\dfrac{x^2}{2}\right)=\dfrac{x^2}{2}\cos x-\int \dfrac{1}{2}x^2\mathrm{d}\cos x$$
$$=\dfrac{1}{2}x^2\cos x+\dfrac{1}{2}\int x^2\sin x\mathrm{d}x.$$

可见,右端的积分比原积分更难求.因此,如何选择 u 和 $\mathrm{d}v$ 至关重要,若选取不当,则不容易求得结果.

例2 求 $\int x\mathrm{e}^x\mathrm{d}x$.

解 设 $u=x,\mathrm{d}v=\mathrm{e}^x\mathrm{d}x=\mathrm{d}\mathrm{e}^x$,则 $\mathrm{d}u=\mathrm{d}x,v=\mathrm{e}^x$,于是

$$\int x\mathrm{e}^x\mathrm{d}x=\int x\mathrm{d}\mathrm{e}^x=x\mathrm{e}^x-\int \mathrm{e}^x\mathrm{d}x$$
$$=x\mathrm{e}^x-\mathrm{e}^x+C.$$

例3 求 $\int x\ln x\mathrm{d}x$.

解 设 $u=\ln x,\mathrm{d}v=x\mathrm{d}x=\mathrm{d}\left(\dfrac{x^2}{2}\right)$,则 $\mathrm{d}u=\mathrm{d}\ln x=\dfrac{1}{x}\mathrm{d}x,v=\dfrac{x^2}{2}$,于是

$$\int x\ln x\,dx = \int \ln x\,d\left(\frac{x^2}{2}\right) = \frac{1}{2}x^2\ln x - \int \frac{1}{2}x^2\,d(\ln x)$$
$$= \frac{1}{2}x^2\ln x - \frac{1}{2}\int x\,dx = \frac{1}{2}x^2\ln x - \frac{1}{4}x^2 + C.$$

关于如何选择函数 u 与 v，应注意以下两点：

(1) 从 dv 求 v 要容易求出（利用凑微分）；

(2) $\int v\,du$ 比 $\int u\,dv$ 容易积出.

一般地，如果被积函数是幂函数与三角函数或指数函数乘积时，可设 u 为幂函数；如果被积函数是幂函数与对数函数或反三角函数的乘积时，可设 u 为对数函数和反三角函数.

例4 求 $\int \ln x\,dx$.

解 设 $u=\ln x, dv=dx$，则 $du=d(\ln x)=\frac{1}{x}dx, v=x$，于是
$$\int \ln x\,dx = x\ln x - \int x\,d(\ln x) = x\ln x - \int x\cdot\frac{1}{x}dx$$
$$= x\ln x - x + C.$$

例5 求 $\int \arctan x\,dx$.

解
$$\int \arctan x\,dx = x\arctan x - \int x\,d(\arctan x) = x\arctan x - \int \frac{x}{1+x^2}dx$$
$$= x\arctan x - \frac{1}{2}\int \frac{1}{1+x^2}d(1+x^2)$$
$$= x\arctan x - \frac{1}{2}\ln(1+x^2) + C.$$

例6 求 $\int x^2 e^x\,dx$.

解
$$\int x^2 e^x\,dx = \int x^2\,de^x = x^2 e^x - \int e^x\,dx^2 = x^2 e^x - 2\int xe^x\,dx.$$

右端积分的被积函数比原积分的被积函数关于 x 的幂降低了一次，变得比原来的积分简单些，对 $\int xe^x\,dx$ 再用一次分部积分，得
$$\int xe^x\,dx = \int x\,d(e^x) = xe^x - \int e^x\,dx = xe^x - e^x + C.$$

所以 $\int x^2 e^x\,dx = x^2 e^x - 2xe^x + 2e^x + C.$

由例6可知，有些不定积分需要多次使用分部积分公式.

例7 求 $\int e^x\cos x\,dx$.

解
$$\int e^x\cos x\,dx = \int e^x\,d(\sin x) = e^x\sin x - \int e^x\sin x\,dx.$$

因为
$$\int e^x\sin x\,dx = -\int e^x\,d\cos x = -\left(e^x\cos x - \int e^x\cos x\,dx\right),$$

所以
$$\int e^x \cos x \, dx = e^x \sin x + e^x \cos x - \int e^x \cos x \, dx,$$
得
$$\int e^x \cos x \, dx = \frac{1}{2} e^x (\sin x + \cos x) + C.$$

例 7 中也可设 $u = \cos x, dv = de^x$，得 $du = -\sin x dx$，$v = e^x$. 结果相同，读者可自行完成.

习题 4.3

求下列不定积分：

1. $\int x \cos 3x \, dx$；
2. $\int x e^{-x} \, dx$；
3. $\int x \sec^2 x \, dx$；
4. $\int x^2 e^{2x} \, dx$；
5. $\int (x-1) 5^x \, dx$；
6. $\int x \sin x \, dx$；
7. $\int x \arctan x \, dx$；
8. $\int \arccos x \, dx$；
9. $\int e^x \sin x \, dx$；
10. $\int \ln(1+x^2) \, dx$.

§4.4 利用不定积分求解一阶微分方程

在工程技术和经济管理的许多实际问题中，我们经常会遇到含有未知函数的导数或微分的方程，这样的方程就称为微分方程，本节仅介绍利用不定积分解简单的一阶微分方程的方法.

一、微分方程的概念

含有未知函数的导数或微分的方程，称为微分方程，未知函数是一元函数的微分方程，称为常微分方程，微分方程中未知函数的导数（或微分）的最高阶数，称为微分方程的阶.

本节主要讨论一阶微分方程，它的一般形式为
$$F(x, y, y') = 0.$$
例如，方程
$$y' - y + x = 0, \quad \left(\frac{dy}{dx}\right)^2 - 2x \frac{dy}{dx} + x = 0, \quad (x - y^2) dx + 2xy dy = 0$$
都是一阶微分方程.

如果一个函数代入微分方程后，使得方程两边恒等，则称此函数为该微分方程的解.

例如，$y = x^2 + 1$，$y = x^2 + 2$，$y = x^2 + C$ 都是微分方程 $y' = 2x$ 的解. 其中 $y = x^2 + C$ 含有一个任意常数，它称为该微分方程的通解.

一般地，如果一阶微分方程的解中含有一个任意常数，那么这种解就称为一阶微分方程的通解；在通解中，如果可确定任意常数的值，所得到的解称为微分方程的特解，为了确定任意常数的值，通常需给出 $x = x_0$ 时未知函数对应的值 $y = y_0$，记作 $y(x_0) = y_0$ 或 $y|_{x_0} = y_0$，这一条件称为初始条件.

例1 判断下列函数：

(1) $y=\sin 2x$；(2) $y=e^{2x}$；(3) $y=3e^{2x}$；(4) $y=Ce^{2x}$.

哪些是微分方程 $y'-2y=0$ 的解？哪个是通解？哪个是满足初始条件 $y|_{x=0}=1$ 的特解？

解 (1) 将 $y=\sin 2x$ 代入微分方程 $y'-2y=0$，得

$$\text{左边} = (\sin 2x)' - 2\sin 2x = 2\cos 2x - 2\sin 2x \neq 0 = \text{右边}，$$

所以 $y=\sin 2x$ 不是微分方程的解.

(2) 将 $y=e^{2x}$ 代入微分方程 $y'-2y=0$，得

$$\text{左边} = (e^{2x})' - 2e^{2x} = 2e^{2x} - 2e^{2x} = 0.$$

将 $y=3e^{2x}$ 代入方程 $y'-2y=0$，得

$$\text{左边} = (3e^{2x})' - 2 \times 3e^{2x} = 6e^{2x} - 6e^{2x} = 0.$$

将 $y=Ce^{2x}$ 代入方程 $y'-2y=0$，得

$$\text{左边} = (Ce^{2x})' - 2Ce^{2x} = 2Ce^{2x} - 2Ce^{2x} = 0.$$

所以，$y=e^{2x}, y=3e^{2x}, y=Ce^{2x}$ 都是方程 $y'-2y=0$ 的解.

(3) 因为 $y=Ce^{2x}$ 是方程 $y'-2y=0$ 的解，且解中有一个任意常数，所以 $y=Ce^{2x}$ 是方程的通解.

(4) 将 $y|_{x=0}=1$ 代入方程的通解，$1=Ce^{0}$ 得 $C=1$. 所以，$y=e^{2x}$ 是满足初始条件 $y|_{x=0}=1$ 的特解.

二、可分离变量方程

如果一阶微分方程 $F(x,y,y')=0$ 可以化为

$$\frac{dy}{dx} = f(x)g(y), \tag{1}$$

的形式，则 $F(x,y,y')=0$ 称为可分离变量的微分方程.

对可分离变量方程 $\frac{dy}{dx}=f(x)g(y)$，分离变量 $\frac{1}{g(y)}dy=f(x)dx$，(左边仅含关于 y 的函数乘以 dy，右边仅含关于 x 的函数乘以 dx)，两边积分 $\int \frac{1}{g(y)}dy = \int f(x)dx$.

积分的结果就是微分方程(1)的通解.

例2 解微分方程 $y'=2xy$.

解 分离变量 $\frac{1}{y}dy = 2xdx$，

两边积分 $\int \frac{1}{y}dy = \int 2xdx$，

$$\ln|y| = x^2 + C_1,$$

$$|y| = e^{x^2+C_1},$$

所以 $y = \pm e^{C_1} \cdot e^{x^2}$.

令 $\pm e^{C_1}=C$，得微分方程的通解 $y=Ce^{x^2}$.

实际上，为了书写方便，可以不必先取绝对值 $\ln|y|$，再去绝对值后令 $C=\pm e^C$，而在积分时写成 $\ln y$，常数 C_1 写成 $\ln C$.

即由 $\ln y = x^2 + \ln C$ 得到 $y=Ce^{x^2}$.

例3 求 $2(1+e^x)yy' = e^x$ 满足 $y|_{x=0}=0$ 的特解.

解 分离变量 $2y\mathrm{d}y = \dfrac{\mathrm{e}^x}{1+\mathrm{e}^x}\mathrm{d}x$,

两边积分 $\displaystyle\int 2y\mathrm{d}y = \int \dfrac{\mathrm{e}^x}{1+\mathrm{e}^x}\mathrm{d}x$,
$$y^2 = \ln(1+\mathrm{e}^x) + \ln C,$$
$$y^2 = \ln C(1+\mathrm{e}^x).$$

由 $y|_{x=0} = 0$ 得 $0 = \ln 2C$,即 $C = \dfrac{1}{2}$. 所以,满足条件的特解为 $y^2 = \ln \dfrac{1+\mathrm{e}^x}{2}$.

例 4 设某厂生产某种商品的边际收益函数 $R'(Q) = 50 - 2Q$,其中 Q 为该种产品的产量,如果该产品可在市场上全部售出,求总收益函数 $R(Q)$.

解 微分方程 $R'(Q) = 50 - 2Q$ 是可分离变量方程. 两边积分得
$$R(Q) = \int (50 - 2Q)\mathrm{d}Q = 50Q - Q^2 + C.$$

根据题意,当产出量 $Q = 0$ 时,总收益 $R(0) = 0$,因此 $C = 0$. 所以,总收益函数为
$$R(Q) = 50Q - Q^2.$$

例 5 设跳伞运动员从跳伞塔下落后,所受空气的阻力与速度成正比. 运动员离塔时 ($t = 0$) 的速度为零. 求运动员下落过程中速度和时间的函数关系.

解 运动员在下落过程中,同时受到重力和空气阻力的影响. 重力的大小为 mg,方向与速度 v 的方向一致;阻力的大小为 kv (k 为比例系数),方向与 v 相反. 从而运动员所受外力的合力为
$$F = mg - kv,$$
其中 m 为运动员的质量. 根据牛顿第二定律
$$F = ma, \quad a = \dfrac{\mathrm{d}v}{\mathrm{d}t},$$
于是在下落过程中速度 $v(t)$ 应满足的方程是
$$m\dfrac{\mathrm{d}v}{\mathrm{d}t} = mg - kv.$$

按题意有初始条件 $v|_{t=0} = 0$.

方程是一个可分离变量的方程. 变量分离后,得
$$\dfrac{\mathrm{d}v}{mg - kv} = \dfrac{\mathrm{d}t}{m},$$

两边积分,得
$$-\dfrac{1}{k}\ln(mg - kv) = \dfrac{t}{m} + C_1,$$

即
$$mg - kv = C\mathrm{e}^{-\frac{k}{m}t} \quad \text{或} \quad v = \dfrac{mg}{k} + C\mathrm{e}^{-\frac{k}{m}t},$$

这是方程的通解.

把初始条件 $v|_{t=0} = 0$ 代入通解中,得 $C = -\dfrac{mg}{k}$. 于是所求速度与时间的关系为
$$v = \dfrac{mg}{k}(1 - \mathrm{e}^{-\frac{k}{m}t}).$$

三、一阶线性微分方程

未知函数及未知函数的各阶导数都是一次的微分方程,称为线性微分方程.

一阶线性微分方程的一般形式为
$$y' + P(x)y = Q(x). \tag{2}$$

当 $Q(x) \equiv 0$ 时,方程(2)化为
$$y' + P(x)y = 0, \tag{3}$$

称为一阶齐次线性方程.

当 $Q(x) \neq 0$ 时,方程(2)称为一阶非齐次线性方程.

首先,我们来研究一阶齐次线性方程(3)的解法,它是可分离变量方程,

分离变量 $\dfrac{1}{y}\mathrm{d}y = -P(x)\mathrm{d}x,$

两边积分 $\displaystyle\int \dfrac{1}{y}\mathrm{d}y = \int -P(x)\mathrm{d}x,$

$$\ln y = -\int P(x)\mathrm{d}x + \ln C.$$

所以方程(3)的通解为
$$y = C\mathrm{e}^{-\int P(x)\mathrm{d}x}. \tag{4}$$

显然(4)式不是方程(2)的解,比较方程(2)与方程(3),左边相同,右边相差 $Q(x)$,所以将方程(3)的通解(4)中的常数 C 换成某个待定函数 $C(x)$,只要通过运算后,使方程(2)的左边等于 $Q(x)$ 即可.

将
$$y = C(x)\mathrm{e}^{-\int P(x)\mathrm{d}x}, \tag{5}$$

代入方程(2),整理得
$$C'(x)\mathrm{e}^{-\int P(x)\mathrm{d}x} = Q(x),$$

即
$$C'(x) = Q(x)\mathrm{e}^{\int P(x)\mathrm{d}x},$$

所以
$$C(x) = \int Q(x)\mathrm{e}^{\int P(x)\mathrm{d}x}\mathrm{d}x + C.$$

将 $C(x)$ 代入(5)式,得方程(2)的通解
$$y = \left[\int Q(x)\mathrm{e}^{\int P(x)\mathrm{d}x}\mathrm{d}x + C\right]\mathrm{e}^{-\int P(x)\mathrm{d}x}. \tag{6}$$

以上求一阶非齐次线性微分方程的方法称为常数变易法.在求一阶非齐次线性微分方程的通解时,可以按照常数变易法的具体过程求解,也可以直接应用公式(6)求解.

例 6 求微分方程 $y' - y\cot x = 2x\sin x$ 的通解.

解法一 此方程是一阶非齐次线性微分方程,对应齐次方程是
$$y' - y\cot x = 0.$$

分离变量 $\dfrac{1}{y}dy = \cot x\, dx$,

两边积分 $\int \dfrac{1}{y}dy = \int \cot x\, dx$,

$$\ln y = \ln \sin x + \ln C.$$

因此,对应齐次方程的通解为 $y = C\sin x$.

设非齐次方程的解为 $y = C(x)\sin x$,代入原方程,得
$$C'(x)\sin x + C(x)\cos x - C(x)\sin x\cot x = 2x\sin x,$$
即
$$C'(x) = 2x,$$
$$C(x) = \int 2x\, dx = x^2 + C.$$

所以,原方程的通解为 $y = (x^2 + C)\sin x$.

解法二 直接应用通解公式(6)
$$P(x) = -\cot x,\quad Q(x) = 2x\sin x.$$

代入公式(6),则原方程的通解为
$$y = e^{\ln\sin x}\left(\int 2x\sin x\, e^{-\ln\sin x}dx + C\right)$$
$$= \sin x\left(\int 2x\sin x \cdot \dfrac{1}{\sin x}dx + C\right)$$
$$= (x^2 + C)\sin x.$$

例7 已知曲线上任一点 $P(x,y)$ 处的切线斜率为 $2x + y$,且曲线过原点,求此曲线方程.

解 曲线上任一点 $P(x,y)$ 处的切线的斜率为 y',据题意,得微分方程为
$$y' = 2x + y,$$
方程变形为
$$y' - y = 2x,$$
$$P(x) = -1,\quad Q(x) = 2x.$$

由公式(6),得原方程通解为
$$y = \left[\int 2x e^{\int -dx}dx + C\right]e^{-\int -dx}$$
$$= \left[\int 2x e^{-x}dx + C\right]e^{x}$$
$$= [-2xe^{-x} - 2e^{-x} + C]e^{x}$$
$$= -2x - 2 + Ce^{x}.$$

又由曲线过原点知,$x = 0, y = 0$,得 $C = 2$. 即所求曲线方程为
$$y = 2(e^x - x - 1).$$

例8 一容器内盛有50L的盐水溶液,其中含有10g的盐. 现将每升含盐2g的溶液以每分钟5L的速度注入容器,并不断进行搅拌,使混合液迅速达到均匀,同时混合液以 3L/min 的速度流出溶液,问在任一时刻 t,容器中含盐量是多少?

解 建立微分方程.

设 t 时刻容器中含盐量为 x g,容器中含盐量的变化率为

$$\frac{\mathrm{d}x}{\mathrm{d}t} = 盐流入容器的速度 - 盐流出容器的速度$$

$$= 2 \times 5 - \frac{x}{50+2t} \times 3$$

$$= 10 - \frac{3x}{50+2t},$$

即 $\dfrac{\mathrm{d}x}{\mathrm{d}t} + \dfrac{3}{50+2t}x = 10$,从而

$$x = \mathrm{e}^{-\int \frac{3}{50+2t}\mathrm{d}t} \left(\int 10 \mathrm{e}^{\int \frac{3}{50+2t}\mathrm{d}t} \mathrm{d}t + C \right)$$

$$= (50+2t)^{-\frac{3}{2}} \left[10 \int (50+2t)^{\frac{3}{2}} \mathrm{d}t + C \right]$$

$$= C(50+2t)^{-\frac{3}{2}} + 2(50+2t)$$

$$= C(50+2t)^{-\frac{3}{2}} + 4t + 100.$$

将初始条件 $x|_{t=0} = 10$ 代入上式,得 $C = -22500\sqrt{2}$. 所以,在时刻 t 容器中的含盐量为

$$x = 100 + 4t - 22500\sqrt{2} \cdot (50+2t)^{-\frac{3}{2}} \text{ (g)}.$$

习题 4.4

1. 验证下列函数是否为相应微分方程的解,如果是解,是通解还是特解?

(1) $xy' = 2y$:

   $y = x^2$, $y = Cx^2$, $y = \mathrm{e}^x$;

(2) $y'' = -y$:

   $y = \sin x$, $y = 3\sin x - 4\cos x$, $y = \mathrm{e}^{-x}$;

(3) $\dfrac{\mathrm{d}y}{\mathrm{d}x} = 2y$:

   $y = \mathrm{e}^x$, $y = C\mathrm{e}^{2x}$, $y = \sin 2x$.

2. 已知曲线通过点 $(1,2)$,且在该曲线上任意点 $P(x,y)$ 处切线的斜率为 $3x^2$,求此曲线方程.

3. 求下列微分方程的通解或满足初始条件的特解:

(1) $\mathrm{d}y - \sqrt{x}\mathrm{d}x = 0$;

(2) $x\ln x \dfrac{\mathrm{d}y}{\mathrm{d}x} = y$;

(3) $x(y^2-1)\mathrm{d}x + y(x^2-1)\mathrm{d}y = 0$;

(4) $\dfrac{\mathrm{d}s}{\mathrm{d}t} - ts = 0$;

(5) $y' = \mathrm{e}^{2x-y}$, $y|_{x=0} = 0$;

(6) $\sqrt{1-x^2}\, y' = x$, $y(0) = 0$.

4. 求下列微分方程的通解或满足初始条件的特解:

(1) $y' + 2y = 1$;

(2) $y' - \dfrac{2}{x+1}y = (x+1)^2$;

(3) $x^2 \mathrm{d}y + (2xy - x^2)\mathrm{d}x = 0$;

(4) $\dfrac{\mathrm{d}y}{\mathrm{d}x} + y = \mathrm{e}^{-x}$;

(5) $(x-2)\dfrac{\mathrm{d}y}{\mathrm{d}x} = y + 2(x-2)^3$, $y|_{x=0} = 0$;

(6) $\dfrac{\mathrm{d}y}{\mathrm{d}x} - y\tan x = \sec x$, $y|_{x=0} = 0$.

5. 某水塘原有 50000t 清水(不含有害杂质),从时间 $t=0$ 开始,含有有害杂质 5% 的浊水流入该水塘. 流入的速度为 2t/min,在塘中充分混合(不考虑沉淀)后,又以 2t/min 的速度流出水塘. 问经过多长时间后中有害物质的浓度达到 4%?

6. 在一个含有电阻 R,电容 C 和电源 E 的 RC 串联回路中,由回路电流定律知,电容上的电量 q 满足微分方程:

$$\frac{\mathrm{d}q}{\mathrm{d}t}+\frac{1}{RC}q=\frac{E}{R}.$$

若回路中有电源 $400\cos 2t$ V,电阻 100Ω,电容 0.01F,电容上没有初始电量. 求在任意时刻 t 电路中的电流.

习 题 4

1. 选择题:

(1) 设 $f(x)$ 是可导函数,则 $\left[\int f(x)\mathrm{d}x\right]'$ 为( ).

  A. $f(x)$ B. $f(x)+C$ C. $f'(x)$ D. $f'(x)+C$

(2) $\int\left(\frac{1}{\sin x}+1\right)\mathrm{d}(\sin x)=$( ).

  A. $\ln|\sin x|+x+C$ B. $\frac{1}{\sin x}+x+C$

  C. $-\frac{1}{\sin x}+\sin x+C$ D. $\ln|\sin x|+\sin x+C$

(3) $\int f(x)\mathrm{e}^{\frac{1}{x}}\mathrm{d}x=-\mathrm{e}^{\frac{1}{x}}+C$,则 $f(x)$ 为( ).

  A. $-\frac{1}{x}$ B. $-\frac{1}{x^2}$ C. $\frac{1}{x}$ D. $\frac{1}{x^2}$

(4) 设 $F(x)$ 是 $f(x)$ 的一个原函数,则 $\int \mathrm{e}^{-x}f(\mathrm{e}^{-x})\mathrm{d}x=$( ).

  A. $F(\mathrm{e}^{-x})+C$ B. $-F(\mathrm{e}^{-x})+C$ C. $F(\mathrm{e}^x)+C$ D. $-F(\mathrm{e}^x)+C$

(5) 微分方程 $y''=x^2$ 的解是( ).

  A. $y=\frac{1}{x}$ B. $y=\frac{x^3}{3}+C$ C. $y=\frac{x^4}{12}$ D. $y=\frac{x^4}{6}$

(6) 下列微分方程是一阶线性微分方程的是( ).

  A. $\frac{\mathrm{d}y}{\mathrm{d}x}-xy^2=\mathrm{e}^x$ B. $\frac{\mathrm{d}y}{\mathrm{d}x}=\frac{\ln x-y}{x}$ C. $y''-2y'-3y=0$ D. $(y')^2+y=1$

2. 填空题:

(1) 设 $f(x)$ 为连续函数,则 $\int f^2(x)\mathrm{d}f(x)=$ _____;

(2) 已知 $\int f(x)\mathrm{d}x=\arctan 2x+C$,则 $f(x)=$ _____;

(3) 若 $\int f(x)\mathrm{d}x=\mathrm{e}^x+C$,则 $\int xf(x)\mathrm{d}x=$ _____;

(4) $\int 2^x\mathrm{e}^x\mathrm{d}x=$ _____;

(5) 若 $f(x)$ 的一个原函数为 $\ln x$,则 $f'(x)=$ _____;

(6) 微分方程 $y''=1$ 的通解为 _____.

3. 求下列不定积分:

(1) $\int x\mathrm{e}^x\mathrm{d}x$;   (2) $\int x\mathrm{e}^{x^2}\mathrm{d}x$;   (3) $\int \frac{\ln x}{x}\mathrm{d}x$;

(4) $\int x\ln x\,\mathrm{d}x$; (5) $\int \sqrt{4-x^2}\,\mathrm{d}x$; (6) $\int \sqrt{x^2+4}\,\mathrm{d}x$;

(7) $\int \sqrt{x^2-4}\,\mathrm{d}x$; (8) $\int x\sqrt{x^2-4}\,\mathrm{d}x$; (9) $\int \dfrac{x}{1+x^2}\,\mathrm{d}x$;

(10) $\int \dfrac{x^2}{1+x^2}\,\mathrm{d}x$; (11) $\int \ln(1+x)\,\mathrm{d}x$; (12) $\int \sqrt{x\sqrt{x\sqrt{x}}}\,\mathrm{d}x$;

(13) $\int \dfrac{2-\ln x}{x}\,\mathrm{d}x$; (14) $\int \dfrac{1}{x\sqrt{x^2-1}}\,\mathrm{d}x$; (15) $\int \dfrac{1}{\sqrt{1+\mathrm{e}^x}}\,\mathrm{d}x$;

(16) $\int \dfrac{1}{\sqrt{x}(1+x)}\,\mathrm{d}x$; (17) $\int \dfrac{1}{\mathrm{e}^x+\mathrm{e}^{-x}}\,\mathrm{d}x$; (18) $\int \dfrac{x^3}{1+x^2}\,\mathrm{d}x$.

4. 求下列微分方程的通解或特解：

(1) $xy\dfrac{\mathrm{d}y}{\mathrm{d}x}=1-x^2$;

(2) $(xy^2+x)\mathrm{d}x+y(1+x^2)\mathrm{d}y=0$;

(3) $(x+1)y'-y+1=0$;

(4) $xy'+y=\mathrm{e}^x$ 满足初始条件 $y|_{x=1}=\mathrm{e}$ 的特解；

(5) $\dfrac{\mathrm{d}y}{\mathrm{d}x}+\dfrac{1}{x}y=\dfrac{\sin x}{x}$ 满足初始条件 $y|_{x=1}=1$ 的特解.

5. 设曲线 $y=f(x)$ 上任一点 (x,y) 的切线的斜率为 $\dfrac{y}{x}+x^2$，且该曲线经过点 $\left(1,\dfrac{1}{2}\right)$，试求曲线 $y=f(x)$.

6. 一物体在地球引力的作用下开始做自由落体运动，重力加速度为 g.

(1) 求物体运动的速度和运动方程；

(2) 如果一只球从一幢高楼的屋顶掉下，20s 落地，求此屋的高度.

第5章 定积分及其应用

本章介绍积分学的另一个重要概念——定积分.定积分不论在理论上还是在实际应用上,都有着十分重要的意义,定积分的概念也是来源于实际问题.下面先从分析典型实例出发,介绍解决问题的方法,从而引出定积分的概念,进而给出定积分的性质,研究微积分基本定理,建立关于定积分的计算方法,举例说明定积分在实际问题中的具体应用.

§5.1 定积分的概念

一、引例

1. 曲边梯形的面积

在初等数学中,我们以矩形公式为基础,解决了三角形以及其他直线所围成的图形的面积计算问题.现在来研究曲边梯形的面积.所谓曲边梯形是指由曲线 $y=f(x)$ ($f(x)\geqslant 0$),直线 $x=a, x=b$ ($a<b$) 与 x 轴围成的图形(如图 5-1 所示).

由于曲边梯形的高 $f(x)$ 在区间 $[a,b]$ 上是连续变化,不能直接利用矩形面积公式计算.为此,采用下述方法解决.

将曲边梯形分割成 n 个小窄长条,当 n 相当大时,在同一窄长条中,函数值 $f(x)$ 的变化不大,因此可看作常量.用小矩形面积近似代替相应小窄长条面积.将这些矩形面积相加,就近似得到曲边梯形面积.且小窄长条分得越细,近似程度越高.具体步骤如下:

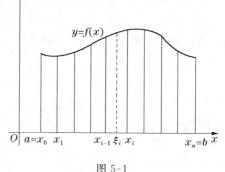

图 5-1

(1) 用点 $a=x_0<x_1<x_2<\cdots<x_{i-1}<x_i<\cdots<x_{n-1}<x_n=b$ 把区间 $[a,b]$ 分成 n 个小区间:

$$[x_0,x_1],[x_1,x_2],\cdots,[x_{i-1},x_i],\cdots,[x_{n-1},x_n].$$

每个小区间长度分别记作 $\Delta x_1,\Delta x_2,\cdots,\Delta x_i,\cdots,\Delta x_n$. 每个小区间对应的小曲边梯形的面积分别记作 $\Delta A_1,\Delta A_2,\cdots,\Delta A_i,\cdots,\Delta A_n$,则

$$A=\sum_{i=1}^{n}\Delta A_i.$$

(2) 在每个小区间上任取一点 $\xi_i\in[x_{i-1},x_i]$ ($i=1,2,\cdots,n$),用以 $f(\xi_i)$ 为高,Δx_i 为底的小矩形面积作为第 i 个小曲边梯形面积的近似值,即

$$\Delta A_i\approx f(\xi_i)\Delta x_i \quad (i=1,2,\cdots,n).$$

因此,曲边梯形面积

$$A = \sum_{i=1}^{n} \Delta A_i = \Delta A_1 + \Delta A_2 + \cdots + \Delta A_n$$
$$\approx f(\xi_1)\Delta x_1 + f(\xi_2)\Delta x_2 + \cdots + f(\xi_n)\Delta x_n$$
$$= \sum_{i=1}^{n} f(\xi_i)\Delta x_i.$$

(3) 让$[a,b]$区间内的分点无限增加,使得所有小区间的长度趋于零时,和式$\sum_{i=1}^{n} f(\xi_i)\Delta x_i$的极限就是$A$.

记$\lambda = \max_{1 \leqslant i \leqslant n}\{\Delta x_i\}$,则当$\lambda \to 0$时,有

$$A = \lim_{\lambda \to 0} \sum_{i=1}^{n} f(\xi_i)\Delta x_i.$$

2. 变速直线运动的路程

设物体做变速直线运动,其速度为$v = v(t)$在$[T_1, T_2]$上连续,现计算物体在时间段$[T_1, T_2]$上的路程.

由于物体做变速直线运动,因此由时间T_1到T_2所经过的路程不能用路程=速度×时间的公式来计算.解决这个问题的思路与计算曲边梯形面积的问题相同.将时间区间分成n个小区间,由于划分得很细,在每个小区间上,速度变化很小,可以近似地看做不变,这样就可以利用匀速直线运动的路程公式来计算每个小区间上路程的近似值,然后相加便得到路程s的近似值.当每个小区间的长度趋于零时,和的近似值的极限就是路程s.具体方法如下:

设$T_1 = t_0 < t_1 < t_2 < \cdots < t_{i-1} < t_i < \cdots < t_n = T_2$,在每个小区间$[t_{i-1}, t_i]$($i = 1, 2, \cdots, n$)上任取一点$\xi_i$,做乘积$v(\xi_i)\Delta t_i$,得到相应第$i$个小区间上的路程的近似值为

$$\Delta s_i \approx v(\xi_i)\Delta t_i \quad (i = 1, 2, \cdots, n).$$

将$\Delta s_1, \Delta s_2, \cdots, \Delta s_n$相加就得到在时间段$[T_1, T_2]$上的路程$s$的近似值:

$$s \approx \sum_{i=1}^{n} v(\xi_i)\Delta t_i.$$

记$\lambda = \max_{1 \leqslant i \leqslant n}\{\Delta t_i\}$,则当$\lambda \to 0$时,有

$$s = \lim_{\lambda \to 0} \sum_{i=1}^{n} v(\xi_i)\Delta t_i.$$

二、定积分的定义

前面所讨论的两个例子,虽然实际意义不相同,但是解决问题的方法与计算的步骤却完全一样,归结成的数学模型是一致的.在科学技术上有许多问题都可以归结为这种特定的和式的极限.

抓住这些问题在数学关系上的共同特点进行数学抽象,就得出下述定积分的定义.

定义 设函数$f(x)$在闭区间$[a,b]$上有定义,用点$a = x_0 < x_1 < x_2 < \cdots < x_{i-1} < x_i < \cdots < x_{n-1} < x_n = b$把区间$[a,b]$分成$n$个小区间:$[x_0, x_1], [x_1, x_2], \cdots, [x_{i-1}, x_i], \cdots, [x_{n-1}, x_n]$,记$\Delta x_i = x_i - x_{i-1}$($i = 1, 2, \cdots, n$).在每个小区间$[x_{i-1}, x_i]$上任取一点$\xi_i$($\xi_i \in [x_{i-1}, x_i]$),做乘积$f(\xi_i)\Delta x$,并做和式$\sum_{i=1}^{n} f(\xi_i)\Delta x_i$,记$\lambda = \max_{1 \leqslant i \leqslant n}\{\Delta x_i\}$,若$\lambda \to 0$时,和式极限存在,则称此极

限值为函数 $f(x)$ 在 $[a,b]$ 上的定积分,记作 $\int_a^b f(x)\mathrm{d}x$,即

$$\int_a^b f(x)\mathrm{d}x = \lim_{\lambda \to 0} \sum_{i=1}^n f(\xi_i)\Delta x_i. \tag{1}$$

此时,我们称 $f(x)$ 在 $[a,b]$ 上可积.其中 x 称为积分变量,$f(x)$ 称为被积函数,$f(x)\mathrm{d}x$ 称为被积式,$[a,b]$ 称为积分区间,a 称为积分下限,b 称为积分上限,$\int$ 称为积分号,$\sum_{i=1}^n f(\xi_i)\Delta x_i$ 称为 $f(x)$ 在 $[a,b]$ 上的积分和.

根据定积分的定义,上述两例可表示为:

曲边梯形面积 $A = \int_a^b f(x)\mathrm{d}x$,

变速直线运动路程 $s = \int_{T_1}^{T_2} v(t)\mathrm{d}t$.

对于定积分的定义,应注意以下两点:

(1) 所谓极限存在是指不管怎样划分区间 $[a,b]$,也不管怎样在 $[x_{i-1},x_i]$ 上选取 ξ_i,极限都存在且相等.

(2) 函数 $f(x)$ 在区间 $[a,b]$ 上的定积分是积分和的极限,其值是一个常数.它的大小仅与被积函数 $f(x)$ 和积分区间 $[a,b]$ 有关,而与积分变量的记号无关,即

$$\int_a^b f(x)\mathrm{d}x = \int_a^b f(t)\mathrm{d}t = \int_a^b f(u)\mathrm{d}u.$$

三、定积分的几何意义

1. 在 $[a,b]$ 上,$f(x) \geqslant 0$

这时 $\int_a^b f(x)\mathrm{d}x$ 表示由曲线 $y = f(x)$,x 轴及两直线 $x=a,x=b$ 所围成的曲边梯形的面积(如图 5-2 所示).

2. 在 $[a,b]$ 上,$f(x) \leqslant 0$

由和式 $\sum_{i=1}^n f(\xi_i)\Delta x_i$ 的每一项 $f(\xi_i)\Delta x_i \leqslant 0$ 得 $\int_a^b f(x)\mathrm{d}x \leqslant 0$,这时 $\int_a^b f(x)\mathrm{d}x$ 表示由曲线 $y = f(x)$,x 轴及两直线 $x=a,x=b$ 所围成的曲边梯形面积的负值(如图 5-3 所示).

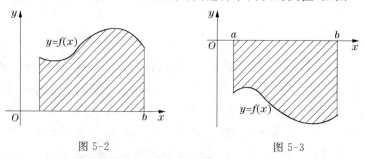

图 5-2　　　　　图 5-3

3. 在 $[a,b]$ 上,$f(x)$ 既取得正值又取得负值

这时,$f(x)$ 的图形某些部分在 x 轴上方,其余部分在 x 轴下方,定积分 $\int_a^b f(x)\mathrm{d}x$ 表示由曲线 $y=f(x)$,x 轴及两直线 $x=a,x=b$ 所围成平面图形位于 x 轴上方部分的面积减去 x

轴下方部分的面积(如图 5-4 所示),即
$$\int_a^b f(x)\mathrm{d}x = A_1 - A_2 + A_3.$$

总之,定积分 $\int_a^b f(x)\mathrm{d}x$ 在几何上表示介于区间 $[a,b]$ 上平面图形面积的代数和.

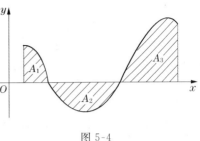

图 5-4

例 1 根据定积分的几何意义求 $\int_0^1 \sqrt{1-x^2}\,\mathrm{d}x$ 的值.

解 定积分 $\int_0^1 \sqrt{1-x^2}\,\mathrm{d}x$ 可看作(如图 5-5 所示)半径为 1 的四分之一圆的面积,所以
$$\int_0^1 \sqrt{1-x^2}\,\mathrm{d}x = \frac{\pi}{4}.$$

例 2 根据定积分的几何意义求 $\int_{-1}^1 x^3\,\mathrm{d}x$ 的值.

解 定积分 $\int_{-1}^1 x^3\,\mathrm{d}x$ 可看作(如图 5-6 所示)x 轴上、下面积代数和,所以
$$\int_{-1}^1 x^3\,\mathrm{d}x = 0.$$

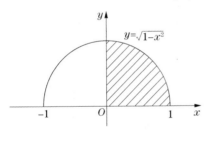

图 5-5

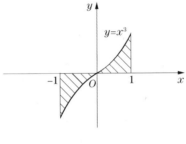

图 5-6

四、定积分的性质

由定积分的定义,可以直接推证定积分具有以下性质,其中涉及的函数在 $[a,b]$ 上都是可以积分的.

性质 1 规定: $\int_a^a f(x)\mathrm{d}x = 0$; $\int_a^b f(x)\mathrm{d}x = -\int_b^a f(x)\mathrm{d}x.$

性质 2 $\int_a^b [f(x) \pm g(x)]\mathrm{d}x = \int_a^b f(x)\mathrm{d}x \pm \int_a^b g(x)\mathrm{d}x.$

性质 3 $\int_a^b kf(x)\mathrm{d}x = k\int_a^b f(x)\mathrm{d}x$ (k 为常数).

性质 4 $\int_a^b f(x)\mathrm{d}x = \int_a^c f(x)\mathrm{d}x + \int_c^b f(x)\mathrm{d}x.$

其中常数 c 可以在 $[a,b]$ 内,也可在 $[a,b]$ 外.

性质 5 如果 $f(x)=1, x\in[a,b]$,则
$$\int_a^b \mathrm{d}x = b-a.$$

性质 6 若 $f(x) \geqslant g(x), x\in[a,b]$,则

$$\int_a^b f(x)dx \geqslant \int_a^b g(x)dx.$$

性质 7(估值定理) 设 $m \leqslant f(x) \leqslant M$,其中 M 与 m 分别为 $f(x)$ 在 $[a,b]$ 上的最大值和最小值,则

$$m(b-a) \leqslant \int_a^b f(x)dx \leqslant M(b-a).$$

性质 8(积分中值定理) 如果函数 $f(x)$ 在 $[a,b]$ 上连续,则在 $[a,b]$ 上至少存在一点 ξ,使得

$$\int_a^b f(x)dx = f(\xi)(b-a).$$

其中 $f(\xi) = \dfrac{1}{b-a}\int_a^b f(x)dx$ 称为 $f(x)$ 在 $[a,b]$ 上的平均值,其几何意义为:设 $f(x) \geqslant 0$,则在 $[a,b]$ 上至少存在一点 ξ,以 $f(\xi)$ 为高,$(b-a)$ 为底的长方形面积等于以曲线 $y = f(x)$ 为曲边的曲边梯形面积(如图 5-7 所示).

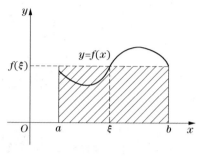

图 5-7

例 3 利用定积分的性质,比较下列各积分值的大小:

(1) $\int_1^2 x^2 dx$ 与 $\int_1^2 x^3 dx$;

(2) $\int_1^e \ln x dx$ 与 $\int_1^e \ln^2 x dx$.

解 (1) 因为当 $1 \leqslant x \leqslant 2$ 时,

$$x^2 \leqslant x^3.$$

则由性质 6,得

$$\int_1^2 x^2 dx \leqslant \int_1^2 x^3 dx.$$

(2) 因为当 $1 \leqslant x \leqslant e$ 时,$0 \leqslant \ln x \leqslant 1$,所以

$$\ln x \geqslant \ln^2 x.$$

则由性质 6,得

$$\int_1^e \ln x dx \geqslant \int_1^e \ln^2 x dx.$$

例 4 估计 $\int_{\frac{1}{2}}^1 x^4 dx$ 的数值范围.

解 被积函数 $f(x) = x^4$ 在积分区间 $\left[\dfrac{1}{2}, 1\right]$ 上单调增加,于是最小值 $m = \dfrac{1}{16}$,最大值 $M = 1$,则由性质 7,得

$$\frac{1}{16}\left(1 - \frac{1}{2}\right) \leqslant \int_{\frac{1}{2}}^1 x^4 dx \leqslant 1\left(1 - \frac{1}{2}\right),$$

即 $\dfrac{1}{32} \leqslant \int_{\frac{1}{2}}^1 x^4 dx \leqslant \dfrac{1}{2}.$

习题 5.1

1. 说明下列定积分的几何意义,并指出它的值:

(1) $\int_0^1 (3x+1)dx$;　　(2) $\int_{-R}^R \sqrt{R^2-x^2}dx$;　　(3) $\int_0^{2\pi} \sin x dx$.

2. 设物体做变速直线运动,其速度 $v(t)=t^2+2t$(单位:m/s),试用定积分表示物体在 1s 到 3s 内经过的路程.

3. 试用定积分表示如图 5-8 所示平面图形的面积.

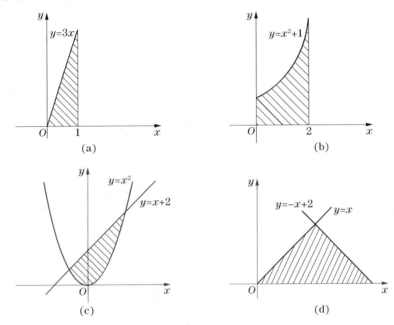

图 5-8

4. 利用定积分性质比较下列积分的大小:

(1) $\int_0^1 x dx$ 与 $\int_0^1 x^3 dx$;　　(2) $\int_e^{e^2} \ln x dx$ 与 $\int_e^{e^2} \ln^2 x dx$;

(3) $\int_0^1 e^x dx$ 与 $\int_0^1 e^{-x} dx$;　　(4) $\int_0^{\frac{\pi}{4}} \sin x dx$ 与 $\int_0^{\frac{\pi}{4}} \cos x dx$.

5. 估计下列积分值的范围:

(1) $\int_0^2 (x^2+1)dx$;　　(2) $\int_{\frac{\pi}{4}}^{\pi} (1+\sin^2 x)dx$.

6. 利用定积分的性质证明下列不等式:

(1) $2 \leqslant \int_{-1}^1 e^{x^2} dx \leqslant 2e$;　　(2) $\frac{1}{2} \leqslant \int_0^1 \frac{1}{1+x^2}dx \leqslant 1$.

§5.2 定积分的计算

定积分是一个和式的极限,表面上似乎与原函数毫不相干.但事实上,定积分与原函数却有着非常密切的内在关系.一旦弄清了这种关系,也就找到了计算定积分的有效方法.

一、牛顿—莱布尼兹公式

由定积分引例,变速直线运动的路程是速度函数 $v=v(t)$ 在区间 $[T_1, T_2]$ 上的定积分,即

$$s = \int_{T_1}^{T_2} v(t)dt.$$

从另一个角度考虑,在时间间隔$[T_1,T_2]$上的路程可由路程函数 $s=s(t)$ 求得,即
$$s=s(T_2)-s(T_1).$$
于是
$$s=\int_{T_1}^{T_2} v(t)\mathrm{d}t=s(T_2)-s(T_1).$$

注意到:$s'(t)=v(t)$, $t\in[T_1,T_2]$.

结论:速度函数 $v(t)$ 在 $[T_1,T_2]$ 上的定积分,等于其原函数 $s(t)$ 在 $[T_1,T_2]$ 上的改变量.可以证明,上述结论具有一般性,即有下面的定理.

定理(牛顿—莱布尼兹公式) 设函数 $f(x)$ 在 $[a,b]$ 上连续,$F(x)$ 是 $f(x)$ 的任一个原函数,则
$$\int_a^b f(x)\mathrm{d}x = F(b)-F(a) \xrightarrow{\text{记作}} F(x)\Big|_a^b. \tag{1}$$

公式(1)叫作牛顿—莱布尼兹公式,也叫作微积分基本公式,该公式揭示了定积分和不定积分之间的内在联系,即积分的值等于其原函数在下限与上限处值的差.该公式把定积分的计算问题转化为求原函数问题,从而给出定积分的简便而有效的计算方法,它是整个微积分最重要的公式.

例1 计算 $\int_0^2 x^2 \mathrm{d}x$.

解 由于 $\dfrac{1}{3}x^3$ 是 x^2 的一个原函数,由公式(1)得
$$\int_0^2 x^2 \mathrm{d}x = \frac{1}{3}x^3 \Big|_0^2 = \frac{2^3}{3}-\frac{0^3}{3}=\frac{8}{3}.$$

例2 计算 $\int_0^\pi \sin x\,\mathrm{d}x$.

解 由于 $-\cos x$ 是 $\sin x$ 的一个原函数,于是
$$\int_0^\pi \sin x\,\mathrm{d}x = -\cos x \Big|_0^\pi = -(-1-1) = -2.$$

例3 计算 $\int_{-e}^{-1} \dfrac{1}{x}\mathrm{d}x$.

解 由于在 $[-e,-1]$ 上,$\dfrac{1}{x}<0$,其原函数为 $\ln|x|$,于是
$$\int_{-e}^{-1} \frac{1}{x}\mathrm{d}x = \ln|x| \Big|_{-e}^{-1} = \ln 1 - \ln e = -1.$$

例4 计算 $\int_{-1}^{3} |x-1|\mathrm{d}x$.

解 由于被积函数中 $x-1$ 在区间 $[-1,3]$ 上有正有负,必须分区间计算,于是
$$\int_{-1}^{3} |x-1|\mathrm{d}x = \int_{-1}^{1}(1-x)\mathrm{d}x + \int_{1}^{3}(x-1)\mathrm{d}x$$
$$= \left(x-\frac{x^2}{2}\right)\Big|_{-1}^{1} + \left(\frac{x^2}{2}-x\right)\Big|_{1}^{3} = 4.$$

在不定积分中,换元积分法和分部积分法是两种十分重要的方法,以下将讨论这两种方法在定积分中的运用.

二、换元积分法

定理 设函数 $f(x)$ 在区间 $[a,b]$ 上连续,函数 $x=\varphi(t)$ 在 $[\alpha,\beta]$(或$[\beta,\alpha]$)上单调且连续可导,$\varphi(\alpha)=a,\varphi(\beta)=b$,则

$$\int_a^b f(x)\mathrm{d}x = \int_\alpha^\beta f[\varphi(t)]\varphi'(t)\mathrm{d}t, \tag{2}$$

公式(2)称为定积分换元公式.

注:(1) 用 $x=\varphi(t)$ 把原来积分变量 x 换成新积分变量 t,积分限也要换成相应新的变量 t 的积分限,即"换元必换限,下限对下限,上限对上限".

(2) 当求出 $f[\varphi(t)]\varphi'(t)$ 的一个原函数 $F(t)$ 后,不必像计算不定积分那样把 $F(t)$ 变换成 x 的函数,只需把新变量 t 的上、下限分别代入 $F(t)$ 中相减即可.

例 5 求 $\int_0^a \sqrt{a^2-x^2}\mathrm{d}x$ ($a>0$).

解 设 $x=a\sin t$,那么 $\mathrm{d}x=a\cos t\mathrm{d}t$.当 $x=0$ 时,$t=0$;当 $x=a$ 时,$t=\dfrac{\pi}{2}$,于是

$$\int_0^a \sqrt{a^2-x^2}\mathrm{d}x = a^2\int_0^{\frac{\pi}{2}} |\cos t|\cos t\mathrm{d}t = a^2\int_0^{\frac{\pi}{2}}\cos^2 t\mathrm{d}t$$

$$= \frac{a^2}{2}\int_0^{\frac{\pi}{2}}(1+\cos 2t)\mathrm{d}t = \frac{a^2}{2}\left(t+\frac{1}{2}\sin 2t\right)\Big|_0^{\frac{\pi}{2}}$$

$$= \frac{\pi a^2}{4}.$$

例 6 求 $\int_0^4 \dfrac{1}{1+\sqrt{x}}\mathrm{d}x$.

解 设 $\sqrt{x}=t$,那么 $x=t^2 (t\geq 0)$,则 $\mathrm{d}x=2t\mathrm{d}t$.当 $x=0$ 时,$t=0$;当 $x=4$ 时,$t=2$,于是

$$\int_0^4 \frac{1}{1+\sqrt{x}}\mathrm{d}x = 2\int_0^2 \frac{t}{1+t}\mathrm{d}t = 2\int_0^2\left(1-\frac{1}{1+t}\right)\mathrm{d}t$$

$$= 2(t-\ln|1+t|)\Big|_0^2 = 4-2\ln 3.$$

例 7 求 $\int_0^{\frac{\pi}{2}}\cos^3 x\sin x\mathrm{d}x$.

解 设 $t=\cos x$,则当 $x=0$ 时,$t=1$;当 $x=\dfrac{\pi}{2}$ 时,$t=0$,于是

$$\int_0^{\frac{\pi}{2}}\cos^3 x\sin x\mathrm{d}x = -\int_1^0 t^3\mathrm{d}t = \int_0^1 t^3\mathrm{d}t$$

$$= \frac{t^4}{4}\Big|_0^1 = \frac{1}{4}.$$

如果不明显写出新变量 t,就不要变更定积分上、下限.可采用下面方法计算:

$$\int_0^{\frac{\pi}{2}}\cos^3 x\sin x\mathrm{d}x = -\int_0^{\frac{\pi}{2}}\cos^3 x\mathrm{d}\cos x = -\frac{1}{4}\cos^4 x\Big|_0^{\frac{\pi}{2}} = \frac{1}{4}.$$

例 8 求 $\int_1^e \dfrac{1+\ln x}{x}\mathrm{d}x$.

解 $\int_1^e \dfrac{1+\ln x}{x}\mathrm{d}x = \int_1^e (1+\ln x)\mathrm{d}\ln x = \left(\ln x+\dfrac{1}{2}\ln^2 x\right)\Big|_1^e = \dfrac{3}{2}.$

例 9 求 $\int_{-\frac{\pi}{2}}^{\frac{\pi}{2}} \sqrt{\cos x - \cos^3 x}\,dx$.

解 $\int_{-\frac{\pi}{2}}^{\frac{\pi}{2}} \sqrt{\cos x - \cos^3 x}\,dx = \int_{-\frac{\pi}{2}}^{\frac{\pi}{2}} \sqrt{\cos x(1-\cos^2 x)}\,dx$

$= \int_{-\frac{\pi}{2}}^{\frac{\pi}{2}} \sqrt{\cos x}\,|\sin x|\,dx$

$= \int_{-\frac{\pi}{2}}^{0} \sqrt{\cos x} \cdot (-\sin x)\,dx + \int_{0}^{\frac{\pi}{2}} \sqrt{\cos x} \cdot \sin x\,dx$

$= \int_{-\frac{\pi}{2}}^{0} (\cos x)^{\frac{1}{2}}\,d(\cos x) - \int_{0}^{\frac{\pi}{2}} (\cos x)^{\frac{1}{2}}\,d(\cos x)$

$= \frac{2}{3}(\cos x)^{\frac{3}{2}} \Big|_{-\frac{\pi}{2}}^{0} - \frac{2}{3}(\cos x)^{\frac{3}{2}} \Big|_{0}^{\frac{\pi}{2}}$

$= \frac{2}{3} - \left(-\frac{2}{3}\right) = \frac{4}{3}$.

例 10 证明:设 $f(x)$ 在 $[-a,a]$ 上连续,则

(1) 当 $f(x)$ 为奇函数时,$\int_{-a}^{a} f(x)\,dx = 0$;

(2) 当 $f(x)$ 为偶函数时,$\int_{-a}^{a} f(x)\,dx = 2\int_{0}^{a} f(x)\,dx$.

证 由于 $\int_{-a}^{a} f(x)\,dx = \int_{-a}^{0} f(x)\,dx + \int_{0}^{a} f(x)\,dx$. 对积分 $\int_{-a}^{0} f(x)\,dx$ 做变换 $x=-t$,那么

$$\int_{-a}^{0} f(x)\,dx = \int_{a}^{0} f(-t)\,d(-t) = \int_{0}^{a} f(-t)\,dt = \int_{0}^{a} f(-x)\,dx.$$

于是

$$\int_{-a}^{a} f(x)\,dx = \int_{0}^{a} [f(-x) + f(x)]\,dx.$$

(1) 当 $f(x)$ 为奇函数时,$f(-x) = -f(x)$,那么

$$\int_{-a}^{a} f(x)\,dx = \int_{0}^{a} [-f(x) + f(x)]\,dx = 0.$$

(2) 当 $f(x)$ 为偶函数时,$f(-x) = f(x)$,那么

$$\int_{-a}^{a} f(x)\,dx = \int_{0}^{a} [f(x) + f(x)]\,dx = 2\int_{0}^{a} f(x)\,dx.$$

注:利用例 10 的结论,常可简化和速算奇、偶函数在对称区间上的定积分.

例 11 求 $\int_{-\frac{\pi}{2}}^{\frac{\pi}{2}} x^4 \sin x\,dx$.

解 由于 $f(x) = x^4 \sin x$ 是奇函数,积分区间 $\left[-\frac{\pi}{2}, \frac{\pi}{2}\right]$ 是对称区间,由例 10 性质,可得

$$\int_{-\frac{\pi}{2}}^{\frac{\pi}{2}} x^4 \sin x\,dx = 0.$$

例 12 证明:$\int_{0}^{\frac{\pi}{2}} \sin^n x\,dx = \int_{0}^{\frac{\pi}{2}} \cos^n x\,dx$ (n 是非负整数).

证 做变换 $x = \frac{\pi}{2} - t$,$dx = -dt$,于是

$$\int_0^{\frac{\pi}{2}} \sin^n x \,\mathrm{d}x = \int_{\frac{\pi}{2}}^0 \sin^n\left(\frac{\pi}{2}-t\right)(-\mathrm{d}t) = \int_0^{\frac{\pi}{2}} \cos^n t \,\mathrm{d}t = \int_0^{\frac{\pi}{2}} \cos^n x \,\mathrm{d}x.$$

三、分部积分法

设函数 $u=u(x), v=v(x)$ 在 $[a,b]$ 上具有连续导数，由
$$(uv)' = u'v + uv'$$

移项得
$$uv' = (uv)' - u'v.$$

两端在 $[a,b]$ 上做定积分，于是
$$\int_a^b uv' \,\mathrm{d}x = \int_a^b (uv)' \,\mathrm{d}x - \int_a^b u'v \,\mathrm{d}x,$$

即
$$\int_a^b u \,\mathrm{d}v = [uv]_a^b - \int_a^b v \,\mathrm{d}u. \tag{3}$$

公式(3)称为定积分的分部积分公式.

例 13 求 $\int_0^{\frac{\pi}{2}} x\sin x \,\mathrm{d}x$.

解 令 $u=x$, $\mathrm{d}v = \sin x \,\mathrm{d}x = \mathrm{d}(-\cos x)$, $\mathrm{d}u = \mathrm{d}x$, $v = -\cos x$.

$$\int_0^{\frac{\pi}{2}} x\sin x \,\mathrm{d}x = -x\cos x \Big|_0^{\frac{\pi}{2}} - \int_0^{\frac{\pi}{2}} (-\cos x) \,\mathrm{d}x = \sin x \Big|_0^{\frac{\pi}{2}} = 1.$$

若令 $u = \sin x$, $\mathrm{d}v = x \,\mathrm{d}x = \mathrm{d}\left(\frac{x^2}{2}\right)$, $\mathrm{d}u = \cos x \,\mathrm{d}x$, $v = \frac{x^2}{2}$.

$$\int_0^{\frac{\pi}{2}} x\sin x \,\mathrm{d}x = \frac{x^2}{2} \sin x \Big|_0^{\frac{\pi}{2}} - \frac{1}{2} \int_0^{\frac{\pi}{2}} x^2 \cos x \,\mathrm{d}x = \frac{\pi^2}{8} - \frac{1}{2} \int_0^{\frac{\pi}{2}} x^2 \cos x \,\mathrm{d}x.$$

注意到 $\int_0^{\frac{\pi}{2}} x^2 \cos x \,\mathrm{d}x$ 比 $\int_0^{\frac{\pi}{2}} x\sin x \,\mathrm{d}x$ 复杂.

注：使用分部积分法时，要使得 $\int_a^b v \,\mathrm{d}u$ 比 $\int_a^b u \,\mathrm{d}v$ 易于积分，关键在于正确选择 u 和 $\mathrm{d}v$.

例 14 求 $\int_0^e x\ln x \,\mathrm{d}x$.

解 令 $u = \ln x$, $\mathrm{d}v = x \,\mathrm{d}x = \mathrm{d}\left(\frac{x^2}{2}\right)$, $\mathrm{d}u = \frac{1}{x} \,\mathrm{d}x$, $v = \frac{x^2}{2}$.

$$\int_1^e x\ln x \,\mathrm{d}x = \frac{x^2}{2} \ln x \Big|_1^e - \int_1^e \frac{x^2}{2} \cdot \frac{1}{x} \,\mathrm{d}x$$
$$= \frac{e^2}{2} - \left(\frac{1}{4} x^2\right) \Big|_1^e = \frac{1}{4}(e^2 + 1).$$

例 15 计算 $\int_0^1 e^{\sqrt{x}} \,\mathrm{d}x$.

解 先换元，令 $t = \sqrt{x}$，则 $x = t^2$, $\mathrm{d}x = 2t \,\mathrm{d}t$. 当 $x=0$ 时，$t=0$；当 $x=1$ 时，$t=1$，于是
$$\int_0^1 e^{\sqrt{x}} \,\mathrm{d}x = 2 \int_0^1 t e^t \,\mathrm{d}t.$$

再用分部积分法
$$\int_0^1 t e^t \,\mathrm{d}t = \int_0^1 t \,\mathrm{d}e^t = te^t \Big|_0^1 - \int_0^1 e^t \,\mathrm{d}t = e - (e-1) = 1.$$

所以 $\int_0^1 e^{\sqrt{x}} dx = 2$.

习题 5.2

1. 计算下列定积分.

(1) $\int_1^2 x^2 dx$; (2) $\int_0^1 3^x dx$; (3) $\int_0^{\frac{\pi}{4}} \sin x dx$;

(4) $\int_1^{\frac{\pi}{3}} \tan x dx$; (5) $\int_1^e \frac{1}{x} dx$.

2. 计算下列定积分.

(1) $\int_1^2 (x^2+x-1) dx$; (2) $\int_0^1 \frac{e^2}{2^x} dx$; (3) $\int_0^{\frac{\pi}{3}} \tan^2 x dx$;

(4) $\int_0^{\frac{\pi}{2}} \sin^2 \frac{x}{2} dx$; (5) $\int_0^{\frac{\pi}{4}} \frac{\sin^2 x}{1+\cos x} dx$.

3. 计算下列定积分.

(1) 设 $f(x) = \begin{cases} \sin x, & 0 \leqslant x \leqslant \frac{\pi}{2}, \\ x, & \frac{\pi}{2} < x \leqslant \pi. \end{cases}$ 求 $\int_0^{\pi} f(x) dx$;

(2) $\int_{-1}^2 |x^2-1| dx$.

4. 用换元法求下列定积分.

(1) $\int_0^4 \frac{\sqrt{x}}{1+\sqrt{x}} dx$; (2) $\int_4^9 \frac{\sqrt{x}}{\sqrt{x}-1} dx$; (3) $\int_0^1 \sqrt{4+5x} dx$;

(4) $\int_0^1 \frac{1}{\sqrt{4+5x}-1} dx$; (5) $\int_0^2 \sqrt{4-x^2} dx$; (6) $\int_{\frac{1}{2}}^{\frac{\sqrt{2}}{2}} \frac{1}{x^2 \sqrt{1-x^2}} dx$.

5. 求下列定积分.

(1) $\int_{-1}^1 (x-1)^3 dx$; (2) $\int_0^{\sqrt{\ln 2}} x e^{x^2} dx$; (3) $\int_e^{e^2} \frac{\ln^2 x}{x} dx$;

(4) $\int_{\frac{\pi^2}{9}}^{\frac{\pi^2}{4}} \frac{\cos \sqrt{x}}{\sqrt{x}} dx$; (5) $\int_0^{\frac{\pi}{2}} \cos^3 x dx$; (6) $\int_1^e \frac{1+\ln x}{x} dx$;

(7) $\int_0^1 \sqrt[3]{(1+x)^2} dx$; (8) $\int_1^{e^3} \frac{1}{x\sqrt{1+\ln x}} dx$; (9) $\int_{\frac{1}{\pi}}^{\frac{2}{\pi}} \frac{1}{x^2} \cos \frac{1}{x} dx$.

6. 用分部积分法求下列定积分.

(1) $\int_0^{\pi} x \cos x dx$; (2) $\int_0^1 x e^x dx$; (3) $\int_1^e (x-1) \ln x dx$;

(4) $\int_0^1 e^x \sin x dx$; (5) $\int_0^{\frac{\pi}{4}} \frac{x}{\cos^2 x} dx$; (6) $\int_0^1 x^2 e^{-x} dx$;

(7) $\int_1^{e-1} \ln(1+x) dx$; (8) $\int_0^1 x \cos \pi x dx$; (9) $\int_1^{\pi} x \cos 2x dx$.

7. 证明下列等式.

(1) $\int_0^{\pi} \sin^n x dx = 2 \int_0^{\frac{\pi}{2}} \sin^n x dx$;

(2) $\int_0^1 x^m (1-x)^n dx = \int_0^1 x^n (1-x)^m dx$,

其中 $m, n \in \mathbf{N}$.

§5.3　无穷区间上的广义积分

前面所讨论的积分其积分区间为有限区间$[a,b]$,在实际问题中,常遇到积分区间是无穷区间的积分.这已经不属于前面讲的定积分概念,称为广义积分.相应地称定积分为常义积分.

定义　设函数$f(x)$在$[a,+\infty)$上连续,对于任意的$b>a$,如果存在有穷极限
$$\lim_{b\to+\infty}\int_a^b f(x)\mathrm{d}x.$$
则称此极限为函数$f(x)$在$[a,+\infty)$上的广义积分,记作
$$\int_a^{+\infty}f(x)\mathrm{d}x=\lim_{b\to+\infty}\int_a^b f(x)\mathrm{d}x.$$
这时,也称广义积分$\int_a^{+\infty}f(x)\mathrm{d}x$收敛,否则称它发散.

类似地,广义积分
$$\int_{-\infty}^b f(x)\mathrm{d}x=\lim_{a\to-\infty}\int_a^b f(x)\mathrm{d}x.$$
如果极限存在,则称广义积分$\int_{-\infty}^b f(x)\mathrm{d}x$收敛,否则称它发散.

一般地,对于广义积分$\int_{-\infty}^{+\infty}f(x)\mathrm{d}x$,可以任意取定一个数$c$,若$\int_{-\infty}^c f(x)\mathrm{d}x$与$\int_c^{+\infty}f(x)\mathrm{d}x$同时收敛,则称$\int_{-\infty}^{+\infty}f(x)\mathrm{d}x$也收敛,且有
$$\int_{-\infty}^{+\infty}f(x)\mathrm{d}x=\int_{-\infty}^c f(x)\mathrm{d}x+\int_c^{+\infty}f(x)\mathrm{d}x.$$

设$F(x)$是$f(x)$的一个原函数,则
$$\int_a^x f(t)\mathrm{d}t=F(x)-F(a).$$
记$F(+\infty)=\lim\limits_{x\to+\infty}F(x),F(-\infty)=\lim\limits_{x\to-\infty}F(x)$. 于是,有
$$\int_a^{+\infty}f(x)\mathrm{d}x=F(+\infty)-F(a)=F(x)\Big|_a^{+\infty};$$
$$\int_{-\infty}^b f(x)\mathrm{d}x=F(b)-F(-\infty)=F(x)\Big|_{-\infty}^b;$$
$$\int_{-\infty}^{+\infty}f(x)\mathrm{d}x=F(+\infty)-F(-\infty)=F(x)\Big|_{-\infty}^{+\infty}.$$

从形式上看,上述各式与定积分的牛顿—莱布尼兹公式相似,但应注意到$F(+\infty)$和$F(-\infty)$是极限,广义积分是否收敛,取决于这些极限是否存在.

例1　求$\int_0^{+\infty}\mathrm{e}^{-x}\mathrm{d}x$.

解　$\int_0^{+\infty}\mathrm{e}^{-x}\mathrm{d}x=-\int_0^{+\infty}\mathrm{e}^{-x}\mathrm{d}(-x)=-\mathrm{e}^{-x}\Big|_0^{+\infty}$
$=-[\lim\limits_{x\to+\infty}\mathrm{e}^{-x}-1]=1.$

例 2 求 $\int_2^{+\infty} \dfrac{1}{x\ln x}\mathrm{d}x$.

解 $\int_2^{+\infty} \dfrac{1}{x\ln x}\mathrm{d}x = \int_2^{+\infty} \dfrac{1}{\ln x}\mathrm{d}(\ln x) = \ln|\ln x|\Big|_2^{+\infty}$
$= \lim\limits_{x\to +\infty}\ln|\ln x| - \ln|\ln 2| = +\infty.$

所以广义积分发散.

例 3 求 $\int_{-\infty}^{+\infty} \dfrac{x}{(1+x^2)^2}\mathrm{d}x$.

解 $\int_{-\infty}^{+\infty} \dfrac{x}{(1+x^2)^2}\mathrm{d}x = \dfrac{1}{2}\int_{-\infty}^{+\infty} \dfrac{1}{(1+x^2)^2}\mathrm{d}(1+x^2) = -\dfrac{1}{2}\cdot\dfrac{1}{1+x^2}\Big|_{-\infty}^{+\infty}$
$= -\dfrac{1}{2}\left[\lim\limits_{x\to +\infty}\dfrac{1}{1+x^2} - \lim\limits_{x\to -\infty}\dfrac{1}{1+x^2}\right]$
$= -\dfrac{1}{2}[0-0] = 0.$

例 4 证明广义积分 $\int_1^{+\infty}\dfrac{1}{x^p}\mathrm{d}x$,当 $p>1$ 时收敛,当 $p\leqslant 1$ 时发散.

解 当 $p=1$ 时,
$$\int_1^{+\infty}\dfrac{1}{x^p}\mathrm{d}x = \int_1^{+\infty}\dfrac{1}{x}\mathrm{d}x = \ln x\Big|_1^{+\infty} = +\infty;$$

当 $p\ne 1$ 时,
$$\int_1^{+\infty}\dfrac{1}{x^p}\mathrm{d}x = \left[\dfrac{x^{1-p}}{1-p}\right]_1^{+\infty} = \begin{cases}+\infty, & p<1, \\ \dfrac{1}{p-1}, & p>1.\end{cases}$$

因此,当 $p\leqslant 1$ 时发散,当 $p>1$ 时收敛,其值为 $\dfrac{1}{p-1}$.

习题 5.3

1. 讨论下列广义积分的敛散性,若收敛,求出其值.

(1) $\int_1^{+\infty}\dfrac{1}{x^2}\mathrm{d}x$; (2) $\int_1^{+\infty}x\mathrm{e}^{-x^2}\mathrm{d}x$; (3) $\int_5^{+\infty}\dfrac{1}{x(x+15)}\mathrm{d}x$;

(4) $\int_{-\infty}^{-\frac{2}{\pi}}\dfrac{1}{x^2}\sin\dfrac{1}{x}\mathrm{d}x$; (5) $\int_e^{+\infty}\dfrac{1}{x(\ln x)^2}\mathrm{d}x$.

2. 讨论广义积分 $\int_e^{+\infty}\dfrac{1}{x(\ln x)^p}\mathrm{d}x\ (p>0)$ 的敛散性.

§5.4 定积分在几何上的应用

在本章第一节,我们从实际问题引出定积分的概念.在几何、物理、经济学等各个领域,有许多问题都可以用定积分予以解决.从本节开始,将在阐明定积分微元法的基础上,举例说明定积分的具体应用.

一、微元法

在前面我们讨论了曲边梯形的面积用定积分表示.回顾一下所采用的方法和步骤如下:

(1) 将区间 $[a,b]$ 分成 n 个小区间：$[x_0,x_1],[x_1,x_2],\cdots,[x_{i-1},x_i],\cdots,[x_{n-1},x_n]$，区间长度记作 $\Delta x_i = x_i - x_{i-1}$，相应于这个小区间的面积为 $\Delta A_i (i=1,2,\cdots,n)$，曲边梯形面积 A 为 n 个小曲边梯形面积之和，即

$$A = \sum_{i=1}^{n} \Delta A_i \quad (i=1,2,\cdots,n).$$

(2) 在区间 $[x_{i-1},x_i]$ 上任取一点 ξ_i，做乘积 $f(\xi_i)\Delta x_i$，即

$$\Delta A_i \approx f(\xi_i)\Delta x_i \quad (i=1,2,\cdots,n).$$

(3) 求和，得面积 A 的近似值：

$$A \approx \sum_{i=1}^{n} f(\xi_i)\Delta x_i.$$

(4) 取极限，即

$$A = \lim_{\lambda \to 0} \sum_{i=1}^{n} f(\xi_i)\Delta x_i = \int_a^b f(x)\mathrm{d}x.$$

从上述解决问题的方法中看到，如果把区间 $[a,b]$ 分成许多部分区间，则所求量相应地分成许多部分量，而所求量等于所有部分量之和. 具体地说，从上述四个步骤中，关键是第 (2) 步，积分式 $\int_a^b f(x)\mathrm{d}x$ 的主要形式已经形成. 即以 $f(\xi_i)\Delta x_i$ 近似代替部分量 ΔA_i，和式 $\sum_{i=1}^{n} f(\xi_i)\Delta x_i$ 的极限是面积 A 的精确值. 在应用上，为了方便起见，省去下标 i，把 ξ_i 写成 x，Δx_i 写成 $\mathrm{d}x$，这样 $f(\xi_i)\Delta x_i$ 成为 $f(x)\mathrm{d}x$，再加上积分号，就是第 (4) 步. 具体做法如下：

(1) "选变量" 选取某个变量 x 为积分变量，并确定 x 的变化范围 $[a,b]$，即为积分区间.

(2) "求微元" 设想把区间 $[a,b]$ 分成 n 个小区间，其中任意一个小区间用 $[x,x+\mathrm{d}x]$ 表示，小区间长度 $\Delta x = \mathrm{d}x$，所求量 A 对应于小区间 $[x,x+\mathrm{d}x]$ 的部分量记作 ΔA，在 $[x,x+\mathrm{d}x]$ 取 $\xi=x$，显然有 $\Delta A \approx f(x)\cdot\mathrm{d}x$. 记 $\mathrm{d}A=f(x)\mathrm{d}x$，称为 A 的微元 (如图 5-9 所示).

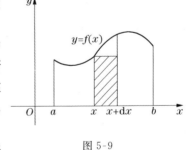

图 5-9

(3) "列积分" 以量 A 的微元 $\mathrm{d}A=f(x)\mathrm{d}x$ 为被积表达式，在 $[a,b]$ 上积分，便得所求量 A，即 $A = \int_a^b f(x)\mathrm{d}x$.

这种简化了的方法称为定积分的微元法.

二、求平面图形的面积

(1) 由曲线 $y=f(x)$ $(f(x) \geq 0)$ 及直线 $x=a,x=b$ $(a<b)$ 与 x 轴所围成的曲边梯形面积 A 的定积分表达式为

$$A = \int_a^b f(x)\mathrm{d}x, \tag{1}$$

其中被积式 $f(x)\mathrm{d}x$ 为面积微元，它表示高为 $f(x)$，底为 $\mathrm{d}x$ 的矩形面积 (如图 5-9 所示).

例 1 求由曲线 $y=x^2$ 及直线 $x=0,x=1$ 与 x 轴所围成的平面图形的面积.

解 如图 5-10 所示，取 x 为积分变量，$x \in [0,1]$，由公式 (1)，得

$$A = \int_0^1 x^2 \mathrm{d}x = \frac{x^3}{3}\bigg|_0^1 = \frac{1}{3}.$$

(2) 由曲线 $x=\psi(y)$ ($\psi(y)\geqslant 0$) 及直线 $y=c,y=d$ ($c<d$) 与 y 轴所围成的曲边梯形面积(如图 5-11 所示)表示成定积分如下：

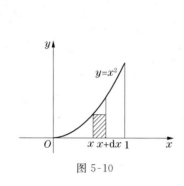

图 5-10

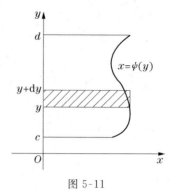

图 5-11

① 取 y 为积分变量,$y\in[c,d]$,在 $[c,d]$ 上任取一个小区间 $[y,y+\mathrm{d}y]$,相应于这个小区间的面积近似于 $\psi(y)\mathrm{d}y$,从而得到面积的微元

$$\mathrm{d}A=\psi(y)\mathrm{d}y.$$

② 以 $\psi(y)\mathrm{d}y$ 为被积式,在 $[c,d]$ 上做定积分,则

$$\int_c^d \psi(y)\mathrm{d}y. \tag{2}$$

例 2 求由曲线 $y=\mathrm{e}^x$ 及直线 $y=\mathrm{e}$ 与 y 轴所围成的平面图形的面积.

解 如图 5-12 所示,取 y 为积分变量,$y\in[1,\mathrm{e}]$,由公式(2),得

$$A=\int_1^{\mathrm{e}} \ln y\,\mathrm{d}y = y\ln y\Big|_1^{\mathrm{e}} - \int_1^{\mathrm{e}} y\,\mathrm{d}(\ln y)$$
$$= \mathrm{e}-y\Big|_1^{\mathrm{e}} = \mathrm{e}-(\mathrm{e}-1)=1.$$

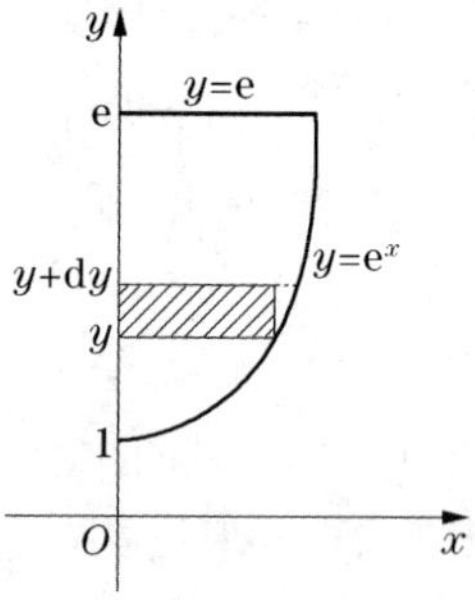

(3) 由曲线 $y=f(x),y=g(x)$ ($f(x)\geqslant g(x)$) 及直线 $x=a$, $x=b$ ($a<b$) 所围成的平面图形(如图 5-13 所示)的面积表示成定积分如下:在 $[a,b]$ 上任取一个小区间 $[x,x+\mathrm{d}x]$,相应于这个小区间的面积近似于 $[f(x)-g(x)]\mathrm{d}x$,从而得到面积微元.

图 5-12

$$\mathrm{d}A=[f(x)-g(x)]\mathrm{d}x,$$

所以

$$A=\int_a^b [f(x)-g(x)]\mathrm{d}x. \tag{3}$$

(4) 由曲线 $x=\psi(y),x=\varphi(y)$ ($\psi(y)\geqslant\varphi(y)$) 及直线 $y=c,y=d$ ($c<d$) 所围成的平面图形(如图 5-14 所示)的面积.

取 y 为积分变量,$y\in[c,d]$,表示成定积分:

$$A=\int_c^d [\psi(y)-\varphi(y)]\mathrm{d}y. \tag{4}$$

例 3 求曲线 $y=\mathrm{e}^x,y=\mathrm{e}^{-x}$ 与直线 $x=1$ 所围成的平面图形的面积.

解 如图 5-15 所示,曲线 $y=\mathrm{e}^x,y=\mathrm{e}^{-x}$ 与直线 $x=1$ 的交点分别为 $A(1,\mathrm{e}),B(1,\mathrm{e}^{-1})$. 取 x 为积分变量,$x\in[0,1]$,由公式(3),得

$$A = \int_0^1 (e^x - e^{-x})dx = (e^x + e^{-x})\Big|_0^1 = e + e^{-1} - 2.$$

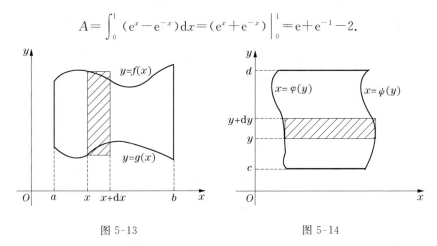

图 5-13　　　　　　　　　图 5-14

例 4　求由抛物线 $y^2 = 2x$ 及直线 $y = x - 4$ 所围成的平面图形的面积.

解　如图 5-16 所示,由方程组
$$\begin{cases} y^2 = 2x, \\ y = x - 4. \end{cases}$$
得交点 $A(8,4), B(2,-2)$. 由公式(4),得
$$A = \int_{-2}^{4}\left[(y+4) - \frac{y^2}{2}\right]dy = \left(\frac{1}{2}y^2 + 4y - \frac{1}{6}y^3\right)\Big|_{-2}^{4} = 18.$$

说明:例 4 中,如果选择 x 为积分变量,所求面积需要分块计算:
$$A = \int_0^2 \left[\sqrt{2x} - (-\sqrt{2x})\right]dx + \int_2^8 \left[\sqrt{2x} - (x-4)\right]dx.$$

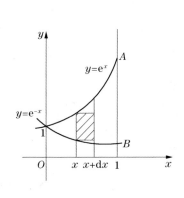
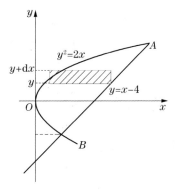

图 5-15　　　　　　　　　图 5-16

例 5　求由椭圆 $\dfrac{x^2}{a^2} + \dfrac{y^2}{b^2} = 1$ 所围成的图形的面积.

解　由对称性知,所围面积是第一象限部分的面积的 4 倍,取 x 为积分变量,$x \in [0, a]$ (如图 5-17 所示),由公式(1),得
$$A = 4\int_0^a \frac{b}{a}\sqrt{a^2 - x^2}\,dx = \pi ab.$$

特别地,当 $a = b = R$ 时,$A = \pi R^2$.

例 6 设游泳池的表面是由曲线 $y=\dfrac{800x}{(x^2+10)^2}$,$y=0.5x^2-4x$ 以及 $x=8$ 围成的图形(如图 5-18 所示),求此游泳池的表面面积.

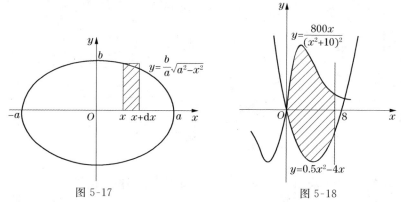

图 5-17　　　　　　　　　图 5-18

解 联立方程组

$$\begin{cases} y=\dfrac{800x}{(x^2+10)^2}, \\ y=0.5x^2-4x, \end{cases}$$

得两曲线的左交点 $(0,0)$. 取 x 的积分变量,$x\in[0,8]$,由公式(3),得

$$A=\int_0^8\left[\dfrac{800x}{(x^2+10)^2}-(0.5x^2-4x)\right]\mathrm{d}x=\left(-\dfrac{400x}{x^2+10}-\dfrac{1}{6}x^3+2x^2\right)\Big|_0^8=77.26.$$

三、旋转体的体积

一个平面图形绕平面上的一条直线(称为旋转轴)旋转一周而形成的几何体称为旋转体.例如,矩形绕它的一边旋转一周所得旋转体为圆柱体;直角三角形绕它的一直角边旋转一周所得旋转体为圆锥体;半圆形绕它的直径旋转一周所得旋转体为球体.下面来研究曲边梯形绕坐标轴旋转一周所得几何体的体积.

(1) 由曲线 $y=f(x)$ ($f(x)\geqslant 0$),直线 $x=a$,$x=b$ ($a<b$) 及 x 轴所围成的曲边梯形绕 x 轴旋转一周所形成的旋转体(如图 5-19 所示)的体积.

在 $[a,b]$ 上任取一个小区间 $[x,x+\mathrm{d}x]$,相应于这个小区间上的曲边梯形绕 x 轴旋转而成的薄片体积近似于以 $f(x)$ 为底面半径,$\mathrm{d}x$ 为高的扁圆柱体的体积,从而得到体积的微元 $\mathrm{d}V=\pi f^2(x)\mathrm{d}x$,在 $[a,b]$ 上做定积分,便得到旋转体的体积为:

$$V_x=\int_a^b\pi[f(x)]^2\mathrm{d}x=\pi\int_a^b[f(x)]^2\mathrm{d}x. \tag{1}$$

(2) 由曲线 $x=\varphi(y)$ ($y\in[c,d]$) 及直线 $y=c$,$y=d$ ($d>c$) 及 y 轴所围成的曲边梯形绕

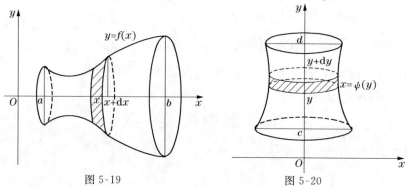

图 5-19　　　　　　　　　图 5-20

y 轴旋转一周所得旋转体(如图 5-20 所示)的体积为:

$$V_y = \pi \int_c^d [\psi(y)]^2 \, dy.$$

例 7 求由曲线 $y=x^2$,直线 $x=1$ 与 x 轴所围成的平面图形绕 x 轴旋转一周所得旋转体的体积.

解 如图 5-21 所示,取 x 为积分变量,$x \in [0,1]$,由公式(1),得

$$V_x = \pi \int_0^1 (x^2)^2 \, dx = \frac{\pi}{5} x^5 \Big|_0^1 = \frac{\pi}{5}.$$

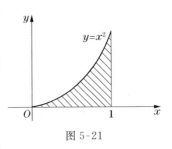

图 5-21

例 8 求由椭圆 $\dfrac{x^2}{a^2} + \dfrac{y^2}{b^2} = 1$ 分别绕 x,y 轴旋转一周所得旋转体的体积.

解 如图 5-17 所示,利用对称性.

绕 x 轴旋转一周所得旋转体的体积,由公式(1),得

$$V_x = 2\pi \int_0^a \frac{b^2}{a^2}(a^2 - x^2) \, dx = \frac{4}{3}\pi a b^2.$$

绕 y 轴旋转一周所得旋转体的体积,由公式(2),得

$$V_y = 2\pi \int_0^b \frac{a^2}{b^2}(b^2 - y^2) \, dy = \frac{4}{3}\pi a^2 b.$$

特别地,当 $a=b=R$ 时,得球体的体积 $V = \dfrac{4}{3}\pi R^3$.

例 9 求由曲线 $y=x^2$ 及直线 $y=x$ 所围成的平面图形分别绕 x,y 轴旋转一周所得旋转体的体积.

解 如图 5-22 所示.解方程组

$$\begin{cases} y = x, \\ y = x^2, \end{cases}$$

得交点 $A(1,1)$.绕 x 轴旋转取 x 为积分变量,$x \in [0,1]$,于是

$$\begin{aligned} V_x &= \pi \int_0^1 x^2 \, dx - \pi \int_0^1 (x^2)^2 \, dx \\ &= \pi \frac{x^3}{3} \Big|_0^1 - \pi \frac{x^5}{5} \Big|_0^1 = \frac{2}{15}\pi. \end{aligned}$$

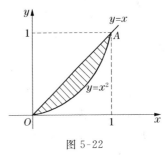

图 5-22

绕 y 轴旋转取 y 为积分变量,$y \in [0,1]$,于是

$$\begin{aligned} V_y &= \pi \int_0^1 (\sqrt{y})^2 \, dy - \pi \int_0^1 y^2 \, dy \\ &= \pi \frac{y^2}{2} \Big|_0^1 - \pi \frac{y^3}{3} \Big|_0^1 = \frac{\pi}{6}. \end{aligned}$$

例 10 某技术员用计算机设计一台机器的底座,它在第一象限的图形由 $y=8-x^3$,$y=2$ 以及 x 轴,y 轴围成,底座由此图形绕 y 轴旋转一周而成(如图 5-23 所示),试求此底座的体积.

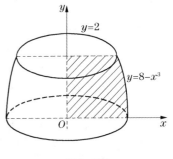

图 5-23

解 绕 y 轴旋转取 y 为积分变量,$y \in [0,2]$,由公式(2),

得
$$V = \pi \int_0^2 (8-y)^{\frac{2}{3}} dy = -\frac{3}{5}\pi(8-y)^{\frac{5}{3}}\Big|_0^2 \approx 7.313\pi.$$

习题 5.4

1. 求在区间 $\left[0, \frac{\pi}{2}\right]$ 上，由曲线 $y = \sin x$ 与直线 $x = \frac{\pi}{2}$, $y = 0$ 所围的平面图形的面积.
2. 求由抛物线 $y = x^2$ 与直线 $y = 2x$ 所围成的平面图形的面积.
3. 求由曲线 $y = 1 - e^x$, $y = 1 - e^{-x}$ 和直线 $x = 1$ 所围成的平面图形的面积.
4. 求由曲线 $y = x^3$ 与 $y = \sqrt[3]{x}$ 所围成的平面图形的面积.
5. 平面图形由曲线 $y = \sin x$ ($0 \leqslant x \leqslant \pi$) 和直线 $y = 0$ 围成，将该图形绕 x 轴旋转一周，求所得旋转体的体积.
6. 平面图形由 $y = 2x - x^2$ 和 $y = 0$ 围成，试求该图形分别绕 x 轴和 y 轴旋转一周所得旋转体的体积.

§5.5 定积分在物理上的应用

本节将介绍定积分的微元法在物理方面的一些应用.

一、变力做功

如图 5-24 所示，质量为 m 的物体 A，在力 F 的作用下，由 a 处移至 b 处，则由物理学知：
(1) 当力 F 为恒力时，力 F 对物体 A 所做的功 $W = F \cdot (b-a)$；
(2) 当力 F 为变量 $F(x)$ 时，由于在闭区间 $[a,b]$ 内的任一小区间 $[x, x+dx]$ 上，变力 $F(x)$ 可近似地看成恒力，可用 $F(x)$ 来代替，故在该小区间上，力 $F(x)$ 所做的功近似为 $dW = F(x)dx$，于是，物体 A 在变力 $F(x)$ 的作用下，由 a 处移至 b 处，变力 F 所做的功的微元为 $dW = F(x)dx$，在 $[a,b]$ 上做定积分，得

$$W = \int_a^b F(x) dx. \tag{1}$$

例1 由实验可知，弹簧在压缩过程中，压缩的量与产生的力成正比，即 $F = kx$ (N)（其中 k 为比例常数），求将弹簧由自然长度压缩 6cm 所做的功.

解 建立如图 5-25 所示坐标系，在 $[a,b]$ 上任取一小区间 $[x, x+dx]$，相应于这个小区间力 $F(x)$ 所做的功近似于 $kxdx$，从而得到功的微元 $dW = kxdx$，由公式(1)，得

$$W = \int_0^{0.06} kxdx = \frac{1}{2}kx^2 \Big|_0^{0.06} = 1.8 \times 10^{-3} k \text{ (J)}.$$

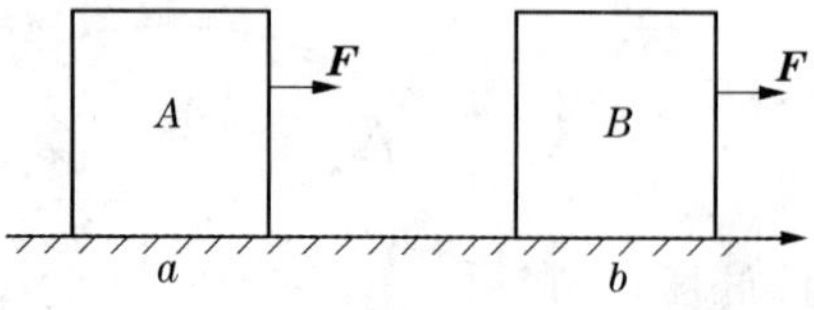

图 5-24

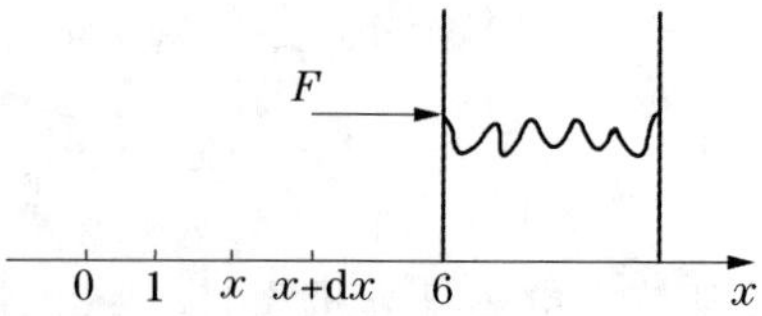

图 5-25

例2 长 10m 的铁索下垂于矿井中，已知铁索每米重 8kg，试问将此铁索由矿井全部提出地面，需做多少功？

解 在 $[0,10]$ 上任取一小区间 $[x, x+dx]$，位于该区间的铁索重 $8 \cdot dx$，该段小铁索被

提出地面所需做的功近似于$(10-x) \cdot 8g\mathrm{d}x$,于是得到功的微元 $\mathrm{d}W=8(10-x)g\mathrm{d}x$,由公式(1),得

$$W=\int_0^{10} 8(10-x)g\mathrm{d}x=g(80x-4x^2)\Big|_0^{10}=400g \text{ (J)}.$$

设有一容器,在选取坐标系后,可看作由曲线 $y=f(x)$ ($f(x)\geqslant 0$)及直线 $x=0,x=b$ ($b>0$)与 x 轴所围成的曲边梯形绕 x 轴旋转一周而成的旋转体.若将容器装满清水,求将容器中水全部抽出所需做的功.

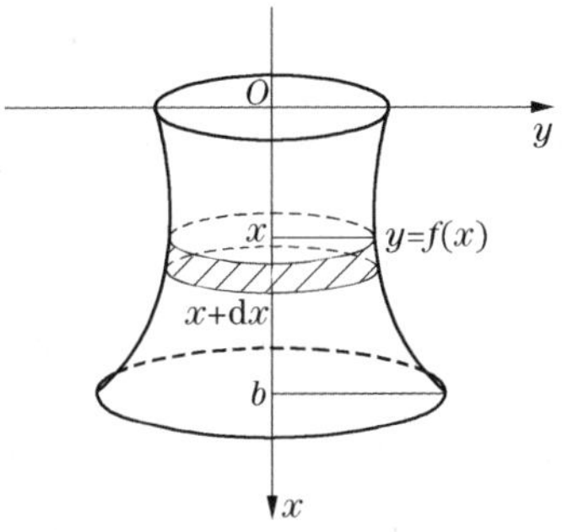

如图 5-26 所示,设液面到容器口面的距离为 x,当水不断抽出时,液面不断下降.设想将液体分成若干层,任取一层 $[x,x+\mathrm{d}x]$,那么这层水的体积近似于 $\pi f^2(x)\mathrm{d}x$,将这层水提出所做功近似于

$$1 \cdot \pi x f^2(x)\mathrm{d}x \quad (\rho=1 \text{ t/m}^3)$$

图 5-26

从而得到功的微元

$$\mathrm{d}W=\pi x f^2(x)\mathrm{d}x,$$

在 $[0,b]$ 上做定积分,得

$$W=\pi \int_0^b x f^2(x)\mathrm{d}x. \tag{2}$$

二、物体的质量

当物体的质量是均匀分布时,其长度为 l,线密度为 ρ 的物体的质量为 $M=l \cdot \rho$.

若物体的质量分布是不均匀时,再用上面的公式直接计算显然是不行的,应怎样计算物体的质量呢?

例 3 有一质量分布不均匀的细棒,其长度为 l m,在距离左端 x 处的线密度为 $\rho=\rho(x)$ (g/m),求细棒的质量.

解 如图 5-27 所示,选取 x 轴,在 $[x,x+\mathrm{d}x]$ 上物体的质量微元为

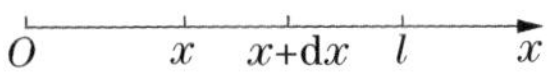

$$\mathrm{d}M=\rho(x)\mathrm{d}x.$$

图 5-27

于是细棒的总质量为

$$M=\int_0^l \rho(x)\mathrm{d}x.$$

若 $l=2$m, $\rho=30+20x$ (g/m)时,

$$M=\int_0^2 (30+20x)\mathrm{d}x=100 \text{ (g)}.$$

三、液体对平面薄板的压力

由物理学知,在密度为 ρ 的液体中,深度为 h 处的压强为 $p=\rho g h$,若一面积为 A 的薄板平行于液面且置于深为 h 的液体中,则薄板的压力 $P=\rho g h A$.若薄板垂直于液面置于液体中,则各点不同深度压强是不同的,下面来讨论其压力.

设有一平面薄片垂直于液面置于液体中,建立坐标系后,薄片可看作曲边梯形,由曲线 $y=f(x)$ 及直线 $x=a,x=b$ 与 x 轴所围成(如图 5-28 所示).

取深度 x 为积分变量，$x \in [a,b]$，任取一小区间 $[x, x+\mathrm{d}x]$，相应于这个小区间的面积近似于 $f(x)\mathrm{d}x$，液深为 x，压强为 $\rho g x$，从而这小块薄板的液压力近似于 $\rho g x f(x)\mathrm{d}x$，得压力微元

$$\mathrm{d}P = \rho g x f(x)\mathrm{d}x,$$

在 $[a,b]$ 上做定积分，得

$$P = \rho g \int_a^b x f(x)\mathrm{d}x.$$

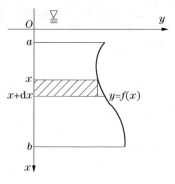

图 5-28

例 4 设有一等腰三角形闸门，垂直于水中，底边与水面相齐，已知闸门底边长为 a（单位：m），高为 h（单位：m），试求闸门的一侧所受到的水压力。

解 建立坐标系如图 5-29 所示，则 AB 边方程为：

$$y = \frac{a}{2}\left(1 - \frac{x}{h}\right).$$

取水深 x 为积分变量 $x \in [0,h]$，由公式(3)，得

$$\begin{aligned}
F &= \rho g \int_0^h 2x f(x)\mathrm{d}x \\
&= \rho g a \left(\frac{x^2}{2} - \frac{x^3}{3h}\right)\Big|_0^h \\
&= \frac{1}{6}\rho g a h^2 (\mathrm{N}) = \frac{1}{6} g a h^2 (\mathrm{kN}).
\end{aligned}$$

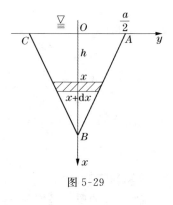

图 5-29

习题 5.5

1. 由胡克定律知道，弹簧的伸长与拉力成正比，已知一弹簧伸长 1cm 时，拉力为 1N，求把弹簧拉长 5cm 所做的功。

2. 将一根重 30kg，长为 6m，水平放置于地面的均匀木杆，垂直竖起，问需要做多少功？

3. 设有直径为 8m 的半球形水池，盛满清水，若将池中的水全部抽干，问至少需做多少功？

4. 一底边为 4m，高为 3m 的等腰三角形平板，垂直于液面置于水中，底边在上，平行于水面距水面 1cm，求该平板的一侧受到的水压力。

5. 某下水道的横截面是直径为 3m 的圆，水平铺设，下水道内水深 1.5m，求与下水道垂直的闸门所受到的水压力。

§5.6 定积分在经济上的应用

由某一经济函数的边际函数或变化率，求某个范围内的总量时，经常要用到定积分的知识。

一、已知总产量的变化率，求总产量

设某产品总产量的变化率为 $f(t)$，那么在时间 $t=a$ 到 $t=b$（$a<b$）时间段上的总产量为：

$$Q = \int_a^b f(t)\mathrm{d}t. \tag{1}$$

例1 设某产品总产量的变化率为 $f(t)=100+12t-0.6t^2$（单位:小时）,求从 $t=2$ 到 $t=4$ 这两小时的总产量.

解 由公式(1),得
$$Q=\int_2^4(100+12t-0.6t^2)\mathrm{d}x=(100t+6t^2-0.2t^3)\Big|_2^4$$
$$=260.8（单位）.$$

二、已知边际函数,求总量函数

1. 已知某产品的边际成本 $C'(q)$,固定成本 $C_0=C(0)$

那么总成本函数 $C(q)$ 为
$$C(q)=\int_0^q C'(x)\mathrm{d}x+C_0, \tag{2}$$

在区间 $[a,b]$ 上的总成本为
$$\Delta C=\int_a^b C'(q)\mathrm{d}q. \tag{3}$$

例2 设某产品的边际成本是产量 q 的函数 $C'(q)=4+2q$（万元/吨）,固定成本为 $C(0)=10$（万元）,求总成本函数以及产量由 10 吨增加到 20 吨总成本的增加量.

解 总成本函数为
$$C(q)=\int_0^q C'(x)\mathrm{d}x+C_0=\int_0^q(4+2x)\mathrm{d}x+10$$
$$=4q+q^2+10.$$

$q=10$ 吨到 $q=20$ 吨的总产量为
$$\int_{10}^{20}C'(q)\mathrm{d}q=\int_{10}^{20}(4+2q)\mathrm{d}q=(4q+q^2)\Big|_{10}^{20}=340（万元）.$$

2. 已知某产品的边际收入 $R'(q)$

那么总收入函数 $R(q)$ 为
$$R(q)=\int_0^q R'(x)\mathrm{d}x, \tag{4}$$

其中 $R(0)=0$,在区间 $[a,b]$ 上的总收入为
$$\Delta R=\int_a^b R'(q)\mathrm{d}q. \tag{5}$$

例3 设某产品的边际收入是产量 q 的函数 $R'(q)=80-q$（万元/吨）,求总收入函数 $R(q)$ 以及产量为 10 吨的总收入.

解 总收入函数为
$$R(q)=\int_0^q R'(x)\mathrm{d}x=\int_0^q(80-x)\mathrm{d}x=80q-\frac{q^2}{2}.$$

产量为 10 吨的总收入为
$$R(10)=80\times 10-\frac{10^2}{2}=750（万元）.$$

3. 已知某产品的边际利润 $L'(q)$

那么利润函数 $L(q)$ 为
$$L(q)=\int_0^q L'(x)\mathrm{d}x, \tag{6}$$

其中 $L(0)=0$,在区间 $[a,b]$ 上的利润为

$$\Delta L=\int_a^b L(q)\mathrm{d}q. \tag{7}$$

例 4 设某种商品每天生产 q 单位时固定成本为 20 元,边际成本为 $C'(q)=0.4q+2$(元/单位),求总成本函数 $C(q)$,如果这种商品规定销售单价为 18 元,且产品可以全部售出,求总利润函数 $L(q)$,并问每天生产多少单位时,才能获得最大利润?

解 总成本函数为

$$C(q)=\int_0^q C'(x)\mathrm{d}x+C_0=\int_0^q(0.4x+2)\mathrm{d}x+20$$
$$=0.2q^2+2q+20.$$

由题意知,收入函数为

$$R(q)=18q,$$

于是利润函数为

$$L(q)=R(q)-C(q)=18q-(0.2q^2+2q+20)$$
$$=-0.2q^2+16q-20.$$

令 $L'(q)=-0.4q+16=0$,得 $q=40$.
由问题的实际意义知,最大值一定存在,则每天生产 40 单位时,获得最大利润.

例 5 据统计,深圳 2002 年的年人均收入为 21914 元,假设这一人均收入以速度 $V(t)=600\cdot(1.05)^t$(单位:元/年)增长,这里 t 是从 2003 年开始算起的年数,估计 2009 年深圳的年人均收入是多少?

解 因为深圳年人均收入的速度 $V(t)=600\cdot(1.05)^t$ 增长,由变化率求总改变量的方法,得这 7 年间年人均收入的总变化为

$$R=\int_0^7 600\cdot(1.05)^t\mathrm{d}t=600\frac{(1.05)^t}{\ln 1.05}\Big|_0^7$$
$$\approx 5006.3（元）.$$

所以,2009 年深圳的年人均收入为

$$21914+5006.3=26920.3（元）.$$

习题 5.6

1. 设某产品生产总量的变化率为 $f(t)=\frac{324}{x^2}\mathrm{e}^{-\frac{9}{t}}$(单位:吨/日),求投产后从 $t=3$ 到 $t=30$ 这 27 天的总产量.

2. 某厂每批生产某产品 q 单位时,边际成本为 5 元/单位,边际收入为 $10-0.02q$(单位:元/单位),当生产 10 单位产品时总成本为 250 元,问每批生产多少单位产品时利润最大?并求出大利润.

3. 设某产品的边际成本是产量 q 的函数 $C'(q)=4+0.25q$(万元/吨),边际收入也是产量 q 的函数 $R'(q)=80-q$(万元/吨),求产量由 10 吨增加到 50 吨时,总成本与总收入各增加多少?

4. 已知生产某产品 q 单位时,总收入的变化率为 $R'(q)=200-\frac{q}{100}$ $(q\geqslant 0)$.
   (1) 求生产该产品 50 单位时的总收入;
   (2) 如果已经生产了 100 单位,求再生产 100 单位时,总收入增加量.

习 题 5

1. 选择题：

(1) 下列不等式成立的是( ).

A. $\int_0^{\frac{\pi}{2}} \sin x \, dx > \int_0^{\frac{\pi}{2}} \cos x \, dx$　　　　B. $\int_0^{\frac{\pi}{2}} \sin^2 x \, dx > \int_0^{\frac{\pi}{2}} \sin x \, dx$

C. $\int_0^{\pi} \sin x \, dx > \int_0^{\frac{\pi}{2}} \sin x \, dx$　　　　D. $\int_0^{\frac{\pi}{2}} \sin x \, dx > \int_0^{\pi} \sin x \, dx$

(2) 下列积分值为 0 的是( ).

A. $\int_{-1}^{1} (x^2 + x^3) \, dx$　　B. $\int_{-1}^{1} \frac{e^x + e^{-x}}{2} \, dx$　　C. $\int_{-1}^{1} \frac{e^x - e^{-x}}{2} \, dx$　　D. $\int_{-\pi}^{\pi} \cos x e^{\sin x} \, dx$

(3) 设 $f(x)$ 在 $[a,b]$ 上可积，则 $\int_a^b f(x) \, dx - \int_a^b f(t) \, dt$ 为( ).

A. 大于零　　　　B. 小于零　　　　C. 等于零　　　　D. 无法确定

(4) 下列广义积分中，收敛的是( ).

A. $\int_1^{+\infty} \frac{1}{\sqrt{x}} \, dx$　　B. $\int_1^{+\infty} \frac{1}{x^3} \, dx$　　C. $\int_1^{+\infty} \sqrt{x} \, dx$　　D. $\int_1^{+\infty} e^{2x} \, dx$

(5) 由 x 轴，y 轴及 $y = (x+1)^2$ 所围成平面图形的面积为定积分( ).

A. $\int_0^1 (x+1)^2 \, dx$　　B. $\int_1^0 (x+1)^2 \, dx$　　C. $\int_0^{-1} (x+1)^2 \, dx$　　D. $\int_{-1}^0 (x+1)^2 \, dx$

(6) 设函数 $f(x)$ 在 $[a,b]$ 上连续，则由曲线 $y = f(x)$ 与直线 $x = a, x = b \ (a < b), y = 0$ 所围成平面图形的面积为( ).

A. $\int_a^b f(x) \, dx$　　B. $\left| \int_a^b f(x) \, dx \right|$　　C. $\int_a^b |f(x)| \, dx$　　D. $f(\xi)(b-a), a < \xi < b$

(7) 由曲边梯形 $D: a \leq x \leq b, 0 \leq y \leq f(x)$ 绕 x 轴旋转一周所形成的旋转体的体积是( ).

A. $\int_a^b f^2(x) \, dx$　　B. $\int_b^a f^2(x) \, dx$　　C. $\int_a^b \pi f^2(x) \, dx$　　D. $\int_b^a \pi f^2(x) \, dx$

2. 填空题：

(1) 由曲线 $y = x^3$，直线 $y = 1$ 和 $x = 0$ 所围成的平面图形的面积为_____.

(2) 由 $y = \cos x$，在区间 $\left[-\frac{\pi}{2}, \frac{\pi}{2} \right]$ 上与 x 轴所围成的图形绕 x 轴旋转一周所得旋转体的体积为_____.

(3) 由曲线 $y = f(x), y = g(x) \ (f(x) \geq g(x))$ 及直线 $x = a, x = b \ (a < b)$ 所围成平面图形绕 x 轴旋转一周所得旋转体的体积为_____.

(4) 已知 1N 的力能使某弹簧拉长 1cm，若将弹簧拉长 5cm，则拉力所做的功为_____.

(5) 一质点做变速直线运动，在 $t = 1$ 到 $t = 2$(h)内的速度为 $v(t) = 2t + 1$(km/h)，则该质点在这段时间间隔的位移为_____.

(6) 设 $R'(x) = 100 - 4x$，若销量由 10 单位减少到 5 单位，则收入 R 的改变量是_____.

3. 求下列定积分：

(1) $\int_2^9 x^3 \, dx$;　　　　　　　　　　(2) $\int_0^1 (2^x + x^2) \, dx$;

(3) $\int_1^2 \left(x^2 + \frac{1}{x} \right) dx$;　　　　　　(4) $\int_0^a (3x^2 - x + 1) \, dx$;

(5) $\int_0^4 \sqrt{x}(1 + \sqrt{x}) \, dx$;　　　　　(6) $\int_0^1 e^{-x} \, dx$;

(7) $\int_{-3}^{-2} \dfrac{1}{1+x} dx$;

(8) $\int_{0}^{\frac{\pi}{2}} \sin^3 x \cos x \, dx$;

(9) $\int_{1}^{e} \dfrac{1+\ln x}{x} dx$;

(10) $\int_{0}^{1} \dfrac{1}{\sqrt{4-x^2}} dx$;

(11) $\int_{-1}^{1} \dfrac{2x-1}{x-2} dx$;

(12) $\int_{0}^{1} \dfrac{x}{\sqrt{x^2+1}} dx$;

(13) $\int_{0}^{4\pi} \sin \dfrac{x}{2} dx$;

(14) $\int_{-\frac{\pi}{2}}^{\frac{\pi}{2}} \sqrt{\cos x - \cos^3 x} \, dx$.

4. 求下列定积分:

(1) $\int_{\frac{3}{4}}^{1} \dfrac{1}{\sqrt{1-x}-1} dx$;

(2) $\int_{-1}^{1} \dfrac{x}{\sqrt{5-4x}} dx$;

(3) $\int_{4}^{9} \dfrac{\sqrt{x}}{\sqrt{x}-1} dx$;

(4) $\int_{0}^{\sqrt{2}} \sqrt{2-x^2} \, dx$;

(5) $\int_{0}^{1} \sqrt{(1-x^2)^3} \, dx$;

(6) $\int_{\frac{1}{2}}^{\frac{\sqrt{2}}{2}} \dfrac{\sqrt{1-x^2}}{x^2} dx$;

(7) $\int_{-\pi}^{\pi} x^3 \sin^2 x \, dx$;

(8) $\int_{-1}^{1} \dfrac{x \sin^2 x}{x^4+x^2+1} dx$;

(9) $\int_{-\frac{\pi}{2}}^{\frac{\pi}{2}} \cos^2 x \, dx$;

(10) $\int_{-\frac{\pi}{2}}^{\frac{\pi}{2}} (1+\sin^2 x) \, dx$.

5. 证明:

(1) 求证: $\int_{0}^{a} x^3 f(x^2) dx = \dfrac{1}{2} \int_{0}^{a^2} x f(x) dx$;

(2) 设 $f(x)$ 在 $[a,b]$ 上连续, 试证: $\int_{a}^{b} f(x) dx = \int_{a}^{b} f(a+b-x) dx$.

6. 求下列定积分:

(1) $\int_{0}^{1} x e^{-x} dx$;

(2) $\int_{1}^{e} (x-1) \ln x \, dx$;

(3) $\int_{1}^{e} x^2 \ln x \, dx$;

(4) $\int_{0}^{\frac{\pi}{2}} x^2 \sin x \, dx$;

(5) $\int_{0}^{1} x^2 e^{2x} dx$;

(6) $\int_{0}^{1} e^x \sin x \, dx$.

7. 判断下列广义积分是否收敛? 若收敛, 求其值.

(1) $\int_{1}^{+\infty} \dfrac{1}{\sqrt[3]{x^2}} dx$;

(2) $\int_{0}^{+\infty} e^{-x} dx$;

(3) $\int_{1}^{+\infty} \dfrac{1}{x(x+1)} dx$;

(4) $\int_{0}^{+\infty} \sin x \, dx$;

(5) $\int_{2}^{+\infty} \dfrac{1}{x \ln^2 x} dx$;

(6) $\int_{-\infty}^{+\infty} \dfrac{x}{1+x^2} dx$.

8. 求由下列各题曲线所围成图形的面积.

(1) $y=\dfrac{1}{x}$, $y=x$, $x=2$;

(2) $y=e^x (x \leqslant 0)$, $y=e^{-x} (x \geqslant 0)$, $x=-1$, $x=1$, $y=0$;

(3) $y=x^2$, $y=1$;

(4) $y=x^2$, $y=3x+4$;

(5) $y^2=2x$, $x-y=4$;

(6) $y=\dfrac{1}{2}x^2$, $x^2+y^2=8$.

9. 求下列旋转体的体积.

(1) 求由曲线 $y=x^2$ 与 $x=1, y=0$ 所围成图形分别绕 x 轴,y 轴旋转一周所形成的旋转体的体积;

(2) 求由曲线 $y=x^2$ 与 $y^2=x$ 围成的图形绕 x 轴旋转一周的旋转体的体积;

(3) 求 $x^2+(y-5)^2 \leqslant 16$ 绕 x 轴旋转一周的旋转体的体积.

10. 由胡克定律知,弹簧伸长量 s 与受力大小 F 成正比,即 $F=ks$(k 为比例数).如果把弹簧拉伸 6 单位,问力做多少功?

11. 一圆柱形的贮水桶高 5m,底圆半径为 3m,桶内盛满了水.试问要把桶内的水全部吸出需作多少功?

12. 半径为 r 的球沉入水中与水面相切,球的比重为 1,现将球从水中取出到水面,要做多少功?

13. 矩形水闸门,宽 20m,高 16m,水面与闸顶齐,求闸门上所受的总压力.

14. 一断面是半径为 3m 的圆水管,水平放置,水是半满的,求作用在闸门上的总压力.

15. 已知等腰三角形薄板,垂直地沉入水中,其底与水面齐.已知薄板的底为 $2b$,高为 h.(1) 计算薄板一侧所受的压力;(2) 如果翻转薄板,使得其顶点与水面齐,而底平行于水面,试问:水对薄板的压力增加多少倍?

16. 已知某种产品的边际成本为 $C'(q)=0.3q^2+2$(元/个).(1) 若固定成本 $C(0)=7.5$(元),求总成本函数;(2) 求产量从 10 到 15 个时总成本的增加量.

17. 已知生产某产品 q 个单位时收入 R 的变化率是 q 的函数 $R'(q)=300-\dfrac{q}{50}$.(1) 求生产前 200 个单位的收入;(2) 求产量从 300 单位到 500 个单位收入的增加量.

18. 某产品总成本 C(单位:万元)的变化率 $C'=6+\dfrac{q}{2}$(单位:万元/百台),收入 R(单位:万元)的变化率 $R'=12-q$(单位:万元/百台),求:

(1) 产量从 100 台增加到 300 台时,总成本与收入各增加多少?

(2) 产量为多少时,利润 $L(q)=R(q)-C(q)$ 最大?

(3) 固定成本 $C(0)=5$ 时,总成本、利润与产量的函数关系式.

第6章 线性代数

§6.1 行列式的概念

一、二阶、三阶行列式

在初等数学中,用加减消元法求解二元一次方程组

$$\begin{cases} a_{11}x_1 + a_{12}x_2 = b_1 \\ a_{21}x_1 + a_{22}x_2 = b_2, \end{cases} \tag{1}$$

其中 x_1, x_2 为未知量;$a_{11}, a_{12}, a_{21}, a_{22}$ 为未知量的系数,b_1, b_2 是常数项.

如果 $a_{11}a_{22} - a_{12}a_{21} \neq 0$,则由消元法可求出方程组(1)式的唯一解,即

$$x_1 = \frac{b_1 a_{22} - b_2 a_{12}}{a_{11}a_{22} - a_{12}a_{21}},$$
$$x_2 = \frac{b_2 a_{11} - b_1 a_{21}}{a_{11}a_{22} - a_{12}a_{21}}. \tag{2}$$

在(2)式中,两个分母均为 $a_{11}a_{22} - a_{12}a_{21}$,把它记为

$$\begin{vmatrix} a_{11} & a_{12} \\ a_{21} & a_{22} \end{vmatrix}, \tag{3}$$

(3)式就称为二阶行列式. $a_{11}a_{22} - a_{12}a_{21}$ 叫作二阶行列式(3)的展开式,即

$$\begin{vmatrix} a_{11} & a_{12} \\ a_{21} & a_{22} \end{vmatrix} = a_{11}a_{22} - a_{12}a_{21}, \tag{4}$$

其中,$a_{11}, a_{12}, a_{21}, a_{22}$ 叫作二阶行列式的元素,这四个元素排成两行两列,横排叫行,竖排叫列,$a_{ij}(i, j = 1, 2)$ 表示第 i 行 j 列上的元素.

同样,利用二阶行列式我们可以将(2)式中的分子写成行列式的形式,即

$$\begin{vmatrix} b_1 & a_{12} \\ b_2 & b_{22} \end{vmatrix} = b_1 a_{22} - b_2 a_{12},$$

$$\begin{vmatrix} a_{11} & b_1 \\ a_{21} & b_2 \end{vmatrix} = b_2 a_{11} - b_1 a_{21}.$$

于是,运用行列式的记号,线性方程组(1)的解可以表示为

$$x_1 = \frac{\begin{vmatrix} b_1 & a_{12} \\ b_2 & b_{22} \end{vmatrix}}{\begin{vmatrix} a_{11} & a_{12} \\ a_{21} & a_{22} \end{vmatrix}}, \quad x_2 = \frac{\begin{vmatrix} a_{11} & b_1 \\ a_{21} & b_2 \end{vmatrix}}{\begin{vmatrix} a_{11} & a_{12} \\ a_{21} & a_{22} \end{vmatrix}}.$$

若记

$$D = \begin{vmatrix} a_{11} & a_{12} \\ a_{21} & a_{22} \end{vmatrix}, \quad D_1 = \begin{vmatrix} b_1 & a_{12} \\ b_2 & a_{22} \end{vmatrix}, \quad D_2 = \begin{vmatrix} a_{11} & b_1 \\ a_{21} & b_2 \end{vmatrix}.$$

当系数行列式 $D \neq 0$ 时,则线性方程组(1)有唯一解

$$x_1 = \frac{D_1}{D}, \quad x_2 = \frac{D_2}{D}.$$

例1 解二元一次线性方程组 $\begin{cases} 14x_1 - 6x_2 = -1 \\ 3x_1 + 7x_2 = 6. \end{cases}$

解 $D = \begin{vmatrix} 14 & -6 \\ 3 & 7 \end{vmatrix} = 14 \times 7 - 3 \times (-6) = 116,$

$D_1 = \begin{vmatrix} -1 & -6 \\ 6 & 7 \end{vmatrix} = (-1) \times 7 - 6 \times (-6) = 29,$

$D_2 = \begin{vmatrix} 14 & -1 \\ 3 & 6 \end{vmatrix} = 14 \times 6 - 3 \times (-1) = 87.$

因为 $D = 116 \neq 0$,所以方程组有唯一解

$$x_1 = \frac{D_1}{D} = \frac{1}{4}, \quad x_2 = \frac{D_2}{D} = \frac{3}{4}.$$

设有三元线性方程组

$$\begin{cases} a_{11}x_1 + a_{12}x_2 + a_{13}x_3 = b_1 \\ a_{21}x_1 + a_{22}x_2 + a_{23}x_3 = b_2 \\ a_{31}x_1 + a_{32}x_2 + a_{33}x_3 = b_3. \end{cases} \tag{5}$$

和二元线性方程组相类似,也可以用消元法来解三元线性方程组(5).

当 $D = a_{11}a_{22}a_{33} + a_{12}a_{23}a_{31} + a_{13}a_{21}a_{32} - a_{11}a_{23}a_{32} - a_{12}a_{21}a_{33} - a_{13}a_{22}a_{31} \neq 0$ 时,方程组(5)有唯一解.

$x_1 = \frac{1}{D}(b_1 a_{22}a_{33} + b_3 a_{12}a_{23} + b_2 a_{13}a_{32} - b_1 a_{23}a_{32} - b_2 a_{12}a_{33} - b_3 a_{13}a_{22}),$

$x_2 = \frac{1}{D}(b_2 a_{11}a_{33} + b_1 a_{23}a_{31} + b_3 a_{13}a_{21} - b_3 a_{11}a_{23} - b_1 a_{21}a_{33} - b_2 a_{13}a_{31}),$

$x_3 = \frac{1}{D}(b_3 a_{11}a_{22} + b_2 a_{12}a_{31} + b_1 a_{21}a_{32} - b_1 a_{22}a_{31} - b_2 a_{11}a_{32} - b_3 a_{12}a_{21}).$

同样,为了便于记忆,我们引入三阶行列式的定义.

我们把九个数排成三行三列,并加两条竖线,即

$$\begin{vmatrix} a_{11} & a_{12} & a_{13} \\ a_{21} & a_{22} & a_{23} \\ a_{31} & a_{32} & a_{33} \end{vmatrix} \tag{6}$$

规定它表示:

$$a_{11}a_{22}a_{33} + a_{12}a_{23}a_{31} + a_{13}a_{21}a_{32} - a_{11}a_{23}a_{32} - a_{12}a_{21}a_{33} - a_{13}a_{22}a_{31}.$$

这时,(6)式称为三阶行列式.

可以应用对角线法则来求三阶行列式的值.

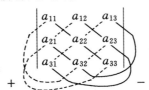

显然,三阶行列式是实线上三个元素的乘积再加上正号;虚线上三个元素的乘积再加上负号的和.

我们称
$$D=\begin{vmatrix} a_{11} & a_{12} & a_{13} \\ a_{21} & a_{22} & a_{23} \\ a_{31} & a_{32} & a_{33} \end{vmatrix}$$

为线性方程组(5)的系数行列式.以常数项 b_1,b_2,b_3 分别代替系数行列式 D 中的 x_1,x_2,x_3 的系数,得到的行列式依次记为 D_1,D_2,D_3,即

$$D_1=\begin{vmatrix} b_1 & a_{12} & a_{13} \\ b_2 & a_{22} & a_{23} \\ b_3 & a_{32} & a_{33} \end{vmatrix}$$

$$=b_1a_{22}a_{33}+b_2a_{32}a_{13}+b_3a_{23}a_{12}-b_1a_{32}a_{23}-b_2a_{12}a_{33}-b_3a_{22}a_{13},$$

$$D_2=\begin{vmatrix} a_{11} & b_1 & a_{13} \\ a_{21} & b_2 & a_{23} \\ a_{31} & b_3 & a_{33} \end{vmatrix}$$

$$=b_1a_{23}a_{31}+b_2a_{11}a_{33}+b_3a_{21}a_{13}-b_1a_{21}a_{33}-b_2a_{13}a_{31}-b_3a_{23}a_{11},$$

$$D_3=\begin{vmatrix} a_{11} & a_{12} & b_1 \\ a_{21} & a_{22} & b_2 \\ a_{31} & a_{32} & b_3 \end{vmatrix}$$

$$=b_1a_{21}a_{32}+b_2a_{12}a_{31}+b_3a_{11}a_{22}-b_1a_{22}a_{31}-b_2a_{11}a_{32}-b_3a_{21}a_{12}.$$

于是,当 $D\ne 0$ 时,三元线性方程组(5)有唯一解,即

$$x_1=\frac{D_1}{D},\quad x_2=\frac{D_2}{D},\quad x_3=\frac{D_3}{D}.$$

例 2 解三元线性方程组 $\begin{cases} 2x_1+3x_2-5x_3=3 \\ x_1-2x_2+x_3=0 \\ 3x_1+x_2+3x_3=7. \end{cases}$

解

$$D=\begin{vmatrix} 2 & 3 & -5 \\ 1 & -2 & 1 \\ 3 & 1 & 3 \end{vmatrix}=-49,\quad D_1=\begin{vmatrix} 3 & 3 & -5 \\ 0 & -2 & 1 \\ 7 & 1 & 3 \end{vmatrix}=-70,$$

$$D_2=\begin{vmatrix} 2 & 3 & -5 \\ 1 & 0 & 1 \\ 3 & 7 & 3 \end{vmatrix}=-49,\quad D_3=\begin{vmatrix} 2 & 3 & 3 \\ 1 & -2 & 0 \\ 3 & 1 & 7 \end{vmatrix}=-28.$$

因为 $D=-49\ne 0$,所以方程组有唯一解,即

$$x_1=\frac{D_1}{D}=\frac{10}{7},\quad x_2=\frac{D_2}{D}=1,\quad x_3=\frac{D_3}{D}=\frac{4}{7}.$$

二、n 阶行列式

由二阶、三阶行列式的定义可以得到下面的等式.

$$\begin{vmatrix} a_{11} & a_{12} & a_{13} \\ a_{21} & a_{22} & a_{23} \\ a_{31} & a_{32} & a_{33} \end{vmatrix} = a_{11}\begin{vmatrix} a_{22} & a_{23} \\ a_{32} & a_{33} \end{vmatrix} - a_{12}\begin{vmatrix} a_{21} & a_{23} \\ a_{31} & a_{33} \end{vmatrix} + a_{13}\begin{vmatrix} a_{21} & a_{22} \\ a_{31} & a_{32} \end{vmatrix}. \tag{7}$$

这可看作三阶行列式的又一定义.即三阶行列式是它的第一行三个元素分别与其对应的一个二阶行列式相乘积的代数和:与 a_{11} 相乘的二阶行列式正好是把原三阶行列式中 a_{11} 所在的行与列划去后余下的一个行列式;与 a_{12} 相乘的二阶行列式正好是把原三阶行列式中 a_{12} 所在的行与列划去后余下的一个二阶行列式;与 a_{13} 相乘的二阶行列式正好是把原三阶行列式中 a_{13} 所在的行与列划去后余下的一个二阶行列式,其符号由 $(-1)^{i+j}$ 决定.

由(5)式可知,三阶行列式可以用行列式中第一行每个元素乘以一个相应的低一阶的行列式的代数和来定义.根据这一原则,我们可以定义四阶行列式为

$$\begin{vmatrix} a_{11} & a_{12} & a_{13} & a_{14} \\ a_{21} & a_{22} & a_{23} & a_{24} \\ a_{31} & a_{32} & a_{33} & a_{34} \\ a_{41} & a_{42} & a_{43} & a_{44} \end{vmatrix} = a_{11}\begin{vmatrix} a_{22} & a_{23} & a_{24} \\ a_{32} & a_{33} & a_{34} \\ a_{42} & a_{43} & a_{44} \end{vmatrix} - a_{12}\begin{vmatrix} a_{21} & a_{23} & a_{24} \\ a_{31} & a_{33} & a_{34} \\ a_{41} & a_{43} & a_{44} \end{vmatrix}$$

$$+ a_{13}\begin{vmatrix} a_{21} & a_{22} & a_{24} \\ a_{32} & a_{32} & a_{34} \\ a_{41} & a_{42} & a_{44} \end{vmatrix} - a_{14}\begin{vmatrix} a_{21} & a_{22} & a_{23} \\ a_{31} & a_{32} & a_{33} \\ a_{41} & a_{42} & a_{43} \end{vmatrix}.$$

由此类推,可以得到 n 阶行列式的递归定义.

定义 1 设 $n-1$ 阶行列式已经定义,则 n 阶行列式定义为

$$\begin{vmatrix} a_{11} & a_{12} & \cdots & a_{1n} \\ a_{21} & a_{22} & \cdots & a_{2n} \\ \vdots & \vdots & & \vdots \\ a_{n1} & a_{n2} & \cdots & a_{nn} \end{vmatrix} = a_{11}\begin{vmatrix} a_{22} & a_{23} & \cdots & a_{2n} \\ a_{32} & a_{33} & \cdots & a_{3n} \\ \vdots & \vdots & & \vdots \\ a_{n2} & a_{n3} & \cdots & a_{nn} \end{vmatrix} - a_{12}\begin{vmatrix} a_{21} & a_{23} & \cdots & a_{2n} \\ a_{31} & a_{33} & \cdots & a_{3n} \\ \vdots & \vdots & & \vdots \\ a_{n1} & a_{n3} & \cdots & a_{nn} \end{vmatrix}$$

$$+ \cdots + (-1)^{1+n}a_{1n}\begin{vmatrix} a_{21} & a_{22} & \cdots & a_{2\,n-1} \\ a_{31} & a_{32} & \cdots & a_{3\,n-1} \\ \vdots & \vdots & & \vdots \\ a_{n1} & a_{n2} & \cdots & a_{n\,n-1} \end{vmatrix}$$

$$= \sum_{j=1}^{n}(-1)^{1+j}a_{1j}\begin{vmatrix} a_{21} & \cdots & a_{2\,j-1} & a_{2\,j+1} & \cdots & a_{2n} \\ a_{31} & \cdots & a_{3\,j-1} & a_{3\,j+1} & \cdots & a_{3n} \\ \vdots & & \vdots & \vdots & & \vdots \\ a_{n1} & \cdots & a_{n\,j-1} & a_{n\,j+1} & \cdots & a_{nn} \end{vmatrix}. \tag{8}$$

n 阶行列式有 n 行 n 列,共 n^2 个元素.元素 $a_{11},a_{22},\cdots,a_{nn}$ 所在的直线称为行列式的主对角线.

根据 n 阶行列式的递归定义可知,n 阶行列式是一个数.

用对角线法则来计算行列式,仅适用于二阶、三阶行列式,而不适用于四阶及四阶以上的行列式.

三、余子式和代数余子式

定义 2 在 n 阶行列式 $\begin{vmatrix} a_{11} & a_{12} & \cdots & a_{1n} \\ a_{21} & a_{22} & \cdots & a_{2n} \\ \vdots & \vdots & & \vdots \\ a_{n1} & a_{n2} & \cdots & a_{nn} \end{vmatrix}$ 中,把行列式中某一元素 a_{ij} 所在第 i 行和第 j 列的元素划去后,剩下的元素按原次序排列所组成的行列式,称为原行列式中元素 a_{ij} 的余子式,记作 M_{ij}. a_{ij} 的余子式乘上 $(-1)^{i+j}$ 称为 a_{ij} 的代数余子式,记作 $A_{ij}=(-1)^{i+j}M_{ij}$.

例如,在三阶行列式

$$D=\begin{vmatrix} a_{11} & a_{12} & a_{13} \\ a_{21} & a_{22} & a_{23} \\ a_{31} & a_{32} & a_{33} \end{vmatrix}$$

中,元素 a_{13} 的余子式

$$M_{13}=\begin{vmatrix} a_{21} & a_{22} \\ a_{31} & a_{32} \end{vmatrix},$$

而代数余子式为

$$A_{13}=(-1)^{1+3}\begin{vmatrix} a_{21} & a_{22} \\ a_{31} & a_{32} \end{vmatrix}=\begin{vmatrix} a_{21} & a_{22} \\ a_{31} & a_{32} \end{vmatrix}.$$

根据代数余子式的定义,三阶行列式可记为

$$\begin{vmatrix} a_{11} & a_{12} & a_{13} \\ a_{21} & a_{22} & a_{23} \\ a_{31} & a_{32} & a_{33} \end{vmatrix}=a_{11}A_{11}+a_{12}A_{12}+a_{13}A_{13}=\sum_{j=1}^{3}a_{1j}A_{1j}.$$

n 阶行列式可记为

$$D=\begin{vmatrix} a_{11} & a_{12} & \cdots & a_{1n} \\ a_{21} & a_{22} & \cdots & a_{2n} \\ \vdots & \vdots & & \vdots \\ a_{n1} & a_{n2} & \cdots & a_{nn} \end{vmatrix}=a_{11}A_{11}+a_{12}A_{12}+\cdots+a_{1n}A_{1n}$$

$$=\sum_{j=1}^{n}a_{1j}A_{1j}. \tag{9}$$

由此可知,n 阶行列式等于它的第一行各元素与其代数余子乘积的和.

例 3 计算四阶行列式 $D=\begin{vmatrix} 0 & 0 & 3 & -4 \\ 1 & 2 & 3 & 4 \\ 0 & 0 & -4 & 4 \\ 0 & 1 & 1 & -3 \end{vmatrix}$.

解 按第一行展开

$$D=0\times(-1)^{1+1}\begin{vmatrix} 2 & 3 & 4 \\ 0 & -4 & 4 \\ 1 & 1 & -3 \end{vmatrix}+0\times(-1)^{1+2}\begin{vmatrix} 1 & 3 & 4 \\ 0 & -4 & 4 \\ 0 & 1 & -3 \end{vmatrix}$$

$$+3\times(-1)^{1+3}\begin{vmatrix}1&2&4\\0&0&4\\0&1&-3\end{vmatrix}+(-4)\times(-1)^{1+4}\begin{vmatrix}1&2&3\\0&0&-4\\0&1&1\end{vmatrix}$$

$$=3\times\begin{vmatrix}1&2&4\\0&0&4\\0&1&-3\end{vmatrix}+4\times\begin{vmatrix}1&2&3\\0&0&-4\\0&1&1\end{vmatrix}=4.$$

例 4 主对角线上(下)方的元素均为零的行列式称为下(上)三角形行列式,试计算 n 阶下三角形行列式

$$D=\begin{vmatrix}a_{11}&0&\cdots&0\\a_{21}&a_{22}&\cdots&0\\\vdots&\vdots&&\vdots\\a_{n1}&a_{n2}&\cdots&a_{nn}\end{vmatrix}.$$

解 根据 n 阶行列式的定义有

$$D=a_{11}\begin{vmatrix}a_{22}&0&\cdots&0\\a_{32}&a_{33}&\cdots&0\\\vdots&\vdots&&\vdots\\a_{n2}&a_{n3}&\cdots&a_{nn}\end{vmatrix}=a_{11}a_{22}\begin{vmatrix}a_{33}&\cdots&0\\\vdots&&\vdots\\a_{n3}&\cdots&a_{nn}\end{vmatrix}$$

$$=a_{11}a_{22}\cdots a_{nn}.$$

习题 6.1

1. 计算下列行列式:

(1) $\begin{vmatrix}5&2\\7&3\end{vmatrix}$; (2) $\begin{vmatrix}a&a^2\\b&ab\end{vmatrix}$; (3) $\begin{vmatrix}0&1&-3\\-1&0&2\\3&-2&0\end{vmatrix}$.

2. 求下列行列式的第二行、第三列元素的代数余子式 A_{23}:

(1) $\begin{vmatrix}1&2&0\\4&-3&8\\0&-1&2\end{vmatrix}$; (2) $\begin{vmatrix}1&2&3&-1\\4&-1&0&1\\0&2&2&-1\\5&0&4&3\end{vmatrix}$.

3. 计算下列行列式:

(1) $\begin{vmatrix}1&3&5\\-1&4&1\\2&-2&6\end{vmatrix}$; (2) $\begin{vmatrix}1&4&2\\2&5&1\\2&1&6\end{vmatrix}$; (3) $\begin{vmatrix}1&0&-1&0\\0&2&4&-2\\1&3&5&0\\-2&1&0&6\end{vmatrix}$.

4. 设

$$D_4=\begin{vmatrix}1&0&2&1\\2&0&1&0\\3&1&4&5\\1&0&0&0\end{vmatrix}.$$

(1) 由定义计算 D_4;

(2) 计算 $a_{21}A_{21}+a_{22}A_{22}+a_{23}A_{23}+a_{24}A_{24}$,即按第二行展开;

(3) 计算 $a_{31}A_{31}+a_{32}A_{32}+a_{33}A_{33}+a_{34}A_{34}$,即按第三行展开;

(4) 计算 $a_{41}A_{41}+a_{42}A_{42}+a_{43}A_{43}+a_{44}A_{44}$,即按第四行展开.

§6.2 行列式的性质

为了进一步讨论 n 阶行列式,简化 n 阶行列式的计算,下面引入 n 阶行列式的基本性质.我们将不加证明,以三阶行列式为例给出行列式的基本性质.

性质 1 把行列式的各行变为相应的列,所得到的行列式与原行列式相等,即

$$D=\begin{vmatrix} a_{11} & a_{12} & a_{13} \\ a_{21} & a_{22} & a_{23} \\ a_{31} & a_{32} & a_{33} \end{vmatrix}=\begin{vmatrix} a_{11} & a_{21} & a_{31} \\ a_{12} & a_{22} & a_{32} \\ a_{13} & a_{23} & a_{33} \end{vmatrix}=D^{T}.$$

由性质 1 和 n 阶下三角形行列式的结论,可以得到 n 阶上三角形行列式的值等于它的对角线元素乘积,即

$$\begin{vmatrix} a_{11} & a_{12} & \cdots & a_{1n} \\ 0 & a_{22} & \cdots & a_{2n} \\ \vdots & \vdots & & \vdots \\ 0 & 0 & \cdots & a_{nn} \end{vmatrix}=a_{11}a_{22}\cdots a_{nn}.$$

因此,三角形行列式的值等于它的对角线元素的乘积.

性质 2 把行列式的某一行(列)的所有元素均乘以一个因子时,所得行列式等于用这个因子与原行列式相乘,即

$$\begin{vmatrix} a_{11} & a_{12} & a_{13} \\ ka_{21} & ka_{22} & ka_{23} \\ a_{31} & a_{32} & a_{33} \end{vmatrix}=k\begin{vmatrix} a_{11} & a_{12} & a_{13} \\ a_{21} & a_{22} & a_{23} \\ a_{31} & a_{32} & a_{33} \end{vmatrix}.$$

推论 1 行列式的某一行(列)中各元素有公因子 k 时,可以把公因子 k 提到行列式的外面.

推论 2 若行列式有一行(列)的元素均为零,则这个行列式的值也为零.

性质 3 把行列式的两行(列)对调,所得行列式与原行列式的绝对值相等,但符号相反,即

$$\begin{vmatrix} a_{11} & a_{12} & a_{13} \\ a_{21} & a_{22} & a_{23} \\ a_{31} & a_{32} & a_{33} \end{vmatrix}=-\begin{vmatrix} a_{31} & a_{32} & a_{33} \\ a_{21} & a_{22} & a_{23} \\ a_{11} & a_{12} & a_{13} \end{vmatrix}.$$

推论 3 如果行列式某两行(列)的对应成比例,那么行列式等于零.

性质 4 如果行列式的某一行(列)的元素是两项之和,那么这个行列式等于相应的两个行列式之和,即

$$\begin{vmatrix} a_{11}+b_{11} & a_{12}+b_{12} & a_{13}+b_{13} \\ a_{21} & a_{22} & a_{23} \\ a_{31} & a_{32} & a_{33} \end{vmatrix}=\begin{vmatrix} a_{11} & a_{12} & a_{13} \\ a_{21} & a_{22} & a_{23} \\ a_{31} & a_{32} & a_{33} \end{vmatrix}+\begin{vmatrix} b_{11} & b_{12} & b_{13} \\ a_{21} & a_{22} & a_{23} \\ a_{31} & a_{32} & a_{33} \end{vmatrix}.$$

性质5 把行列式某一行(列)的所有元素同乘以一个数 k,分别加到另一行(列)的对应元素上去,其值不变,即

$$\begin{vmatrix} a_{11} & a_{12} & a_{13} \\ a_{21} & a_{22} & a_{23} \\ a_{31} & a_{32} & a_{33} \end{vmatrix} = \begin{vmatrix} a_{11} & a_{12} & a_{13} \\ a_{21}+ka_{11} & a_{22}+ka_{12} & a_{23}+ka_{13} \\ a_{31} & a_{32} & a_{33} \end{vmatrix}.$$

以上各性质,同样适用于 n 阶行列式.应用行列式的性质进行计算可以减少许多复杂的运算过程.

例1 计算下列行列式的值.

(1) $D = \begin{vmatrix} 3 & 1 & 1 \\ 297 & 101 & 99 \\ 5 & -3 & 2 \end{vmatrix}$; (2) $D = \begin{vmatrix} a & b & c \\ a & a+b & a+b+c \\ a & 2a+b & 3a+2b+c \end{vmatrix}$.

解

(1) $D = \begin{vmatrix} 3 & 1 & 1 \\ 300-3 & 100+1 & 100-1 \\ 5 & -3 & 2 \end{vmatrix}$

$= \begin{vmatrix} 3 & 1 & 1 \\ 300 & 100 & 100 \\ 5 & -3 & 2 \end{vmatrix} + \begin{vmatrix} 3 & 1 & 1 \\ -3 & 1 & -1 \\ 5 & -3 & 2 \end{vmatrix}$

$= \begin{vmatrix} 3 & 1 & 1 \\ -3 & 1 & -1 \\ 5 & -3 & 2 \end{vmatrix} \xlongequal{r_2+r_1} \begin{vmatrix} 3 & 1 & 1 \\ 0 & 2 & 0 \\ 5 & -3 & 2 \end{vmatrix}$

$= 2 \begin{vmatrix} 3 & 1 \\ 5 & 2 \end{vmatrix} = 2.$

(2) 从第三行开始,用后一行减去前一行,得

$$D = \begin{vmatrix} a & b & c \\ 0 & a & a+b \\ 0 & a & 2a+b \end{vmatrix} = \begin{vmatrix} a & b & c \\ 0 & a & a+b \\ 0 & 0 & a \end{vmatrix} = a^3.$$

例2 计算

$$D = \begin{vmatrix} 2 & -4 & 10 & 0 \\ -2 & 3 & -8 & -1 \\ 3 & 1 & -2 & 4 \\ 1 & 4 & 2 & -5 \end{vmatrix}.$$

解 将行列式化成上三角形行列式求解.

$$D = 2 \times \begin{vmatrix} 1 & -2 & 5 & 0 \\ -2 & 3 & -8 & -1 \\ 3 & 1 & -2 & 4 \\ 1 & 4 & 2 & -5 \end{vmatrix} \xlongequal[\substack{r_3+(-3)r_1 \\ r_4+(-1)r_1}]{r_2+2r_1} 2 \times \begin{vmatrix} 1 & -2 & 5 & 0 \\ 0 & -1 & 2 & -1 \\ 0 & 7 & -17 & 4 \\ 0 & 6 & -3 & -5 \end{vmatrix}$$

$$\xrightarrow[r_4+6r_2]{r_3+7r_2} 2\times \begin{vmatrix} 1 & -2 & 5 & 0 \\ 0 & -1 & 2 & -1 \\ 0 & 0 & -3 & -3 \\ 0 & 0 & 9 & -11 \end{vmatrix} \xrightarrow{r_4+3r_3} 2\times \begin{vmatrix} 1 & -2 & 5 & 0 \\ 0 & -1 & 2 & -1 \\ 0 & 0 & -3 & -3 \\ 0 & 0 & 0 & -20 \end{vmatrix}$$

$$=-120.$$

按一行(列)展开行列式.

在 n 阶行列式的定义中,是将行列式按第一行展开的,即
$$D=a_{11}A_{11}+a_{12}A_{12}+\cdots+a_{1n}A_{1n}.$$

事实上,利用行列式的性质,行列式 D 也可以按任何一行(列)展开,其结果可表述为如下定理.

定理 1 n 阶行列式 $D=\begin{vmatrix} a_{11} & a_{12} & \cdots & a_{1n} \\ a_{21} & a_{22} & \cdots & a_{2n} \\ \vdots & \vdots & & \vdots \\ a_{n1} & a_{n2} & \cdots & a_{nn} \end{vmatrix}$ 等于它的任意一行(列)的各元素与其对应的代数余子式乘积之和,即

$$D=a_{i1}A_{i1}+a_{i2}A_{i2}+\cdots+a_{in}A_{in} \quad (i=1,2,\cdots,n),$$

或

$$D=a_{1j}A_{1j}+a_{2j}A_{2j}+\cdots+a_{nj}A_{nj} \quad (j=1,2,\cdots,n).$$

根据定理1,一个 n 阶行列式不仅可以根据其定义按第一行展开,也可以按任意一行(列)展开计算.

例 3 计算四阶行列式
$$D=\begin{vmatrix} 6 & 0 & 8 & 0 \\ 5 & -1 & 3 & -2 \\ 0 & 2 & 0 & 0 \\ 1 & 0 & 4 & -3 \end{vmatrix}.$$

解 按第三行展开为
$$D=0\times A_{31}+2\times A_{32}+0\times A_{33}+0\times A_{34}$$

$$=2\times(-1)^{3+2}\begin{vmatrix} 6 & 8 & 0 \\ 5 & 3 & -2 \\ 1 & 4 & -3 \end{vmatrix}=-196.$$

现在讨论方程个数与未知量个数相等的线性方程组的求解问题.

设 n 元线性方程组的形式为

$$\begin{cases} a_{11}x_1+a_{12}x_2+\cdots+a_{1n}x_n=b_1 \\ a_{21}x_1+a_{22}x_2+\cdots+a_{2n}x_n=b_2 \\ \cdots\cdots\cdots\cdots\cdots\cdots\cdots\cdots \\ a_{n1}x_1+a_{n2}x_2+\cdots+a_{nn}x_n=b_n, \end{cases} \tag{10}$$

其中 $a_{ij}(i,j=1,2,\cdots,n)$ 是方程组(10)的系数,$b_i(i=1,2,\cdots,n)$ 是常数项.

对于 n 元线性方程组(10)的求解公式有如下定理.

定理 2（克莱姆法则）　如果 n 元线性方程组(10)的系数行列式

$$D=\begin{vmatrix} a_{11} & a_{12} & \cdots & a_{1n} \\ a_{21} & a_{22} & \cdots & a_{2n} \\ \vdots & \vdots & & \vdots \\ a_{n1} & a_{n2} & \cdots & a_{nn} \end{vmatrix} \neq 0, \tag{11}$$

则方程组(10)有且仅有一组解：

$$x_1=\frac{D_1}{D}, \quad x_2=\frac{D_2}{D}, \quad \cdots, \quad x_n=\frac{D_n}{D}.$$

其中 $D_j(j=1,2,\cdots,n)$ 是 D 中第 j 列各元素换成对应的常数项 $b_1,b_2,\cdots,b_n$，而其余各项不变所得的行列式，即

$$D_j=\begin{vmatrix} a_{11} & \cdots & a_{1\,j-1} & b_1 & a_{1\,j+1} & \cdots & a_{1n} \\ a_{21} & \cdots & a_{2\,j-1} & b_2 & a_{2\,j+1} & \cdots & a_{2n} \\ \vdots & & \vdots & \vdots & \vdots & & \vdots \\ a_{n1} & \cdots & a_{n\,j-1} & b_n & a_{n\,j+1} & \cdots & a_{nn} \end{vmatrix}, \quad (j=1,2,\cdots,n).$$

例 4　解线性方程组 $\begin{cases} 3x_1+2x_2+4x_3-x_4=13 \\ 5x_1+x_2-x_3+2x_4=9 \\ 2x_1+3x_2-7x_3+3x_4=14 \\ 4x_1-4x_2+3x_3-5x_4=4. \end{cases}$

解　方程组的系数行列式为

$$D=\begin{vmatrix} 3 & 2 & 4 & -1 \\ 5 & 1 & -1 & 2 \\ 2 & 3 & -7 & 3 \\ 4 & -4 & 3 & -5 \end{vmatrix}=-638\neq 0.$$

根据克莱姆法则，方程组有唯一解，由于

$$D_1=\begin{vmatrix} 13 & 2 & 4 & -1 \\ 9 & 1 & -1 & 2 \\ 14 & 3 & -7 & 3 \\ 4 & -4 & 3 & -5 \end{vmatrix}=-1276; \quad D_2=\begin{vmatrix} 3 & 13 & 4 & -1 \\ 5 & 9 & -1 & 2 \\ 2 & 14 & -7 & 3 \\ 4 & 4 & 3 & -5 \end{vmatrix}=-2552;$$

$$D_3=\begin{vmatrix} 3 & 2 & 13 & -1 \\ 5 & 1 & 9 & 2 \\ 2 & 3 & 14 & 3 \\ 4 & -4 & 4 & -5 \end{vmatrix}=638; \quad D_4=\begin{vmatrix} 3 & 2 & 4 & 13 \\ 5 & 1 & -1 & 9 \\ 2 & 3 & -7 & 14 \\ 4 & -4 & 3 & 4 \end{vmatrix}=1914.$$

所以，此方程组的解为

$$x_1=\frac{D_1}{D}=2, \quad x_2=\frac{D_2}{D}=4, \quad x_3=\frac{D_3}{D}=-1, \quad x_4=\frac{D_4}{D}=-3.$$

如果 n 元线性方程组(10)的常数项全部都等于零，即

$$\begin{cases} a_{11}x_1 + a_{12}x_2 + \cdots + a_{1n}x_n = 0 \\ a_{21}x_1 + a_{22}x_2 + \cdots + a_{2n}x_n = 0 \\ \cdots\cdots\cdots\cdots\cdots\cdots\cdots\cdots \\ a_{n1}x_1 + a_{n2}x_2 + \cdots + a_{nn}x_n = 0, \end{cases} \quad (12)$$

则称(12)式为齐次线性方程组.而将常数项不全为零的方程组(10)称为非齐次线性方程组.由于方程组(12)是方程组(10)右端常数为零的情形,因而克莱姆法则对齐次线性方程组也适用.

显然,$x_1 = x_2 = \cdots = x_n = 0$ 一定是齐次线性方程组(12)的解.这个解称为零解.对于齐次线性方程组(12)来说,除零解外可能还有其他解,称为非零解.运用克莱姆法则,可以得到如下结论.

推论 1 如果齐次线性方程组(12)的系数行列式不等于零,则它只有零解.

推论 2 如果齐次线性方程组(12)有非零解,则它的系数行列式等于零.

例 5 设齐次线性方程组 $\begin{cases} \lambda x_1 + x_2 + x_3 = 0 \\ x_1 + \lambda x_2 - x_3 = 0 \\ 2x_1 - x_2 + x_3 = 0, \end{cases}$

有非零解,λ 应取什么值.

解
$$D = \begin{vmatrix} \lambda & 1 & 1 \\ 1 & \lambda & -1 \\ 2 & -1 & 1 \end{vmatrix} = (\lambda+1)(\lambda-4).$$

因为齐次线性方程组有非零解,所以 $D = 0$,即
$$(\lambda+1)(\lambda-4) = 0,$$
因此,$\lambda = -1$ 或 $\lambda = 4$.

习题 6.2

1. 计算下列行列式:

(1) $\begin{vmatrix} 1 & 7 & -2 \\ 2 & 8 & -4 \\ 3 & -1 & -6 \end{vmatrix}$;

(2) $\begin{vmatrix} 0 & -1 & -5 \\ 1 & 0 & 7 \\ 5 & -7 & 0 \end{vmatrix}$;

(3) $\begin{vmatrix} 1 & 2 & -1 \\ 2 & 3 & 1 \\ 3 & 5 & 2 \end{vmatrix}$;

(4) $\begin{vmatrix} 1 & 2 & 0 & 1 \\ 1 & 3 & 5 & 6 \\ 0 & 1 & 5 & 6 \\ 1 & 2 & 3 & 4 \end{vmatrix}$;

(5) $\begin{vmatrix} 1 & 1 & 1 \\ w & w & w^2 \\ w & w^2 & w \end{vmatrix}$;

(6) $\begin{vmatrix} a-5 & -2 & 4 \\ -2 & a-2 & 2 \\ 4 & 2 & a-5 \end{vmatrix}$.

2. 计算 n 阶行列式:
$$\begin{vmatrix} x & a & \cdots & a \\ a & x & \cdots & a \\ \vdots & \vdots & & \vdots \\ a & a & \cdots & x \end{vmatrix}.$$

3. 证明:

(1) $\begin{vmatrix} a-b & b-c & c-a \\ b-c & c-a & a-b \\ c-a & a-b & b-c \end{vmatrix} = 0$;   (2) $\begin{vmatrix} a^2 & ab & b^2 \\ 2a & a+b & 2b \\ 1 & 1 & 1 \end{vmatrix} = (a-b)^3$.

4. 用克莱姆法则解下列方程组.

(1) $\begin{cases} 2x_1 - x_2 = 2 \\ x_1 + x_2 + 4x_3 = 1 \\ x_2 + 2x_3 = 1; \end{cases}$ (2) $\begin{cases} x_1 + 2x_2 - x_3 = 0 \\ 3x_1 - 2x_2 + x_3 = 4 \\ x_1 - x_2 - x_3 = 6. \end{cases}$

5. k 取何值时,下列齐次线性方程组有非零解.

$$\begin{cases} x_1 + x_2 + kx_3 = 0 \\ -x_1 + kx_2 + x_3 = 0 \\ x_1 - x_2 + 2x_3 = 0. \end{cases}$$

§6.3 矩阵的概念与运算

一、矩阵的概念

在工程技术和经济领域中,常常要用到一些矩形数表.看下面几个例子.

例1 在物资调运中,某类物资有三个产地,四个销地,该类物资的调运情况如下表所示.

调运吨数　销地 产地	I	II	III	IV
A	4	8	2	0
B	3	6	0	4
C	5	0	7	3

可以用矩形数表简明地表示为

$$\begin{pmatrix} 4 & 8 & 2 & 0 \\ 3 & 6 & 0 & 4 \\ 5 & 0 & 7 & 3 \end{pmatrix}.$$

例2 在两个不同的商场 H_1, H_2 中,三种商品 S_1, S_2, S_3 的价格(单位:元)如下表所示.

	S_1	S_2	S_3
H_1	24	30	15
H_2	26	29	16

也可以用矩形数表简明表示为

$$\begin{pmatrix} 24 & 30 & 15 \\ 26 & 29 & 16 \end{pmatrix}.$$

例3 含有 m 个方程,n 个未知量的线性方程组

$$\begin{cases} a_{11}x_1 + a_{12}x_2 + \cdots + a_{1n}x_n = b_1 \\ a_{21}x_1 + a_{22}x_2 + \cdots + a_{2n}x_n = b_2 \\ \cdots\cdots\cdots\cdots\cdots\cdots\cdots\cdots\cdots \\ a_{m1}x_1 + a_{m2}x_2 + \cdots + a_{mn}x_n = b_m. \end{cases}$$

如果把未知量的系数 $a_{ij}(i=1,2,\cdots,m;j=1,2,\cdots,n)$ 和常数项 $b_i(i=1,2,\cdots,m)$ 按原来的次序写出,可以得到一个 m 行,$n+1$ 列的矩形数表

$$\begin{pmatrix} a_{11} & a_{12} & \cdots & a_{1n} & b_1 \\ a_{21} & a_{22} & \cdots & a_{2n} & b_2 \\ \vdots & \vdots & & \vdots & \vdots \\ a_{m1} & a_{m2} & \cdots & a_{mn} & b_m \end{pmatrix}.$$

这个数表可以明确地将线性方程组的特征表示出来.数表中的每一个元素不能随意变动,且都有各自的意义.

由上述三例可以看到,对于不同的问题可以用不同的数表来表示.这类矩形数表在数学上称为矩阵.

定义1 由 $m \times n$ 个数 $a_{ij}(i=1,2,\cdots,m;j=1,2,\cdots,n)$ 排成 m 行 n 列矩形数表,称为 $m \times n$ 矩阵,矩形数表外用圆括号(或方括号)括起来,记作

$$\begin{pmatrix} a_{11} & a_{12} & \cdots & a_{1n} \\ a_{21} & a_{22} & \cdots & a_{2n} \\ \vdots & \vdots & & \vdots \\ a_{m1} & a_{m2} & \cdots & a_{mn} \end{pmatrix}.$$

矩阵通常用大写字母 $\boldsymbol{A},\boldsymbol{B},\boldsymbol{C},\cdots$ 表示.用时为了标明一个矩阵的行数和列数,用 $\boldsymbol{A}_{m \times n}$ 或 $\boldsymbol{A}=(a_{ij})_{m \times n}$ 表示一个 m 行 n 列的矩阵.其中,a_{ij} 称为矩阵第 i 行第 j 列的元.

特别地,当 $m=1$ 时,矩阵 $\boldsymbol{A}$ 称为行矩阵,此时

$$\boldsymbol{A} = (a_{11} \quad a_{12} \quad \cdots \quad a_{1n}).$$

当 $n=1$ 时,矩阵 $\boldsymbol{A}$ 称为列矩阵,此时

$$\boldsymbol{A} = \begin{pmatrix} a_{11} \\ a_{21} \\ \vdots \\ a_{m1} \end{pmatrix}.$$

当 $m=n$ 时,称 $\boldsymbol{A}$ 为 n 阶方阵,或 n 阶矩阵,此时

$$\boldsymbol{A} = \begin{pmatrix} a_{11} & a_{12} & \cdots & a_{1n} \\ a_{21} & a_{22} & \cdots & a_{2n} \\ \vdots & \vdots & & \vdots \\ a_{n1} & a_{n2} & \cdots & a_{nn} \end{pmatrix}.$$

n 阶方阵中,从左上角到右下角的对角线称为主对角线,从右上角到左下角的对角线称为次对角线.n 阶方阵可简记为 $\boldsymbol{A}_n$.当 $a_{ij}=0$ $(i=1,2,\cdots,m;j=1,2,\cdots,n)$ 时,称 $\boldsymbol{A}$ 为零矩阵,一般记作 $\boldsymbol{O}_{m \times n}$ 或 $\boldsymbol{O}$.

二、特殊矩阵

定义 2 主对角线下(上)方的元全都为零的 n 阶矩阵,称为 n 阶上(下)三角形矩阵.上(下)三角形矩阵统称为三角矩阵.例如：

$$A = \begin{pmatrix} -1 & 3 & 2 \\ 0 & 4 & 0 \\ 0 & 0 & -5 \end{pmatrix}, \quad B = \begin{pmatrix} 2 & 0 & 0 & 0 \\ 1 & 4 & 0 & 0 \\ -3 & -2 & 0 & 0 \\ 1 & 0 & 5 & 6 \end{pmatrix}.$$

其中,A 是一个三阶上三角矩阵,B 是一个四阶下三角矩阵.

如果一个矩阵既是上三角形矩阵,也是下三角形矩阵,则称其为对角矩阵.对角矩阵是方阵,除了主对角线上的元素外,其余的元素均为零.

例如

$$A = \begin{pmatrix} -3 & 0 & 0 \\ 0 & 2 & 0 \\ 0 & 0 & 4 \end{pmatrix}, \quad B = \begin{pmatrix} -1 & 0 & 0 & 0 \\ 0 & 0 & 0 & 0 \\ 0 & 0 & 2 & 0 \\ 0 & 0 & 0 & 5 \end{pmatrix}$$

分别是三阶、四阶对角矩阵.

主对角线上的元素全相等的对角矩阵称为数量矩阵.如

$$A = \begin{pmatrix} 3 & 0 \\ 0 & 3 \end{pmatrix}, \quad B = \begin{pmatrix} -2 & 0 & 0 \\ 0 & -2 & 0 \\ 0 & 0 & -2 \end{pmatrix}$$

就是二阶、三阶数量矩阵.

定义 3 主对角线上的元素全为 1,其余元素全部为零的 n 阶矩阵,称为 n 阶单位矩阵,记作 E_n 或 E.

如

$$E_2 = \begin{pmatrix} 1 & 0 \\ 0 & 1 \end{pmatrix}, \quad E_3 = \begin{pmatrix} 1 & 0 & 0 \\ 0 & 1 & 0 \\ 0 & 0 & 1 \end{pmatrix}$$

就是二阶、三阶单位矩阵.

对从实际问题中抽象出来的矩阵,经常需要将几个矩阵联系起来,讨论它们是否相等,在什么条件下可以进行何种运算,这些运算具有什么性质等问题,这就是本节所要讨论的主要内容.

定义 4 若矩阵 A 和矩阵 B 的行数、列数分别相等,则 A,B 为同型矩阵.

定义 5 若矩阵 $A = (a_{ij})$ 和矩阵 $B = (b_{ij})$ 为同型矩阵,并且对应的元素相等,则称矩阵 A 与矩阵 B 相等,记作

$$A = B.$$

即如果 $A = (a_{ij})_{m \times n}$ 和 $B = (b_{ij})_{m \times n}$,且 $a_{ij} = b_{ij} (i = 1, 2, \cdots, m; j = 1, 2, \cdots, n)$,那么 $A = B$.

例如

$$A = \begin{pmatrix} a & -1 & 0 \\ 4 & b & 3 \end{pmatrix}, \quad B = \begin{pmatrix} 2 & -1 & 0 \\ 4 & 5 & c \end{pmatrix},$$

则 $A=B$，当且仅当
$$a=2, \quad b=5, \quad c=3.$$

三、矩阵的加法

定义 6 设矩阵 $A=(a_{ij})$ 和 $B=(b_{ij})$ 是两个 $m\times n$ 矩阵，那么矩阵 A 与 B 的和记作 $A+B$，规定为

$$A+B=\begin{pmatrix} a_{11}+b_{11} & a_{12}+b_{12} & \cdots & a_{1n}+b_{1n} \\ a_{21}+b_{21} & a_{22}+b_{22} & \cdots & a_{2n}+b_{2n} \\ \vdots & \vdots & & \vdots \\ a_{m1}+b_{m1} & a_{m2}+b_{m2} & \cdots & a_{mn}+b_{mn} \end{pmatrix}.$$

应该注意，只有当两个矩阵是同型矩阵时，这两个矩阵才能进行加法运算。

矩阵的加法满足下列运算规律（设 A,B,C 都是 $m\times n$ 矩阵）：

1. 交换律　$A+B=B+A$；
2. 结合律　$A+(B+C)=(A+B)+C$；
3. $O+A=A+O=A$.

设矩阵 $A=(a_{ij})_{m\times n}$，记
$$-A=(-a_{ij})_{m\times n}.$$

$-A$ 称为矩阵 A 的负矩阵，显然有
$$A+(-A)=O.$$

由此规定矩阵的减法：

设 $A=(a_{ij})_{m\times n}$，$B=(b_{ij})_{m\times n}$，则
$$A-B=A+(-B)=(a_{ij}-b_{ij})_{m\times n}.$$

例 4 设
$$A=\begin{pmatrix} 2 & 5 & -1 \\ 4 & 2 & 3 \end{pmatrix}, \quad B=\begin{pmatrix} 1 & -5 & 4 \\ 0 & 3 & 6 \end{pmatrix},$$

求 $A+B$，$A-B$.

解
$$A+B=\begin{pmatrix} 2+1 & 5+(-5) & -1+4 \\ 4+0 & 2+3 & 3+6 \end{pmatrix}=\begin{pmatrix} 3 & 0 & 3 \\ 4 & 5 & 9 \end{pmatrix},$$

$$A-B=\begin{pmatrix} 2-1 & 5-(-5) & -1-4 \\ 4-0 & 2-3 & 3-6 \end{pmatrix}=\begin{pmatrix} 1 & 10 & -5 \\ 4 & -1 & -3 \end{pmatrix}.$$

例 5 某药业公司有 A,B 两个仓库，3 种包装规格的维生素 C 和维生素 E 的库存量分别如下：

A 仓库两种药品的库存量为：

	100 片/瓶	200 片/瓶	300 片/瓶
维生素 C	41	31	28
维生素 E	36	29	32

用矩阵表示为
$$A=\begin{pmatrix} 41 & 31 & 28 \\ 36 & 29 & 32 \end{pmatrix}.$$

同样,B 仓库两种药品的库存量用矩阵表示为
$$B=\begin{pmatrix} 26 & 35 & 18 \\ 29 & 24 & 11 \end{pmatrix}.$$
请用矩阵表示该公司维生素 C 和维生素 E 的总库存量.

解 该公司维生素 C 和维生素 E 的总库存量,可以用矩阵表示为
$$A+B=\begin{pmatrix} 41+26 & 31+35 & 28+18 \\ 36+29 & 29+24 & 32+11 \end{pmatrix}=\begin{pmatrix} 67 & 66 & 46 \\ 65 & 53 & 43 \end{pmatrix}.$$

四、数与矩阵的乘法(数乘)

定义 7 设 $A=(a_{ij})_{m\times n}$ 是一个 $m\times n$ 矩阵,k 是任意常数,数 k 与矩阵 A 的乘积记作 kA,规定为

$$kA=\begin{pmatrix} ka_{11} & ka_{12} & \cdots & ka_{1n} \\ ka_{21} & ka_{22} & \cdots & ka_{2n} \\ \vdots & \vdots & & \vdots \\ ka_{m1} & ka_{m2} & \cdots & ka_{mn} \end{pmatrix}.$$

数乘矩阵满足下列运算规律(设 A,B 为 $m\times n$ 矩阵,k,l 为任意常数):

1. 结合律　$(kl)A=k(lA)$;
2. 分配律　$k(A+B)=kA+kB$,　$(k+l)A=kA+lA$;
3. $1A=A$,　$(-1)A=-A$.

例 6 设
$$A=\begin{pmatrix} 2 & 1 & 4 \\ 3 & -5 & 2 \end{pmatrix},$$
求 $3A,-2A$.

解
$$3A=\begin{pmatrix} 3\times 2 & 3\times 1 & 3\times 4 \\ 3\times 3 & 3\times(-5) & 3\times 2 \end{pmatrix}=\begin{pmatrix} 6 & 3 & 12 \\ 9 & -15 & 6 \end{pmatrix}.$$
$$-2A=\begin{pmatrix} -2\times 2 & -2\times 1 & -2\times 4 \\ -2\times 3 & -2\times(-5) & -2\times 2 \end{pmatrix}=\begin{pmatrix} -4 & -2 & -8 \\ -6 & 10 & -4 \end{pmatrix}.$$

例 7 若甲仓库的 3 类商品 4 种型号的库存件数用矩阵 A 表示为
$$A=\begin{pmatrix} 1 & 2 & 1 & 5 \\ 3 & 4 & 8 & 7 \\ 2 & 5 & 2 & 3 \end{pmatrix},$$
乙仓库的 3 类商品 4 种型号的库存件数用矩阵 B 表示为
$$B=\begin{pmatrix} 3 & 5 & 2 & 1 \\ 2 & 1 & 3 & 3 \\ 4 & 3 & 5 & 4 \end{pmatrix}.$$

已知甲仓库每件商品的保管费为 3(元/件),乙仓库每件商品的保管费为 2(元/件),求甲、乙两仓库同类且同一种型号商品的保管费之和.

解 甲、乙两仓库同类且同一种型号商品的保管费之和用矩阵 F 表示为

$$F = 3A + 2B = 3\begin{pmatrix} 1 & 2 & 1 & 5 \\ 3 & 4 & 8 & 7 \\ 2 & 5 & 2 & 3 \end{pmatrix} + 2\begin{pmatrix} 3 & 5 & 2 & 1 \\ 2 & 1 & 3 & 3 \\ 4 & 3 & 5 & 4 \end{pmatrix}$$

$$= \begin{pmatrix} 3 & 6 & 3 & 15 \\ 9 & 12 & 24 & 21 \\ 6 & 15 & 6 & 9 \end{pmatrix} + \begin{pmatrix} 6 & 10 & 4 & 2 \\ 4 & 2 & 6 & 6 \\ 8 & 6 & 10 & 8 \end{pmatrix}$$

$$= \begin{pmatrix} 9 & 16 & 7 & 17 \\ 13 & 14 & 30 & 27 \\ 14 & 21 & 16 & 17 \end{pmatrix}.$$

五、矩阵的乘法

例 8 某地区甲、乙、丙三家商场同时销售两种品牌的家用电器,如用矩阵 A 表示销售这两种家用电器的日平均销售量(单位:台),用 B 表示两种家用电器的单位售价(单位:千元)和单位利润(单位:千元)

$$A = \begin{pmatrix} \text{I} & \text{II} \\ 15 & 12 \\ 20 & 9 \\ 18 & 10 \end{pmatrix}\begin{matrix} 甲 \\ 乙 \\ 丙 \end{matrix}, \quad B = \begin{pmatrix} 单价 & 利润 \\ 3 & 0.7 \\ 4.5 & 1.1 \end{pmatrix}\begin{matrix} \text{I} \\ \text{II} \end{matrix}.$$

用矩阵表示这三家商场销售两种家用电器的每日总收入和总利润,那么

$$C = \begin{pmatrix} 总收入 & 总利润 \\ 15\times 3+12\times 4.5 & 15\times 0.7+12\times 1.1 \\ 20\times 3+9\times 4.5 & 20\times 0.7+9\times 1.1 \\ 18\times 3+10\times 4.5 & 18\times 0.7+10\times 1.1 \end{pmatrix}\begin{matrix} 甲 \\ 乙 \\ 丙 \end{matrix}$$

$$= \begin{pmatrix} 99 & 23.7 \\ 100.5 & 23.9 \\ 99 & 23.6 \end{pmatrix}.$$

矩阵 C 的第 1 行的两个元素分别表示甲商场的总收入和总利润,第 2 行的两个元素分别表示乙商场的总收入和总利润;第 3 行的两个元素分别表示丙商场的总收入和总利润. 称矩阵 C 为矩阵 A 与 B 的乘积.

定义 8 设 A 为 $m\times s$ 矩阵,B 为 $s\times n$ 矩阵,即

$$A = \begin{pmatrix} a_{11} & a_{12} & \cdots & a_{1s} \\ a_{21} & a_{22} & \cdots & a_{2s} \\ \vdots & \vdots & & \vdots \\ a_{m1} & a_{m2} & \cdots & a_{ms} \end{pmatrix}, \quad B = \begin{pmatrix} b_{11} & b_{12} & \cdots & b_{1n} \\ b_{21} & b_{22} & \cdots & b_{2n} \\ \vdots & \vdots & & \vdots \\ b_{s1} & b_{s2} & \cdots & b_{sn} \end{pmatrix},$$

称 $m\times n$ 矩阵 $C=(c_{ij})$ 为矩阵 A 与 B 的乘积,其中

$$c_{ij} = a_{i1}b_{1j} + a_{i2}b_{2j} + \cdots + a_{is}b_{sj}$$

$$= \sum_{k=1}^{s} a_{ik}b_{kj} \quad (i=1,2,\cdots,m;\ j=1,2,\cdots,n),$$

记作 $C=AB$.

注：

(1) 只有当左边矩阵 A 的列数与右边矩阵 B 的行数相等时，矩阵 A 与 B 才能相乘；

(2) 两个矩阵的乘积 AB 仍是矩阵，它的行数等于 A 的行数，它的列数等于 B 的列数；

(3) 乘积矩阵 AB 中的第 i 行第 j 列的元等于 A 的第 i 行与 B 的第 j 列对应元乘积之和，简称行乘列法则.

例 9 设矩阵

$$A=\begin{pmatrix} 1 & 2 \\ 0 & 4 \\ -1 & 3 \end{pmatrix}, \quad B=\begin{pmatrix} 3 & 2 \\ 1 & 4 \end{pmatrix},$$

求 AB.

解

$$AB=\begin{pmatrix} 1\times 3+2\times 1 & 1\times 2+2\times 4 \\ 0\times 3+4\times 1 & 0\times 2+4\times 4 \\ -1\times 3+3\times 1 & -1\times 2+3\times 4 \end{pmatrix}=\begin{pmatrix} 5 & 10 \\ 4 & 16 \\ 0 & 10 \end{pmatrix}.$$

例 10 设 A 是一个 $1\times n$ 行矩阵，B 是一个 $n\times 1$ 列矩阵，且

$$A=(a_1 \quad a_2 \quad \cdots \quad a_n), \quad B=\begin{pmatrix} b_1 \\ b_2 \\ \vdots \\ b_n \end{pmatrix},$$

求 AB 和 BA.

解

$$AB=(a_1 \quad a_2 \quad \cdots \quad a_n)\begin{pmatrix} b_1 \\ b_2 \\ \vdots \\ b_n \end{pmatrix}=(a_1b_1+a_2b_2+\cdots+a_nb_n),$$

$$BA=\begin{pmatrix} b_1 \\ b_2 \\ \vdots \\ b_n \end{pmatrix}(a_1 \quad a_2 \quad \cdots \quad a_n)=\begin{pmatrix} a_1b_1 & a_2b_1 & \cdots & a_nb_1 \\ a_1b_2 & a_2b_2 & \cdots & a_nb_2 \\ \vdots & \vdots & & \vdots \\ a_1b_n & a_2b_n & \cdots & a_nb_n \end{pmatrix}.$$

例 11 设矩阵

$$A=\begin{pmatrix} 1 & 1 \\ -1 & -1 \end{pmatrix}, \quad B=\begin{pmatrix} 1 & -1 \\ -1 & 1 \end{pmatrix},$$

求 AB 和 BA.

解

$$AB=\begin{pmatrix} 1 & 1 \\ -1 & -1 \end{pmatrix}\begin{pmatrix} 1 & -1 \\ -1 & 1 \end{pmatrix}=\begin{pmatrix} 0 & 0 \\ 0 & 0 \end{pmatrix},$$

$$BA = \begin{pmatrix} 1 & -1 \\ -1 & 1 \end{pmatrix} \begin{pmatrix} 1 & 1 \\ -1 & -1 \end{pmatrix} = \begin{pmatrix} 2 & 2 \\ -2 & -2 \end{pmatrix}.$$

在例 9 中，A 是 3×2 矩阵，B 是二阶方阵，乘积 AB 有意义，而乘积 BA 却没有意义. 由此可知，在矩阵的乘法中必须注意矩阵的顺序. AB 是 A 左乘 B 的乘积，BA 是 A 右乘 B 的乘积，AB 有意义时，BA 可以没有意义.

例 10 中，A 是 $1 \times n$ 行矩阵，B 是 $n \times 1$ 列矩阵，则 AB 与 BA 都有意义，但 AB 是一阶方阵，BA 是 n 阶方阵. 当 $n \neq 1$ 时，$AB \neq BA$. 即使 A,B 是同阶方阵，如例 10，A,B 都是二阶方阵，从而 AB 与 BA 也都是二阶方阵，但 AB 与 BA 仍然可以不相等.

总之，矩阵的乘法不满足交换律，即在一般情况下，$AB \neq BA$. 若 $AB = BA$，则称矩阵 A 与 B 是可交换的. 例如

$$A = \begin{pmatrix} 2 & 3 \\ 0 & 2 \end{pmatrix}, \quad B = \begin{pmatrix} 1 & 1 \\ 0 & 1 \end{pmatrix},$$

则

$$AB = \begin{pmatrix} 2 & 5 \\ 0 & 2 \end{pmatrix}, \quad BA = \begin{pmatrix} 2 & 5 \\ 0 & 2 \end{pmatrix}.$$

所以，$AB = BA$，称 A 与 B 是乘法可交换矩阵.

例 11 还表明，矩阵 $A \neq O, B \neq O$，但却有 $AB = O$，即两个非零矩阵的乘积可能是零矩阵. 由此可知，若矩阵 A,B 满足 $AB = O$，一般不能得到 $A = O$ 或 $B = O$ 的结论.

例 12 设矩阵

$$A = \begin{pmatrix} 0 & 1 \\ 0 & 0 \end{pmatrix}, \quad B = \begin{pmatrix} 1 & 3 \\ 2 & 5 \end{pmatrix}, \quad C = \begin{pmatrix} -2 & 6 \\ 2 & 5 \end{pmatrix},$$

求 AB 和 AC.

解

$$AB = \begin{pmatrix} 0 & 1 \\ 0 & 0 \end{pmatrix} \begin{pmatrix} 1 & 3 \\ 2 & 5 \end{pmatrix} = \begin{pmatrix} 2 & 5 \\ 0 & 0 \end{pmatrix},$$

$$AC = \begin{pmatrix} 0 & 1 \\ 0 & 0 \end{pmatrix} \begin{pmatrix} -2 & 6 \\ 2 & 5 \end{pmatrix} = \begin{pmatrix} 2 & 5 \\ 0 & 0 \end{pmatrix}.$$

一般地，当乘积矩阵 $AB = AC$，且 $A \neq O$ 时，不能消去矩阵 A 而得到 $B = C$. 在例 12 中，$AB = AC, A \neq O$，但 $B \neq C$. 即矩阵乘法不满足消去律.

矩阵乘法不满足交换律、消去律，两个非零矩阵的乘积可能是零矩阵，这些都是矩阵乘法与数的乘法不同的地方，但矩阵乘法仍满足下列结合律和分配律(假设运算都是可行的).

1. 结合律 $(AB)C = A(BC)$；
2. 数乘结合律 $k(AB) = k(A)B = A(kB)$，其中 k 为任意常数；
3. 左乘分配律 $A(B+C) = AB + AC$；
4. 右乘分配律 $(B+C)A = BA + CA$.

对于单位矩阵 E，容易验证

$$E_m A_{m \times n} = A_{m \times n}, \quad A_{m \times n} E_n = A_{m \times n}.$$

当 A 为 n 阶方阵时，$E_n A = A E_n = A$.

可见单位矩阵 E 在矩阵乘法中的作用类似于数 1 在数的乘法中的作用.

有了矩阵的乘法,就可以定义矩阵的幂.

定义 9 设 A 为 n 阶方阵,m 为正整数,规定
$$A^1 = A, \quad A^2 = A^1 A^1, \quad \cdots, \quad A^m = A^{m-1} A^1,$$
称 A^m 为方阵 A 的 m 次幂. 当 $m=0$ 时,规定 $A^0 = E$. 显然有
$$A^k A^l = A^{k+l}, \quad (A^k)^l = A^{kl},$$
其中 k,l 为任意正整数. 因为矩阵乘法一般不满足交换律,所以对于两个 n 阶方阵 A 与 B,一般来说,$(AB)^k \neq A^k B^k$.

六、矩阵的转置

定义 10 把 $m \times n$ 矩阵
$$A = \begin{pmatrix} a_{11} & a_{12} & \cdots & a_{1n} \\ a_{21} & a_{22} & \cdots & a_{2n} \\ \vdots & \vdots & & \vdots \\ a_{m1} & a_{m2} & \cdots & a_{mn} \end{pmatrix}_{m \times n}$$
的行和列按顺序互换得到 $n \times m$ 矩阵,称为 A 的转置矩阵,记作 A^T,即
$$A^T = \begin{pmatrix} a_{11} & a_{21} & \cdots & a_{m1} \\ a_{12} & a_{22} & \cdots & a_{m2} \\ \vdots & \vdots & & \vdots \\ a_{1n} & a_{2n} & \cdots & a_{mn} \end{pmatrix}_{n \times m},$$
其中 A^T 的第 i 行第 j 列的元等于 A 的第 j 行第 i 列的元.

矩阵的转置满足下列运算规律(假设运算都是可行的):

(1) $(A^T)^T = A$;

(2) $(A+B)^T = A^T + B^T$;

(3) $(kA)^T = kA^T$;

(4) $(AB)^T = B^T A^T$.

例 13 设矩阵
$$A = \begin{pmatrix} 1 & 2 & 3 \\ -1 & 0 & 1 \\ 0 & 3 & 2 \end{pmatrix}, \quad B = \begin{pmatrix} 1 & 3 \\ 2 & -1 \\ -1 & 3 \end{pmatrix},$$
求 $(AB)^T$ 和 $B^T A^T$.

解
$$AB = \begin{pmatrix} 2 & 10 \\ -2 & 0 \\ 4 & 3 \end{pmatrix}, \quad 因此 \quad (AB)^T = \begin{pmatrix} 2 & -2 & 4 \\ 10 & 0 & 3 \end{pmatrix}.$$

又 $B^T = \begin{pmatrix} 1 & 2 & -1 \\ 3 & -1 & 3 \end{pmatrix}$, $A^T = \begin{pmatrix} 1 & -1 & 0 \\ 2 & 0 & 3 \\ 3 & 1 & 2 \end{pmatrix}$,所以

$$B^T A^T = \begin{pmatrix} 1 & 2 & -1 \\ 3 & -1 & 3 \end{pmatrix} \begin{pmatrix} 1 & -1 & 0 \\ 2 & 0 & 3 \\ 3 & 1 & 2 \end{pmatrix} = \begin{pmatrix} 2 & -2 & 4 \\ 10 & 0 & 3 \end{pmatrix}.$$

从而我们看到
$$(AB)^T = B^T A^T.$$

例 14 某一汽车销售公司有甲、乙两个销售部,矩阵 S 给出了两个汽车销售部的三种汽车销量,矩阵 P 给出了三种车的销售利润:

$$S = \begin{pmatrix} 18 & 15 \\ 24 & 17 \\ 16 & 20 \end{pmatrix} \begin{matrix} 大型 \\ 中型, \\ 小型 \end{matrix} \quad P = \begin{pmatrix} 400 \\ 650 \\ 900 \end{pmatrix} \begin{matrix} 大型 \\ 中型, \\ 小型 \end{matrix}$$

试分析两个销售部的利润.

解 这里 P 是 3 行 1 列矩阵,S 是 3 行 2 列矩阵,显然 PS 不成立(因为 P 的列数 $\neq S$ 的行数).但若将 P 的行与列互换,变成矩阵 $C = (400 \quad 650 \quad 900)$,这样 C 是 1×3 矩阵,S 是 3×2 矩阵,CS 有意义,其乘积矩阵 $CS = (37200 \quad 35050)$,它表示两个汽车销售部的销售利润.

例 15 设 $B^T = B$,证明 $(ABA^T)^T = ABA^T$.

证 因为 $B^T = B$,所以
$$(ABA^T)^T = [(AB)A^T]^T = (A^T)^T(AB)^T = AB^TA^T = ABA^T.$$

设 $A = (a_{ij})$ 为 n 阶方阵,如果满足 $A^T = A$,即
$$a_{ij} = a_{ji} \quad (i, j = 1, 2, \cdots, n),$$

那么称 A 是对称矩阵.对称矩阵的特点是:它的元以主对角线为对称轴对应相等.例如:

$$A = \begin{pmatrix} 1 & -1 \\ -1 & 0 \end{pmatrix}, \quad B = \begin{pmatrix} 1 & 3 & 6 \\ 3 & -2 & 5 \\ 6 & 5 & 4 \end{pmatrix}$$

就是二阶、三阶对称矩阵.

显然,对角矩阵、数量矩阵和单位矩阵都是对称矩阵.

对称矩阵具有以下简单性质:

(1) 对称矩阵的和、差仍然是对称矩阵;

(2) 数乘对称矩阵仍然是对称矩阵.

需要注意的是:两个对称矩阵的乘积不一定是对称矩阵.

例如

$$A = \begin{pmatrix} 1 & -1 \\ -1 & 0 \end{pmatrix}, \quad B = \begin{pmatrix} 0 & 1 \\ 1 & 0 \end{pmatrix}$$

都是对称矩阵.但是它们的乘积矩阵:

$$AB = \begin{pmatrix} 1 & -1 \\ -1 & 0 \end{pmatrix} \begin{pmatrix} 0 & 1 \\ 1 & 0 \end{pmatrix} = \begin{pmatrix} -1 & 1 \\ 0 & -1 \end{pmatrix}$$

却不是对称矩阵.

习题 6.3

1. 某商场有三个分场,每个分场的两类商品一天的营业额(万元),如下表所示.

品种＼单位	第一分场	第二分场	第三分场
彩电	8	6	7
冰箱	5	3	4

试用矩阵表示出上面的表格.

2. 写出下列线性方程组的系数矩阵:

(1) $\begin{cases} 4x_1 + 2x_2 - 3x_3 = 1 \\ 2x_1 - x_2 + x_3 = 10 \\ 5x_1 + x_2 = 7; \end{cases}$ (2) $\begin{cases} 3x_1 - 2x_2 + x_3 = 5 \\ x_2 + 4x_3 = 1 \\ x_3 = 3; \end{cases}$ (3) $\begin{cases} 5x_1 = 5 \\ 2x_2 = 3 \\ x_3 = 1. \end{cases}$

3. 已知
$$\boldsymbol{A} = \begin{pmatrix} 4 & 2 & 4 \\ x_2 - x_1 & 1 & 0 \end{pmatrix}, \quad \boldsymbol{B} = \begin{pmatrix} 4 & 2 & x_1 + x_2 \\ 2 & 1 & 0 \end{pmatrix}.$$
若 $\boldsymbol{A} = \boldsymbol{B}$,求 x_1, x_2.

4. 设
$$\boldsymbol{A} = \begin{pmatrix} 1 & 2 & 3 & 4 \\ 0 & -1 & 5 & 2 \\ 2 & 3 & 1 & 0 \end{pmatrix}, \quad \boldsymbol{B} = \begin{pmatrix} 0 & 2 & 1 & 3 \\ 4 & 1 & 0 & 2 \\ 0 & -3 & 2 & 5 \end{pmatrix}.$$
求 $\boldsymbol{A} + \boldsymbol{B}, 2\boldsymbol{A} + 3\boldsymbol{B}$.

5. 设
$$\boldsymbol{A} = \begin{pmatrix} 1 & -2 \\ 3 & 0 \\ -4 & 2 \\ 5 & 6 \end{pmatrix}, \quad \boldsymbol{B} = \begin{pmatrix} 0 & -1 & 3 & 4 \\ 2 & 5 & -6 & -2 \end{pmatrix}.$$
计算:$\boldsymbol{A}^T + \boldsymbol{B}, 2\boldsymbol{A} - \boldsymbol{B}^T, \boldsymbol{AB}, \boldsymbol{BA}, \boldsymbol{A}^T\boldsymbol{B}^T$.

6. 计算:

(1) $\begin{pmatrix} 2 \\ 1 \\ 3 \end{pmatrix} (1 \quad 3 \quad 2)$; (2) $(2 \quad 1 \quad 3) \begin{pmatrix} 1 \\ 3 \\ 2 \end{pmatrix}$; (3) $\begin{pmatrix} 1 & 0 & 0 \\ 0 & 1 & 0 \\ 0 & 0 & 1 \end{pmatrix} \begin{pmatrix} 2 & 5 \\ 3 & 6 \\ -7 & 9 \end{pmatrix}$;

(4) $\begin{pmatrix} 1 & 1 \\ 0 & 0 \end{pmatrix} \begin{pmatrix} 0 & 1 \\ 0 & -1 \end{pmatrix}$; (5) $\begin{pmatrix} 1 & 2 & -1 & 0 \\ 2 & 3 & 0 & 1 \\ -1 & 0 & 3 & 1 \end{pmatrix} \begin{pmatrix} x_1 \\ x_2 \\ x_3 \\ x_4 \end{pmatrix}$.

7. 计算:

(1) $\begin{pmatrix} 1 & 1 & 1 \\ 1 & 1 & -1 \\ 1 & -1 & 1 \end{pmatrix}^3$; (2) $\begin{pmatrix} 1 & 1 \\ 0 & 1 \end{pmatrix}^n$.

8. 证明:若矩阵 $\boldsymbol{A}$ 和 $\boldsymbol{B}$ 可交换,则有

(1) $(\boldsymbol{A} - \boldsymbol{B})^2 = \boldsymbol{A}^2 - 2\boldsymbol{AB} + \boldsymbol{B}^2$;

(2) $(A+B)(A-B)=A^2-B^2$.

9. 证明：$(ABC)^T=C^TB^TA^T$.

10. 试证：对于任意方阵 A，$A+A^T$ 是对称矩阵.

11. 设有两家连锁超市出售三种奶粉,某日销量(单位:包)见下表:

超市＼货类	奶粉Ⅰ	奶粉Ⅱ	奶粉Ⅲ
甲	5	8	10
乙	7	5	6

每种奶粉的单价和利润见下表：

	单价(单位:元)	利润(单位:元)
奶粉Ⅰ	15	3
奶粉Ⅱ	12	2
奶粉Ⅲ	20	4

求各超市出售奶粉的总收入和总利润.

12. 我国某地方为避开高峰期用电,鼓励夜间用电,实行分时段计费.某地白天(AM 8:00—PM 11:00)与夜间(PM 11:00—AM 8:00)的电费标准分别为(0.446, 0.22),若某宿舍三户人某月用电情况如下：

$$\begin{array}{c} \text{白天} \text{夜晚} \\ \begin{array}{c}1\\2\\3\end{array}\begin{bmatrix} 121 & 35 \\ 135 & 25 \\ 142 & 44 \end{bmatrix}. \end{array}$$

请用矩阵的运算给出这三户该月的电费.

§6.4 矩阵的初等行变换与矩阵的秩

矩阵的初等行变换和矩阵的秩,它们在矩阵理论以及求解线性方程组中有着重要的作用.

一、矩阵的初等行变换

我们知道,用消元法解线性方程组时,经常要反复进行以下 3 种变换:

(1) 将两个方程的位置互换；

(2) 将一个方程遍乘一个非零常数 k；

(3) 将一个方程遍乘一个非零常数 k 加至另一个方程上去.

这 3 种变换称为方程组的初等变换,而且线性方程组经过初等变换后其解不变.

如果从矩阵的角度来看线性方程组的初等变换,就有了初等行变换的概念.

定义 1 矩阵的初等行变换是指：

(1) 互换矩阵的任意两行的位置；

(2) 用一个非零常数 k 遍乘矩阵的某一行；

(3) 将矩阵某一行遍乘一个常数 k 加到另一行对应元素上.

分别称以上 3 种变换为互换变换、倍乘变换、倍加变换.

如果将定义 1 中对矩阵进行"行"变换改为对"列"的 3 种变换,则称为矩阵的初等列变换,矩阵的初等行变换和初等列变换,统称为矩阵的初等变换. 本书我们只讨论矩阵的初等行变换.

矩阵 A 经过初等行变换后变为 B,用
$$A \longrightarrow B$$
来表示. 并且用"(ⓘ,ⓙ)"表示第 i 行和第 j 行互换;用"ⓘk"表示第 i 行每个元素都乘以 k;用"ⓘ+ⓙk"表示第 j 行的 k 倍加到第 i 行.

例如,设矩阵 $A = \begin{pmatrix} a_1 & b_1 & c_1 \\ a_2 & b_2 & c_2 \\ a_3 & b_3 & c_3 \end{pmatrix}$,其初等行变换如下:

(1) 互换矩阵 A 的第一行和第二行位置:

$$A = \begin{pmatrix} a_1 & b_1 & c_1 \\ a_2 & b_2 & c_2 \\ a_3 & b_3 & c_3 \end{pmatrix} \xrightarrow{(①,②)} \begin{pmatrix} a_2 & b_2 & c_2 \\ a_1 & b_1 & c_1 \\ a_3 & b_3 & c_3 \end{pmatrix}.$$

(2) 用一个非零数 k 遍乘矩阵 A 的第三行:

$$\begin{pmatrix} a_1 & b_1 & c_1 \\ a_2 & b_2 & c_2 \\ a_3 & b_3 & c_3 \end{pmatrix} \xrightarrow{③k} \begin{pmatrix} a_1 & b_1 & c_1 \\ a_2 & b_2 & c_2 \\ ka_3 & kb_3 & kc_3 \end{pmatrix}.$$

(3) 用一个非零数 k 遍乘矩阵 A 的第二行,加到第三行的对应元素上:

$$\begin{pmatrix} a_1 & b_1 & c_1 \\ a_2 & b_2 & c_2 \\ a_3 & b_3 & c_3 \end{pmatrix} \xrightarrow{③+②k} \begin{pmatrix} a_1 & b_1 & c_1 \\ a_2 & b_2 & c_2 \\ a_3+ka_2 & b_3+kb_2 & c_3+kc_2 \end{pmatrix}.$$

二、阶梯形矩阵

定义 2 满足下列两个条件的矩阵称为阶梯形矩阵:

(1) 各非零行的第一个不为零的元素(称为首非零元)的列标随着行标的递增而严格增大;

(2) 若矩阵有零行,零行在矩阵的最下方.

例如,矩阵

$$A = \begin{pmatrix} 2 & 0 & 1 & 0 & 3 \\ 0 & -1 & 0 & 0 & 0 \\ 0 & 0 & 4 & 2 & 1 \\ 0 & 0 & 0 & 3 & 5 \end{pmatrix}, \quad B = \begin{pmatrix} 1 & 3 & 0 & 0 \\ 0 & 1 & 0 & -2 \\ 0 & 0 & 0 & 2 \end{pmatrix}, \quad C = \begin{pmatrix} 1 & 2 & 3 & 4 \\ 0 & 0 & 0 & 1 \\ 0 & 0 & 0 & 0 \\ 0 & 0 & 0 & 0 \end{pmatrix}$$

都是阶梯形矩阵,而矩阵

$$D = \begin{pmatrix} 1 & -1 & 2 & 5 \\ 0 & 3 & 0 & 1 \\ 0 & 2 & 1 & 4 \end{pmatrix}, \quad M = \begin{pmatrix} 2 & -1 & 3 \\ 0 & 0 & 0 \\ 0 & 3 & 0 \end{pmatrix}$$

都不是阶梯形矩阵.

可以证明,任意矩阵 $A_{m\times n}$ 经过一系列初等行变换后,都可以化为阶梯形矩阵.

例 1 求矩阵

$$A=\begin{pmatrix} 0 & 16 & -7 & -5 & 5 \\ 1 & -5 & 2 & 1 & -1 \\ -1 & -11 & 5 & 4 & -4 \\ 2 & 6 & -3 & -3 & 7 \end{pmatrix}$$

的阶梯形矩阵.

解

$$A=\begin{pmatrix} 0 & 16 & -7 & -5 & 5 \\ 1 & -5 & 2 & 1 & -1 \\ -1 & -11 & 5 & 4 & -4 \\ 2 & 6 & -3 & -3 & 7 \end{pmatrix} \xrightarrow{(\text{①},\text{②})} \begin{pmatrix} 1 & -5 & 2 & 1 & -1 \\ 0 & 16 & -7 & -5 & 5 \\ -1 & -11 & 5 & 4 & -4 \\ 2 & 6 & -3 & -3 & 7 \end{pmatrix}$$

$$\xrightarrow[\text{④}+\text{①}\times(-2)]{\text{③}+\text{①}} \begin{pmatrix} 1 & -5 & 2 & 1 & -1 \\ 0 & 16 & -7 & -5 & 5 \\ 0 & -16 & 7 & 5 & -5 \\ 0 & 16 & -7 & -5 & 9 \end{pmatrix}$$

$$\xrightarrow[\text{④}+\text{②}\times(-1)]{\text{③}+\text{②}} \begin{pmatrix} 1 & -5 & 2 & 1 & -1 \\ 0 & 16 & -7 & -5 & 5 \\ 0 & 0 & 0 & 0 & 0 \\ 0 & 0 & 0 & 0 & 4 \end{pmatrix}$$

$$\xrightarrow{(\text{③},\text{④})} \begin{pmatrix} 1 & -5 & 2 & 1 & -1 \\ 0 & 16 & -7 & -5 & 5 \\ 0 & 0 & 0 & 0 & 4 \\ 0 & 0 & 0 & 0 & 0 \end{pmatrix}.$$

以上矩阵为 A 的阶梯形矩阵.

如果对以上矩阵继续做初等行变换,有

$$\xrightarrow{\text{③}\times\frac{1}{4}} \begin{pmatrix} 1 & -5 & 2 & 1 & -1 \\ 0 & 16 & -7 & -5 & 5 \\ 0 & 0 & 0 & 0 & 1 \\ 0 & 0 & 0 & 0 & 0 \end{pmatrix}.$$

这也是 A 的阶梯形矩阵.可见,一个矩阵的阶梯形矩阵并不唯一,但是,一个矩阵的阶梯形矩阵中所含非零行的行数是唯一的.

三、矩阵的秩

矩阵的秩是反映矩阵本质属性的重要概念之一,它和后面将要学习的知识存在着密切的关系.

定义 3 矩阵 A 的阶梯形矩阵非零行的行数称为矩阵 A 的秩,记作 $r(A)$.

在例 1 中,矩阵 A 的阶梯形矩阵非零行有 3 行,所以 $r(A)=3$.

例 2 设矩阵

$$A = \begin{pmatrix} 3 & -3 & 0 & 7 & 0 \\ 1 & -1 & 0 & 2 & 1 \\ 1 & -1 & 2 & 3 & 2 \\ 2 & -1 & 2 & 5 & 3 \end{pmatrix}.$$

求 $r(A), r(A^T)$.

解 因为

$$A = \begin{pmatrix} 3 & -3 & 0 & 7 & 0 \\ 1 & -1 & 0 & 2 & 1 \\ 1 & -1 & 2 & 3 & 2 \\ 2 & -1 & 2 & 5 & 3 \end{pmatrix} \xrightarrow{(①,②)} \begin{pmatrix} 1 & -1 & 0 & 2 & 1 \\ 3 & -3 & 0 & 7 & 0 \\ 1 & -1 & 2 & 3 & 2 \\ 2 & -1 & 2 & 5 & 3 \end{pmatrix}$$

$$\xrightarrow[\substack{②+①×(-3) \\ ③+①×(-1) \\ ④+①×(-2)}]{} \begin{pmatrix} 1 & -1 & 0 & 2 & 1 \\ 0 & 0 & 0 & 1 & -3 \\ 0 & 0 & 2 & 1 & 1 \\ 0 & 1 & 2 & 1 & 1 \end{pmatrix}$$

$$\xrightarrow{(②,④)} \begin{pmatrix} 1 & -1 & 0 & 2 & 1 \\ 0 & 1 & 2 & 1 & 1 \\ 0 & 0 & 2 & 1 & 1 \\ 0 & 0 & 0 & 1 & -3 \end{pmatrix}.$$

所以 $r(A) = 4$.

因为

$$A^T = \begin{pmatrix} 3 & 1 & 1 & 2 \\ -3 & -1 & -1 & -1 \\ 0 & 0 & 2 & 2 \\ 7 & 2 & 3 & 5 \\ 0 & 1 & 2 & 3 \end{pmatrix} \xrightarrow[\substack{①+② \\ ④+②×2}]{} \begin{pmatrix} 0 & 0 & 0 & 1 \\ -3 & -1 & -1 & -1 \\ 0 & 0 & 2 & 2 \\ 1 & 0 & 1 & 3 \\ 0 & 1 & 2 & 3 \end{pmatrix}$$

$$\xrightarrow{②+④×3} \begin{pmatrix} 0 & 0 & 0 & 1 \\ 0 & -1 & 2 & 8 \\ 0 & 0 & 2 & 2 \\ 1 & 0 & 1 & 3 \\ 0 & 1 & 2 & 3 \end{pmatrix} \xrightarrow[\substack{(①,④) \\ ⑤+②}]{} \begin{pmatrix} 1 & 0 & 1 & 3 \\ 0 & -1 & 2 & 8 \\ 0 & 0 & 2 & 2 \\ 0 & 0 & 0 & 1 \\ 0 & 0 & 4 & 11 \end{pmatrix}$$

$$\xrightarrow{⑤+③×(-2)} \begin{pmatrix} 1 & 0 & 1 & 3 \\ 0 & -1 & 2 & 8 \\ 0 & 0 & 2 & 2 \\ 0 & 0 & 0 & 1 \\ 0 & 0 & 0 & 7 \end{pmatrix} \xrightarrow{⑤+④×(-7)} \begin{pmatrix} 1 & 0 & 1 & 3 \\ 0 & -1 & 2 & 8 \\ 0 & 0 & 2 & 2 \\ 0 & 0 & 0 & 1 \\ 0 & 0 & 0 & 0 \end{pmatrix}.$$

所以 $r(A^T)=4$.

可以证明,对于任意矩阵 A,有 $r(A)=r(A^T)$.

定义 4 设 A 是 n 阶方阵,若 $r(A)=n$,则称 A 为满秩矩阵,或称 A 是非奇异的.

例如

$$A=\begin{pmatrix} 2 & 1 & 1 \\ 0 & 4 & 3 \\ 0 & 0 & 2 \end{pmatrix}, \quad B=\begin{pmatrix} 1 & 0 & 0 & 0 \\ 0 & 1 & 0 & 0 \\ 0 & 0 & 1 & 0 \\ 0 & 0 & 0 & 1 \end{pmatrix}$$

都是满秩矩阵.

定理 1 任何满秩矩阵都能经过初等行变换化成单位矩阵.

事实上,任何矩阵经过初等行变换都能化为阶梯形矩阵.而满秩矩阵是方阵,所以它的阶梯矩阵中不出现零行,即主对角线上的元素均不为零.如果再对这个阶梯形矩阵进行初等行变换,就可以将除主对角线上的元素外的所有其他元素均化为零,最后用倍乘变换把主对角线上的元素化为 1,这样满秩矩阵就化成了单位矩阵.

例 3 设矩阵

$$A=\begin{pmatrix} 0 & 2 & -1 \\ 1 & 1 & 2 \\ -1 & -1 & -1 \end{pmatrix}.$$

判断 A 是否为满秩矩阵. 若是,将 A 化为单位矩阵.

解

$$A=\begin{pmatrix} 0 & 2 & -1 \\ 1 & 1 & 2 \\ -1 & -1 & -1 \end{pmatrix} \xrightarrow{(①,②)} \begin{pmatrix} 1 & 1 & 2 \\ 0 & 2 & -1 \\ -1 & -1 & -1 \end{pmatrix}$$

$$\xrightarrow{③+①} \begin{pmatrix} 1 & 1 & 2 \\ 0 & 2 & -1 \\ 0 & 0 & 1 \end{pmatrix}.$$

因为 $r(A)=3$,所以 A 是满秩矩阵.

$$A \longrightarrow \begin{pmatrix} 1 & 1 & 2 \\ 0 & 2 & -1 \\ 0 & 0 & 1 \end{pmatrix} \xrightarrow[①+③\times(-2)]{②+③} \begin{pmatrix} 1 & 1 & 0 \\ 0 & 2 & 0 \\ 0 & 0 & 1 \end{pmatrix}$$

$$\xrightarrow{①+②\times\left(-\frac{1}{2}\right)} \begin{pmatrix} 1 & 0 & 0 \\ 0 & 2 & 0 \\ 0 & 0 & 1 \end{pmatrix} \xrightarrow{②\times\frac{1}{2}} \begin{pmatrix} 1 & 0 & 0 \\ 0 & 1 & 0 \\ 0 & 0 & 1 \end{pmatrix}.$$

习题 6.4

1. 求下列矩阵的秩:

(1) $\begin{pmatrix} 3 & 1 & 0 & 2 \\ 1 & -1 & 2 & -1 \\ 1 & 3 & -4 & 4 \end{pmatrix}$;   (2) $\begin{pmatrix} 3 & 2 & -1 & -3 & -2 \\ 2 & -1 & 3 & 1 & -3 \\ 7 & 0 & 5 & -1 & 8 \end{pmatrix}$;

(3) $\begin{pmatrix} 7 & -2 & 0 & 1 \\ -1 & 4 & 5 & -3 \\ 2 & 0 & 3 & 8 \end{pmatrix}$;

(4) $\begin{pmatrix} -3 & 0 & 1 & 5 \\ 2 & -1 & 4 & 7 \\ 1 & 3 & 0 & 6 \\ 2 & 0 & -4 & 5 \end{pmatrix}$;

(5) $\begin{pmatrix} 1 & 2 & -3 & 4 & 0 \\ 0 & 1 & 2 & 1 & 1 \\ -1 & -1 & 5 & -3 & 1 \end{pmatrix}$;

(6) $\begin{pmatrix} 1 & 1 & 1 & 0 & 1 & 1 & 2 & 0 \\ 1 & 1 & 1 & 1 & 0 & 1 & 1 & 0 \\ 2 & 2 & 2 & 1 & 1 & 2 & 3 & 1 \\ 3 & 3 & 3 & 2 & 1 & 3 & 4 & 1 \end{pmatrix}$.

2. 设

$$A = \begin{pmatrix} 3 & -1 & 2 & 0 \\ 1 & 1 & -4 & 2 \\ 0 & -2 & 3 & 1 \end{pmatrix}.$$

求 $r(A), r(A^T)$.

3. 设

$$A = \begin{pmatrix} 1 & 2 & 4 \\ 2 & \lambda & 1 \\ 1 & 1 & 0 \end{pmatrix}.$$

求 λ, 使 $r(A)$ 有最小值.

§6.5 逆矩阵

在 6.3 节中定义了矩阵的加法、乘法运算. 矩阵能定义除法吗？我们先来看数的乘法和除法的关系.

$$5 \div 5 = 5 \times \frac{1}{5} = \frac{1}{5} \times 5 = 1.$$

这种运算在实数的运算中叫作除法. 矩阵没有除法, 但有类似的运算.

一、逆矩阵

定义 1 设 n 阶方阵 A, 如果存在一个 n 阶方阵 B, 使得

$$AB = BA = E,$$

则称 A 是可逆矩阵（简称 A 可逆）, 并称 B 是 A 的逆矩阵, 记作 A^{-1}, 即 $B = A^{-1}$.

根据定义 1 可知, 若方阵 A 可逆, 则存在矩阵 A^{-1}, 满足

$$AA^{-1} = A^{-1}A = E.$$

例 1 设

$$A = \begin{pmatrix} 1 & 2 \\ 2 & 3 \end{pmatrix}, \quad B = \begin{pmatrix} -3 & 2 \\ 2 & -1 \end{pmatrix}.$$

验证 B 是否为 A 的逆矩阵.

证 因为

$$AB = \begin{pmatrix} 1 & 2 \\ 2 & 3 \end{pmatrix} \begin{pmatrix} -3 & 2 \\ 2 & -1 \end{pmatrix} = \begin{pmatrix} 1 & 0 \\ 0 & 1 \end{pmatrix},$$

$$BA = \begin{pmatrix} -3 & 2 \\ 2 & -1 \end{pmatrix} \begin{pmatrix} 1 & 2 \\ 2 & 3 \end{pmatrix} = \begin{pmatrix} 1 & 0 \\ 0 & 1 \end{pmatrix},$$

即有 $AB = BA = E$，故 B 是 A 的逆矩阵.

例 2 单位矩阵是可逆的，且 $E^{-1} = E$.

证 因为 $EE = EE = E$，所以 E 是可逆的，且 $E^{-1} = E$.

例 3 零矩阵不可逆.

证 设 O 是 n 阶零矩阵. 对任意 n 阶方阵 A，都有

$$OA = AO = O \neq E.$$

故零矩阵不可逆.

容易验证例 1 中矩阵 A, B 都是满秩矩阵. 这种满秩矩阵与可逆矩阵的相关关系可由下面定理给予保证.

定理 1 n 阶方阵 A 可逆的充分必要条件是 A 为满秩矩阵，即 $r(A) = n$.

如

$$A = \begin{pmatrix} 1 & 2 \\ 2 & 3 \end{pmatrix} \longrightarrow \begin{pmatrix} 1 & 2 \\ 0 & -1 \end{pmatrix}.$$

因为 $r(A) = 2$，故 A 是可逆的，而矩阵

$$C = \begin{pmatrix} 1 & 2 \\ 2 & 4 \end{pmatrix} \longrightarrow \begin{pmatrix} 1 & 2 \\ 0 & 0 \end{pmatrix}$$

的秩 $r(C) = 1$，所以 C 不是可逆矩阵.

我们不加证明给出下述定理.

定理 2 设 A, B 都是 n 阶矩阵，若 $AB = E$（或 $BA = E$），则 A, B 均可逆，并且 $A^{-1} = B$，$B^{-1} = A$.

利用定理 2 判定矩阵是否可逆，比直接用定义判定要简单一些，但是必须注意，矩阵 A, B 是同阶方阵.

二、逆矩阵的性质

可逆矩阵主要有以下性质：

性质 1 若 A 可逆，则 A^{-1} 是唯一的.

证 假设 B_1, B_2 都是 A 的逆矩阵，有

$$AB_1 = B_1 A = E, \quad AB_2 = B_2 A = E,$$

则

$$B_1 = B_1 E = B_1 (AB_2) = (B_1 A) B_2 = EB_2 = B_2.$$

故 A 的逆矩阵唯一.

性质 2 若 A 可逆，则 A^{-1} 也可逆，并且 $(A^{-1})^{-1} = A$.

证 A 可逆，所以 A^{-1} 存在，且 $AA^{-1} = E$. 故 A^{-1} 也可逆，且 $(A^{-1})^{-1} = A$.

性质 3 若 n 阶方阵 A 与 B 均可逆，则 AB 也可逆，并且 $(AB)^{-1} = B^{-1} A^{-1}$.

证 因为

$$(AB)(B^{-1} A^{-1}) = A(BB^{-1})A^{-1} = AEA^{-1} = AA^{-1} = E.$$

由定理 2 知 AB 可逆，且 $(AB)^{-1} = B^{-1} A^{-1}$.

性质 3 可推广到有限个 n 阶可逆矩阵相乘的情形.

性质 4 由 A 可逆,则 A^T 也可逆,并且 $(A^T)^{-1} = (A^{-1})^T$.

证 因为 A 可逆,故 A^{-1} 存在,而
$$A^T(A^{-1})^T = (A^{-1}A)^T = E^T = E.$$
所以 A^T 可逆,且 $(A^T)^{-1} = (A^{-1})^T$.

例 4 设 A 可逆,问:kA(k 为常数)是否可逆? 当 kA 可逆时,求 kA 的逆矩阵.

解 因为 A 可逆,则 A^{-1} 存在,而
$$kA\left(\frac{1}{k}A^{-1}\right) = \left(k \cdot \frac{1}{k}\right)AA^{-1} = 1E = E.$$
所以,当 $k \neq 0$ 时,kA 可逆,且 $(kA)^{-1} = \frac{1}{k}A^{-1}$.

三、逆矩阵的求法

若 A 可逆,则 A 是满秩矩阵,由 §6.4 的定理 1 知,矩阵 A 总可以经过一系列初等行变换化成单位矩阵 E,用一系列同样的初等行变换作用到 E 上,单位矩阵 E 就化成 A^{-1}.由此得到用初等行变换求逆矩阵的方法.

$$(A \vdots E) \xrightarrow{\text{初等行变换}} (E \vdots A^{-1}).$$

即在矩阵 A 的右边写出与 A 同阶的单位矩阵 E,构成一个 $n \times 2n$ 矩阵 $(A \vdots E)$,然后对 $(A \vdots E)$ 进行初等行变换,当它的左块 A 化成单位矩阵 E 时,它们的右块就是 A^{-1}.

例 5 设
$$A = \begin{pmatrix} 3 & -1 \\ 2 & -1 \end{pmatrix},$$
求 A^{-1}.

解 因为
$$(A \vdots E) = \begin{pmatrix} 3 & -1 & \vdots & 1 & 0 \\ 2 & -1 & \vdots & 0 & 1 \end{pmatrix} \xrightarrow{①+②\times(-1)} \begin{pmatrix} 1 & 0 & \vdots & 1 & -1 \\ 2 & -1 & \vdots & 0 & 1 \end{pmatrix}$$

$$\xrightarrow{②+①\times(-2)} \begin{pmatrix} 1 & 0 & \vdots & 1 & -1 \\ 0 & -1 & \vdots & -2 & 3 \end{pmatrix} \xrightarrow{②\times(-1)} \begin{pmatrix} 1 & 0 & \vdots & 1 & -1 \\ 0 & 1 & \vdots & 2 & -3 \end{pmatrix}.$$

所以 $A^{-1} = \begin{pmatrix} 1 & -1 \\ 2 & -3 \end{pmatrix}$.

验证 $AA^{-1} = \begin{pmatrix} 3 & -1 \\ 2 & -1 \end{pmatrix}\begin{pmatrix} 1 & -1 \\ 2 & -3 \end{pmatrix} = \begin{pmatrix} 1 & 0 \\ 0 & 1 \end{pmatrix}$.

例 6 设
$$A = \begin{pmatrix} 1 & -1 & -1 \\ 2 & -1 & -3 \\ 3 & 2 & -5 \end{pmatrix},$$
求 A^{-1}.

解
$$(A \vdots E) = \begin{pmatrix} 1 & -1 & -1 & \vdots & 1 & 0 & 0 \\ 2 & -1 & -3 & \vdots & 0 & 1 & 0 \\ 3 & 2 & -5 & \vdots & 0 & 0 & 1 \end{pmatrix} \longrightarrow \begin{pmatrix} 1 & -1 & -1 & \vdots & 1 & 0 & 0 \\ 0 & 1 & -1 & \vdots & -2 & 1 & 0 \\ 0 & 5 & -2 & \vdots & -3 & 0 & 1 \end{pmatrix}$$

$$\rightarrow \begin{pmatrix} 1 & -1 & -1 & 1 & 0 & 0 \\ 0 & 1 & -1 & -2 & 1 & 0 \\ 0 & 0 & 3 & 7 & -5 & 1 \end{pmatrix}$$

$$\rightarrow \begin{pmatrix} 1 & -1 & -1 & 1 & 0 & 0 \\ 0 & 1 & -1 & -2 & 1 & 0 \\ 0 & 0 & 1 & \frac{7}{3} & -\frac{5}{3} & \frac{1}{3} \end{pmatrix}$$

$$\rightarrow \begin{pmatrix} 1 & -1 & 0 & \frac{10}{3} & -\frac{5}{3} & \frac{1}{3} \\ 0 & 1 & 0 & \frac{1}{3} & -\frac{2}{3} & \frac{1}{3} \\ 0 & 0 & 1 & \frac{7}{3} & -\frac{5}{3} & \frac{1}{3} \end{pmatrix}$$

$$\rightarrow \begin{pmatrix} 1 & 0 & 0 & \frac{11}{3} & -\frac{7}{3} & \frac{2}{3} \\ 0 & 1 & 0 & \frac{1}{3} & -\frac{2}{3} & \frac{1}{3} \\ 0 & 0 & 1 & \frac{7}{3} & -\frac{5}{3} & \frac{1}{3} \end{pmatrix}.$$

所以 $\boldsymbol{A}^{-1} = \begin{pmatrix} \frac{11}{3} & -\frac{7}{3} & \frac{2}{3} \\ \frac{1}{3} & -\frac{2}{3} & \frac{1}{3} \\ \frac{7}{3} & -\frac{5}{3} & \frac{1}{3} \end{pmatrix}.$

有 n 个未知数, n 个方程的线性方程组

$$\begin{cases} a_{11}x_1 + a_{12}x_2 + \cdots + a_{1n}x_n = b_1 \\ a_{21}x_1 + a_{22}x_2 + \cdots + a_{2n}x_n = b_2 \\ \cdots\cdots\cdots\cdots\cdots\cdots\cdots\cdots\cdots\cdots\cdots \\ a_{n1}x_1 + a_{n2}x_2 + \cdots + a_{nn}x_n = b_n. \end{cases}$$

设

$$\boldsymbol{A} = \begin{pmatrix} a_{11} & a_{12} & \cdots & a_{1n} \\ a_{21} & a_{22} & \cdots & a_{2n} \\ \vdots & \vdots & & \vdots \\ a_{n1} & a_{n2} & \cdots & a_{nn} \end{pmatrix},$$

$$\boldsymbol{X} = \begin{pmatrix} x_1 \\ x_2 \\ \vdots \\ x_n \end{pmatrix}, \quad \boldsymbol{B} = \begin{pmatrix} b_1 \\ b_2 \\ \vdots \\ b_n \end{pmatrix}.$$

则线性方程组可表示为 $\boldsymbol{AX} = \boldsymbol{B}$, 称为矩阵方阵. 若 $\boldsymbol{A}$ 可逆, 则 $\boldsymbol{A}^{-1}$ 存在, 用 $\boldsymbol{A}^{-1}$ 左乘矩阵方程, 得

$$A^{-1}AX = A^{-1}B,$$

即 $EX = A^{-1}B$，所以

$$X = A^{-1}B.$$

例 7 用逆矩阵求线性方程组的解

$$\begin{cases} x_1 - x_2 - x_3 = 2 \\ 2x_1 - x_2 - 3x_3 = 1 \\ 3x_1 + 2x_2 - 5x_3 = 0. \end{cases}$$

解 记

$$A = \begin{pmatrix} 1 & -1 & -1 \\ 2 & -1 & -3 \\ 3 & 2 & -5 \end{pmatrix}, \quad X = \begin{pmatrix} x_1 \\ x_2 \\ x_3 \end{pmatrix}, \quad B = \begin{pmatrix} 2 \\ 1 \\ 0 \end{pmatrix}.$$

因为

$$A^{-1} = \begin{pmatrix} \frac{11}{3} & -\frac{7}{3} & \frac{2}{3} \\ \frac{1}{3} & -\frac{2}{3} & \frac{1}{3} \\ \frac{7}{3} & -\frac{5}{3} & \frac{1}{3} \end{pmatrix},$$

所以

$$X = A^{-1}B = \begin{pmatrix} \frac{11}{3} & -\frac{7}{3} & \frac{2}{3} \\ \frac{1}{3} & -\frac{2}{3} & \frac{1}{3} \\ \frac{7}{3} & -\frac{5}{3} & \frac{1}{3} \end{pmatrix} \begin{pmatrix} 2 \\ 1 \\ 0 \end{pmatrix} = \begin{pmatrix} 5 \\ 0 \\ 3 \end{pmatrix}.$$

即线性方程组的解为

$$x_1 = 5, \quad x_2 = 0, \quad x_3 = 3.$$

例 8 我国某地方为避开高峰期用电，实行分时段计费，鼓励夜间用电. 某地白天 (AM8：00—PM11：00) 与夜间 (PM11：00—AM8：00) 的电费标准为 P，若某宿舍两户人某月用电情况如下：

$$\begin{matrix} & 白天 & 夜晚 \\ 一 \\ 二 \end{matrix} \begin{pmatrix} 120 & 150 \\ 132 & 174 \end{pmatrix}.$$

所交电费 $F = (90.29 \quad 101.41)$，问如何用矩阵的运算表示当地电标标准 P？

解 令 $A = \begin{pmatrix} 120 & 150 \\ 132 & 174 \end{pmatrix}$，因为 $AP = F^T$，等式两边同时左乘矩阵 A^{-1}，可以得到当地的电费标准为 $P = A^{-1}F^T$.

下面用初等行变换求 A^{-1}.

$$\begin{pmatrix} 120 & 150 & \vdots & 1 & 0 \\ 132 & 174 & \vdots & 0 & 1 \end{pmatrix} \rightarrow \begin{pmatrix} 4 & 5 & \vdots & \frac{1}{30} & 0 \\ 132 & 174 & \vdots & 0 & 1 \end{pmatrix}$$

$$\longrightarrow \begin{pmatrix} 4 & 5 & \bigm| & \frac{1}{30} & 0 \\ 0 & 9 & \bigm| & -\frac{11}{10} & 1 \end{pmatrix} \longrightarrow \begin{pmatrix} 4 & 5 & \bigm| & \frac{1}{30} & 0 \\ 0 & 1 & \bigm| & -\frac{11}{90} & \frac{1}{9} \end{pmatrix}$$

$$\longrightarrow \begin{pmatrix} 4 & 0 & \bigm| & \frac{29}{45} & -\frac{5}{9} \\ 0 & 1 & \bigm| & -\frac{11}{90} & \frac{1}{9} \end{pmatrix} \longrightarrow \begin{pmatrix} 1 & 0 & \bigm| & \frac{29}{180} & -\frac{5}{36} \\ 0 & 1 & \bigm| & -\frac{11}{90} & \frac{1}{9} \end{pmatrix}.$$

即 $A^{-1} = \begin{pmatrix} \frac{29}{180} & -\frac{5}{36} \\ -\frac{11}{90} & \frac{1}{9} \end{pmatrix}$,所以

$$P = A^{-1} F^T = \begin{pmatrix} \frac{29}{180} & -\frac{5}{36} \\ -\frac{11}{90} & \frac{1}{9} \end{pmatrix} \begin{pmatrix} 90.29 \\ 101.41 \end{pmatrix} = \begin{pmatrix} 0.4620 \\ 0.2323 \end{pmatrix}.$$

即白天的电费标准为 0.462 元/度,夜间的电费标准为 0.2323 元/度.

习题 6.5

1. 判断下列矩阵是否可逆:

(1) $\begin{pmatrix} 1 & 0 \\ 0 & 1 \end{pmatrix}$;   (2) $\begin{pmatrix} 1 & -1 \\ -1 & 1 \end{pmatrix}$;   (3) $\begin{pmatrix} 2 & 1 & 1 \\ 3 & 1 & 2 \\ 1 & -1 & 0 \end{pmatrix}$.

2. 设

$$A = \begin{pmatrix} 1 & 2 \\ 3 & 5 \end{pmatrix}; \quad B = \begin{pmatrix} -5 & x \\ 3 & y \end{pmatrix}.$$

试确定 x, y 的值,使 B 是 A 的逆矩阵.

3. 求下列矩阵的逆矩阵:

(1) $\begin{pmatrix} 1 & 2 & 3 \\ 2 & 1 & 2 \\ 1 & 3 & 3 \end{pmatrix}$;   (2) $\begin{pmatrix} 2 & -1 & 1 \\ 1 & 0 & 1 \\ 3 & -1 & 4 \end{pmatrix}$;

(3) $\begin{pmatrix} 4 & 1 & 2 \\ 3 & 2 & 1 \\ 5 & -3 & 2 \end{pmatrix}$;   (4) $\begin{pmatrix} 1 & 1 & 1 & 1 \\ 1 & 1 & -1 & -1 \\ 1 & -1 & 1 & -1 \\ 1 & -1 & -1 & 1 \end{pmatrix}$.

4. 试用逆矩阵求线性方程组

$$\begin{cases} 2x_1 - x_2 - x_3 = 2 \\ x_1 + x_2 + 4x_3 = 0 \\ 3x_1 \quad\quad\; + 5x_3 = 3. \end{cases}$$

5. 证明:

(1) 若 A, B, C 为同阶方阵且均可逆,则 ABC 也可逆,且

$$(ABC)^{-1} = C^{-1} B^{-1} A^{-1};$$

(2) 若 $AB = AC$,且 A 为可逆方阵,则 $B = C$.

6. 数量矩阵 kE (k 为常数)何时可逆?何时不可逆?当 kE 可逆时,求它的逆矩阵.

§6.6 解线性方程组

在工程技术和经济管理中的许多问题,经常可以归结为解一个线性方程组,虽然在初等数学中,曾经学过用加减消元法或代入法解二元一次或三元一次方程组,并且我们利用解析几何的知识知道二元一次方程组的解的情况只可能有三种:有唯一解、有无穷多解、无解.但是在许多实际问题中,我们遇到的方程组中未知数个数经常超过 3 个,而且方程组中未知量个数与方程的个数也不一定相同.如

$$\begin{cases} x_1+3x_2+2x_3-4x_4=2 \\ 2x_1+x_2+3x_3+2x_4=1 \\ 4x_1+2x_2+x_3+x_4=6. \end{cases}$$

那么这种方程组是否有解?如果有解,解是否唯一?如何求解?这些就是本章要讨论的主要问题.一般地,由含 n 个未知数,m 个线性方程的方程组

$$\begin{cases} a_{11}x_1+a_{12}x_2+\cdots+a_{1n}x_n=b_1 \\ a_{21}x_1+a_{22}x_2+\cdots+a_{2n}x_n=b_2 \\ \cdots\cdots\cdots\cdots\cdots\cdots\cdots\cdots \\ a_{m1}x_1+a_{m2}x_2+\cdots+a_{mn}x_n=b_m. \end{cases} \tag{13}$$

其中系数 $a_{ij}(i=1,2,\cdots,m;j=1,2,\cdots,n)$,常数项 $b_i(i=1,2,\cdots,m)$ 都是已知数,$x_j(j=1,2,\cdots,n)$ 是未知数,当 $b_1,b_2,\cdots,b_m$ 不全为零时,方程(13)称为非齐次线性方程组.

当方程(13)中的常数项 $b_1,b_2,\cdots,b_m$ 全为零时,即

$$\begin{cases} a_{11}x_1+a_{12}x_2+\cdots+a_{1n}x_n=0 \\ a_{21}x_1+a_{22}x_2+\cdots+a_{2n}x_n=0 \\ \cdots\cdots\cdots\cdots\cdots\cdots\cdots\cdots \\ a_{m1}x_1+a_{m2}x_2+\cdots+a_{mn}x_n=0, \end{cases} \tag{14}$$

称为齐次线性方程组.

由 n 个数 $k_1,k_2,\cdots,k_n$ 组成的一个有序数组

$$(k_1,k_2,\cdots,k_n),$$

如果将它们依次代替方程组(13)中的 $x_1,x_2,\cdots,x_n$ 后,方程组(13)中的每个方程都变成恒等式,则称这个序数组$(k_1,k_2,\cdots,k_n)$为方程组(13)的解.显然由 $x_1=0,x_2=0,\cdots,x_n=0$ 组成的有序数组$(0,0,\cdots,0)$是齐次线性方程组(14)的一个解.称这个解为齐次方程组(14)的零解,而当齐次线性方程组的未知数的值不全为零的解称为非零解.

线性方程组(13)可以用矩阵的形式表示成

$$AX=B.$$

其中

$$A=\begin{pmatrix} a_{11} & a_{12} & \cdots & a_{1n} \\ a_{21} & a_{22} & \cdots & a_{2n} \\ \vdots & \vdots & & \vdots \\ a_{m1} & a_{m2} & \cdots & a_{mn} \end{pmatrix}, \quad X=\begin{pmatrix} x_1 \\ x_2 \\ \vdots \\ x_n \end{pmatrix}, \quad B=\begin{pmatrix} b_1 \\ b_2 \\ \vdots \\ b_m \end{pmatrix}.$$

称 A 为方程组(13)的系数矩阵,X 为未知数矩阵,B 为常数矩阵.

另外,由系数矩阵 A 和常数矩阵 B 构成的矩阵

$$(A \vdots B) = \begin{pmatrix} a_{11} & a_{12} & \cdots & a_{1n} & b_1 \\ a_{21} & a_{22} & \cdots & a_{2n} & b_2 \\ \vdots & \vdots & & \vdots & \vdots \\ a_{m1} & a_{m2} & \cdots & a_{mn} & b_m \end{pmatrix}$$

称为方程组(13)的增广矩阵.

消元法是解二元或三元线性方程组的常用方法,也可以将它推广到解 n 元线性方程组. 它的基本思想是将方程组中的一些方程化为未知数较少的方程,从而容易判断方程组解的情况或求出方程组的解.

下面通过例子说明消元法的具体方法.

例 1 解线性方程组

$$\begin{cases} x_1 + 2x_2 - 3x_3 = 4 \\ 2x_1 + 3x_2 - 5x_3 = 7 \\ 4x_1 + 3x_2 - 9x_3 = 9 \\ 2x_1 + 5x_2 - 8x_3 = 8. \end{cases}$$

解 将第 1 个方程分别乘以适当的数,分别加到第 2,3,4 个方程上,消去这些方程中的含 x_1 的项,得

$$\xrightarrow[\substack{②+①×(-2)\\③+①×(-4)\\④+①×(-2)}]{} \begin{cases} x_1 + 2x_2 - 3x_3 = 4 \\ -x_2 + x_3 = -1 \\ -5x_2 + 3x_3 = -7 \\ x_2 - 2x_3 = 0 \end{cases}$$

将第 2 个方程乘以适当的数分别加到第 3,4 个方程上,消去这些方程中含 x_2 的项,得

$$\xrightarrow[\substack{③+②×(-5)\\④+②}]{} \begin{cases} x_1 + 2x_2 - 3x_3 = 4 \\ -x_2 + x_3 = -1 \\ -2x_3 = -2 \\ -x_3 = -1 \end{cases}$$

$$\xrightarrow{④+③×\left(-\frac{1}{2}\right)} \begin{cases} x_1 + 2x_2 - 3x_3 = 4 \\ -x_2 + x_3 = -1 \\ -2x_3 = -2 \\ 0 = 0 \end{cases}$$

将方程组中的第 2 个方程中的 x_2 的系数,第 3 个方程中 x_3 的系数化为 1,得

$$\xrightarrow[\substack{②×(-1)\\③×\left(-\frac{1}{2}\right)}]{} \begin{cases} x_1 + 2x_2 - 3x_3 = 4 \\ x_2 - x_3 = 1 \\ x_3 = 1 \\ 0 = 0. \end{cases} \tag{15}$$

由方程组(15)的方程 3 得 $x_3 = 1$.

回代至第 2 个方程,可解得 $x_2 = 2$.

将 $x_2=2, x_3=1$ 回代至第 1 个方程,可解得 $x_1=3$.

经验算知 $x_1=3, x_2=2, x_3=1$ 是原方程组的解.

总结例 1 的求解过程,实际上是对方程组反复施行三种变换:(1) 将两个方程位置互换;(2)将一个方程遍乘一个非零常数 k;(3)将一个方程倍乘一个数后加到另一个方程上.利用初等数学的知识知这三种变换不改变线性方程组的解.即变换后的线性方程组与原方程组是同解方程组.

由于线性方程组可以用增广矩阵表示,并且对方程组施行的三种变换实质上就是对增广矩阵施行初等行变换.故线性方程组的求解过程完全可以用矩阵的初等行变换表示出来.

如例 1,用增广矩阵表示线性方程组,则解题过程如下:

$$(A \vdots B) = \begin{pmatrix} 1 & 2 & -3 & 4 \\ 2 & 3 & -5 & 7 \\ 4 & 3 & -9 & 9 \\ 2 & 5 & -8 & 8 \end{pmatrix} \xrightarrow[\text{④}+\text{①}\times(-2)]{\substack{\text{②}+\text{①}\times(-2) \\ \text{③}+\text{①}\times(-4)}} \begin{pmatrix} 1 & 2 & -3 & 4 \\ 0 & -1 & 1 & -1 \\ 0 & -5 & 3 & -7 \\ 0 & 1 & -2 & 0 \end{pmatrix}$$

$$\xrightarrow[\text{④}+\text{②}]{\substack{\text{③}+\text{②}\times(-5)}} \begin{pmatrix} 1 & 2 & -3 & 4 \\ 0 & -1 & 1 & -1 \\ 0 & 0 & -2 & -2 \\ 0 & 0 & -1 & -1 \end{pmatrix} \xrightarrow{\text{④}+\text{③}\times\left(-\frac{1}{2}\right)} \begin{pmatrix} 1 & 2 & -3 & 4 \\ 0 & -1 & 1 & -1 \\ 0 & 0 & -2 & -2 \\ 0 & 0 & 0 & 0 \end{pmatrix}$$

$$\xrightarrow[\text{③}\times\left(-\frac{1}{2}\right)]{\text{②}\times(-1)} \begin{pmatrix} 1 & 2 & -3 & 4 \\ 0 & 1 & -1 & 1 \\ 0 & 0 & 1 & 1 \\ 0 & 0 & 0 & 0 \end{pmatrix}.$$

它表示的方程组就是方程组(15),解为

$$x_1 = 3, \quad x_2 = 2, \quad x_3 = 1.$$

由此可见,用矩阵表示线性方程组的求解过程,不仅简便,而且清晰明了,特别是当未知数个数或方程数目较多时,优势更为明显.

归纳起来,例 1 的求解过程可以表述为:首先用增广矩阵 $(A \vdots B)$ 表示线性方程组 $AX=B$,然后将 $(A \vdots B)$ 用初等行变换化成阶梯形矩阵,最后用逐次回代的方法解对应的方程组,所得的解即为线性方程组 $AX=B$ 的解,这种解线性方程组的方法称为高斯消元法.

例 2 解线性方程组

$$\begin{cases} x_1 + x_2 + x_3 = 1 \\ -x_1 + 2x_2 - 4x_3 = 2 \\ 2x_1 + 5x_2 - x_3 = 3. \end{cases}$$

解

$$(A \vdots B) = \begin{pmatrix} 1 & 1 & 1 & 1 \\ -1 & 2 & -4 & 2 \\ 2 & 5 & -1 & 3 \end{pmatrix} \longrightarrow \begin{pmatrix} 1 & 1 & 1 & 1 \\ 0 & 3 & -3 & 3 \\ 0 & 3 & -3 & 1 \end{pmatrix}$$

$$\longrightarrow \begin{pmatrix} 1 & 1 & 1 & 1 \\ 0 & 3 & -3 & 3 \\ 0 & 0 & 0 & -2 \end{pmatrix} \longrightarrow \begin{pmatrix} 1 & 1 & 1 & 1 \\ 0 & 1 & -1 & 1 \\ 0 & 0 & 0 & -2 \end{pmatrix}.$$

这个阶梯形矩阵对应的方程组为

$$\begin{cases} x_1+x_2+x_3=1 \\ x_2-x_3=1 \\ 0x_3=-2. \end{cases}$$

显然,无论 x_1,x_2,x_3 取哪一组数,都不能使第 3 个方程变成恒等式,说明此方程组无解,从而原方程组无解.

例 3　解线性方程组

$$\begin{cases} x_1-x_2+x_3-x_4=0 \\ 2x_1-x_2+3x_3-2x_4=-1 \\ 3x_1-2x_2-x_3+2x_4=4. \end{cases}$$

解

$$(A \vdots B)=\begin{pmatrix} 1 & -1 & 1 & -1 & 0 \\ 2 & -1 & 3 & -2 & -1 \\ 3 & -2 & -1 & 2 & 4 \end{pmatrix} \longrightarrow \begin{pmatrix} 1 & -1 & 1 & -1 & 0 \\ 0 & 1 & 1 & 0 & -1 \\ 0 & 1 & -4 & 5 & 4 \end{pmatrix}$$

$$\longrightarrow \begin{pmatrix} 1 & -1 & 1 & -1 & 0 \\ 0 & 1 & 1 & 0 & -1 \\ 0 & 0 & -5 & 5 & 5 \end{pmatrix} \longrightarrow \begin{pmatrix} 1 & -1 & 1 & -1 & 0 \\ 0 & 1 & 1 & 0 & -1 \\ 0 & 0 & 1 & -1 & -1 \end{pmatrix}.$$

阶梯形矩阵对应的线性方程组为

$$\begin{cases} x_1-x_2+x_3-x_4=0 \\ x_2+x_3=-1 \\ x_3-x_4=-1 \end{cases} \tag{16}$$

将方程(16)中含 x_4 的项移至等号右端,得

$$\begin{cases} x_1-x_2+x_3=x_4 \\ x_2+x_3=-1 \\ x_3=x_4-1 \end{cases} \tag{17}$$

将方程组(17)的第 3 个方程 $x_3=x_4-1$ 回代到第 2 个方程中,得

$$x_2=-x_4,$$

再将 $x_2=-x_4,x_3=x_4-1$ 回代到第 1 个方程中,得 $x_1=-x_4+1$,即得原方程组的解为

$$\begin{cases} x_1=-x_4+1 \\ x_2=-x_4 \\ x_3=x_4-1, \end{cases} \tag{18}$$

显然,未知数 x_4 任取一值代入方程组(18),都可以求得相应的 x_1,x_2,x_3 的一组值,从而得方程组的一个解.因为未知数 x_4 可以任意取值,所以原方程组就有无穷多个解.

(18)表示了方程组的所有解,称(18)等号右边的未知数 x_4 为原方程组的自由未知数,称用自由未知数表示其他未知数的表达式为方程组一般解.

设 $x_4=k$ (k 为任意实数),则可以把一般解(18)改写为

$$\begin{cases} x_1 = -k+1 \\ x_2 = -k \\ x_3 = k-1 \\ x_4 = k. \end{cases}$$

用矩阵形式表示为

$$\begin{pmatrix} x_1 \\ x_2 \\ x_3 \\ x_4 \end{pmatrix} = \begin{pmatrix} -k+1 \\ -k \\ k-1 \\ k \end{pmatrix} = \begin{pmatrix} -k \\ -k \\ k \\ k \end{pmatrix} + \begin{pmatrix} 1 \\ 0 \\ -1 \\ 0 \end{pmatrix} = k\begin{pmatrix} -1 \\ -1 \\ 1 \\ 1 \end{pmatrix} + \begin{pmatrix} 1 \\ 0 \\ -1 \\ 0 \end{pmatrix}, \quad (k \text{ 为任意实数}).$$

称为方程组所有解.

由例1,例2,例3知线性方程组的解有三种情况:唯一解、无穷多解、无解.另外,在例3中自由未知数的取法不是唯一的,也可以取 x_1 或 x_2 作自由未知数.

如取 x_3 作自由未知数,由(16)将 x_3 移到右端

$$\begin{cases} x_1 - x_2 - x_4 = x_3 \\ x_2 = -x_3 - 1 \\ x_4 = x_3 + 1 \end{cases}$$

回代,得

$$\begin{cases} x_1 = -x_3 \\ x_2 = -x_3 - 1 \\ x_4 = x_3 + 1. \end{cases} \tag{19}$$

它也是例3的一般解.一般解(18)和(19)虽然形式不同,但本质上是一样的,都表示了线性方程组的所有解.

综上所述,高斯消元法解线性方程组的一般步骤为:

(1) 写出增广矩阵 $(A \vdots B)$,用初等行变换将 $(A \vdots B)$ 化成阶梯形矩阵;

(2) 写出阶梯形矩阵相应的方程组,并且用回代的方法求出一般解;

(3) 设自由未知数为 k_i(自由未知数可能不止一个),写出方程组的所有解的矩阵形式.

上面讨论了高斯消元法解线性方程组的方法,通过例题可知,线性方程组的解有三种情况:无穷多解、唯一解和无解.归纳上面三个例题的求解过程,判断线性方程组(13)是否有解,就是将线性方程组(13)的增广矩阵 $(A \vdots B)$ 和系数矩阵 A 化为阶梯形矩阵后,看非零行行数是否相同,从前面可知,一个矩阵用初等行变换化为阶梯形矩阵后的非零行的行数就等于该矩阵的秩,因此,可以用矩阵的秩来反映线性方程组(13)解的情况.

定理 1 线性方程组 $AX=B$ 有解的充分必要条件是它的系数矩阵的秩和增广矩阵的秩相等,即

$$r(A) = r(A \vdots B).$$

定理1已圆满地回答了本节开始提出的关于线性方程组的三个问题中的第1个问题,至于第3个问题,已在高斯消元法中给予了回答.下面我们来讨论第2个问题,即线性方程组的解是否唯一.

关于由 n 个未知数，m 个方程的线性方程组

$$\begin{cases} a_{11}x_1 + a_{12}x_2 + \cdots + a_{1n}x_n = b_1 \\ a_{21}x_1 + a_{22}x_2 + \cdots + a_{2n}x_n = b_2 \\ \cdots\cdots\cdots\cdots\cdots\cdots\cdots\cdots\cdots \\ a_{m1}x_1 + a_{m2}x_2 + \cdots + a_{mn}x_n = b_m \end{cases}$$

将增广矩阵 $(\boldsymbol{A} \vdots \boldsymbol{B})$ 化为阶梯形矩阵后，如果阶梯形矩阵有 r 个非零行，即 $\mathrm{r}(\boldsymbol{A} \vdots \boldsymbol{B}) = r$，每个非零行的第一个非零元素所在列对应的未知数为基本未知数。即基本未知数有 r 个，其余的未知数称自由未知数，有 $n-r$ 个。由自由未知数取值的任意性知，只要存在自由未知数，线性方程组的解就有无穷多个；反之，若没有自由未知数，$n-r=0$，即 $r=n$ 时，方程组就只有唯一解。于是有以下定理。

定理 2 设线性方程组(13)有 $\mathrm{r}(\boldsymbol{A}) = \mathrm{r}(\boldsymbol{A} \vdots \boldsymbol{B}) = r$，则当 $r=n$ 时，线性方程组(13)有解且唯一；当 $r<n$ 时，线性方程组有无穷多组解。

例 4 判定下列方程组解的情况

(1) $\begin{cases} x_1 - x_2 + 2x_3 = 3 \\ 2x_1 + 3x_2 - 4x_3 = 2 \\ 4x_1 + x_2 = 8 \\ 5x_1 + 2x_3 = 11; \end{cases}$ (2) $\begin{cases} x_1 - x_2 + 2x_3 = 3 \\ 2x_1 + 3x_2 - 4x_3 = 2 \\ 4x_1 + x_2 = 8 \\ 5x_1 + 2x_3 = 9; \end{cases}$

(3) $\begin{cases} x_1 - x_2 + 2x_3 = 3 \\ 2x_1 + 3x_2 - 4x_3 = 2 \\ 4x_1 + x_2 = 8 \\ 5x_1 - 2x_3 = 11. \end{cases}$

解 利用初等行变换将三个方程组的增广矩阵化为阶梯形矩阵。

(1) $(\boldsymbol{A} \vdots \boldsymbol{B}) = \begin{pmatrix} 1 & -1 & 2 & 3 \\ 2 & 3 & -4 & 2 \\ 4 & 1 & 0 & 8 \\ 5 & 0 & 2 & 11 \end{pmatrix} \longrightarrow \begin{pmatrix} 1 & -1 & 2 & 3 \\ 0 & 5 & -8 & -4 \\ 0 & 5 & -8 & -4 \\ 0 & 5 & -8 & -4 \end{pmatrix}$

$\longrightarrow \begin{pmatrix} 1 & -1 & 2 & 3 \\ 0 & 5 & -8 & -4 \\ 0 & 0 & 0 & 0 \\ 0 & 0 & 0 & 0 \end{pmatrix}.$

因为 $\mathrm{r}(\boldsymbol{A}) = \mathrm{r}(\boldsymbol{A} \vdots \boldsymbol{B}) = 2 < 3 = n$，所以方程组有无穷多组解。

(2) $(\boldsymbol{A} \vdots \boldsymbol{B}) = \begin{pmatrix} 1 & -1 & 2 & 3 \\ 2 & 3 & -4 & 2 \\ 4 & 1 & 0 & 8 \\ 5 & 0 & 2 & 9 \end{pmatrix} \longrightarrow \begin{pmatrix} 1 & -1 & 2 & 3 \\ 0 & 5 & -8 & -4 \\ 0 & 5 & -8 & -4 \\ 0 & 5 & -8 & -6 \end{pmatrix}$

$\longrightarrow \begin{pmatrix} 1 & -1 & 2 & 3 \\ 0 & 5 & -8 & -4 \\ 0 & 0 & 0 & 0 \\ 0 & 0 & 0 & -2 \end{pmatrix} \longrightarrow \begin{pmatrix} 1 & -1 & 2 & 3 \\ 0 & 5 & -8 & -4 \\ 0 & 0 & 0 & -2 \\ 0 & 0 & 0 & 0 \end{pmatrix}.$

因为 $r(\boldsymbol{A})=2\neq r(\boldsymbol{A}\vdots \boldsymbol{B})=3$，所以方程组无解.

(3) $(\boldsymbol{A}\vdots \boldsymbol{B})=\begin{pmatrix}1 & -1 & 2 & 3\\ 2 & 3 & -4 & 2\\ 4 & 1 & 0 & 8\\ 5 & 0 & -2 & 11\end{pmatrix}\longrightarrow\begin{pmatrix}1 & -1 & 2 & 3\\ 0 & 5 & -8 & -4\\ 0 & 5 & -8 & -4\\ 0 & 5 & -12 & -4\end{pmatrix}$

$\longrightarrow\begin{pmatrix}1 & -1 & 2 & 3\\ 0 & 5 & -8 & -4\\ 0 & 0 & 0 & 0\\ 0 & 0 & -4 & 0\end{pmatrix}\longrightarrow\begin{pmatrix}1 & -1 & 2 & 3\\ 0 & 5 & -8 & -4\\ 0 & 0 & -4 & 0\\ 0 & 0 & 0 & 0\end{pmatrix}.$

因为 $r(\boldsymbol{A})=r(\boldsymbol{A}\vdots \boldsymbol{B})=3=n$，所以方程组有唯一解.

例5 问 μ,λ 取何值时，方程组

$$\begin{cases} x_1 +2x_3=-1\\ -x_1+x_2-3x_3=2\\ 2x_1-x_2+\mu x_3=\lambda \end{cases}$$

无解？有唯一解？有无穷多解？

解

$(\boldsymbol{A}\vdots \boldsymbol{B})=\begin{pmatrix}1 & 0 & 2 & -1\\ -1 & 1 & -3 & 2\\ 2 & -1 & \mu & \lambda\end{pmatrix}\longrightarrow\begin{pmatrix}1 & 0 & 2 & -1\\ 0 & 1 & -1 & 1\\ 0 & -1 & \mu-4 & \lambda+2\end{pmatrix}$

$\longrightarrow\begin{pmatrix}1 & 0 & 2 & -1\\ 0 & 1 & -1 & 1\\ 0 & 0 & \mu-5 & \lambda+3\end{pmatrix}.$

当 $\mu=5$ 而 $\lambda\neq-3$ 时，$r(\boldsymbol{A})=2\neq r(\boldsymbol{A}\vdots \boldsymbol{B})=3$，故方程组无解；

当 $\mu\neq 5$ 时，$r(\boldsymbol{A})=r(\boldsymbol{A}\vdots \boldsymbol{B})=3=n$，故方程组有唯一解；

当 $\mu=5$ 而 $\lambda=-3$ 时，$r(\boldsymbol{A})=r(\boldsymbol{A}\vdots \boldsymbol{B})=2<3=n$，故方程组有无穷多解.

对于齐次线性方程组(14)，由于其增广矩阵的最后一列全为零，所以满足定理1的条件，即齐次线性方程组总有解，因为所有未知数都为零时，总满足方程(14)，这样的解称为零解. 因此，对于齐次线性方程组来说，重要的是如何判定它是否有非零解. 由定理2可得

定理3 齐次线性方程组(14)有非零解的充分必要条件为 $r(\boldsymbol{A})<n$.

例6 判别下列齐次方程组是否有非零解.

(1) $\begin{cases} x_1+3x_2-7x_3-8x_4=0\\ 2x_1+5x_2+4x_3+4x_4=0\\ -3x_1-7x_2-2x_3-3x_4=0\\ x_1+4x_2-12x_3-16x_4=0; \end{cases}$

(2) $\begin{cases} x_1-3x_2+2x_3+x_4=0\\ 2x_1+4x_2-x_3-3x_4=0\\ -x_1-7x_2+3x_3+4x_4=0\\ 3x_1+x_2+x_3-2x_4=0. \end{cases}$

解

(1) $A = \begin{pmatrix} 1 & 3 & -7 & -8 \\ 2 & 5 & 4 & 4 \\ -3 & -7 & -2 & -3 \\ 1 & 4 & -12 & -16 \end{pmatrix} \longrightarrow \begin{pmatrix} 1 & 3 & -7 & -8 \\ 0 & -1 & 18 & 20 \\ 0 & 2 & -23 & -27 \\ 0 & 1 & -5 & -8 \end{pmatrix}$

$\longrightarrow \begin{pmatrix} 1 & 3 & -7 & -8 \\ 0 & -1 & 18 & 20 \\ 0 & 0 & 13 & 13 \\ 0 & 0 & 13 & 12 \end{pmatrix} \longrightarrow \begin{pmatrix} 1 & 3 & -7 & -8 \\ 0 & -1 & 18 & 20 \\ 0 & 0 & 13 & 13 \\ 0 & 0 & 0 & -1 \end{pmatrix}.$

因为 $r(A) = 4 = n$,所以方程组只有零解.

(2) $A = \begin{pmatrix} 1 & -3 & 2 & 1 \\ 2 & 4 & -1 & -3 \\ -1 & -7 & 3 & 4 \\ 3 & 1 & 1 & -2 \end{pmatrix} \longrightarrow \begin{pmatrix} 1 & -3 & 2 & 1 \\ 0 & 10 & -5 & -5 \\ 0 & -10 & 5 & 5 \\ 0 & 10 & -5 & -5 \end{pmatrix}$

$\longrightarrow \begin{pmatrix} 1 & -3 & 2 & 1 \\ 0 & 10 & -5 & -5 \\ 0 & 0 & 0 & 0 \\ 0 & 0 & 0 & 0 \end{pmatrix}.$

因为 $r(A) = 2 < 4 = n$,所以方程组有非零解.

习题 6.6

1. 不解方程组,判定下列线性方程组解的情况:

(1) $\begin{cases} x_1 + 2x_2 - 3x_3 = -11 \\ -x_1 - x_2 + x_3 = 7 \\ 2x_1 - 3x_2 + x_3 = 6 \\ -3x_1 + x_2 + 2x_3 = 4; \end{cases}$
(2) $\begin{cases} 3x_1 + 2x_2 + 5x_3 + 3x_4 = 0 \\ 4x_1 - 5x_2 + 3x_4 = 0 \\ -2x_1 - x_3 - 3x_4 = 0 \\ 5x_1 - 3x_2 + 2x_3 + 5x_4 = 0; \end{cases}$

(3) $\begin{cases} x_1 + 2x_2 - 3x_3 = -11 \\ -x_1 - x_2 + 2x_3 = 7 \\ 2x_1 - 3x_2 + x_3 = 6 \\ -3x_1 + x_2 + 2x_3 = 5; \end{cases}$
(4) $\begin{cases} x_1 + 3x_2 - 2x_3 = 0 \\ x_1 + 7x_2 + 2x_3 = 0 \\ 2x_1 + 14x_2 + 5x_3 = 0; \end{cases}$

(5) $\begin{cases} x_1 + 2x_2 - 3x_3 = -11 \\ -x_1 - x_2 + x_3 = 7 \\ 2x_1 - 3x_2 + x_3 = 6 \\ -3x_1 + x_2 + 2x_3 = 5. \end{cases}$

2. 问 m,n 为何值时,下列方程组无解?有唯一解?有无穷多解?

$\begin{cases} x_1 + 2x_2 + 3x_3 = 6 \\ x_1 - x_2 + 6x_3 = 0 \\ 3x_1 - 2x_2 + mx_3 = n. \end{cases}$

3. 解下列方程组：

(1) $\begin{cases} 2x_1 + x_2 - x_3 + x_4 = 1 \\ 3x_1 - 2x_2 + x_3 - 3x_4 = 4 \\ x_1 + 4x_2 - 3x_3 + 5x_4 = -2; \end{cases}$

(2) $\begin{cases} 2x_1 + x_2 + 3x_3 = 6 \\ 3x_1 + 2x_2 + x_3 = 1 \\ 5x_1 + 3x_2 + 4x_3 = 27; \end{cases}$

(3) $\begin{cases} 4x_1 + 2x_2 - x_3 = 2 \\ 3x_1 - x_2 + 2x_3 = 10 \\ 11x_1 + x_2 = 8; \end{cases}$

(4) $\begin{cases} x_1 + 3x_2 - 2x_3 + 2x_4 - x_5 = 0 \\ -2x_1 - 5x_2 + x_3 - 5x_4 + 3x_5 = 0 \\ 3x_1 + 7x_2 - x_3 + x_4 - 3x_5 = 0 \\ -x_1 - 4x_2 + 5x_3 - x_4 = 0. \end{cases}$

4. 用高斯消元法解下列线性方程组：

(1) $\begin{cases} x_1 - 2x_2 + 3x_3 = 4 \\ x_2 - x_3 = -3 \\ x_1 + 3x_2 = 1; \end{cases}$

(2) $\begin{cases} x_1 + x_2 + x_3 + 4x_4 = 0 \\ 2x_1 + x_2 + 3x_3 + 5x_4 = 0 \\ x_1 - x_2 + 3x_3 - 2x_4 = 0 \\ 3x_1 + x_2 + 5x_3 + 6x_4 = 0; \end{cases}$

(3) $\begin{cases} x_1 + 2x_2 + x_3 - x_4 = 4 \\ 5x_1 + 10x_2 + x_3 - 5x_4 = 3 \\ 3x_1 + 6x_2 - x_3 - 3x_4 = 2; \end{cases}$

(4) $\begin{cases} x_1 + x_2 - x_3 + x_4 = 0 \\ x_1 + 2x_2 - x_3 + 2x_4 = 1 \\ x_1 - x_2 + x_3 - x_4 = 2. \end{cases}$

5. 不解方程，判断下列线性方程组解的情况：

(1) $\begin{cases} x_1 + x_2 + x_3 + x_4 = 0 \\ 3x_1 + 2x_2 + x_3 + x_4 = 0 \\ x_2 + 2x_3 + 2x_4 = 0; \end{cases}$

(2) $\begin{cases} x_1 + x_2 = 0 \\ x_1 + x_2 + x_3 = 0 \\ x_2 + x_3 + x_4 = 0 \\ x_3 + x_4 = 1; \end{cases}$

(3) $\begin{cases} x_1 - 2x_2 + 3x_3 - x_4 = 1 \\ 3x_1 - x_2 + 5x_3 - 3x_4 = 2 \\ 2x_1 + x_2 + 2x_3 + 2x_4 = 3. \end{cases}$

6. 当 a 取何值时，线性方程组 $\begin{cases} x_1 + 2x_2 + x_3 = 1 \\ 2x_1 + 3x_2 + (a+2)x_3 = 3 \\ x_1 + ax_2 - 2x_3 = 0 \end{cases}$

无解？有唯一解？有无穷多解？

习 题 6

1. 选择题：

(1) 行列式 $\begin{vmatrix} 3 & 8 & 6 \\ 5 & 1 & 2 \\ 1 & 0 & 7 \end{vmatrix}$ 的元素 a_{21} 的代数余子式 A_{21} 的值为（　　）.

A. 33　　　　　　B. -33　　　　　　C. 56　　　　　　D. -56

(2) 下列说法正确的是（　　）.

A. $(\boldsymbol{AB})^T = \boldsymbol{A}^T \boldsymbol{B}^T$　　　　　　B. $(\boldsymbol{AB})^T = (\boldsymbol{BA})^T$

C. $(\boldsymbol{AB})^{-1} = (\boldsymbol{BA})^{-1}$　　　　　　D. $(\boldsymbol{AB})^{-1} = \boldsymbol{B}^{-1} \boldsymbol{A}^{-1}$

(3) 已知 $\boldsymbol{AB} = \boldsymbol{AC}$，则（　　）.

A. 若 $\boldsymbol{A} = 0$，则 $\boldsymbol{B} = \boldsymbol{C}$　　　　　　B. 若 $\boldsymbol{A} \neq 0$，则 $\boldsymbol{B} = \boldsymbol{C}$

C. $\boldsymbol{B} = \boldsymbol{C}$　　　　　　D. $\boldsymbol{B}$ 可能不等于 $\boldsymbol{C}$

(4) 设矩阵 $\boldsymbol{A}_{m \times n}, \boldsymbol{B}_{m \times s}, \boldsymbol{C}_{s \times m}$，则下列运算有意义的是（　　）.

A. $(A+B)=C$ B. $A^T(B+C^T)$ C. ABC D. BCA^T

(5) 线性方程组 $\begin{cases} kx_1+x_2+x_3=1, \\ x_1+kx_2=3, \\ 3x_1+x_2+x_3=1. \end{cases}$ 当（　）时，方程组有唯一解．

A. $k\neq 0$ B. $k\neq 3$ C. $k\neq 0$ 或 $k\neq 3$ D. $k\neq 0$ 且 $k\neq 3$

(6) 设 A,B,C 为 n 阶方阵，若 $AB=BA,AC=CA$，则 $ABC=$（　）．

A. ACB B. CBA C. BCA D. CAB

2. 填空题：

(1) 已知 $A=\begin{pmatrix} 2 & 3 \\ 3 & 0 \end{pmatrix}$, $B=\begin{pmatrix} 1 & 2 \\ 2 & 1 \end{pmatrix}$，则 $A^T=$＿＿＿＿，$B^T=$＿＿＿＿，$AB=$＿＿＿＿，$B^TA^T=$＿＿＿＿．

(2) 已知矩阵方程 $AX+B=3C$，其中 $A=\begin{pmatrix} 1 & 2 \\ 0 & 1 \end{pmatrix}$, $B=\begin{pmatrix} 1 & 1 \\ 1 & 0 \end{pmatrix}$, $C=\begin{pmatrix} 1 & 0 \\ 1 & 1 \end{pmatrix}$，则 $X=$＿＿＿＿．

(3) 已知 $A=\begin{pmatrix} 1 & 0 & 1 \\ 0 & 1 & 0 \\ 0 & 0 & 1 \end{pmatrix}$，则 $A^n=$＿＿＿＿．

(4) 已知 $A=\begin{pmatrix} a & 0 & 0 \\ 0 & b & 0 \\ 0 & 0 & c \end{pmatrix}$ 且 $abc\neq 0$，则 $A^{-1}=$＿＿＿＿．

(5) 已知 $A=\begin{pmatrix} 1 & 2 & 3 \\ 1 & 2 & 1 \\ 2 & 4 & 6 \end{pmatrix}$，则 $r(A)=$＿＿＿＿．

(6) 行列式 $D=\begin{vmatrix} 1 & 1 & 1 \\ -1 & 1 & 1 \\ -1 & -1 & 1 \end{vmatrix}=$＿＿＿＿．

3. 求下列行列式的值：

(1) $\begin{vmatrix} 1 & 5 & -2 \\ 0 & -3 & 4 \\ 1 & 5 & 6 \end{vmatrix}$;   (2) $\begin{vmatrix} 3 & 1 & -2 \\ -8 & 6 & -4 \\ 4 & -3 & 2 \end{vmatrix}$;   (3) $\begin{vmatrix} 4 & 2 & 0 & 1 \\ 1 & 1 & -3 & -2 \\ 0 & 0 & 5 & 6 \\ 0 & 0 & 3 & 4 \end{vmatrix}$.

4. 已知 $A=\begin{pmatrix} 5 & -2 & 1 \\ 3 & 4 & -1 \end{pmatrix}$, $B=\begin{pmatrix} -1 & 2 & 0 \\ -1 & 1 & 1 \end{pmatrix}$，求 AB^T.

5. 设矩阵 $A=\begin{pmatrix} 1 & 0 & 1 \\ 0 & 2 & 0 \\ 1 & 0 & 1 \end{pmatrix}$，矩阵 X 满足 $AX+E=A^2+X$，其中 E 为三阶单位矩阵，试求矩阵 X．

6. 已知矩阵 $A=\begin{pmatrix} 1 & 0 & 0 \\ 0 & 1 & 0 \end{pmatrix}$, $B=\begin{pmatrix} 1 & 0 \\ 0 & 1 \\ 1 & 0 \end{pmatrix}$, $C=\begin{pmatrix} 1 & 0 \\ 0 & 1 \\ 0 & 0 \end{pmatrix}$. 求 AB,AC. 该结论说明了一个什么问题？

7. 利用逆矩阵求解矩阵方程

$$X\begin{pmatrix} 1 & 0 & 0 \\ 1 & 2 & 0 \\ 0 & 2 & 3 \end{pmatrix}=\begin{pmatrix} 3 & 0 & 1 \\ 1 & 2 & 1 \end{pmatrix}.$$

8. 解矩阵方程 $AX=B+X$, 其中

$$A=\begin{pmatrix} 2 & -1 & 0 \\ 1 & 0 & 3 \\ -1 & 0 & 2 \end{pmatrix}, \quad B=\begin{pmatrix} 1 & 0 & 2 \\ -1 & 3 & 5 \\ 1 & 2 & 0 \end{pmatrix}.$$

9. 若 A 是可逆矩阵, 证明 A^n 也是可逆矩阵 (n 是正整数), 且

$$(A^n)^{-1}=(A^{-1})^n.$$

10. 判断下列矩阵是否可逆, 若可逆, 求出逆矩阵.

(1) $\begin{pmatrix} 1 & 1 & 0 \\ 0 & 1 & 1 \\ 0 & 0 & 1 \end{pmatrix}$; (2) $\begin{pmatrix} 1 & 1 & 1 \\ 1 & 2 & 3 \\ 1 & 1 & 2 \end{pmatrix}$;

(3) $\begin{pmatrix} 1 & 2 & 2 \\ 2 & 1 & -2 \\ 2 & -2 & 1 \end{pmatrix}$; (4) $\begin{pmatrix} 1 & -1 & 3 \\ 3 & 2 & 1 \\ -2 & 2 & -6 \end{pmatrix}$.

11. A, B 均是 n 阶矩阵, 且 $AB=A+B$, 证明 $A-E$ 可逆, 并求 $(A-E)^{-1}$.

12. 证明 $\begin{vmatrix} a^2 & ab & b^2 \\ 2a & a+b & 2b \\ 1 & 1 & 1 \end{vmatrix} = (a-b)^3$.

13. 用高斯消元法解下列线性方程组:

(1) $\begin{cases} x_1 - 2x_2 + 3x_3 = 4 \\ \quad\quad x_2 - x_3 = -3 \\ x_1 + 3x_2 \quad\quad = 1; \end{cases}$ (2) $\begin{cases} x_1 + x_2 + x_3 + 4x_4 = 0 \\ 2x_1 + x_2 + 3x_3 + 5x_4 = 0 \\ x_1 - x_2 + 3x_3 - 2x_4 = 0 \\ 3x_1 + x_2 + 5x_3 + 6x_4 = 0; \end{cases}$

(3) $\begin{cases} x_1 + 2x_2 + x_3 - x_4 = 4 \\ 5x_1 + 10x_2 + x_3 - 5x_4 = 3 \\ 3x_1 + 6x_2 - x_3 - 3x_4 = 2; \end{cases}$ (4) $\begin{cases} x_1 + x_2 - x_3 + x_4 = 0 \\ x_1 + 2x_2 - x_3 + 2x_4 = 1 \\ x_1 - x_2 + x_3 - x_4 = 2. \end{cases}$

14. 当 a 为何值时, 线性方程组

$$\begin{cases} x_1 + 2x_2 + \quad\quad x_3 = 1 \\ 2x_1 + 3x_2 + (a+2)x_3 = 3 \\ x_1 + ax_2 - \quad\quad 2x_3 = 0 \end{cases}$$

无解? 有唯一解? 有无穷多解?

第7章 数理逻辑与图论

离散数学是现代数学的一个重要分支,是计算机科学中基础理论的核心课程.离散数学是以研究离散量的结构和相互间的关系为主要目标,其研究对象一般是有限个或可数个元素,因此它充分描述了计算机科学离散性的特点.图论是离散数学的重要内容之一,它是用来描述事物之间联系的一种抽象的方法.现实世界中,许多事物之间的关系可以抽象为点以及它们之间的连线.图论的研究只关心点之间是否有边,而不关心点与边的位置,以及边的曲直等问题,这就是图论中的图与几何图形的区别.

本章还介绍离散数学中的另一个重要内容之数理逻辑.它包括两部分知识:命题逻辑和谓词逻辑.

§7.1 命题逻辑

数理逻辑是采用数学方法去研究抽象思维规律的应用科学,研究抽象思维的中心问题是推理.所谓推理就是由一个或几个判断推出一个新判断的思维形式.数理逻辑是计算机科学理论的重要内容,应用十分广泛.

一、命题和联结词

1. 命题概念

定义 1 能够确定真假的陈述句称为命题,亦可简称为语句.

当一个陈述句对其判断为真时,就说这个陈述句是真值为真;当一个陈述句对其判断为假时,就说它的真值为假.命题的真值只有两个,即真和假,可以分别用 1 和 0 表示,也可以用 T 和 F 表示.

例 1 判断下列句子中哪些构成命题.

(1) 6 是偶数;

(2) 雪是黑的;

(3) 明年的元旦是个晴天;

(4) $4+3>9$;

(5) 星期五下午搞教研活动吗?

(6) 请勿吸烟!

(7) $x+y>10$;

(8) 这个小男孩多俊啊!

在上面的例子中,(1),(2),(3),(4)都是命题,(5),(6),(8)分别是疑问句、祈使句、感叹句,它们不能确定真值,因此都不是命题.(7)也不是命题,因为此式当 $x=3, y=8$ 时,$x+y>10$ 为真,当 $x=1, y=5$ 时,$x+y>10$ 为假,因此在不能确定 x, y 取值的情况下,(7)无法确定真值,所以就不能看作是一个命题.

命题分为两类:

原子命题:不能分解成更简单的陈述句子的命题;

复合命题:由若干个原子命题用命题联结词、标点符号联结起来的命题.

在数理逻辑中,我们将使用大写字母 $A,B,C\cdots$ 等表示命题.例如:

P:今天上午十点开会.

P 表示"今天上午十点开会"这个命题的名.

2. 命题联结词

上面所举的一些有关命题的例子,都是不能再分解的命题,我们称它为原子命题.但今后我们实际应用中遇到的常常是由一些原子命题,经过一些联结词复合而成的命题,即为复合命题.现对命题逻辑的一些常用联结词给予定义.

(1) 否定.

定义 2 设 P 为一命题,P 的否定是一个新的命题,记作 $\neg P$."$\neg$"表示命题的否定,其真值表如表 7-1.

表 7-1

P	$\neg P$
T	F
F	T

例 2 P:他是大学生;

$\neg P$:他不是大学生.

(2) 合取.

定义 3 两个命题 P 和 Q 的合取是一个复合命题,记作 $P \wedge Q$.当且仅当 P,Q 同时为 T 时,$P \wedge Q$ 为 T,其余情况,$P \wedge Q$ 为 F.其真值表如表 7-2 所示.

表 7-2

P	Q	$P \wedge Q$
T	T	T
T	F	F
F	T	F
F	F	F

例 3 王三工作努力且身体好.

设 P:王三工作努力,

Q:王三身体好.

故上述命题可表述为:$P \wedge Q$.

在上例表达中,合取联结词的解释与自然语言中的"且"含义相同,但在一些特殊情况下,联结词"$\wedge$",只与定义的真值情况有关,而与命题的实际语义无关.

例 4 设 P:张伟同学学习努力,Q:教室里有 30 张书桌.

$P \wedge Q$:张伟学习努力且教室里有 30 张书桌.在自然语言中,上述 $P \wedge Q$ 是没有意义的.

但作为命题逻辑,复合命题 $P \wedge Q$ 仍可根据 P 和 Q 的取值情况,确定真值.

(3) 析取.

定义 4 两个命题 P 和 Q 的析取是个复合命题,记作 $P \vee Q$;当且仅当 P,Q 同时为 F 时, $P \vee Q$ 的真值为 F,否则 $P \vee Q$ 的真值为 T,其真值表如表 7-3 所示.

表 7-3

P	Q	$P \vee Q$
T	T	T
T	F	T
F	T	T
F	F	F

从上述定义可以看出,"∨"与自然语言中的"或"有些相似.

例 5 李强是这次校运动会的跳高或 100 米短跑的冠军.

设 P:李强是这次校运动会的跳高冠军,
    Q:李强是这次校运动会的 100 米短跑的冠军.

所以本例可描述为: $P \vee Q$.

本例中"∨"表达的"或"是可兼"或".因为李强是跳高冠军也可能是 100 米短跑冠军.

例 6 明天上午我乘汽车或火车去上海.

设 P:明天上午我乘汽车去上海,
    Q:明天上午我乘火车去上海.

在本例中,我们不能用 $P \vee Q$ 去描述这个命题.本例中的"或"是不可兼"或",它与析取的定义不符.所以,联结词"∨"表达的"或"字是自然语言中可兼"或"的情况.

(4) 条件.

定义 5 给定两个命题 P 和 Q,其条件命题是一个复合命题,记作 $P \rightarrow Q$,读做"如果 P 那么 Q","若 P 则 Q".当且仅当 P 的真值为 T, Q 的真值为 F 时, $P \rightarrow Q$ 的真值为 F,其余情况 $P \rightarrow Q$ 的真值为 T,称 P 为前件, Q 为后件.其真值表如表 7-4 所示.

表 7-4

P	Q	$P \rightarrow Q$
T	T	T
T	F	F
F	T	T
F	F	T

例 7 如果我能考上大学,那么我必用功读书.

设 P:我能考上大学,
    Q:我必用功读书.

本例可表示为: $P \rightarrow Q$.

例 8　只要天不下雨,我就步行上班.

设　P:天下雨,

　　Q:我步行上班.

本例可表示为:$\neg P \rightarrow Q$.

(5) 双条件.

定义 6　给定两个命题 P 和 Q,其复合命题 $P \rightleftarrows Q$ 称作双条件命题,读做"P 当且仅当 Q". 当 P 与 Q 的真值相同时,$P \rightleftarrows Q$ 的真值为 T,否则 $P \rightleftarrows Q$ 的真值为 F. 其真值表如表 7-5 所示.

表 7-5

P	Q	$P \rightleftarrows Q$
T	T	T
T	F	F
F	T	F
F	F	T

例 9　两个三角形全等,当且仅当它们的三组对应边相等.

设　P:两个三角形全等,

　　Q:两个三角形对应边分别相等.

所以本例可表示为:$P \rightleftarrows Q$.

从上述五种联结词,我们可以看到:

(1) 复合命题的真值只取决于构成它们的各原子命题的真值,而与它们的内容含义无关.

(2) $\vee, \wedge, \rightleftarrows$ 具有对称性,$\neg, \rightarrow$ 无对称性.

命题逻辑五种联结词单独或复合应用时,可以描述某些自然语言(汉语)命题,即符号化命题. 这是一个十分重要而基础的问题. 因为在讨论命题逻辑问题时,首先要将命题符号化.

例 10　选王虎或李星中的一人当班长. 试符号化本命题.

解　设　P:选王虎当班长,

　　　　Q:选李星当班长.

因为王虎、李星中只能有一人当班长,即不能符号化为 $P \vee Q$,而应符号化为:

$$(P \wedge \neg Q) \vee (\neg P \wedge Q).$$

二、命题公式与真值表

设 P 和 Q 是任意两个命题,如 $\neg P,(P \vee Q),(P \vee Q) \wedge (P \rightarrow Q)$ 等都是复合命题.

若 P 和 Q 是命题变量(元),则上述各式均称作命题公式,P 和 Q 称作命题公式分量.

由命题变量、联结词和有关括号组成的字符串,必须按照下述规定才能组成命题公式.

定义 7　命题演算的命题公式规定为:

(1) 单个命题变元本身是一个命题公式;

(2) 如果 A 是公式, 那么 $\neg A$ 是命题公式;

(3) 如果 A 和 B 是公式, 那么 $(A \vee B)$, $(A \wedge B)$, $(A \rightarrow B)$ 和 $(A \leftrightarrow B)$ 都是命题公式;

(4) 当且仅当有限次地应用(1),(2),(3)所得到的包含命题变元、联结词和圆括号的字符串是命题公式, 命题公式也可简称为公式.

规定联结词优先次序为:

$$\neg, \wedge, \vee, \rightarrow, \leftrightarrow$$

(从高到低)

定义 8 设 P 为命题公式, $P_1, P_2, \cdots, P_n$ 为出现在 P 中的所有命题变元, 对 $P_1, P_2, \cdots, P_n$ 指定一组真值称为 P 的一种指派.

含有 n 个变元的命题公式, 共有 2^n 组指派, 公式共有 2^n 种真值情况.

将命题公式 P 在所有指派下取值情况列成表, 称此表为 P 的真值表.

注意在列表时, 要按一定顺序, 即从大到小或从小到大的顺序取值处理. 所谓顺序是指如一命题公式仅含 P,Q 两个变元, P,Q 取 0 或 1 组成一个二进制数或换成十进制数后的大小顺序. 其他情况以此类推.

例 11 构造 $(P \wedge Q) \vee (\neg P \wedge \neg Q)$ 的真值表.

解 如表 7-6 所示.

表 7-6

P	Q	$P \wedge Q$	$\neg P \wedge \neg Q$	$(P \wedge Q) \vee (\neg P \wedge \neg Q)$
0	0	0	1	1
0	1	0	0	0
1	0	0	0	0
1	1	1	0	1

例 12 构造 $P \wedge (Q \vee \neg R)$ 的真值表.

解 如表 7-7 所示.

表 7-7

P	Q	R	$\neg R$	$Q \vee \neg R$	$P \wedge (Q \vee \neg R)$
0	0	0	1	1	0
0	0	1	0	0	0
0	1	0	1	1	0
0	1	1	0	1	0
1	0	0	1	1	1
1	0	1	0	0	0
1	1	0	1	1	1
1	1	1	0	1	1

定义 9 给定两个命题公式 A 和 B. 设 $P_1, P_2, \cdots, P_n$ 为所有出现于 A 和 B 的变元,若给 $P_1, P_2, \cdots, P_n$ 任一组真值指派 A 和 B 的真值都相同,称 A 和 B 是等价的,记作 $A \Leftrightarrow B$.

定义 10 设 A 为一命题公式,若 A 在它的各种指派情况下,其取值均为真,则称公式 A 为永真式.

定义 11 设 A 为一命题公式,若 A 在它的各种指派情况下,其取值均为假,则称公式 A 为永假式.

例 13 用真值表说明 $\neg(P \wedge Q) \leftrightarrow (\neg P \vee \neg Q)$ 是永真式.

解 真值表如下表所示.

P	Q	$P \wedge Q$	$\neg(P \wedge Q)$	$\neg P$	$\neg Q$	$\neg P \vee \neg Q$	$\neg(P \wedge Q) \leftrightarrow (\neg P \vee \neg Q)$
1	1	1	0	0	0	0	1
1	0	0	1	0	1	1	1
0	1	0	1	1	0	1	1
0	0	0	1	1	1	1	1

从表中可知,$\neg(P \wedge Q) \leftrightarrow (\neg P \vee \neg Q)$ 是永真式.

例 14 用真值表说明 $\neg(P \rightarrow Q) \wedge Q$ 是永假式.

解 真值表如下表所示.

P	Q	$P \rightarrow Q$	$\neg(P \rightarrow Q)$	$\neg(P \rightarrow Q) \wedge Q$
1	1	1	0	0
1	0	0	1	0
0	1	1	0	0
0	0	1	0	0

从表中可知,$\neg(P \rightarrow Q) \wedge Q$ 是永假式.

以下给出常用的命题定律——等值公式,都可以用真值表给予验证.

E1　$P \wedge (Q \vee R) \Leftrightarrow (P \wedge Q) \vee (P \wedge R)$

E2　$P \vee (Q \wedge R) \Leftrightarrow (P \vee Q) \wedge (P \vee R)$

E3　$\neg(P \wedge Q) \Leftrightarrow \neg P \vee \neg Q$

E4　$\neg(P \vee Q) \Leftrightarrow \neg P \wedge \neg Q$

E5　$P \rightarrow Q \Leftrightarrow \neg P \vee Q$

E6　$\neg(P \rightarrow Q) \Leftrightarrow P \wedge \neg Q$

三、推理理论

推理是一种思维形式.逻辑学中,从前提(又称公理式假设)出发,根据确认的推理规则推导出一个结论,把这个过程称作有效推理.

定义 12 设 $H_1,H_2,\cdots,H_n,C$ 是命题公式,当且仅当 $H_1\wedge H_2\wedge\cdots\wedge H_n\Rightarrow C$,称 C 是一组前提 $H_1,H_2,\cdots,H_n$ 的有效结论.

判别有效结论的过程就是论证过程.它有多种方法,这里主要介绍真值表法和构造论证法.

(1) 真值表法.

例 15 如果朱老师来了,这个问题可以得到解答;如果李老师来了,这个问题也可以得到解答,总之只要朱老师或李老师来了,这个问题就可以得到解答.

解 符号化: P:朱老师来了

Q:李老师来了

R:这个问题

本题表述为:$(P\to R)\wedge(Q\to R)\wedge(P\vee Q)\Rightarrow R$. 真值表为:

P	Q	R	$P\to R$	$Q\to R$	$P\vee Q$
1	1	1	1	1	1
1	1	0	0	0	1
1	0	1	1	1	1
1	0	0	0	1	1
0	1	1	1	1	1
0	1	0	1	0	1
0	0	1	1	1	0
0	0	0	1	1	0

从表中看到 $P\to R,Q\to R,P\vee Q$ 的真值都为 1 的情况为第一行、第三行和第五行,而这三行的 R 真值均为 1,故有

$$(P\to R)\wedge(Q\to R)\wedge(P\vee Q)\Rightarrow R.$$

(2) 构造论证法.

这种方法,首先确定推理定律及等值定律可以直接引用,其次确定已知的前提,假设其值为真进行引用.

推理的过程就是一系列命题公式序列的构造证明.

常用的推理规则有:

① 前提引入规则:在证明的任何步骤上,都可以引入前提,简称 P 规则.

② 结论引入规则:在证明的任何步骤上,所有证明的结论都可以作为后续证明的前提,它亦记作 T 规则.

③ 置换规则:在证明的任何步骤,命题公式的任何子命题公式都可以用与之等值的命题公式置换,它亦记作 T 规则.

例 16 证明:

$$(P\to(Q\to S))\wedge(\neg R\vee P)\wedge Q\Rightarrow R\to S.$$

证　(1) $\neg R \vee P$　　　　　P
　　(2) R　　　　　　　　P(附加)
　　(3) P　　　　　　　　$T(1)(2)$
　　(4) $P \rightarrow (Q \rightarrow S)$　　　P
　　(5) $Q \rightarrow S$　　　　　$T(3)(4)$
　　(6) Q　　　　　　　　P
　　(7) S　　　　　　　　$T(5)(6)$
　　(8) $R \rightarrow S$　　　　　$T(2)(7)$

例 17　证明：

前提：$P \vee Q, P \rightarrow \neg R, S \rightarrow T, \neg S \rightarrow R, \neg T$

结论：Q

证　(1) $S \rightarrow T$　　　　　P
　　(2) $\neg T$　　　　　　　P
　　(3) $\neg S$　　　　　　　$T(1)(2)$
　　(4) $\neg S \rightarrow R$　　　　　P
　　(5) R　　　　　　　　$T(3)(4)$
　　(6) $P \rightarrow \neg R$　　　　　P
　　(7) $\neg P$　　　　　　　$T(5)(6)$
　　(8) $P \vee Q$　　　　　　P
　　(9) Q　　　　　　　　$T(7)(8)$

例 18　设以下命题成立，分析是谁作的案？

① 甲或乙作的案；

② 如甲作案，作案时间应在午夜后；

③ 若乙证词正确，则午夜灯光未灭；

④ 若乙证词不正确，则作案时间不在午夜之后；

⑤ 午夜灯光灭了．

解　首先符号该问题，设

A：甲作的案，

B：乙作的案，

C：作案时间在午夜前，

D：乙的证词正确，

E：午夜灯光未灭．

推理过程：

(1) $A \vee B$　　　　　P
(2) $A \rightarrow \neg C$　　　　P
(3) $D \rightarrow E$　　　　　P
(4) $\neg D \rightarrow C$　　　　P
(5) $\neg E$　　　　　　P
(6) $\neg D$　　　　　　$T(3)(5)$

· 181 ·

(7) C $T(4)(6)$
(8) $\neg A$ $T(2)(7)$
(9) B $T(1)(8)$

从上述证明结论得知,是乙作的案.

习题 7.1

1. 判断下列语句是否为命题,若是,指出其真值:

(1) $\sqrt{3}$ 是有理数.

(2) 你喜欢学习吗?

(3) 请跟我来!

(4) $11+1=100$.

(5) $x+y=16$.

(6) 上海是全国人口最多的城市.

2. 将下列命题符号化:

(1) 张荣是计算机系学生,住在 1 号公寓 305 室或 306 室;

(2) 虽然交通堵塞,但是老王还是准时到火车站;

(3) 猩猩不是人;

(4) 有志者,事竟成;

(5) 若要人不知,除非己莫为;

(6) 天气不好就要取消比赛.

3. 指定解释 $\{P,Q,R\}=\{0,1,1\}$,求下列公式真值:

(1) $P \vee Q \vee R$;   (2) $P \wedge Q \wedge R$;   (3) $P \vee Q \rightarrow R$;

(4) $(P \rightarrow Q) \wedge (R \rightarrow Q)$;   (5) $\neg P \wedge R \rightleftarrows Q$;   (6) $\neg (P \rightarrow Q) \rightarrow (R \rightleftarrows Q)$.

4. 利用真值表证明:

(1) $P \rightarrow Q \Leftrightarrow \neg P \vee Q$;

(2) $P \rightleftarrows Q \Leftrightarrow (P \wedge Q) \vee (\neg P \wedge \neg Q)$.

5. 利用真值表证明:

(1) $\neg P, Q \rightarrow \neg P \Rightarrow \neg Q$;

(2) $P \vee Q, P \rightarrow R, Q \rightarrow S \Rightarrow R \vee S$.

6. 推理证明:

(1) $A \vee B, A \rightarrow \neg C, D \rightarrow E, \neg D \rightarrow C, \neg E \Rightarrow B$;

(2) 一台电脑处于死机状态的原因,或是由于病毒或是由于非法操作;这台电脑虽死机但未染病毒,所以此电脑死机就是由于非法操作.

§7.2 谓词逻辑

一、谓词的概念与表示

1. 谓词

① 个体词. 一般来说,反映在判断的句子是由主语和谓语两部分组成,所以说命题是由主语和谓语两部分组成. 主语是名词,称为客体,就是客观实体的意思. 客体是独立存在的,

可以是具体事物也可以是抽象概念,而谓语中含有宾语.

在研究的对象中,客体我们把它称为个体词.表示具体或特定客体的个体词称为个体常元,一般用小写字母 $a,b,c,\cdots$ 表示;表示抽象或泛指客体的个体称为个体变元,一般用小写字母 $x,y,z,\cdots$ 表示.个体变元的取值范围,称为个体域或称为论域.

② 谓词. 用来刻画个体词的性质或个体词之间关系的词称为谓词,我们用大写字母表示谓词. 如设 $A(x)$ 表示"x 是个大学生",a 代表张三,则 $A(a)$ 表示"张三是个大学生".

下面我们举例理解谓词的概念.

例1 设 $A(x):x$ 有四条腿,

$m:$ 猴子,

则 $A(m):$ 猴子有四条腿.

例2 ① 设 $H(x,y):x$ 比 y 高,

$a:$ 张伟 $b:$ 李卫,

则 $H(a,b):$ 张伟比李卫高.

② 设 $B(x,y,z):y$ 位于 x 和 z 之间,

$b:$ 北京 $n:$ 南京 $s:$ 上海,

则 $B(b,n,s):$ 南京位于北京和上海之间.

例3 用谓词表示下述命题.

某人大于18岁,身体健康,大学毕业,则他可以参加飞行员考试.

解 设 a 表示某人,

$A(x):x$ 超过 18 岁,

$B(x):x$ 身体健康,

$C(x):x$ 大学毕业,

$E(x):x$ 参加飞行员考试,

则有

$$A(a) \wedge B(a) \wedge C(a) \to E(a).$$

例4 如果某数是有理数,则某数可写成分数.

解 设 $Q(x):x$ 是有理数,

$F(x):x$ 可写成分数,

$a:$ 某数,

则有

$$Q(a) \to F(a).$$

对于上述例题中的谓词如 $A(x),H(x,y),B(x,y,z)$ 等表示,称为命题函数或谓词变项,个体变元的数目称为谓词变项的元数.

2. 量词

在命题函数中,除了个体和谓词外,有时还出现一种表示数量的词,称作量词. 量词有两种:

(1) 全称量词:对应于自然语言中的"任何一个","一切","任意的","所有"等词,用符号"$\forall$"表示.

(2) 存在量词:对应于自然语言中的"存在着","有一个","至少有一个"等词,用符号

"∃"表示.

用谓词、个体词、量词等表示命题即符号化.要考虑个体域的情况,而联结词 ¬, ∧, ∨, →, ⇌ 的意义与命题演算中的解释完全相同.

例 5 将下列命题符号化.

(1) 所有的人都要吃饭;

(2) 有些人可活过百岁.

解 (1) 设 $M(x):x$ 是人,

$H(x):x$ 是要吃饭的,

则有 $(\forall x)(M(x)\to H(x))$.

(2) 设 $M(x):x$ 是人,

$G(x):x$ 可活过百岁,

则有 $(\exists x)(M(x)\wedge H(x))$.

例 6 凡是偶数均能被 2 整除.

解 设 $E(x):x$ 是偶数,

$G(x):x$ 能被 2 整除,

则有 $\forall x(E(x)\to G(x))$.

例 7 著名的苏格拉底三段论:

(a) 所有的人都是要死的;

(b) 因为苏格拉底是人;

(c) 所以苏格拉底是要死的.

试将其符号化.

解 设 $M(x):x$ 是人,

$D(x):x$ 是要死的,

s:苏格拉底,

则有 (a) $\forall x(M(x)\to D(x))$;

(b) $M(s)$;

(c) $D(s)$.

3. 谓词合式公式

定义 1 谓词演算的合式公式,可由下述各项组成.

(1) 原子谓词公式是合式公式;

(2) 若 A 是合式公式,则 $\neg A$ 是一个合式公式;

(3) 若 A 和 B 都是合式公式,则 $A\wedge B, A\vee B, A\to B, A\rightleftarrows B$ 都是合式公式;

(4) 若 A 是合式公式,x 是 A 中出现的任何变元,则 $(\forall x)A$ 和 $(\exists x)A$ 都是合式公式;

(5) 只有经过有限次地应用规则(1),(2),(3),(4)所得的公式是合式公式.

例 8 符号化下列命题.

(1) 所有的正数均可开平方;

(2) 并非每个实数都是有理数;

(3) 没有最大的整数.

解 (1) 设 $R(x):x$ 是实数,
$G(x,y):x$ 大于 y,
$S(x):x$ 可以开平方,

则有 $(\forall x)(R(x) \wedge G(x,0) \to S(x))$.

(2) 设 $R(x):x$ 是实数,
$Q(x):x$ 是有理数,

则有 $\neg(\forall x)(R(x) \to Q(x))$.

(3) 该语句可以理解为"对所有整数 x,存在整数 y,有 $y > x$".

设 $N(x):x$ 是整数,
$G(x,y):x > y$,

则有 $(\forall x)(N(x) \to (\exists y)(N(y) \wedge G(y,x)))$.

给定谓词公式 A 中,其中一部分公式形式为 $(\forall x)B(x)$,或 $(\exists x)B(x)$.量词 $\forall,\exists$ 后面所跟的 x 指导变元或作用变元. $B(x)$ 为相应量词的辖域(或称作用域). $B(x)$ 中的 x 称为约束出现,其他变元称为自由出现.

在谓词合式公式中,有的个体变元既可以自由出现,又可以约束出现.为了避免混淆,采用下面两个规则处理:

(1) 约束变元改名规则:将量词辖域中,某个约束出现的个体变元及相应指导变元改成本辖域中未曾出现过的个体变元,其余不变.

(2) 自由变元代入规则:对某个自由出现的个体变元可用个体常元或用与公式中所有个体变元不同的个体变元去代入,且处处代入.

例9 指出下列公式中的指导变元、量词的辖域、个体变元的约束出现和自由出现.

(1) $(\forall x)(P(x) \to (\exists y)R(x,y))$;

(2) $(\exists x)F(x) \wedge G(x,y)$.

解 (1) $(\forall x)$ 中指导变元为 x,$\forall x$ 的辖域:$P(x) \to (\exists y)R(x,y)$;$\exists y$ 中指导变元为 y,其辖域是 $R(x,y)$,对于 $\exists y$ 而言,y 为约束出现,x 为自由出现.对 $\forall x$ 而言,x 和 y 都是约束出现.

(2) $\exists x$ 的指导变元是 x,辖域是 $F(x)$,x 是约束出现.在 $G(x,y)$ 中,x,y 都是自由变元.

例10 对 $(\forall x)(P(x) \to R(x,y)) \wedge Q(x,y)$ 换名.

解 可换名为:
$$(\forall z)(P(z) \to R(z,y)) \wedge Q(x,y).$$

例11 对公式 $(\forall x)(P(y) \to Q(x,y)) \wedge R(x,y)$ 中的自由变元代入.

解 用 z 代入自由变元 y,得
$$(\forall x)(P(z) \to Q(x,z)) \wedge R(x,z).$$

二、谓词演算的等价式

定义2 给定任何两个谓词公式 A 和 B,设它们有共同的个体域 I.若对 A 和 B 的任何一组变元进行赋值,所得命题的真值相同,则称谓词公式 A 和 B 在 I 上等价,并记作 $A \Leftrightarrow B$.

设个体域元素为 $a_1, a_2, \cdots, a_n$，则有：
$$\forall x A(x) \Leftrightarrow A(a_1) \wedge A(a_2) \wedge \cdots \wedge A(a_n),$$
$$\exists x A(x) \Leftrightarrow A(a_1) \vee A(a_2) \vee \cdots \vee A(a_n).$$

定义 3 一个谓词公式 A，其个体域为 I，对于 A 的所有赋值，A 都为真，则称 A 在 I 上是永真式.

定义 4 一个谓词公式 A，其个体域为 I，对于 A 的所有赋值下都为假，则称 A 在 I 上是永假式.

定义 5 一个谓词公式 A，如果至少在一种赋值下为真，则称该谓词式 A 为可满足的.

例 12 给定论域 $I = \{2, 3\}$，$a = 2$，$f(2) = 3$，$f(3) = 2$，$S(2) = F$，$S(3) = T$，$G(2, 2) = T$，$G(3, 2) = T$，$G(2, 3) = T$. 在上述赋值下，求下列各式的真值.

(1) $\forall x (S(x) \wedge G(x, a))$；　　(2) $\exists x (S(f(x)) \wedge G(x, f(x)))$.

解 (1) $\forall x (S(x) \wedge G(x, a))$
$\Leftrightarrow (S(2) \wedge G(2, 2)) \wedge (S(3) \wedge G(3, 2))$
$\Leftrightarrow (F \wedge T) \wedge (T \wedge T)$
$\Leftrightarrow F \wedge T$
$\Leftrightarrow F.$

(2) $\exists x (S(f(x)) \wedge G(x, f(x)))$
$\Leftrightarrow (S(f(2)) \wedge G(2, f(2))) \vee (S(f(3)) \wedge G(3, f(3)))$
$\Leftrightarrow (S(3) \wedge G(2, 3)) \vee (S(2) \wedge G(3, 2))$
$\Leftrightarrow (T \wedge T) \vee (F \wedge T)$
$\Leftrightarrow T \vee F$
$\Leftrightarrow T.$

三、谓词演算的推理理论

谓词演算的推理方法，可以看作是命题演算方法的推广. 所以，命题逻辑中的 P, T 等规则，在谓词逻辑推理中亦可应用. 但是在谓词合式公式中，由于有了量词，某些前提与结论可能受量词限制，为了使用这些等价式和蕴含式，在推理过程中，必须消去和添加量词的规则. 现介绍下面几个规则.

设 P 为谓词，c 为一个个体，x 为任一个体.

(1) 全称指定规则，它表示为 US.

若 $\forall x P(x)$ 为真，则 $P(c)$ 一定为真；

(2) 全称推广规则，它表示为 UG.

若 $P(x)$ 为真，则 $\forall x P(x)$ 为真；

这个规则是要对命题量化，如果能够证明对论域中任一个体 x，断言 $P(x)$ 都成立，则全称推广可得到结论 $\forall x P(x)$ 成立.

(3) 存在指定规则，它表示为 ES.

若 $\exists x P(x)$ 为真，则存在某个 c 使 $P(c)$ 为真；

(4) 存在推广规则，它表示为 EG.

若 $P(c)$ 为真，则 $\exists x P(x)$ 为真.

例 13 著名的苏格拉底论证可以表示如下：
$$(\forall x)(H(x) \rightarrow D(x)) \wedge H(s) \Rightarrow D(s).$$

证 (1) $\forall x(H(x)\to D(x))$ P
(2) $H(s)\to D(s)$ US(1)
(3) $H(s)$ P
(4) $D(s)$ T(2)(3).

例 14 任何人如果他喜欢步行,他就不喜欢乘汽车;每一个人或者喜欢乘汽车或者喜欢骑自行车;有的人不喜欢骑自行车,因而有的人不爱步行.

证 设 $P(x):x$ 喜欢步行,
$Q(x):x$ 喜欢乘汽车,
$R(x):x$ 喜欢骑自行车,

则上述命题符号化:
$$\forall x(P(x)\to \neg Q(x)), \forall x(Q(x)\vee R(x)), \exists x(\neg R(x))\Rightarrow (\exists x)\neg P(x).$$

(1) $(\exists x)\neg R(x)$ P
(2) $\neg R(c)$ ES(1)
(3) $\forall x(Q(x)\vee R(x))$ P
(4) $Q(c)\vee R(c)$ US(3)
(5) $Q(c)$ T(2)(4)
(6) $\forall x(P(x)\to \neg Q(x))$ P
(7) $P(c)\to \neg Q(c)$ US(6)
(8) $\neg P(c)$ T(5)(7)
(9) $(\exists x)\neg P(x)$ EG(8).

例 15 考评会的每个成员都是博士,并且都是教授,有些成员是青年人,因此有的成员是青年教授.试构造上述的推理证明.

证 设 $P(x):x$ 是考评会的成员,
$Q(x):x$ 是博士,
$R(x):x$ 是教授,
$F(x):x$ 是青年人,

则上述命题符号化:
$$\forall x(P(x)\to Q(x)\wedge R(x)), \exists x(P(x)\wedge F(x))\Rightarrow \exists x(P(x)\wedge R(x)\wedge F(x)).$$

(1) $\exists x(P(x)\wedge F(x))$ P
(2) $P(c)\wedge F(c)$ ES(1)
(3) $\forall x(P(x)\to Q(x)\wedge R(x))$ P
(4) $P(c)\to Q(c)\wedge R(c)$ US(3)
(5) $P(c)$ T(2)
(6) $Q(c)\wedge R(c)$ T(4)(5)
(7) $R(c)$ T(6)
(8) $F(c)$ T(2)
(9) $P(c)\wedge R(c)\wedge F(c)$ T(5)(7)(8)
(10) $\exists x(P(x)\wedge R(x)\wedge F(x))$ EG(9).

习题 7.2

1. 用谓词表达式写出下列命题：
(1) 小李不是大学生；
(2) 小莉聪明而美丽；
(3) 若 m 是整数,则 $2m+1$ 是奇数；
(4) 有些动物既是人类的朋友,又是人类的食物；
(5) 没有不犯错误的人；
(6) 在中国工作的人未必都是中国人.

2. 求出下列命题的真值：
$$I=\{2,3\}, a=2, f(2)=3, f(3)=2, P(2)=0, P(3)=1,$$
$$Q(2,2)=1, Q(2,3)=1, Q(3,2)=0, Q(3,3)=1.$$
(1) $\exists x(P(f(x)) \wedge Q(x,f(a)))$；
(2) $\forall x(P(x) \wedge Q(x,a))$.

3. 设个体域 $I=\{-2,3,6\}, F(x):x\leqslant 3, G(x):x>5$. 在此解释下,求下列各式的真值：
(1) $\forall x(F(x) \wedge G(x))$；
(2) $\exists x(F(x) \vee G(x))$.

4. 学校机械专业委员会成员都是教授且是工程师；有些成员是年轻专家,所以有的成员是工程师且是年轻专家. 请用谓词推理理论证明上述推理.

§7.3 图的基本概念及表示

一、图的基本概念

一个图是由一些结点和连接两个结点之间的连线所组成,这里介绍图论的基本知识.

定义 1 一个图 G 是一个三元组 $\langle V,E,\varphi \rangle$,其中 V 是一个非空的结点集合,E 是边的集合,φ 是从边集合 E 到结点无序偶(有序偶)集合上的函数.

注：① 设两个对象 a,b,依一定次序组成一对,记为 $\langle a,b \rangle$,称为有序对(或有序偶). 有序对 $\langle a,b \rangle$ 与 $\langle b,a \rangle$ 不相等.

设两个对象 a,b,不按次序组成一对,记为 (a,b),称为无序对(或无序偶). 无序对 (a,b) 与 (b,a) 相等.

② 一个图亦可简记 $G=\langle V,E \rangle$,其中 $V=\{v_1, v_2, \cdots, v_n\}$ 为 G 的顶点集,$E=\{e_1, e_2, \cdots, e_m\}$ 为 G 的边集.

③ 若 e_i 与无序偶 (v_j,v_k) 相关联,则称该边为无向边. 若 e_i 与有序偶 $\langle v_j,v_k \rangle$ 相关联,则称该边为有向边.

例 1 如图7-1所示,其中 $G=\langle V,E,\varphi \rangle, V=\{a,b,c,d\}, E=\{e_1,e_2,e_3,e_4,e_5,e_6\}$.

$\varphi(e_1)=(a,b) \quad \varphi(e_4)=(b,c)$
$\varphi(e_2)=(a,c) \quad \varphi(e_5)=(c,d)$
$\varphi(e_3)=(b,d) \quad \varphi(e_6)=(a,d)$

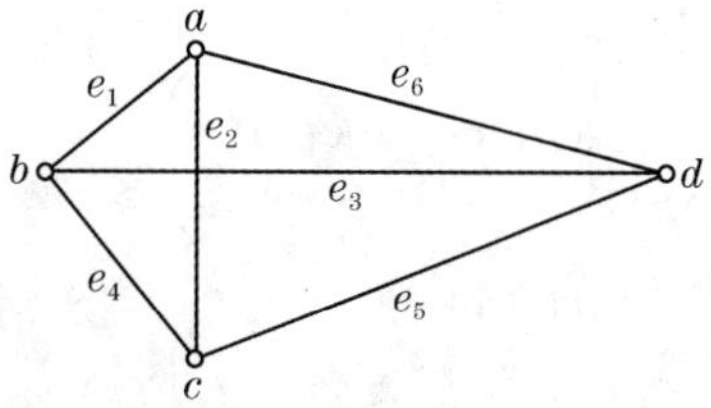

图 7-1

定义 2 每一条边都是无向边的图称无向图,记 $e=(a,b)$,

e 关联于 a 和 b,且称 a 和 b 是邻接点.

每一个边都是有向边的图称为有向图,记 $e=\langle a,b\rangle$,a 为始点,b 为终点,e 是关联于 a 和 b 的,a 和 b 是邻接的,a 和 b 统称为 e 的端点.

例 2 如图 7-2(a)所示,它是一个无向图.如图 7-2(b)所示,它是一个有向图.

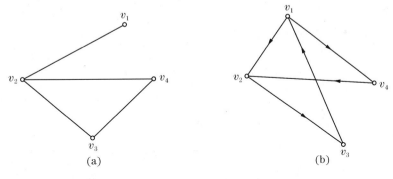

图 7-2

对于(a)图:
$$G=\langle V,E\rangle=\langle\{v_1,v_2,v_3,v_4\},\{(v_1,v_2),(v_2,v_3),(v_3,v_4),(v_2,v_4)\}\rangle.$$

对于(b)图:
$$G=\langle V,E\rangle=\langle\{v_1,v_2,v_3,v_4\},\{\langle v_1,v_2\rangle,\langle v_2,v_3\rangle,\langle v_3,v_1\rangle,\langle v_1,v_4\rangle,\langle v_4,v_2\rangle\}\rangle.$$

如果不加特别说明,我们只讨论有向图和无向图两种情形,且假定 V 和 E 都是有限集.

说明:

(1) 在一个图中不与任何结点相邻接的结点称为孤立结点.如图 7-3(a)所示中的 v_4 结点.

(2) 仅由孤立点组成的图称为零图.仅由一个孤立结点构成的图称为平凡图.

(3) 关联于同一结点的一条边称为自回路或环.如图 7-3(b)中 (c,c) 是环,环的方向是没有意义的,它既可作为有向边,也可作为无向边.

(4) 连接于同一对结点间的多条边称为平行边.如图 7-3(b)中,结点 a 和 b 之间有两条平行边.

(5) 设 $v_0,v_1,\cdots,v_n$ 是图 G 的结点,$e_1,e_2,\cdots,e_n$ 是图 G 的边,则称序列 $v_0e_1v_1e_2\cdots v_{n-1}e_nv_n$ 为图 G 中从 v_0 到 v_n 的路,n 为路的长度,当 $v_0=v_n$ 时,称为回路.

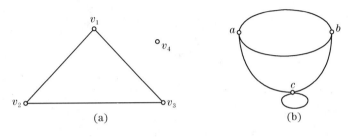

图 7-3

定义 3 含有平行边的图称为多重图,不含平行边和环的图称作简单图.

定义 4 简单图 $G=\langle V,E\rangle$ 中,若每一对结点间都有边相连,则称作完全图,有 n 个结点

的无向完全图记为 K_n.

K_n 中,对每条边确定一个任意方向,称为有向完全图.

定义 5 在图 $G=\langle V,E \rangle$ 中,与结点 v 关联的边数,称作该结点的度数,记作 $\deg(v)$,如图 7-4 所示,结点 A 的度数为 2,结点 B 的度数为 3.

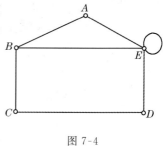

图 7-4

我们约定:每个环在其对应结点上度数增加 2,故图 7-4 中结点 E 的度数为 5.

定理 1 每个图中,结点度数的总和等于边数的两倍,即
$$\sum_{v \in V} \deg(v) = 2|E|,$$
其中 $|E|$ 为边数.

证 因为每条边必关联两个结点,而一条边给予关联的每个结点的度数为 1.因此,在一个图中,结点度数的总和等于边数的两倍.

定理 2 在任何图中,度数为奇数的结点必定是偶数个.

证 设 V_1 和 V_2 分别是 G 中奇数度数和偶数度数的结点集,则由定理 1,有
$$\sum_{v \in V_1} \deg(v) + \sum_{v \in V_2} \deg(v) = \sum_{v \in V} \deg(v) = 2|E|.$$

由于 $\sum_{v \in V_2} \deg(v)$ 是偶数之和,必为偶数,而 $2|E|$ 是偶数,故得 $\sum_{v \in V_1} \deg(v)$ 是偶数,即 $|V_1|$ 是偶数.

定义 6 在有向图中,射入一个结点的边数称为该结点的入度,由一个结点射出的边数称为该结点的出度.

定理 3 在有向图中,所有结点的入度之和等于所有结点的出度之和.

证 因为每一条有向边必对应一个入度和一个出度.若一个结点具有一个入度或出度,则必关联一条有向边.

所以,有向图中各结点入度之和等于边数.有向图中各结点出度之和等于边数.

因此,任何有向图中,入度之和等于出度之和.

定理 4 n 个结点的无向完全图 K_n 的边数为 $\frac{1}{2}n(n-1)$. n 个结点的有向完全图的边数也为 $\frac{1}{2}n(n-1)$.

证 在 K_n 中,任意两点间都有边相连,n 个结点中任取两点的组合数为:
$$C_n^2 = \frac{1}{2}n(n-1),$$
故 K_n 的边数为 $E = \frac{1}{2}n(n-1)$.

二、图的矩阵表示

矩阵是研究图的有效工具之一,它特别适应用计算机存储和处理图,图可用一个矩阵表示,一个矩阵也必对应于一个标定结点序号的图.

1. 邻接矩阵

定义 7 设 $G=\langle V,E \rangle$ 是一个简单图,它有 n 个结点,$V=\{v_1,v_2,\cdots,v_n\}$,则 n 阶方阵

$A(G)=(a_{ij})_{n\times n}$ 称为 G 的邻接矩阵. 其中

$$a_{ij}=\begin{cases} 1, & v_i\ adj\ v_j, \\ 0, & v_i\ nadj\ v_j\ 或\ i=j, \end{cases}$$

adj 表示邻接,$nadj$ 表示不邻接.

说明:① 某一结点上有一环,则取 $a_{ij}=0$.

② 在有向图中若 $v_i\to v_j$,则 $a_{ij}=1, a_{ji}=0$.

例 3 如图 7-5 所示,图 G 的邻接矩阵为:

$$A(G)=\begin{pmatrix} 0 & 1 & 1 & 1 & 1 \\ 1 & 0 & 1 & 0 & 0 \\ 1 & 1 & 0 & 1 & 0 \\ 1 & 0 & 1 & 0 & 1 \\ 1 & 0 & 0 & 1 & 0 \end{pmatrix}.$$

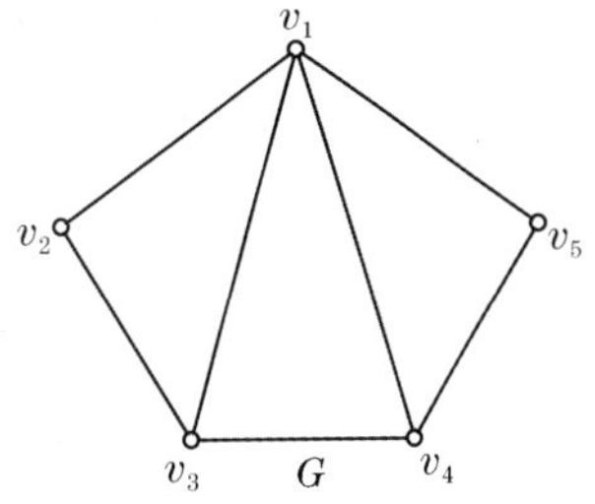

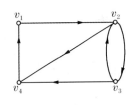

图 7-5

当给定的简单图是无向图时,邻接矩阵是对称的;当给定图是有向图时,邻接矩阵并不一定对称.

例 4 如图 7-6 所示,有向图 G 的邻接矩阵为:

$$A(G)=\begin{pmatrix} 0 & 1 & 0 & 0 \\ 0 & 0 & 1 & 1 \\ 0 & 1 & 0 & 1 \\ 1 & 0 & 0 & 0 \end{pmatrix}.$$

图 7-6

从例 2 的邻接矩阵 $A(G)$ 中,知第 i 行元素是由结点 v_i 出发的边所决定.

第 i 行中值为 1 的元素数目等于 v_i 的出度;第 j 列中值为 1 的元素数目等于 v_j 的入度.

设有向图 G 的结点集合 $V=\{v_1,v_2,\cdots,v_n\}$,它的邻接矩阵为 $A(G)=(a_{ij})_{n\times n}$,现在我们想计算从结点 v_i 到结点 v_j 的长度(边数)为 2 的路的数目.

每条从 v_i 到 v_j 的长度为 2 的路,中间必须经过一个结点 v_k,即 $v_i\to v_k\to v_j(1\leqslant k\leqslant n)$. 如果 G 中有路 $v_iv_kv_j$ 存在,那么 $a_{ik}=a_{kj}=1$,即 $a_{ik}\cdot a_{kj}=1$;反之,如果图 G 中不存在路 $v_iv_kv_j$,那么 $a_{ik}=0$ 或 $a_{kj}=0$,即 $a_{ik}\cdot a_{kj}=0$.

于是从结点 v_i 到结点 v_j 的长度为 2 的路的数目:

$$a_{i1}\cdot a_{1j}+a_{i2}\cdot a_{2j}+\cdots+a_{in}\cdot a_{nj}=\sum_{k=1}^{n}a_{ik}\cdot a_{kj}.$$

按照矩阵的乘法规则,这恰好等于矩阵 $(A(G))^2$ 中第 i 行,第 j 列的元素.

$$(a_{ij}^{(2)})_{n\times n}=(A(G))^2=\begin{pmatrix} a_{11} & a_{12} & \cdots & a_{1n} \\ a_{21} & a_{22} & \cdots & a_{2n} \\ \vdots & \vdots & & \vdots \\ a_{n1} & a_{n2} & \cdots & a_{nn} \end{pmatrix}\begin{pmatrix} a_{11} & a_{12} & \cdots & a_{1n} \\ a_{21} & a_{22} & \cdots & a_{2n} \\ \vdots & \vdots & & \vdots \\ a_{n1} & a_{n2} & \cdots & a_{nn} \end{pmatrix}.$$

其中 $a_{ij}^{(2)}$ 表示从 v_i 到 v_j 的长度为 2 的路的数目;$\sum_{i=1}^{n}\sum_{j=1}^{n}a_{ij}^{(2)}$ 表示 v_i 到 v_j 的长度为 2 的路的总数;$a_{ii}^{(2)}$ 表示 v_i 到 v_i 的长度为 2 的回路的数目;$\sum_{i=1}^{n}a_{ii}^{(2)}$ 表示 v_i 到 v_i 的长度为 2 的回

路的总数.

例 5 设有向图 $G=\langle V,E\rangle$,如图 7-7 所示,试用邻接矩阵方法求长度为 2 的路的总数和回路总数.

解 邻接矩阵 A 为

$$A=\begin{pmatrix}1&1&0&0\\1&0&1&0\\1&0&1&1\\0&0&1&0\end{pmatrix}, \quad A^2=\begin{pmatrix}2&1&1&0\\2&1&1&1\\2&1&2&1\\1&0&1&1\end{pmatrix}.$$

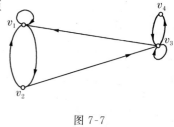

图 7-7

$$\sum_{i=1}^{4}\sum_{j=1}^{4}a_{ij}^{(2)}=18; \quad \sum_{i=1}^{4}a_{ii}^{(2)}=6.$$

故 G 中长度为 2 的路的总数为 18;G 中长度为 2 的回路的总数为 6.

定理 设 $A(G)$ 是图 G 的邻接矩阵,则 $(A(G))^l$ 中的第 i 行,第 j 列元素 $a_{ij}^{(l)}$ 等于 G 中连接 v_i 和 v_j 的长度为 l 的路的数目.

证 用数学归纳法:

1° 当 $l=2$ 时,由上知显然成立.

2° 设命题对 l 成立,证 $l+1$ 时也成立.

$$(A(G))^{l+1}=A(G)\cdot(A(G))^l,$$

$$a_{ij}^{(l+1)}=\sum_{k=1}^{n}a_{ik}\cdot a_{kj}^{(l)}.$$

根据邻接矩阵定义,a_{ik} 表示连接 v_i 与 v_k 的长度为 1 的路的数目,$a_{kj}^{(l)}$ 是连接 v_k 与 v_j 的长度为 l 的路的数目,故上式右边的每一项表示由 v_i 经过一条边到 v_k,再由 v_k 经过一条长度为 l 的路到 v_j 的总长度为 $l+1$ 的路的数目,对所有 k 求和,即得到 $a_{ij}^{(l+1)}$ 是所有从 v_i 到 v_j 的长度为 $l+1$ 的路的数目,故命题对 $l+1$ 成立,由 1°,2°,定理得证.

2. 可达矩阵

在许多实际问题中,常常要判断有向图的一个结点 v_i 到另一个结点 v_j 是否存在路的问题.

定义 8 令 $G=\langle V,E\rangle$ 是一个简单有向图,$|V|=n$,假定 G 的结点已编序,即 $V=\{v_1,v_2,\cdots,v_n\}$,定义一个 $n\times n$ 矩阵 $P=(p_{ij})_{n\times n}$.其中

$$p_{ij}=\begin{cases}1, & \text{从 } v_i \text{ 到 } v_j \text{ 至少存在一条路},\\ 0, & \text{从 } v_i \text{ 到 } v_j \text{ 不存在路},\end{cases}$$

称矩阵 P 是图 G 的可达矩阵.

一般地讲,可由图 G 的邻接矩阵 A 得到可达性矩阵 P,即令

$$B_n=A+A^2+\cdots+A^n,$$

再从 B_n 中将不为零的元素改换为 1,而为零的元素不变,这个改换后的矩阵即为可达性矩阵 P.

例 6 设图 G 的邻接矩阵

$$A=\begin{pmatrix}0&1&0&0\\0&0&1&1\\1&1&0&1\\1&0&0&0\end{pmatrix},$$

求 G 的可达矩阵.

解 计算得

$$A^2=\begin{pmatrix}0&0&1&1\\2&1&0&1\\1&1&1&1\\0&1&0&0\end{pmatrix},\quad A^3=\begin{pmatrix}2&1&0&1\\1&2&1&1\\2&2&1&2\\0&0&1&1\end{pmatrix},\quad A^4=\begin{pmatrix}1&2&1&1\\2&2&2&3\\3&3&2&3\\2&1&0&1\end{pmatrix},$$

故 $\quad B_4=A+A^2+A^3+A^4=\begin{pmatrix}3&4&2&3\\5&5&4&6\\7&7&4&7\\3&2&1&2\end{pmatrix}.$

所以,所求 G 的可达矩阵

$$P=\begin{pmatrix}1&1&1&1\\1&1&1&1\\1&1&1&1\\1&1&1&1\end{pmatrix}.$$

由此可知,图 G 中任两点间均是可达的.

习题 7.3

1. 画出图 $G=\langle V,E,\varphi\rangle$ 的图示.
   $V=\{v_1,v_2,v_3,v_4,v_5\}$,
   $E=\{e_1,e_2,e_3,e_4,e_5,e_6,e_7\}$,
   $\varphi=\{\langle e_1(v_2,v_2)\rangle,\langle e_2(v_2,v_4)\rangle,\langle e_3(v_1,v_2)\rangle,\langle e_4(v_1,v_3)\rangle,\langle e_5(v_1,v_3)\rangle,\langle e_6(v_3,v_4)\rangle,\langle e_7(v_4,v_5)\rangle\}$.

2. 画出图 $G=\langle V,E,\varphi\rangle$ 的图示.
   $V=\{v_1,v_2,v_3,v_4,v_5\}$,
   $E=\{e_1,e_2,e_3,e_4,e_5,e_6,e_7,e_8,e_9,e_{10}\}$,
   $\varphi=\{\langle e_1(v_1,v_3)\rangle,\langle e_2(v_1,v_4)\rangle,\langle e_3(v_4,v_1)\rangle,\langle e_4(v_1,v_2)\rangle,\langle e_5(v_2,v_2)\rangle,\langle e_6(v_3,v_4)\rangle,\langle e_7(v_5,v_4)\rangle,$
   $\langle e_8(v_5,v_3)\rangle,\langle e_9(v_5,v_3)\rangle,\langle e_{10}(v_5,v_3)\rangle\}$.

3. 求下列图的邻接矩阵.

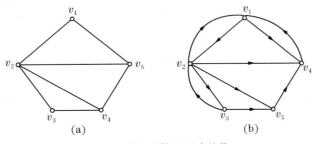

4. 求出下图的邻接矩阵,并求长度为 2 的路的总数和回路总数.

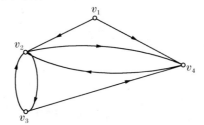

5. 求下图的邻接矩阵,并由邻接矩阵求出可达矩阵.

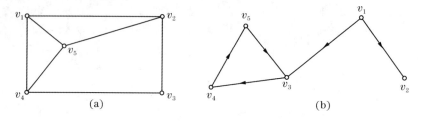

§7.4 树与生成树

树是图论中重要的概念之一,它在计算机科学中应用非常广泛.

定义 1 一个连通且无回路的无向图称为树.树中度数为1的结点称为树叶,度数大于1的结点称为分枝点.

定义 2 n 个无回路的无向图称作森林.

定理 1 给定图 T,以下关于树的定义是等价的.

(1) 无回路的连通图;

(2) 无回路且 $e=v-1$,其中 e 是边数,v 是结点数;

(3) 连通且 $e=v-1$;

(4) 无回路,但增加一条新边,得到一个且仅有一个回路;

(5) 连通,但删去任一边后便不连通;

(6) 每一对结点之间有且仅有一条路.

证 (1)⇒(2). 用数学归纳法证明.

1° 当 $v=2$ 时,连通且无回路,T 中边数 $e=1$,因此 $e=v-1$ 成立.

2° 假设 $v=k-1$ 时命题成立,当 $v=k$ 时,因为无回路且连通,故至少有一条边其一个端点 u 的度数为1,设该边为 (u,w),删去结点 u,便得到一个 $k-1$ 个结点的连通无向图 T',由归纳法假设,图 T' 的边数 $e'=v'-1=(k-1)-1=k-2$,于是再将结点 u 以及关联边 (u,w) 加到图 T' 中得到原图 T.此时 T 的边数为 $e=e'+1=(k-2)+1=k-1$.结点数 $v=v'+1=(k-1)+1=k$.

由 1°,2°,故 $e=v-1$ 成立.

(2)⇒(3).

若 T 不连通且有 k 个连通分支 $T_1,T_2,\cdots,T_k(k\geqslant 2)$,因为每个分图是连通无回路,则我们可证:

如 T_i 有 v_i 个结点,$v_i>v$ 时,T_i 有 v_i-1 条边,而
$$v=v_1+v_2+\cdots+v_k,$$
$$e=(v_1-1)+(v_2-1)+\cdots+(v_k-1)=v-k.$$

但 $e=v-1$,故 $k=1$,这与假设 $k\geqslant 2$ 矛盾.

(3)⇒(4). 数学归纳法证明.

1° 若 T 连通且有 $v-1$ 条边.

当 $v=2$ 时,$e=v-1=1$,故 T 必无回路,如增加一边得到且仅得到一个回路.

2° 设 $v=k-1$ 时命题成立.

考察 $v=k$ 时的情况,因为 T 是连通的,$e=v-1$,故每个结点 u 有 $\deg(u) \geqslant 1$,可以证明至少有一个结点 u_0,使 $\deg(u_0)=1$;若不然,即所有结点 u 有 $\deg(u) \geqslant 2$,则 $2e \geqslant 2v$,即 $e \geqslant v$,与假设 $e=v-1$ 矛盾,删去 u_0 及其关联的边,而得到新图 T',由归纳假设可知 T' 无回路,在 T' 中加入 u_0 及其关联边又得到 T,故 T 是无回路的. 若在连通图 T 中增加新的边 (u_i, u_j),则该边与 T 中 u_i 到 u_j 的一条路构成一个回路,则该回路必是唯一的,否则若删去此新边,T 中必有回路,得出矛盾.

(4)⇒(5).

若图 T 不连通,则存在结点 u_i 与 u_j,在 u_i 与 u_j 之间没有路,显然若加边 $\{u_i, u_j\}$ 不会产生回路,与假设矛盾,又由于 T 无回路,故删去任一边,图就不连通.

(5)⇒(6).

由连通性可知,任两点间有一条路,若存在两点,在它们之间有多于一条的路,由 T 中必有回路,删去该回路上任一条边,图仍是连通的,与(5)矛盾.

(6)⇒(1).

任意两点间有唯一一条路,则图 T 必连通,若有回路,则回路上任两点间有两条路,与(6)矛盾.

定理 2 任一棵树中至少有两片树叶.

证 设树 $T=\langle V, E \rangle$,$|V|=v$,因为 T 是连通图,对于任意 $v_i \in T$,有
$$\deg(v_i) \geqslant 1 \quad \text{且} \quad \sum \deg(v_i) = 2(|V|-1) = 2v-2.$$

若 T 中每个结点度数大于等于 2,则
$$\sum \deg(v_i) \geqslant 2v,$$

得出矛盾.

若 T 中只有一个结点度数为 1,其他结点度数大于等于 2,则
$$\sum \deg(v_i) \geqslant 2(v-1)+1 = 2v-1,$$

得出矛盾. 故 T 中至少有两个结点度数为 1.

有一些图,本身不是树,但它的子图却是树. 一个图可能有许多子图,其中很重要的一类是其生成树.

例 1 在一棵有 2 个 2 度结点,4 个 3 度结点,其余为树叶的无向图中,应该有几片树叶?

解 设有 k 片树叶,则该树有 $k+2+4$ 个结点,有 $k+6-1=k+5$ 条边,所以
$$k+2\times 2+4\times 3=2(k+5), \quad \text{得} \quad k=6.$$

即该树有 6 片树叶.

定义 3 若图 G 的生成子图删去一些边是一棵树,则该树称为 G 的生成树.

定理 3 连通图至少有一棵生成树.

如图 7-8(a)中,相继删去边 2,3 和 5,得生成树 T_1,如图 7-8(b)所示. 若相继删去边 2,4 和 6,可得生成树 T_2,如图 7-8(c)所示.

证 设连通图 G 没有回路,则 G 本身就是一棵生成树.

若 G 至少有一个回路,我们删除 G 的回路上的一条边,得到图 G_1,它仍是连通的并与 G

有同样的结点集.若 G_1 没有回路,则 G_1 就是生成树;若 G_1 仍有回路,再删去 G_1 回路上的一条边,重复上述步骤,直至得到一个连通图 H,它没有回路,但与 G 有同样的结点集,因此,H 是 G 的生成树.

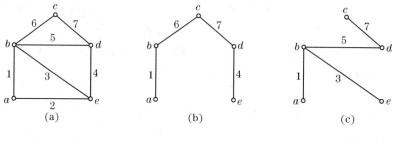

图 7-8

例 2 连通无向图 G 有 6 个顶点,9 条边,从 G 删去多少条边才能得到 G 的一棵生成树 T?

解 设删去 x 条边,还剩 $9-x$ 条边.根据树的等价定义,所以
$$9-x=6-1, \quad 得 \quad x=4.$$
即应删去 4 条边,便得到一棵生成树 T.

下面我们讨论带权的生成树.设图 G 中的结点表示一些城市,各边表示城市间道路的连接情况,边的权表示道路的长度,如果我们要用通讯线路把这些城市联系起来,要求沿道路架设线路时,所用的线路最短,这就是要求一棵生成树,使该生成树是 G 的所有生成树中边权的和 $W(T)$ 为最小.

定义 4 在 G 的所有生成树中,树权最小的那棵生成树,称为最小生成树.

定理 4 (kruskal)克鲁斯科尔算法

设图 G 有 n 个结点,以下算法产生最小生成树.

a) 选取最小边 e_1,置边数 $i \leftarrow 1$;

b) $i=n-1$,结束,否则转 c;

c) 设已选择边为 $e_1, e_2, \cdots, e_i$,在 G 中选取不同于 $e_1, e_2, \cdots, e_i$ 的边 e_{i+1},使 $\{e_1, e_2, \cdots, e_i, e_{i+1}\}$ 中无回路且 e_{i+1} 是满足条件的最小边;

d) $i \leftarrow i+1$,转 b.

证 (略).

例 3 设带权无向图 G(如图 7-9 所示),求 G 的最小生成树 T 及 T 的权总和.

解 令 $e_1 = (v_1, v_3)$ $e_6 = (v_1, v_2)$

$e_2 = (v_4, v_6)$ $e_7 = (v_1, v_4)$

$e_3 = (v_2, v_5)$ $e_8 = (v_4, v_3)$

$e_4 = (v_3, v_6)$ $e_9 = (v_3, v_5)$

$e_5 = (v_2, v_3)$ $e_{10} = (v_5, v_6)$

设 a_i 为 e_i 上的权,由题图得
$$a_1 < a_2 < a_3 < a_4 < a_5 = a_6 = a_7 = a_8 < a_9 = a_{10}.$$
依次取 a_1 的 $e_1 \in T$,

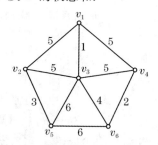

图 7-9

a_2 的 $e_2 \in T$,

a_3 的 $e_3 \in T$,

a_4 的 $e_4 \in T$,

a_5 的 $e_5 \in T$,

即得最小生成树.

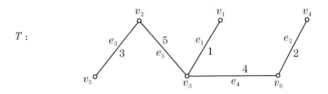

T 的权总和: $C(T) = 15$.

例 4 求图 7-10 所示图 G 的一棵最小生成树.

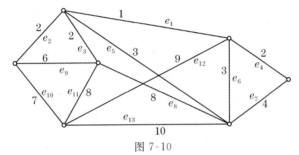

图 7-10

列表求解.

次	E_i	$E - E_i$	$W(e_i)$	$\sum_i W(e_i)$
1	$\{e_1\}$	$\{e_2, e_3, \cdots, e_{13}\}$	1	1
2	$\{e_1, e_2\}$	$\{e_3, e_4, \cdots, e_{13}\}$	2	3
3	$\{e_1, e_2, e_3\}$	$\{e_4, e_5, \cdots, e_{13}\}$	2	5
4	$\{e_1, e_2, e_3, e_4\}$	$\{e_5, e_6, \cdots, e_{13}\}$	2	7
5	$\{e_1, e_2, e_3, e_4, e_6\}$	$\{e_5, e_7, e_8, \cdots, e_{13}\}$	3	10
6	$\{e_1, e_2, e_3, e_4, e_6, e_{10}\}$	$\{e_5, e_7, e_8, e_9, e_{11}, e_{12}, e_{13}\}$	7	17

得最小生成树 T_1, 如图 7-11(a) 所示.

图 7-11(b) 也是一棵最小生成树.

$$E = \{e_1, e_2, e_3, e_4, e_5, e_{10}\}.$$

可见加权连通简单图的最小生成树不唯一.

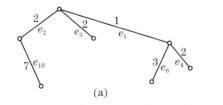
(a)

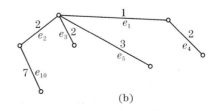
(b)

图 7-11

习题 7.4

1. 求下图的最小生成树.

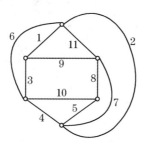

2. 求下图的最小生成树.

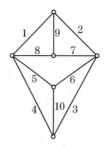

3. 设 T 是简单的无向图, T 中的度数最大的顶点有 2 个, 它们的度数为 $k(k \geq 2)$. 证明: T 中至少有 $2k-2$ 个树叶.

4. 选择题:

设 G 是有 n 个结点, m 条边的连通图, 必须删去 G 的 ( ) 条边, 才能得到 G 的一棵生成树.

A. $m-n+1$　　　B. $n-m$　　　C. $m+n+1$　　　D. $n-m+1$

5. 设 $T=\langle V,E \rangle$ 是一棵树, 树中结点数 $|V|=20$, 树叶共有 8 片. 其他结点的度均 ≤ 3. 求 2 度结点和 3 度结点各有多少?

§7.5　根树及其应用

前面我们讨论的树都是无向图中的树. 下面讨论简单有向图的树.

定义 1　如果一个有向图在不考虑边的方向时是一棵树, 那么, 这个有向图称为有向树. 例如, 图 7-12 所示为一棵有向树.

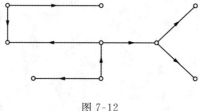

图 7-12

定义 2　一棵有向树, 如果恰有一个结点的入度为 0, 其余所有结点的入度都为 1, 则称为根树. 入度为 0 的结点称为根. 出度为 0 的结点称为叶, 出度不为 0 的结点称为分枝点.

例如,图 7-13 表示一棵根树,其中 v_1 为根,v_1,v_2,v_4, v_8,v_9 为分枝点,其余结点为叶.

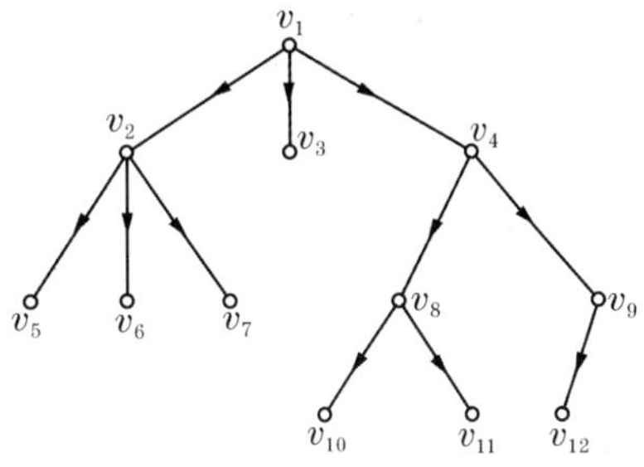

在根树中,任一结点 v_i 的层次,就是从根到该结点的平面通路长度.

例如,图 7-14 中,有三个结点的层次为 1,有五个结点层次为 2,有三个结点层次为 3.

习惯上把有向图的根画在最上方,边的箭头全都指向下,则可以省略全部箭头.

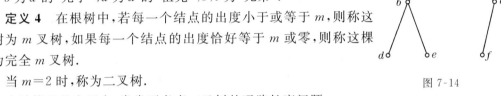

图 7-13

定义 3 若指明根树中结点或边的次序,称这样的树为有序树.

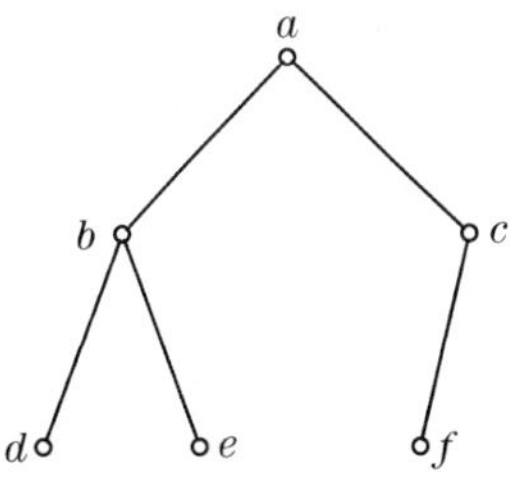

如图 7-14 所示是一棵有序树.

b 为 a 的"儿子",a 为 d 的"祖先",b,c 为"兄弟".

定义 4 在根树中,若每一个结点的出度小于或等于 m,则称这棵树为 m 叉树,如果每一个结点的出度恰好等于 m 或零,则称这棵树为完全 m 叉树.

当 $m=2$ 时,称为二叉树.

图 7-14

在计算机的应用中,常常要考虑二叉树的通路长度问题.

定义 5 在根树中,一个结点的通路长度,就是从根到此结点的通路中的边数,我们把分枝点的通路长度称为内部通路长度,树叶的通路长度称为外部通路长度.

定理 1 若完全二叉树有 n 个分枝点,且内部通路长度的总和为 I,外部通路长度的总和为 E,则

$$E=I+2n.$$

证 (略).

下面,我们来举例说明定义 5 和验证定理 1.

例 1 如图 7-15 所示.分枝点 $n=4$.各分枝点的通路长度即内部通路长度分别为:

$$a:0 \quad b:1 \quad c:1 \quad d:2$$

其总和:$I=0+1+1+2=4.$

各树叶的通路长度即外部通路长度分别为:

$$e:2 \quad f:2 \quad g:2 \quad h:3 \quad i:3$$

其总和:$E=12.$

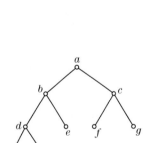

图 7-15

故 $E=12=4+4\times 2=I+2\times n.$

二叉树的一个重要应用就是最优树的问题.

给定一组权 $w_1,w_2,\cdots,w_t$,不妨设 $w_1\leqslant w_2\leqslant\cdots\leqslant w_t$.设有一棵二叉树,共有 t 片树叶,分别带权 $w_1,w_2,\cdots,w_t$,该二叉树称为带权二叉树.

定义 6 在带权二叉树中,若带权为 w_i 的树叶,其通路长度为 $L(w_i)$,我们把 $w(T)=\sum_{i=1}^{t}w_iL(w_i)$ 称为该带权二叉树的权.在所有带权 $w_1,w_2,\cdots,w_t$ 的二叉树中,$w(T)$ 最小的那棵树,称为最优树.

· 199 ·

如何求得最优二叉树呢？这里给出用哈夫曼算法（Huffman）来求出最优二叉树的方法．

哈夫曼算法：

给定实数 $w_1, w_2, \cdots, w_n$，且 $w_1 \leqslant w_2 \leqslant \cdots \leqslant w_n$．

（1）连接 w_1, w_2 为权的两片树叶，得一分支点，其权为 $w_1 + w_2$；

（2）$w_1 + w_2, w_3, \cdots, w_n$ 中选出两个最小的权，连接它们对应的结点，得分支点及其所带的权；

（3）重复(2)，直到形成 $n-1$ 个分支点，n 片树叶为止．

例 2 构造带权 $2, 4, 7, 8, 10, 12$ 的最优二叉树．

解

(1)

(2)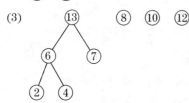

(3)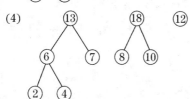

(4)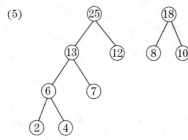

(5)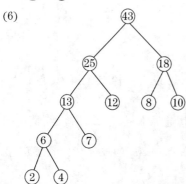

(6)

故该二叉树的权为:
$$w(T) = \sum_{i=1}^{6} w_i L(w_i)$$
$$= 2 \times 4 + 4 \times 4 + 7 \times 3 + 12 \times 2 + 8 \times 2 + 10 \times 2$$
$$= 105.$$

二叉树的另一个应用就是前缀码问题. 我们知道, 在远距离通讯中, 常用 0 和 1 的字符串来传递信息. 在实际应用中, 由于字母使用次数或出现频率不同, 为了减少信息量, 人们希望用较短的序列去表示频繁使用的字母.

定义 7 给定一个序列的集合, 若没有一个序列是另一个序列的前缀, 该序列集合称为前缀码.

例如, {000,001,01,10,11} 是前缀码, 而 {1,0001,000} 就不是前缀码. 那么, 怎样才能获得一个前缀码呢?

这里不加证明地给出如下定理.

定理 2 任意一棵二叉树的树叶可对应一个前缀码; 任何一个前缀码都对应一个二叉树.

我们用权构造一棵哈夫曼树(最优二叉树), 叶子中的权为字母的出现次数, 在各非终端结点发出的左分枝上标上 0, 右分枝上标上 1, 于是, 从根结点到叶子的路径上的 0 和 1 所组成的序列就是该叶子的所对应的字母编码, 这种编码称哈夫曼码.

例 3 假定用于通讯的电文仅由 8 个字母 $c_1, c_2, \cdots, c_8$ 组成, 各个字母在电文中出现的频数分别为 5, 25, 3, 6, 10, 11, 36, 4, 试为这 8 个字母设计哈夫曼编码.

解 先构造一棵哈夫曼树.

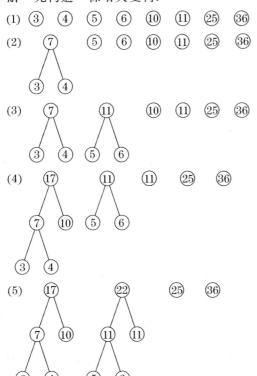

(6)

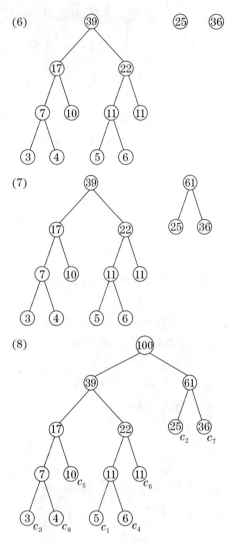

(7)

(8)

所以,各个字母的哈夫曼编码分别为:

$c_1:0100$ $c_5:001$

$c_2:10$ $c_6:011$

$c_3:0000$ $c_7:11$

$c_4:0101$ $c_8:0001$

哈夫曼码优点:

(1) 对给出的文本具有最短的编码序列;

(2) 任一字符 c_i 的编码不会是另一个 c_j 的编码的前缀.

习题 7.5

1. 设有一组权 2,3,7,11,13,17,19,23,29,31,37,41.求相应的最优树.
2. 给定权 1,4,9,16,25,36,49,64,81,100.构造一棵最优二叉树.
3. 假设用于通讯的电文由 8 个字母 A~H 组成,这 8 个字母在电文中出现的概率分别为:0.31, 0.09, 0.08, 0.12, 0.25, 0.05, 0.04, 0.06.试为这 8 个字母设计哈夫曼编码.

习 题 7

1. 选择题：
(1) 有 5 个结点无向完全图中，边数有(　　).
A. 5　　　　　B. 8　　　　　C. 10　　　　　D. 15
(2) 在有 3 个结点的图中，度数为奇数的结点个数为(　　).
A. 0　　　　　B. 1　　　　　C. 1 或 3　　　　D. 0 或 2
(3) 下列不是森林的是(　　).

A.　　　　　　　　　　　B.

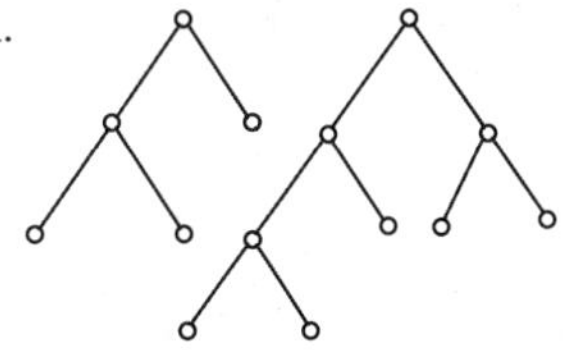

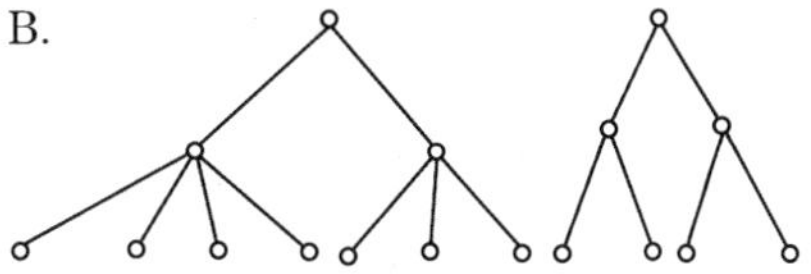

C. 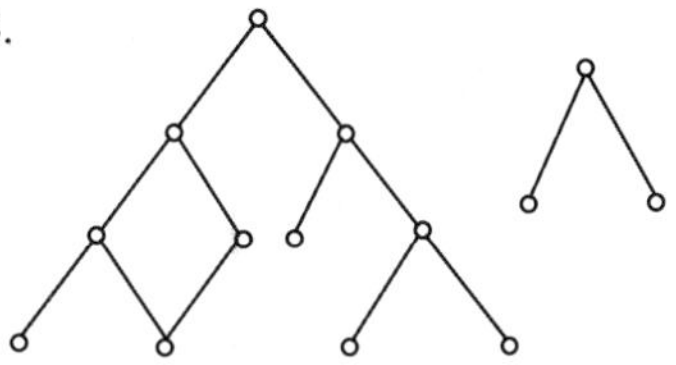　　　　　　　　　　　D.

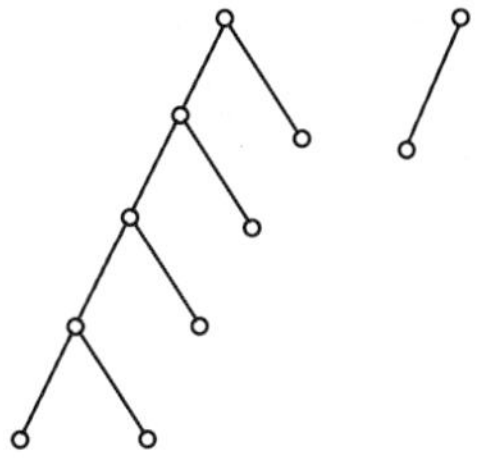

(4) 设树 T 有 7 条边，则 T 有(　　)个结点.
A. 5　　　　　B. 6　　　　　C. 7　　　　　D. 8
(5) 如图 7-16 所示，由 b 到 e 的路的条数是(　　).
A. 1 条　　　　B. 2 条　　　　C. 3 条　　　　D. 无数条

2. 填空题：
(1) 由 4 个结点组成的完全无向图为_____.
(2) 零图是指_____.
(3) _____叫作环，每个环在其对应结点的度数增加_____.
(4) 简单无向图的邻接矩阵是_____.
(5) _____称作树，_____称作森林.
(6) 任一棵树中至少有_____片树叶.
(7) 根树中，根的入度为_____，叶的出度为_____.
(8) 对于一棵三叉树，它的每一个结点的出度应小于或等于_____.
(9) 完全二叉树中，有 n 个分枝点，内部通路长度总和为 I，外部通路长度总和为 E，则 $E-I=$ _____.
(10) 哈夫曼编码的优点是：
① _____，
② _____.

3. 设 $V=\{u,v,w,x,y\}$，画出图 $G=\langle V,E\rangle$，其中：
(1) $E=\{(u,v),(v,x),(v,w),(v,y),(x,y)\}$.
(2) $E=\{\langle u,v\rangle,\langle u,y\rangle,\langle u,w\rangle,\langle v,w\rangle,\langle w,x\rangle,\langle w,y\rangle,\langle x,y\rangle,\langle x,u\rangle\}$.
并求各结点的度数.

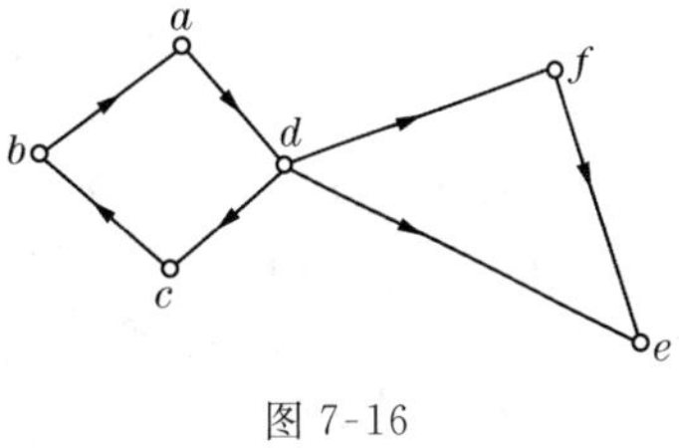

4. 是否可以画一个图，使各结点的度与下面序列一致. 如可能，画

图 7-16

出符合条件的图;如不可能,说明原因.

(1) 2,2,2,2,2,2;
(2) 1,2,3,4,5,5;
(3) 1,2,3,4,4,5.

5. 如图 7-17 所示简单有向图 G.求图 G 的邻接矩阵 A,并求 A^2.

6. 如图 7-18 所示有向图 G,求从 v_2 到 v_4 长度为 1,2,3,4 的路各有几条?

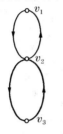 

图 7-17

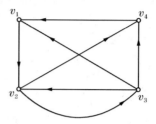

图 7-18

7. 设有向图 G 的邻接矩阵

$$A=\begin{pmatrix} 0 & 1 & 0 & 0 \\ 0 & 0 & 1 & 1 \\ 1 & 1 & 0 & 1 \\ 1 & 0 & 0 & 0 \end{pmatrix},$$

求 G 的可达性矩阵,并画图 G.

8. 一棵树有两个 2 度顶点,一个 3 度顶点,三个 4 度顶点,问它有几个 1 度顶点?

9. 一棵树有 n_2 个 2 度顶点,有 n_3 个 3 度顶点,…,有 n_k 个 k 度顶点,问它有几个 1 度顶点?

10. 设有权图如图 7-19 所示,求它的最小生成树.

11. 求出图 7-20 所示的最小生成图.

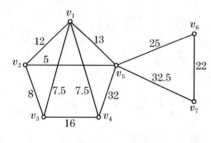 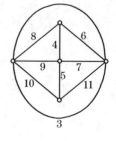

图 7-19

图 7-20

12. 求出叶的权分别为 2,3,5,7,11,13,17,19,23,29 的最优二叉树,并求其叶加权路径长度.

13. 假定用于通讯的电文仅由 10 个字母 A,B,C,D,E,F,G,H,I,J 组成,各字母在电文中出现的频数分别为 5,15,12,3,6,10,11,18,16,4.试为这 10 个字母设计哈夫曼编码.

14. 将下列命题符号化.

(1) 李强聪明又用功又帅气;
(2) 选派张老师或李老师中的一人出国学习;
(3) 只要天不下雨,我们就去郊游;
(4) 除非你努力,否则你就要失败;
(5) 二加二等于四当且仅当雪是白的.

15. 构造下列公式的真值表.

(1) $(P \vee \neg Q) \wedge R$;

(2) $((P \lor Q) \to (Q \land R)) \to (P \land \neg R)$.

16. 证明:

(1) $P \lor Q, Q \to R, P \to M, \neg M \Rightarrow R \land (P \lor Q)$;

(2) 天气冷了要加衣服,否则会生病,生病了就不能去上课,从而会影响学习,今天天气冷但我没有加衣服,由此可否推得,我的学习会受到影响.

17. 指出下列命题的真值.

(1) $\forall x(P \to Q(x)) \lor R(e)$,其中 P:"$3 > 2$";$Q(x)$:"$x \leqslant 3$";$R(x)$:"$x > 5$";e:5;个体域 $I = \{-2, 3, 6\}$;

(2) $\exists x(P(x) \to Q(x))$,其中 $P(x)$:"$x > 3$";$Q(x)$:"$x = 4$";个体域 $I = \{2\}$.

18. 每个中国公民在享受公民权利的同时必须履行公民义务;有些中国人没有履行义务.所以,有些不是中国公民.构造上面推理证明.

第8章 概率与统计

概率论与数理统计是研究随机现象统计规律性的数学分支学科.概率论是从数量上研究随机现象统计规律性,数理统计主要研究的是如何处理随机性数据,建立有效的统计方法,进行统计推断.随着科学技术的发展,概率论与数理统计在工农业生产、国民经济、新兴学科技术研究中都得到了广泛的应用.本章阐述了数理统计中常用的特征数和概率论中的一些基本概念、基本公式.

§8.1 描述统计

在实际工作中,为了解某方面的情况或对某些问题做出判断,经常要收集许多数据.这些数据表面看起来参差不齐、大小不一,但经过一系列的统计方法处理后,就会呈现出一定的统计规律性,为我们认识和解决问题提供依据.如:

例1 要了解 A 城市居民 1997 年的年收入情况,一般不会花费很多人力物力去一一调查,而是采取抽样调查的方法,即抽查该城市一小部分居民的收入情况.例如抽取 1000 人统计他们 1997 年的年收入,由此推断该城市居民的年收入状况.

由该例可以看到,为了研究某个对象,不是一一研究对象包含的所有个体,而是只研究其中的一部分,通过对这部分个体的研究,推断对象全体的性质.数理统计中,我们将研究对象的全体称为总体,而组成总体的基本单位称为个体.从总体中抽取出来的个体称为样品,若干个样品组成的集合称为样本,一个样本中所含样品的个数称为样本的容量(或样本的大小),由几个样品组成的样本用 $x_1, x_2, \cdots, x_n$ 表示.

例 1 中,A 城市居民 1997 年的年收入就是总体,城市中每一个居民 1997 年的年收入就是一个个体.从总体中随机提取出来的一个城市居民的年收入,就是一个样品,所抽取出来的 1000 个城市居民的年收入,就组成一个样本,这个样本的容量是 1000.

由于样品所表示的某些特性的数量指标(如某人的年收入)以及样品抽取的随机性,因此样品是一个变量,我们所看到的都是样品的取值.如例 1 中抽取样品的时候,并不知道这个人的年收入是多少(即为变量),抽取出来后,知道这个人的年收入是 9600 元(样品的取值).我们将样品的取值称为样品值,样本的取值称为样本值,也称为样本数据.本书后面涉及的数据指的都是样本数据.

面对搜集到的一批样本数据,如何归纳、整理、分析它们,以推断总体的性质呢?计算样本数据的特征数是一个很重要的方法.一般将能够反映统计数据主要特征的数,称为统计数据的特征数(简称特征数).实际上,概率统计的核心内容就是通过数据的特征数来对总体的数字特征作出估计,以及对总体的其他特征进行分析和推断.

数据分析中最常用的特征数有平均数、中位数、众数、极差等等,下面我们对这些特征数作一一介绍.

一、平均数

1. 均值

定义 1 给定一组数据 $x_1, x_2, \cdots, x_n$,称

$$\bar{x} = \frac{1}{n}(x_1 + x_2 + \cdots + x_n) = \frac{1}{n}\sum_{i=1}^{n} x_i \tag{1}$$

为数据 $x_1, x_2, \cdots, x_n$ 的均值.

根据均值定义,可以推出关于均值的两个性质.

性质 1 $\sum_{i=1}^{n}(x_i - \bar{x}) = 0$.

性质 2 任给一个常数 C,总有:

$$\sum_{i=1}^{n}(x_i - C)^2 \geqslant \sum_{i=1}^{n}(x_i - \bar{x})^2.$$

等号仅在 $C = \bar{x}$ 时成立.

均值就是通常所说的算术平均数,是反映数据整体水平的特征数.实际问题中,经常用样本的均值来估计总体的均值,或用均值代表总体水平.

2. 加权平均数

计算一组数据的均值时,若考虑数据中各数据的出现次数,或权衡数据的作用程度,我们须考虑加权平均数,如:

例 2 某中学实验班有 40 名学生,期末数学考试成绩见下表.

表 8-1 某中学实验班期末数学考试成绩

100	100	98	99	100	98	99	96	95	99
98	100	99	98	95	100	100	99	94	100
100	99	98	100	97	96	90	100	100	96
99	100	98	100	94	100	99	96	94	97

该班学生的数学平均成绩可以按均值公式(1)

$$\bar{x} = \frac{1}{n}(x_1 + x_2 + \cdots + x_n) = \frac{1}{n}\sum_{i=1}^{n} x_i$$

计算,但这样的计算是很麻烦的.我们采用一种简便的方法,即对这组数据归纳整理,将相同的数据划分在一起,列出表 8-2.

表 8-2 某中学实验班期末数学考试成绩归纳表

成绩/分	100	99	98	97	96	95	94	90
人数	14	8	6	2	4	2	3	1

于是,该班学生的数学平均成绩为:

$$\bar{x} = \frac{1}{40}(100 \times 14 + 99 \times 8 + \cdots + 90 \times 1)$$

$$= \frac{1}{40} \times 3920 = 98(\text{分}).$$

为了使这个式子的统计意义更加清楚,将它改写成以下形式:

$$\bar{x} = 100 \times \frac{14}{40} + 99 \times \frac{8}{40} + \cdots + 90 \times \frac{1}{40},$$

上式可以认为是 8 个数 $100,99,98,\cdots,94,90$ 分别乘以 $\frac{14}{40}, \frac{8}{40}, \frac{6}{40}, \cdots, \frac{3}{40}, \frac{1}{40}$ 之后的和,这就是我们要讨论的"加权平均数".

一般地,求 $x_1, x_2, \cdots, x_n$ 的均值时,如果 $x_i (i=1,2,\cdots,n)$ 中只有不同的 k 个值 $a_1, a_2, \cdots, a_k$ 出现,并且 a_j 出现 n_j 次,$j=1,2,\cdots,k$,则

$$\bar{x} = \frac{1}{n}(x_1 + x_2 + \cdots + x_n)$$
$$= \frac{1}{n}(n_1 a_1 + n_2 a_2 + \cdots + n_k a_k)$$
$$= \sum_{j=1}^{k} \left(a_j \cdot \frac{n_j}{n} \right).$$

此式中,$\frac{n_j}{n}$ 表示 a_j 在全部数据中所占的"比重",当 $\frac{n_j}{n}$ 越大时,此和受 a_j 的影响越大,当 $\frac{n_j}{n}$ 越小时,此和受 a_j 的影响就越小 $(j=1,2,\cdots,k)$. 这种由一组数据分别乘以相应"比重"的和,就是加权平均数.

定义 2 给定一组数据 $x_1, x_2, \cdots, x_n$ 和一组正数 $f_1, f_2, \cdots, f_n$,且 $\sum_{i=1}^{n} f_i = 1$,称

$$\bar{x} = x_1 f_1 + x_2 f_2 + \cdots + x_n f_n = \sum_{i=1}^{n} x_i f_i \tag{2}$$

为 $x_1, x_2, \cdots, x_n$ 的加权平均数,f_i 称为 x_i 的权.

由加权平均数的定义可以看出:

(1) 数据 $x_1, x_2, \cdots, x_n$ 的权 $f_1, f_2, \cdots, f_n$ 必须满足

$$0 < f_i \leqslant 1 \quad \text{且} \quad \sum_{i=1}^{n} f_i = 1;$$

(2) 对于同一组数,给出不同的权,可以得到不同的加权平均数,权较大的数据对加权平均数的结果影响比较大,权较小的数据对加权平均数的结果影响比较小,因此说,"权"是加权平均数的一个重要因素;

(3) 一组数据 $x_1, x_2, \cdots, x_n$ 的均值,可看做是一种特殊的加权平均数,即 n 个数的权都相同,都是 $\frac{1}{n}$,也就是说,n 个数据是同样看待的.

二、中位数和众数

从上述平均数的定义可以看到,个别很大的数据或很小的数据对平均数的影响较大,这些极端值并不代表一般的情况,但又不能随便剔除,这时往往采用中位数来"代表"这组数据.

定义 3 将一组有限个数据 $x_1, x_2, \cdots, x_n$ 按由小到大的顺序排成数列,记为 $x_1', x_2', \cdots, x_n'$.

(1) 当 n 为奇数时,处于中间位置的数称为中位数,此时中间位置是 $M = \frac{n+1}{2}$,中位数就是 x_M';

(2) 当 n 为偶数时,中间位置有两个数,$x'_{\frac{n}{2}}$ 和 $x'_{\frac{n}{2}+1}$,它们的平均值就是中位数,即
$$x'_M = \frac{x'_{\frac{n}{2}} + x'_{\frac{n}{2}+1}}{2}.$$

例 2 中有 40 个数据,据表 8-2 可知,第 20 个和第 21 个数据都是 99,所以中位数
$$x'_M = \frac{x'_{20} + x'_{21}}{2} = \frac{99 + 99}{2} = 99.$$

如果数据很多,用众数作为"代表"也是很方便的.一组统计数据中,出现次数(频数)最多的那个数据,称为众数.例如,为了解市场上某种商品的价格,往往采用该商品普遍成交的价格作为代表,这个普遍成交的价格就是众数.服装厂生产服装时,要了解市场上各种尺码服装的需求量,以决定生产什么尺码服装及其数量,这里要了解的就是众数,而不是平均数.

均值、加权平均数、中位数和众数,都是反映总体数据平均水平的指标.在实际工作中,可根据问题的具体情况,决定采用哪种平均数作为代表性数值.有时,将上述特征数结合起来使用,可以较全面地反映总体的分布情况.

三、极差

对于一组统计数据,有时还希望知道它们的分散程度.极差就是反映数据分散程度的一个常见特征数.

定义 4 一组数据 $x_1, x_2, \cdots, x_n$ 中的最大值减去最小值,即
$$R = \max\{x_i\} - \min\{x_i\}, \ 1 \leqslant i \leqslant n$$
称为 $x_1, x_2, \cdots, x_n$ 的极差.

从定义可以看出,极差反映数据之间的最大差距.极差越小,说明数据越集中,平均值的代表性就越好.由于极差 R 计算方便,反映数据的分散程度也很直观.因此,在实际工作中应用广泛,尤其在机械化、自动化的生产中常用做检验产品质量的指标.不过,如果一批数据存在极端值,极差就不能有效反映数据一般性的分散程度,这也正是用极差描述数据分散程度的缺点所在.

从以上内容可以看到,计算一批统计数据的特征数可以了解总体的平均水平和分散程度.若进一步还想了解总体的分布情况,可以通过画频数直方图的方法得到比较直观的认知.

四、频数直方图

下面通过一个例子说明如何列频数分布表,画频数直方图.

例 3 某童装生产厂家为了制订生产计划,要了解市场上童装价格的总体情况.他们采取随机抽样的办法,调查了市场上 50 种童装的价格,具体数据如下表 8-3.

表 8-3 市场上 50 种童装的价格

98	78	95	88	90	88	98	105	98	126
108	110	98	78	88	96	128	138	102	98
96	88	78	108	106	100	146	80	88	108
82	76	96	90	102	116	118	96	78	96
88	152	108	98	88	118	108	106	105	116

试列出这 50 个数据的频数分布表并作出频数直方图.

解 1. 列频数分布表.

(1) 确定范围:找出 50 个数据中最大值和最小值.最大值是 152,最小值是 76,设 $a=75$,$b=155$,则数据所在范围是 $(75,155)$.

(2) 分组,定组距:求出数据的极差 $R=152-76=76$,为分组和作图方便,取上面 a,b 的值,范围极差 $R'=155-75=80$,故可将数据分成 8 组,组距 $d=\dfrac{155-75}{8}=10$.

(3) 确定每组的组下限和组上限:组下限和组上限分别为 75 和 85,85 和 95,$\cdots$,145 和 155,填入表 8-4 中的第 1 列.

(4) 数出组频数:用唱票法(画正字)数出每组的组频数 v_i 填入表 8-4 中的第 4 列.

(5) 计算组中值和组频率:组中值 $=\dfrac{组上限+组下限}{2}$,分别是 $80,90,\cdots,150$,组频率 $f_i=\dfrac{v_i}{n}$,分别是 $0.14,0.20,\cdots,0.04$.将上面各项依次填入表 8-4 中第 2 列,第 5 列,就得到例 3 的频数分布表.

表 8-4　例 3 的频数分布表

组限	组中值 x_i	唱票	组频数 v_i	组频率 f_i
(75,85]	80	正丁	7	0.14
(85,95]	90	正正	10	0.20
(95,105]	100	正正正一	16	0.32
(105,115]	110	正下	8	0.16
(115,125]	120	下	4	0.08
(125,135]	130	丁	2	0.04
(135,145]	140	一	1	0.02
(145,155]	150	丁	2	0.04
合计			50	1

2. 作频数直方图

在平面直角坐标系第 I 象限内,用横轴表示数据,纵轴表示频数,在横轴上以组距为底边,以每组的组频数为高度做矩形,图 8-1 就是例 3 的频数直方图.

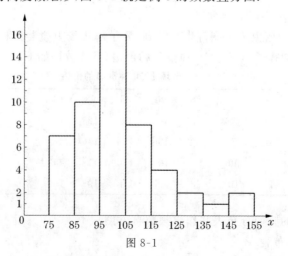

图 8-1

习题 8.1

1. 某工厂第一季度 4 次购进某材料,每次购进的数量和单价如下表所示.求该材料的平均价格.

数量/kg	2000	2500	1800	2100
单价/元	4.5	4.2	5.0	4.4

2. 某班 15 名学生的英语考试成绩如下(分)

$$56 \quad 60 \quad 62 \quad 58 \quad 61 \quad 64 \quad 64 \quad 62$$
$$62 \quad 99 \quad 64 \quad 95 \quad 59 \quad 62 \quad 92$$

求:(1)均值; (2)中位数; (3)众数;
(4)你认为上面 3 个结果哪个数比较好地"代表"了这 15 个学生的英语成绩.

3. 调查某企业 60 名职工的月收入(单位:元),具体数据见下表.

852	637	751	865	1032	967	1019	935	862	794
896	810	1072	987	654	736	895	843	1080	990
744	661	937	864	542	882	1100	520	842	880
575	570	890	780	860	1021	930	740	690	900
980	752	970	936	600	661	630	740	772	1073
999	1020	600	630	740	610	930	888	920	690

试就这 60 个数据.
(1) 列出频数分布表; (2) 作出频数直方图.

4. 证明均值的性质 2.

§8.2 随机事件

一、随机现象

在科学研究或工程技术中,我们经常会遇到这样一类现象:在相同条件下重复进行同一试验或多次观测同一现象,每次所得的结果并不一定相同.举例如下.

例 1 在相同条件下抛掷同一枚硬币,其结果可能是正面朝上,也可能是反面朝上,并且事先无法肯定抛掷的结果是什么.

例 2 某车工每月生产 100 个零件,虽然使用同一车床,加工的材料也相同,但在 100 个零件中可能"没有次品",可能"出现 1 件次品",可能"出现 2 件次品",…,可能"出现 100 件次品",事先都不可能做出确定的判断.

在一定条件下,具有多种可能发生的结果的现象称为随机现象,这类现象的一个共同点是事先不能预言多种可能结果中究竟出现哪一种.

随机现象就每次试验或观测结果而言,具有不确定性,但在相同条件下进行大量重复试验或观测时,其结果却呈现出某种规律性.例如在例 1 中,多次重复投掷一枚硬币,得到正面朝上的次数大致占总投掷次数的 $\frac{1}{2}$ 左右;在例 2 中,对于某个零件来说,生产前无法预测生产出的产品是正品还是次品,其结果事先是无法确定的,但如果该工人生产的产品合格率通常为 95%,那么,他生产 100 件产品的正品将在 95 件左右.我们把这种在大量重复试验或观测下,其结果所呈现出的固有规律性,称为统计规律性.

为了研究随机现象,就必须对随机现象作大量重复的试验或观测,为了叙述方便,以后把试验或观测统一称为试验.如果一个试验满足:

(1) 在相同的条件下试验可以重复进行;

(2) 试验的所有可能结果是明确可知道的,并且不止一个;

(3) 在每次试验前不能肯定这次试验会出现哪一个结果.

那么我们就称这样的试验是一个随机试验,简称为试验,记为 E.

二、随机事件

考察一个随机现象,就必须进一步分析其各种结果出现的可能性.在随机试验中,可能出现、也可能不出现的结果称为随机事件,简称为事件,并用大写字母 $A,B,C,\cdots$ 来表示.例如,在例1中,"掷一枚硬币",落下后观察它是"正面朝上"还是"反面朝上"是一个随机试验,而"正面朝上"或"反面朝上"就是一个随机事件;在例2中,生产的100个零件,可能"没有次品",可能"出现1件次品",可能"出现2件次品",……,可能"出现100件次品".除此之外,还有其他可能的结果,比如"最多出现5件次品"、"出现偶数件次品"等等,这些都是这一随机现象的事件.

在随机试验中,每一个可能出现的不可分解的事件称为基本事件.例如,在例2中"没有次品","出现1件次品","出现2件次品",……,"出现100件次品"就是这一随机现象的全部基本事件.基本事件是最简单的事件,一般事件总是由若干个基本事件共同组成的.在例2中,"最多出现5件次品"、"出现偶数件次品"均不是基本事件,但它们都是由若干个基本事件所构成的."最多出现5件次品"就是由"没有次品"、"出现1件次品",……,"出现5件次品"这六个基本事件所组成的,当且仅当其中一个基本事件出现时,事件"最多出现5件次品"才出现.

在随机试验中,由全体基本事件构成的集合称为基本事件空间或样本空间,记为 Ω,构成样本空间的基本事件也称为样本点.从集合论的观点看,任一事件实际上都是样本点的集合,而且随机事件都是样本空间的子集.

这里需要指出的是,我们把样本空间 Ω 也作为一个事件,因为在每次试验中,必须有 Ω 中的某个样本点发生,即事件 Ω 在每次试验中必定发生,所以 Ω 是一个必定发生的事件.在每次试验中必定发生的事件称为必然事件,记为 Ω;在每次试验中必定不会发生的事件称为不可能事件,记为 Φ.例如,从4件正品和2件次品任取3件,则事件"至少有一件正品"是必然事件,事件"全都是次品"是不可能事件.严格说来,必然事件 Ω 和不可能事件 Φ 都不是随机事件,因为作为试验的结果,它们都是确定性的.但为了讨论问题方便,将必然事件 Ω 及不可能事件 Φ 也当作随机事件,它们是随机事件的两种极端情况.

三、事件的关系和运算

1. 事件之间的关系

(1) 包含关系."事件 A 出现必导致事件 B 出现",则称事件 B 包含事件 A.记作 $B \supset A$ 或 $A \subset B$.如图8-2所示.例如,在例2中,设 A 表示"出现6件次品",B 表示"至少出现5件次品",显然事件 A 出现必导致事件 B 出现,即 $A \subset B$.从基本事件来看,A 所含的基本事件是 B 所含基本事件的一部分.对于不可能事件

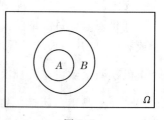

图 8-2

中,我们约定,$\Phi \subset A$.

(2) 相等关系. 如果事件 B 包含事件 A,而事件 A 也包含事件 B,即 $B \supset A$ 且 $A \supset B$,则称事件 A 与事件 B 相等,记作 $A=B$,如图 8-3 所示,从基本事件来看,$A=B$ 就是指 A 与 B 所含的基本事件相同.

(3) 和事件(或并事件). "事件 A 与事件 B 中至少有一个事件出现"所表示的事件,称为事件 A 与事件 B 的和事件(或"并"事件),记作 $A+B$(或 $A \cup B$). 如图 8-4 阴影部分所示. 例如,在例 2 中,设 A 表示"$3 \leqslant$ 出现的次品件数 $\leqslant 5$",B 表示"$4 \leqslant$ 出现的次品件数 $\leqslant 7$",则 $A+B$ 表示"$3 \leqslant$ 出现的次品件数 $\leqslant 7$". 从基本事件来看,和事件 $A+B$ 所含基本事件是事件 A 与事件 B 所含基本事件的全部,重复的只记一次,由和事件定义可知,对任一事件 A,有 $A+\Omega=\Omega$, $A+\Phi=A$.

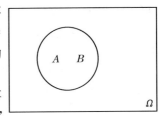

图 8-3

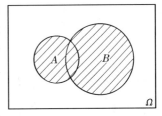

图 8-4

类似地,可定义有限个事件的和(或并),即"事件 $A_1, A_2, \cdots, A_n$ 中至少有一事件出现"所表示的事件,称为 $A_1, A_2, \cdots, A_n$ 的和,记作 $\sum_{i=1}^{n} A_i$(或 $\bigcup_{i=1}^{n} A_i$).

(4) 积事件(或交事件). "事件 A 与事件 B 同时出现"所表示的事件,称为事件 A 与 B 的积(或交),记作 AB(或 $A \cap B$),如图 8-5 阴影部分所示. 例如,在例 2 中,设 A 表示"至多出现 5 件次品",B 表示"至少出现 4 件次品",则 AB 表示"出现 4 或 5 件次品". 从基本件来看,积事件 AB 所含基本事件是事件 A 与事件 B 所共同含有的基本事件. 由积事件定义可知,对任一事件 A,有 $A\Omega=A$, $A\Phi=\Phi$.

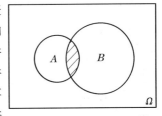

图 8-5

类似地,可定义有限个事件的积,即"事件 $A_1, A_2, \cdots, A_n$ 同时出现"所表示的事件,称为事件 $A_1, A_2, \cdots, A_n$ 的积,记作 $\prod_{i=1}^{n} A_i$(或 $\bigcap_{i=1}^{n} A_i$).

(5) 差事件. "事件 A 出现而事件 B 不出现"所表示的事件,称为事件 A 与 B 的差事件,记作 $A-B$,如图 8-6 阴影部分所示. 例如,在例 2 中,A 表示"至多出现 3 件次品",B 表示"至多出现 1 件次品",则 $A-B$ 表示"出现 2 或 3 件次品". 从基本事件来看,差事件 $A-B$ 所含基本事件是事件 A 所含有而事件 B 不含有的基本事件.

(6) 互不相容事件. 如果事件 A 与 B 在一次试验中不可能同时出现,则称事件 A 与 B 互不相容(或互斥). 显然 $AB=\Phi$,如图 8-7 所示. 例如,投掷一枚均匀骰子,设 A 表示"出现奇数点",B 表示"出现偶数点",事件 A 与事件 B 互不相容. 从基本事件来看,事件 A 与事件 B 互不相容,就是指事件 A 与事件 B 不存在相同的基本事件.

(7) 对立事件(或逆事件). 如果事件 A 与事件 B 总有一个出现,但不可能同时出现,则称事件 A 与事件 B 互为对立事件,或称事件 A 与事件 B 可逆. A 的对立事件记作 $\overline{A}$. 如果事件 B

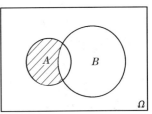

图 8-6

是事件 A 的对立事件 $B=\bar{A}$, 则事件 A 也是事件 B 的对立事件 $A=\bar{B}$. 此时 $A+B=\Omega$, $AB=\Phi$. 如图 8-8 所示. 例如,设 A 表示"零件合格",B 表示"零件不合格",则在一次试验中,事件 A 与事件 B 必然有一出现,且不能同时出现,所以事件 A 与事件 B 互为对立事件,且满足 $A+B=\Omega$, $AB=\Phi$.

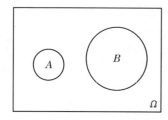
图 8-7

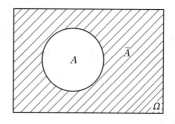
图 8-8

例 3 设事件 A_k 表示第 k 次取得合格品($k=1,2,3$),试表示下列事件:

(1) 三次都取到合格品;(2) 三次中至少有一次取到合格品;(3) 三次中恰有两次取到合格品;(4) 三次中至多有一次取到合格品.

解 (1) "三次都取到合格品"可表示为 $A_1 A_2 A_3$;

(2) "三次中至少有一次取到合格品"可表示为 $A_1+A_2+A_3$;

(3) "三次中恰有两次取到合格品"可表示为 $A_1 A_2 \overline{A_3}+A_1 \overline{A_2} A_3 +\overline{A_1} A_2 A_3$;

(4) "三次中至多有一次取到合格品"可表示为 $\overline{A_1}\,\overline{A_2}+\overline{A_1}\,\overline{A_3}+\overline{A_2}\,\overline{A_3}$.

例 4 袋中有 10 个球,编号分别为 1,2,3,…,10,这 10 个号码,从袋中任取一球,设事件 A 表示"取出球的号码是奇数",事件 B 表示"取出球的号码是偶数",事件 C 表示"取出球的号码小于 5",问:

(1) $A+B$;(2) AB;(3) $\bar{C}$;(4) $A+C$;(5) AC;(6) $\bar{A}\,\bar{C}$;(7) $\overline{B+C}$;(8) $\overline{BC}$;(9) $A-C$;(10) $C-B$ 分别表示什么事件?

解 (1) $A+B$ 表示必然事件 Ω;

(2) AB 表示可能事件 Φ;

(3) $\bar{C}$ 表示"取出球的号码不小于 5";

(4) $A+C$ 表示"取出球的号码是 1,2,3,4,5,7,9";

(5) AC 表示"取出球的号码是 1,3";

(6) $\bar{A}\,\bar{C}$ 表示"取出球的号码是 6,8,10";

(7) $\overline{B+C}$ 表示"取出球的号码是 5,7,9";

(8) $\overline{BC}$ 表示"取出球的号码是 1,3,5,6,7,8,9,10";

(9) $A-C$ 表示"取出球的号码是 5,7,9";

(10) $C-B$ 表示"取出球的号码是 1,3".

2. 事件的运算规律

事件的运算满足下述规律.

(1) 交换律: $A+B=B+A$, $AB=BA$;

(2) 结合律: $(A+B)+C=A+(B+C)$, $A(BC)=(AB)C$;

(3) 分配律: $(A+B)C=AC+BC$, $A(B+C)=AB+AC$;

(4) 德摩根律(对偶律)：$\overline{A+B}=\overline{A}\,\overline{B}$，　$\overline{AB}=\overline{A}+\overline{B}$.

对于有限个事件,对偶律仍然成立.

习题 8.2

1. 设 A,B,C 表示三个事件,利用 A,B,C 表示下列事件：

(1) A 出现,B,C 不出现；

(2) A,B 都出现,C 不出现；

(3) 所有三个事件都出现；

(4) 三个事件中至少有一个出现；

(5) 三个事件都不出现；

(6) 三个事件中至少有两个出现；

(7) 三个事件中恰有一个出现；

(8) 三个事件至多有两个出现.

2. 下面两式分别表示 A,B 之间有什么包含关系？

(1) $A \cap B = A$；　(2) $A \cup B = A$.

3. 设 $U=\{1,2,\cdots,10\}$，$A=\{2,3,4\}$，$B=\{3,4,5\}$，$C=\{5,6,7\}$，具体写出下列各式表示的集合：

(1) $\overline{A}B$；　(2) $\overline{A \cup B}$；　(3) $\overline{AB}$；　(4) $\overline{A}\,\overline{BC}$；　(5) $\overline{A(B \cup C)}$.

4. 在某系的学生中任选一名学生,令事件 A 表示"被选出者是男生"；事件 B 表示"被选出者是三好学生"；事件 C 表示"被选出者是运动员".

(1) 说出事件 $AB\overline{C}$ 的含义；

(2) 什么条件下 $ABC=C$ 成立；

(3) 什么时候关系式 $C \subset B$ 正确；

(4) 什么时候 $\overline{A}=B$ 成立.

5. 如图所示的电路图中,设 $A_i(i=1,2,3,4)$ 表示"第 i 个电子元件正常工作",试用 A_i 表示事件：(1) 电路畅通,(2) 电路断路.

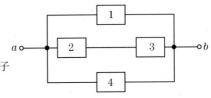

§8.3 随机事件的概率

一、概率的统计定义

在一定条件下,某个随机事件的出现与否具有一定的偶然性,无法预料,但事件出现的可能性大小,是可以根据人们在实践中的认识作出预料的.例如：

(1) 有 10 只彩球,其中 7 只白球,3 只红球,从中任取一只,设事件 A 为"取的是白球",事件 B 为"取的是红球",显然事件 A 出现的可能性要比事件 B 出现的可能性大.

(2) 投一枚均匀骰子,设事件 A 表示"出现一点",事件 B 表示"出现偶数点",则事件 B 出现的可能性大于事件 A 出现的可能性.

可见,事件出现的可能性大小事先是可以预料的.随机事件出现的可能性大小的度量(数值),我们称之为事件的概率.那么,怎样具体度量一个事件出现的可能性大小呢？我们给出频率的定义.

定义 1　在大量重复试验中,观察事件 A 出现的次数.如果在 n 次试验中 A 出现 m 次,则称 $\dfrac{m}{n}$ 为事件 A 出现的频率,记作 $f_n(A)$,即 $f_n(A)=\dfrac{m}{n}$.

显然,任何随机事件的频率都是介于 0 与 1 之间的一个数.

大量随机试验的结果表明,多次重复地进行同一试验时,随机事件的变化会呈现出一定的规律性:当试验次数 n 很大时,某一随机事件 A 出现的频率具有一定的稳定性,其数值将会在某个确定的数值附近摆动,并且试验次数越多,事件 A 出现的频率越接近这个数值,并有稳定的趋势.我们称这个数值为事件 A 发生的概率.

定义 2 如果在大量重复试验中,事件 A 出现的频率稳定于非负常数 p,则称数 p 为事件 A 发生的概率,记作 $P(A)=p$.

注:(1) 概率的统计定义指出了事件的概率是客观存在的,它是一种定性的描述,并不能用这个定义来计算概率 $P(A)$.

(2) 概率反映了大量随机现象的客观规律性,它不同于频率:频率随着试验次数的改变而改变,而概率是一个确定的常数,它不会因试验次数的不同而改变.

下表给出了"投掷硬币"试验的几个著名记录,从表中看出,不论什么人投掷,当试验次数逐渐增多时,"正面朝上"的频率越来越明显地稳定并接近于 0.5. 这个数值反映了"出现正面"的可能性大小.因此我们用 0.5 作为投掷硬币"出现正面"的概率.

试验者	投掷次数 n	出现"正面朝上"的次数 m	频率 $\dfrac{m}{n}$
摩 根	2048	1061	0.5181
蒲 丰	4040	2048	0.5069
K·皮尔逊	12000	6019	0.5016
K·皮尔逊	24000	12012	0.5005

由概率的统计定义可知,概率具有如下性质.

性质 1 对任一事件 A,有 $0 \leqslant P(A) \leqslant 1$.

这是因为事件 A 的频率 $\dfrac{m}{n}$ 总有 $0 \leqslant \dfrac{m}{n} \leqslant 1$,故相应的概率 $P(A)$ 也有
$$0 \leqslant P(A) \leqslant 1.$$

性质 2 $P(\Omega)=1, P(\Phi)=0$.

这是因为,对于必然事件 Ω 和不可能事件 Φ,频率分别为 1 和 0,所以相应的概率也分别为 1 和 0.

值得注意的是,事件 A 的概率为 0(即 $P(A)=0$),仅仅说明事件 A 出现的频率稳定于 0,而频率不一定等于 0,不能以此断定是不可能事件.

二、古典概型

现在我们来讨论一类简单的随机试验,其特征是:

(1) 基本事件的总数是有限的;

(2) 每一个基本事件出现的可能性相等.

这时,称所讨论的试验模型为古典概型.

例如,投掷一枚质量分布均匀的骰子,这一试验共有六个基本事件,即"出现一点","出现二点",…,"出现六点"这六个基本事件.由于骰子是一个质量均匀的六面体,因此,可以认为每一基本事件出现的可能性是相等的.

定义 3 设古典概型中的基本事件的总数为 n,事件 A 包含的基本事件数为 m,则事件 A 的概率为

$$P(A) = \frac{A \text{ 所包含的基本事件数}}{\text{基本事件总数}} = \frac{m}{n}.$$

概率的这种定义,称为概率的古典定义.由等可能性的假定,便容易理解上述定义确实客观地反映了随机事件出现的可能性的大小.

按概率古典定义,显然对于任一事件 A,有

$$0 \leqslant P(A) \leqslant 1, \quad 又 \quad P(\Omega) = 1, \quad P(\Phi) = 0.$$

例 1 设盒中有 8 个球,其中红球 3 个,白球 5 个.

(1) 若从中随机取出一球,试求"取出的是红球"的概率;

(2) 若从中随机取出两球,试求"取出的两个都是白球"的概率和"取出的一个是红球,一个是白球"的概率;

(3) 若从中随机取出 5 球,试求"取出的 5 球中恰有两个白球"的概率.

解 (1) 设 A = "取出的是红球".从 8 个球中随机取出 1 球,取出方式有 C_8^1 种,即基本事件的总数为 C_8^1,事件 A 包含的基本事件的个数为 C_3^1,故

$$P(A) = \frac{C_3^1}{C_8^1} = \frac{3}{8} = 0.375.$$

(2) 设 B = "取出的两个都是白球",C = "取出的一个是红球,一个是白球".从 8 个球中随机取出两球,基本事件的总数为 C_8^2,事件 B 包含的基本事件的个数为 C_5^2,事件 C 包含的基本事件的个数为 $C_3^1 C_5^1$,故

$$P(B) = \frac{C_5^2}{C_8^2} = \frac{5 \times 4}{2 \times 1} \cdot \frac{2 \times 1}{8 \times 7} \approx 0.357,$$

$$P(C) = \frac{C_3^1 C_5^1}{C_8^2} = \frac{3 \times 5 \times 2 \times 1}{8 \times 7} \approx 0.536.$$

(3) 设 D = "取到的 5 个球中恰有 2 个白球".从 8 个球中随机取出 5 个球,基本事件的总数为 C_8^5,事件 D 包含的基本事件的个数为 $C_3^3 \cdot C_5^2$,故

$$P(D) = \frac{C_3^3 \cdot C_5^2}{C_8^5} = \frac{1 \times 5 \times 4}{2 \times 1} \cdot \frac{5 \times 4 \times 3 \times 2 \times 1}{8 \times 7 \times 6 \times 5 \times 4} \approx 0.179.$$

例 2 若 6 件产品中有 2 件次品,4 件正品,现从这些产品中有放回地从中任取两次,每次取 1 件.试求:(1) "取到两件产品都是次品"的概率;(2) "取到两件产品中正品与次品各 1 件"的概率;(3) "取到两件产品中至少有一件是正品"的概率.

分析 从 6 件产品中有放回地抽取 2 件,一切可能的取法有 $6^2 = 36$ 种,即基本事件的总数为 36(因为是有放回的,所以第一次有 6 种取法,第二次仍有 6 种取法).

解 (1) 设 A = "取到两件产品都是次品",显然 A 包含的基本事件的个数为 $2 \times 2 = 4$ 个,故

$$P(A) = \frac{4}{36} = \frac{1}{9}.$$

(2) 设 $B=$"取到两件产品中正品与次品各 1 件",因为事件 B 包含"第一次取得正品,第二次取得次品"或"第一次取得次品,第二次取得正品",所以事件 B 包含的基本事件的个数为 $4\times2+2\times4$,故

$$P(B)=\frac{4\times2+2\times4}{36}=\frac{4}{9}.$$

(3) 设 $C=$"取到两件产品中至少有 1 件是正品",因为事件 C 包含"取到的两件中正品与次品各 1 件"或"取到的两件都是正品",所以事件 C 包含的基本条件的个数为 $4\times2+2\times4+4^2=32$ 个,故

$$P(C)=\frac{32}{36}=\frac{8}{9}.$$

三、加法公式

对任意两事件的和的概率有如下的定理.

定理(加法公式) 对任意两个事件 A,B,有

$$P(A+B)=P(A)+P(B)-P(AB).$$

我们用图 8-9 来说明这个公式,假设 $A,B,A+B,AB$ 的面积分别表示 $P(A),P(B),P(A+B),P(AB)$.

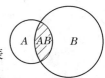

图 8-9

由图 8-9 可见,有

$$P(A+B)=P(A)+P(B)-P(AB).$$

例 3 设某钢球的半径和表面粗糙度都合格才为合格品.已知半径和表面粗糙度的次品率分别为 0.05 和 0.04,半径和表面粗糙度都不合格的产品占 0.03,求该钢球的次品率.

解 设 $A=$"半径不合格",$B=$"表面粗糙度不合格",$C=$"钢球不合格". 显然 $C=A+B$,所以

$$P(C)=P(A+B)=P(A)+P(B)-P(AB)=0.05+0.04-0.03=0.06.$$

加法公式是概率论中的一个重要公式.

特别情况下,我们有如下推论:

推论 1 如果事件 A 与事件 B 互斥,则 $P(A+B)=P(A)+P(B)$.

推论 2 对任意三个事件 A,B,C,有

$$P(A+B+C)=P(A)+P(B)+P(C)-P(AB)-P(BC)-P(AC)+P(ABC).$$

由推论 1 和推论 2,我们很容易得到

推论 3 如果事件 $A_1,A_2,\cdots,A_n$ 两两互斥,则

$$P(A_1+A_2+\cdots+A_n)=P(A_1)+P(A_2)+\cdots+P(A_n).$$

由于 $A+\bar{A}=\Omega$ 且 A 与 $\bar{A}$ 互斥,所以

$$P(A)+P(\bar{A})=P(A+\bar{A})=P(\Omega)=1,$$

从而 $P(\bar{A})=1-P(A)$.

推论 4 设 A 为任一随机事件,则 $P(\bar{A})=1-P(A)$.

推论 4 虽然很简单,但在计算概率时很有用:如果正面计算事件 A 的概率有困难时,可以先求逆事件 $\bar{A}$ 的概率,然后再利用推论得到所求.

例 4 有 20 件产品,其中 16 件正品,4 件次品,从中任取 3 件,求其中至少有 1 件次品的概率.

解法一 设 $A=$ "其中至少有一件次品", $A_i=$ "其中恰有 i 件次品"($i=1,2,3$), 显然 $A=A_1+A_2+A_3$, 且 A_1,A_2,A_3 两两互斥, 根据加法公式有
$$P(A)=P(A_1+A_2+A_3)=P(A_1)+P(A_2)+P(A_3)$$
$$=\frac{C_{16}^2 C_4^1+C_{16}^1 C_4^2+C_4^3}{C_{20}^3}=\frac{29}{57}\approx 0.5088.$$

解法二 事件 A 的逆事件 $\bar{A}=$ "其中无次品", 由推论 2 可得
$$P(A)=1-P(\bar{A})=1-\frac{C_{16}^3}{C_{20}^3}=1-\frac{28}{57}\approx 0.5088.$$

显然后一种解法比较简便.

习题 8.3

1. 从一批 45 件正品, 5 件次品组成的产品中任取 3 件产品, 求其中恰有 1 件次品的概率.

2. 甲组有 9 名工人, 其中有 4 名车工, 现从中挑选 5 名工人支援乙组. 问 5 名中至少有 2 名车工的概率.

3. 袋中有 3 个红球和 2 个白球.
(1) 第一次从袋中任取一球, 随即放回, 第二次再任取一球;
(2) 第一次从袋中任取一球, 不放回, 第二次再任取一球.
试分别就上面两种情况求:
① 两只球都是红球的概率;
② 两只球一红一白的概率;
③ 两只球至少有一只是白球的概率.

4. 设 $P(A)=0.4, P(A+B)=0.7$, 若事件 A 与 B 互斥, 求 $P(B)$.

5. 某城市有 50% 住户订日报, 有 65% 住户订晚报, 有 80% 住户至少订这两种报纸中的一种, 求同时订这两种报纸的住户的百分比.

6. 如图所示的电路中, 电器元件 a,b 发生故障的概率分别为 0.05 和 0.06, a 与 b 同时发生故障的概率为 0.003, 求此电路断路的概率.

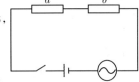

7. 对于任意三个事件 A,B,C, 证明:
$$P(A+B+C)=P(A)+P(B)+P(C)-P(AB)-P(BC)-P(AC)+P(ABC).$$

§8.4 条件概率与事件的独立性

一、条件概率

在许多问题中, 我们往往会在事件 A 已经发生的条件下求事件 B 的概率. 这时由于有了附加条件, 因此称这种概率为事件 A 发生的条件下事件 B 发生的条件概率, 记作 $P(B|A)$.

例 1 甲、乙两工人加工同一种零件, 检验结果列表如下:

	正品数	次品数	总 计
甲	35	5	40
乙	50	10	60
总 计	85	15	100

从这 100 个零件中任取 1 件,如果已知取到的零件是正品,问它是工人甲生产的概率是多少?

解 设 $A=$"取到的零件是正品",$B=$"取到的零件是工人甲生产的",则 $P(A)=\dfrac{85}{100}$, $P(B)=\dfrac{40}{100}$. "取到的零件是工人甲生产的正品"的概率为 $P(AB)=\dfrac{35}{100}$. 现在要求的是 $P(B|A)$,现用古典概型计算,正品共有 85 个,而其中 35 个是工人甲生产的,所以 $P(B|A)=\dfrac{35}{85}$,类似可得"如果已知取到的零件是工人甲生产的,而它是正品"的概率 $P(A|B)=\dfrac{35}{40}$.

由例 1 可见,

$$P(B|A)=\dfrac{35}{85}=\dfrac{\dfrac{35}{100}}{\dfrac{85}{100}}=\dfrac{P(AB)}{P(A)},$$

$$P(A|B)=\dfrac{35}{40}=\dfrac{\dfrac{35}{100}}{\dfrac{40}{100}}=\dfrac{P(AB)}{P(B)}.$$

在一般情形下,如果 $P(A)>0$,则在事件 A 发生的条件下事件 B 的条件概率为

$$P(B|A)=\dfrac{P(AB)}{P(A)} \quad (P(A)>0).$$

类似地,如果 $P(B)>0$,则在事件 B 发生的条件下事件 A 的条件概率为

$$P(A|B)=\dfrac{P(AB)}{P(B)} \quad (P(B)>0).$$

例 2 某种元件用满 6000 小时未坏的概率是 $\dfrac{3}{4}$,用满 10000 小时未坏的概率是 $\dfrac{1}{2}$,现有一个此种元件,已经用过 6000 小时未坏,问它能用到 10000 小时的概率.

解 设 $A=$"用满 6000 小时未坏",$B=$"用满 10000 小时未坏",则

$$P(A)=\dfrac{3}{4}, \quad P(B)=\dfrac{1}{2}.$$

由于 $B\subset A, AB=B$,因而 $P(AB)=P(B)=\dfrac{1}{2}$,故

$$P(B|A)=\dfrac{P(AB)}{P(A)}=\dfrac{P(B)}{P(A)}=\dfrac{\dfrac{1}{2}}{\dfrac{3}{4}}=\dfrac{2}{3}.$$

二、乘法公式

为了计算积事件的概率,可将条件概率公式改写为

$$P(AB)=P(A)P(B|A), \quad (P(A)>0),$$
$$P(AB)=P(B)P(A|B), \quad (P(B)>0).$$

从而得到如下定理.

定理 1(乘法公式) 积事件的概率等于其中一事件的概率与另一事件在前一事件发生

下的条件概率的乘积,即
$$P(AB)=P(A)P(B|A)=P(B)P(A|B),$$
其中 $P(A)>0, P(B)>0$.

注:定理揭示了原概率 $P(A)$,$P(B)$,条件概率 $P(B|A)$,$P(A|B)$ 与积事件概率 $P(AB)$ 之间的关系.在计算概率时,条件概率往往可以按实际情况直接求得.

例3 仓库有某种同类产品,其中甲厂生产的产品占 70%,乙厂生产的产品占 30%,甲厂产品的合格率为 95%,乙厂产品的合格率为 80%,从中任取一件,求:(1) 取到的产品是甲厂生产的正品的概率;(2) 取到的产品是乙厂生产的次品的概率.

解 设 $A=$"取到的产品是甲厂生产的",$B=$"取到的产品是正品".

(1) 求"取到的产品是甲厂生产的正品"的概率,就是求事件 A 与事件 B 同时发生的概率 $P(AB)$,因为 $P(A)=0.7$,$P(B|A)=0.95$,所以由乘法公式得
$$P(AB)=P(A)P(B|A)=0.7\times 0.95=0.665.$$

(2) 所求概率为 $P(\overline{A}\overline{B})$,因为 $P(\overline{A})=0.3$,$P(\overline{B}|\overline{A})=0.2$,所以由乘法公式得
$$P(\overline{A}\overline{B})=P(\overline{A})P(\overline{B}|\overline{A})=0.3\times 0.2=0.06.$$

乘法公式也可以推广到有限多个事件的情形.例如,对于 A,B,C 三个事件,有
$$P(ABC)=P((AB)C)=P(AB)P(C|AB)$$
$$=P(A)P(B|A)P(C|AB),\quad (P(AB)>0).$$

三、全概率公式

先看下面的例子.

例4 设有 10 件产品,其中 6 件正品,4 件次品,无放回地取两次,每次取一件,求第二次取到正品的概率.

解 设 $A=$"第一次取到正品",$B=$"第二次取到正品".由于
$$B=\Omega B=(A+\overline{A})B=AB+\overline{A}B,$$
且 AB 与 $\overline{A}B$ 互不相容,所以
$$P(B)=P(AB)+P(\overline{A}B).$$
再用乘法公式可得
$$P(B)=P(A)P(B|A)+P(\overline{A})P(B|\overline{A})$$
$$=\frac{6}{10}\times\frac{5}{9}+\frac{4}{10}\times\frac{6}{9}=\frac{3}{5}.$$

以上我们先把复杂事件 B 分解为简单事件,再把加法公式和乘法公式结合起来计算出事件 B 的概率,这种方法具有普遍性.一般有:

全概率公式 事件组 $A_1,A_2,\cdots,A_n$ 称为完备事件组,如果它满足条件:

(1) $A_1,A_2,\cdots,A_n$ 两两互斥,且 $P(A_i)>0\ (i=1,2,\cdots,n)$;

(2) $A_1+A_2+\cdots+A_n=\Omega$;

则对任一事件 B,都有
$$P(B)=\sum_{i=1}^{n}P(A_i)P(B|A_i).$$

注:运用全概率公式的关键在于找出一个完备事件组 $A_i(i=1,2,\cdots,n)$,当 $P(A_i)$ 和 $P(B|A_i)$ 比较容易计算时,可利用全概率公式计算复杂事件 B 的概率 $P(B)$.

因此,全概率公式的实质是将复杂事件的概率分解成简单事件的概率来计算.

例 5　某厂有四条流水线生产同一产品,该四条流水线的产量分别占总产量的 15%, 20%,30% 和 35%,各流水线的次品率分别为 0.05,0.04,0.03,0.02,从出厂产品中随机抽取一件,求此产品为次品的概率是多少?

解　设 $B=$"任取一件产品是次品",$A_i=$"第 i 条流水线生产的产品"($i=1,2,3,4$),则
$$P(A_1)=15\%, \quad P(A_2)=20\%, \quad P(A_3)=30\%, \quad P(A_4)=35\%,$$
$$P(B|A_1)=0.05, \quad P(B|A_2)=0.04, \quad P(B|A_3)=0.03, \quad P(B|A_4)=0.02.$$
按全概率公式,有
$$P(B)=\sum_{i=1}^{4}P(A_i)P(B|A_i)$$
$$=P(A_1)P(B|A_1)+P(A_2)P(B|A_2)+P(A_3)P(B|A_3)+P(A_4)P(B|A_4)$$
$$=15\%\times 0.05+20\%\times 0.04+30\%\times 0.03+35\%\times 0.02$$
$$=0.0315=3.15\%.$$

四、事件的独立性

一般说来,条件概率 $P(B|A)$ 与概率 $P(B)$ 是不等的,但在某些情形下,它们是相等的. 例如,袋中有 5 个球,其中 2 个白球,从中抽取两球,设事件 A 表示"第一次抽得白球",事件 B 表示"第二次抽得白球",如果第一次抽取一球观察颜色后放回,那么 $P(B|A)=P(B)=\dfrac{2}{5}$.

当 $P(B|A)=P(B)$ 时,乘法公式可表示为
$$P(AB)=P(A)P(B).$$

由此,我们引入下面的事件的相互独立性的概念.

定义 1　如果事件 A 的发生不影响事件 B 的发生,即 $P(B|A)=P(B)$,则称事件 A 与事件 B 相互独立,否则称为不相互独立.

若事件 A 与 B 相互独立,即 $P(B|A)=P(B)$,则有 $P(AB)=P(A)P(B)$,反之,若 $P(AB)=P(A)P(B)$,则 $P(B)=P(B|A)$,即事件 A 与 B 相互独立. 故有如下的定理.

定理 2　当 $P(A)>0,P(B)>0$ 时,事件 A 与 B 相互独立的充分必要条件是
$$P(AB)=P(A)P(B).$$

n 个事件 $A_1,A_2,\cdots,A_n$ 相互独立时,则有
$$P(A_1A_2\cdots A_n)=P(A_1)P(A_2)\cdots P(A_n).$$

但是,当 $n\geqslant 3$ 时,由 $P(A_1A_2\cdots A_n)=P(A_1)P(A_2)\cdots P(A_n)$ 不能推出事件 $A_1,A_2,\cdots,A_n$ 相互独立.

在实际应用中,对于事件的相互独立性是根据事件本身性质来判定的,然后运用定理 1 来计算相互独立事件的积的概率.

例 6　甲、乙各自同时向一敌机炮击,已知甲击中敌机的概率为 0.6,乙击中敌机的概率为 0.5,求敌机被击中的概率.

解　设 $A=$"甲击中敌机",$B=$"乙击中敌机",$C=$"敌机被击中". 由加法公式得
$$P(C)=P(A+B)=P(A)+P(B)-P(AB).$$
根据题意可以认为事件 A 与事件 B 是相互独立的,因此有
$$P(AB)=P(A)P(B)=0.6\times 0.5=0.3.$$

于是 $P(C) = 0.6 + 0.5 - 0.3 = 0.8$.

定理 3 若四对事件 $A, B; A, \overline{B}; \overline{A}, B; \overline{A}, \overline{B}$ 中有一对是相互独立的,则另外三对也是相互独立的(即这四对事件或者都相互独立,或者都不相互独立).

证 这里仅证明"当 A, B 相互独立时, $\overline{A}, \overline{B}$ 也相互独立".

因为 A, B 相互独立,所以有 $P(AB) = P(A)P(B)$,故

$$P(\overline{A}\,\overline{B}) = P(\overline{A+B}) = 1 - P(A+B)$$
$$= 1 - [P(A) + P(B) - P(AB)]$$
$$= 1 - P(A) - P(B) + P(AB)$$
$$= [1 - P(A)][1 - P(B)]$$
$$= P(\overline{A})P(\overline{B}).$$

即证得 $\overline{A}, \overline{B}$ 也相互独立.

例 7(摸球模型) 设盒中装有 6 只球,其中 4 只白球, 2 只红球,从盒中任意取球两次,每次取一球,考虑两种情况:

(1) 第一次取一球观察颜色后放回盒中,第二次再取一球;(放回抽样)

(2) 第一次取一球不放回盒中,第二次再取一球,(不放回抽样)

试分别就上面两种情况求:

① 取到两只球是白球的概率;

② 取到两只球颜色相同的概率;

③ 取到两只球至少有一只是白球的概率.

解 设 $A_i =$ "第 i 次取到白球",则 $\overline{A_i} =$ "第 i 次取到红球"$(i = 1, 2)$,于是 $A_1 A_2 =$ "取到两只白球", $A_1 A_2 + \overline{A_1}\,\overline{A_2} =$ "取到两只相同颜色球", $A_1 + A_2 =$ "至少取到一只白球".

(1) 放回抽样的情形.

由于放回抽样,因此"第一次取到白球"与"第二次取到白球"的事件相互独立,且

$$P(A_1) = P(A_2) = \frac{4}{6} = \frac{2}{3}, \quad P(\overline{A_1}) = P(\overline{A_2}) = \frac{1}{3}.$$

于是

① $P(A_1 A_2) = P(A_1)P(A_2) = \frac{2}{3} \times \frac{2}{3} = \frac{4}{9} \approx 0.444$;

② $P(A_1 A_2 + \overline{A_1}\,\overline{A_2}) = P(A_1 A_2) + P(\overline{A_1}\,\overline{A_2})$
$$= P(A_1)P(A_2) + P(\overline{A_1})P(\overline{A_2})$$
$$= \frac{2}{3} \times \frac{2}{3} + \frac{1}{3} \times \frac{1}{3} = \frac{5}{9} \approx 0.556;$$

③ $P(A_1 + A_2) = P(A_1) + P(A_2) - P(A_1 A_2)$
$$= P(A_1) + P(A_2) + P(A_1)P(A_2)$$
$$= \frac{2}{3} + \frac{2}{3} - \frac{2}{3} \times \frac{2}{3} = \frac{8}{9} \approx 0.889.$$

(2) 不放回抽样的情形.

由于不放回抽样,因此"第一次取得白球"与"第二次取得白球"的事件不相互独立,且

$$P(A_1) = \frac{4}{6} = \frac{2}{3}, \qquad P(A_2 | A_1) = \frac{3}{5},$$

$$P(\overline{A_1}) = \frac{1}{3}, \qquad P(\overline{A_2} | \overline{A_1}) = \frac{1}{5}.$$

于是

① $P(A_1 A_2) = P(A_1) P(A_2 | A_1) = \frac{2}{3} \times \frac{3}{5} = 0.4.$

② $P(A_1 A_2 + \overline{A_1} \overline{A_2}) = P(A_1 A_2) + P(\overline{A_1} \overline{A_2})$

$\qquad = P(A_1) \cdot P(A_2 | A_1) + P(\overline{A_1}) P(\overline{A_2} | \overline{A_1})$

$\qquad = \frac{2}{3} \times \frac{3}{5} + \frac{1}{3} \times \frac{1}{5} = \frac{7}{15} \approx 0.467.$

③ $P(A_1 + A_2) = 1 - P(\overline{A_1 + A_2}) = 1 - P(\overline{A_1} \overline{A_2})$

$\qquad = 1 - P(\overline{A_1}) P(\overline{A_2} | \overline{A_1})$

$\qquad = 1 - \frac{1}{3} \times \frac{1}{5} = \frac{14}{15} \approx 0.933.$

五、伯努利概型

定义 2 若试验 E 单次试验的结果只有两个 $A, \overline{A}$,且 $P(A) = p$ 保持不变,将试验 E 在相同条件下独立地重复做 n 次,称这 n 次试验为 n 重独立试验序列,这个试验的模型称为 n 重独立试验序列概型,也称为 n 重伯努利概型,简称伯努利概型.

我们的问题是:n 重伯努利概型中事件 A 发生 k 次的概率,记作 $P_n(k)$ $(k = 0, 1, 2, \cdots, n)$. 先看下面的例子.

例 8 有 10 件产品,其中 6 件正品,每次取 1 件,有放回地取三次,求其中恰有 k ($k = 0$, $1, 2, 3$) 件次品的概率.

分析 有放回地抽取 3 次,可看作 3 次独立试验,每次取 1 件产品,其结果可能是次品(事件 A),也可能是正品(事件 $\overline{A}$),则 $P(A) = 0.4, P(\overline{A}) = 0.6$,我们要求的是事件 A 恰发生 k 次的概率 $P_3(k)$ $(k = 0, 1, 2, 3)$.

解 设 $A_i = $"第 i 次取到次品" $(i = 1, 2, 3)$;则 $\overline{A_i} = $"第 i 次取到正品" $(i = 1, 2, 3)$,于是有

$P_3(0) = P(\overline{A_1} \overline{A_2} \overline{A_3}) = [P(\overline{A})]^3 = C_3^0 [P(A)]^0 [P(\overline{A})]^3 = 0.6^3 = 0.216,$

$P_3(1) = P(A_1 \overline{A_2} \overline{A_3} + \overline{A_1} A_2 \overline{A_3} + \overline{A_1} \overline{A_2} A_3)$

$\qquad = P(A_1 \overline{A_2} \overline{A_3}) + P(\overline{A_1} A_2 \overline{A_3}) + P(\overline{A_1} \overline{A_2} A_3)$

$\qquad = C_3^1 [P(A)]^1 [P(\overline{A})]^2 = 3 \times 0.4 \times 0.6^2 = 0.432,$

$P_3(2) = P(A_1 A_2 \overline{A_3} + A_1 \overline{A_2} A_3 + \overline{A_1} A_2 A_3)$

$\qquad = C_3^2 [P(A)]^2 [P(\overline{A})]^1 = 3 \times 0.4^2 \times 0.6 = 0.288,$

$P_3(3) = P(A_1 A_2 A_3) = [P(A)]^3 = C_3^3 [P(A)]^3 [P(\overline{A})]^0 = 0.4^3 = 0.064.$

综合以上结果,在 3 次独立试验中,事件 A 恰好发生 k 次的概率为

$$P_3(k) = C_3^k [P(A)]^k [P(\overline{A})]^{3-k}, \quad (k = 0, 1, 2, 3).$$

一般地,在 n 次独立试验中,如果 $P(A) = p, P(\overline{A}) = 1 - p = q$,则事件 A 恰好发生 k 次

的概率为

$$P_n(k) = C_n^k p^k q^{n-k}, \quad (k=0,1,2,\cdots,n).$$

例 9 某射手每次击中目标的概率为 0.6,如果射击 5 次,试求至少击中两次的概率.

解 设 $A=$"射击一次击中目标",$B=$"射击 5 次至少击中两次",$P(A)=0.6$,$P(\bar{A})=0.4$,从而

$$P(B) = P_5(2) + P_5(3) + P_5(4) + P_5(5) = 1 - P_5(0) - P_5(1)$$
$$= 1 - C_5^0 (0.6)^0 (0.4)^5 - C_5^1 (0.6)^1 (0.4)^4$$
$$\approx 0.913.$$

习题 8.4

1. 设一个口袋中有 4 个红球和 3 个白球.从口袋中任取一个球后,不放回去,再从这口袋中任取一球,令 $A=$"第一次取得白球",$B=$"第二次取得红球",求 $P(B|A)$ 和 $P(B)$.

2. 设随机事件 A 的概率 $P(A)=0.5$,随机事件 B 的概率 $P(B)=0.6$ 及条件概率 $P(B|A)=0.8$.求 $P(A+B)$.

3. 一批零件共 100 个,次品率为 10%,每次从其中任取一个零件,取出的零件不再放回,求第二次才取到正品的概率.

4. 某工厂有甲、乙、丙三个车间,生产同一种产品,每个车间的产量分别占全厂的 25%,35%,40%,各车间的产品的次品率分别为 5%,4%,2%.求全厂产品的次品率.

5. 有两个箱子,第一个箱子有 3 个白球,2 个红球,第二个箱子有 4 个白球,4 个红球.现从第一个箱子中任取一球放到第二个箱子中,再从第二个箱子中取出一球.求最后取得白球的概率.

6. 设 $P(A)=0.4$,$P(A+B)=0.7$,若事件 A 与 B 相互独立,求 $P(B)$.

7. 证明:如果事件 A 与 B 相互独立,那么 $\bar{A}$ 与 $\bar{B}$ 也相互独立.

8. 设三台机器相互独立运转,又第一台、第二台、第三台机器不发生故障的概率依次为 0.9,0.8,0.7.求这三台机器全不发生故障及它们中至少有一台发生故障的概率.

9. 某类灯泡使用时数在 1000 个小时以上的概率为 0.2,求三个灯泡在使用 1000 小时后最多只坏一个的概率,设这三个灯泡是相互独立地使用的.

§8.5 随机变量及常见分布

一、随机变量的概念

在随机试验中,试验的可能结果一般不止一个.如果用一个实数 X 表示试验结果,则 X 将取不同的数值,因此 X 是一个变量,称之为随机变量.用随机变量 X 来研究随机现象,往往更为方便.例如,在 10 件产品中,有 3 件次品,现任取 2 件,如果这两件产品中的次品数用变量 X 表示,则 X 的取值是随机的,它可能取到 0,1,2 这三个值的某一个.我们可以用"$X=0$"表示事件"取出两件产品中没有次品";"用 $X=1$"表示"取出两件产品中有 1 件次品";"用 $X=2$"表示"取出两件产品都是次品".从而可用"$X=k$"表示事件"取出的两件产品有 k 件次品"$(k=0,1,2)$.

一般地说,我们把在一定条件下表示随机试验结果的变量叫作随机变量.随机变量通常用英文大写字母 $X,Y,Z,\cdots$(或希腊字母 $\xi,\eta,\zeta,\cdots$)表示.

这样,变量 X 就可以作为试验结果的函数而取值,由于试验结果出现的是随机的,因而

变量 X 为随机变量.

值得注意的是,用随机变量描述随机现象的统计规律性,有些随机现象比较容易用数量来描述,例如,产品的合格数、某一地区的降水量、电视机的使用时间等等. 但实际中常遇到一些似乎与数量无关的随机现象,例如,某人打靶,一发子弹打中的概率为 p,打不中的概率为 $1-p$,这一现象应如何用随机变量来描述呢? 当然,我们可规定一个随机变量 X 如下:

$$X = \begin{cases} 5, & \text{子弹中靶,} \\ 7, & \text{子弹脱靶.} \end{cases}$$

这里的5和7已经失去其数的意义,仅仅是代号而已,自然也可以用其他数表示. 通常规定随机变量

$$X = \begin{cases} 1, & \text{子弹中靶,} \\ 0, & \text{子弹脱靶.} \end{cases}$$

这样取 X 有两个优点:

(1) X 反映了一发子弹命中的次数(0 次或 1 次);

(2) 计算上方便,有利于进一步讨论.

所以不论什么样的随机现象,都可以用随机变量来描述.

例如,车床加工零件,其测定尺寸有一定偏差,假定偏差不超过 1cm,则此偏差 X 是个随机变量,取值范围为区间 $[-1,1]$.

注:(1) 随机变量与普通的变量有本质的区别. 在微积分中,变量 x 的取值是确定的;而随机变量的取值是随机的,因而它的取值也有一定的概率.

(2) 随机变量 X 取某定值(如 $X=a$)或某一范围(如 $1 \leqslant X \leqslant 2$ 或 $X \geqslant 1$)时,表示一个随机事件,记作 $\{X=a\}$, $\{1 \leqslant X \leqslant 2\}$, $\{X \geqslant 1\}$.

根据随机变量取值的情况,我们可以把随机变量分为两类:离散型随机变量和非离散型随机变量. 若随机变量的所有可能取值是可以一一列举出来的(即取值是可列个),则称 X 为离散型随机变量. 比如前面所说"任取 2 件产品中的次品数","打靶的命中次数"都是离散型随机变量. 若随机变量 X 的所有取值不能一一列举出来,则称 X 为非离散型随机变量. 非离散型随机变量的范围很广,其中最重要的是连续型随机变量,它是依照一定的概率规律取数轴上的任一个值. 在某区间上概率可能较大,而在其他区间上概率可能较小,甚至为零. 前面说的"测量误差大小"就是连续型随机变量.

二、离散型随机变量

设离散型随机变量 X 的所有可能取值为 $x_1, x_2, \cdots, x_k, \cdots$,并且 X 取各个可能值的概率分别为

$$P(X = x_k) = p_k, \quad k = 1, 2, \cdots \tag{1}$$

称(1)式为离散型随机变量 X 的概率分布或分布列,简称分布.

为了直观起见,常将分布列用表格形式给出

X	x_1	x_2	$\cdots$	x_k	$\cdots$
p_k	p_1	p_2	$\cdots$	p_k	$\cdots$

根据概率的性质,离散型随机变量的分布列具有以下性质:

(1) $p_k \geq 0$, $k=1,2,\cdots$;

(2) $\sum\limits_{k=1}^{\infty} p_k = 1$.

例1 设盒中有 5 个球,其中 2 个白球,3 个黑球,从中任意抽取 3 个球,求抽得的白球数 X 的概率分布.

分析 从 5 个球中抽取 3 个球,可能没有抽得白球,可能抽得一个白球,也可能抽得两个白球.因此,X 的可能取值为 $0,1,2$.由古典概型分别计算 X 取这些值的概率,就可得 X 的概率分布.

解 $P(X=0) = \dfrac{C_3^3}{C_5^3} = \dfrac{1}{10} = 0.1$, $\quad P(X=1) = \dfrac{C_3^2 C_2^1}{C_5^3} = \dfrac{6}{10} = 0.6$,

$P(X=2) = \dfrac{C_3^1 C_2^2}{C_5^3} = \dfrac{3}{10} = 0.3$.

因此,所求概率分布为

X	0	1	2
p_k	0.1	0.6	0.3

三、常见的离散型随机变量的分布

1. 两点分布

设随机变量 X 的分布为

$$P(X=1) = p, \quad P(X=0) = 1-p, \quad (0<p<1),$$

则称 X 服从参数为 p 的两点分布,两点分布又称为 0—1 分布,记作 $X \sim B(1,p)$.

例2 在 20 件产品中,有 18 件正品,2 件次品.现随机抽取一件,那么,"抽到正品"的概率是 $\dfrac{18}{20}$,"抽到次品"的概率是 $\dfrac{2}{20}$.

现定义随机变量 X 为

$$X = \begin{cases} 1, & \text{抽到正品}, \\ 0, & \text{抽到次品}. \end{cases}$$

有 $P(X=1) = \dfrac{18}{20}$,则 $P(X=0) = \dfrac{2}{20}$.显然 X 服从两点分布.

两点分布虽然简单,但很有用,很多试验可以归结为两点分布,如产品的"合格"与"不合格",子弹的"中靶"与"脱靶"等等.

2. 二项分布

设随机变量 X 的分布为

$$P(X=k) = C_n^k p^k q^{n-k}, \quad (k=0,1,2,\cdots,n; \ 0<p<1, \ q=1-p),$$

则称 X 服从参数 n,p 的二项分布,记作 $X \sim B(n,p)$.

注:(1) $C_n^k p^k q^{n-k}, (k=0,1,2,\cdots,n)$ 恰好是 $[(1-p)+p]^n$ 按二项公式展开的各项,所以上述公式称为二项概率公式;

(2) 当 $n=1$ 时,二项分布就是两点分布;

(3) 二项分布的实际背景是:对只有两个试验结果的试验 E:

$$P(A) = p, \quad P(\bar{A}) = 1-p,$$

独立重复地进行 n 次,事件 A 发生的次数 X 服从二项分布 $B(n,p)$.

例 3 一射手对同一目标独立地进行四次射击,若至少命中一次的概率为 $\dfrac{80}{81}$,求该射手的命中率是多少?

解 设该射手的命中率为 p,X 表示射手对同一目标独立进行四次射击中,命中目标的次数,则 $X \sim B(4,p)$,则

$$\frac{80}{81} = P(X \geqslant 1) = 1 - P(X=0) = 1 - C_4^0 p^0 (1-p)^4 = 1 - (1-p)^4,$$

即 $(1-p)^4 = 1 - \dfrac{80}{81} = \dfrac{1}{81}$,得 $p = \dfrac{2}{3}$.

所以该射手的命中率为 $\dfrac{2}{3}$.

3. 泊松(Poisson)分布

设随机变量 X 的分布为

$$P(X=k) = \frac{\lambda^k}{k!} e^{-\lambda}, \quad (k=0,1,2,\cdots,n,\cdots;\lambda>0),$$

则称 X 服从参数 λ 的泊松分布,记作 $X \sim P(\lambda)$.

容易看出,$p_k = P(X=k) = \dfrac{\lambda^k}{k!} e^{-\lambda} > 0$,又

$$\sum_{k=0}^{\infty} \frac{\lambda^k}{k!} = 1 + \frac{\lambda}{1!} + \frac{\lambda^2}{2!} + \cdots + \frac{\lambda^k}{k!} + \cdots = e^{\lambda},$$

所以

$$\sum_{k=0}^{\infty} p_k = \sum_{k=0}^{\infty} \frac{\lambda^k}{k!} e^{-\lambda} = e^{-\lambda} \sum_{k=0}^{\infty} \frac{\lambda^k}{k!} = e^{-\lambda} \cdot e^{\lambda} = 1.$$

因此泊松分布满足分布列的性质.

实际中,很多随机变量都服从泊松分布,例如:在确定的时段内,通过某十字路口的车辆数;容器内的细菌数;一段时间内交换台电话被呼叫的次数;公共汽车站来到的乘客数等等,都是服从泊松分布的.

例 4 电话交换台每分钟接到的呼叫次数 X 为随机变量,设 $X \sim P(4)$,求一分钟内呼叫次数:(1) 恰为 8 次的概率;(2) 不超过 1 次的概率.

解 这里 $\lambda = 4$,故

$$P(X=k) = \frac{4^k}{k!} e^{-\lambda}, \quad k = 0,1,2,\cdots.$$

(1) $P(X=8) = \dfrac{4^8}{8!} e^{-4} \approx 0.0298$;

(2) $P(X \leqslant 1) = P(X=0) + P(X=1) = \dfrac{4^0}{0!} e^{-4} + \dfrac{4^1}{1!} e^{-4} \approx 0.092$.

四、连续型随机变量

定义 对于随机变量 X,如果存在非负可积函数 $p(x)$ ($-\infty < x < +\infty$),使得对于任意实数 a 和 b ($a<b$),都有

$$P\{a < X < b\} = \int_a^b p(x) \mathrm{d}x, \tag{2}$$

则称 X 为连续型随机变量;并称 $p(x)$ 为 X 的概率密度函数,简称概率密度或分布密度.

分布密度 $p(x)$ 具有以下性质:

(Ⅰ) $p(x) \geqslant 0$;

(Ⅱ) $\int_{-\infty}^{+\infty} p(x) \mathrm{d}x = 1$;

(Ⅲ) 由(2)式可知,对于任意实数 a 有 $P\{X=a\} = \int_a^a p(x)\mathrm{d}x = 0$,故有

$$\begin{aligned}P\{a \leqslant X \leqslant b\} &= P\{a < X \leqslant b\} \\ &= P\{a \leqslant X < b\} \\ &= P\{a < X < b\} \\ &= \int_a^b p(x)\mathrm{d}x.\end{aligned}$$

由定积分的几何意义可知,概率 $P\{a<X<b\}$ 就是区间 (a,b) 上分布曲线 $y=p(x)$ 之下的曲边梯形的面积,如图 8-10 所示.

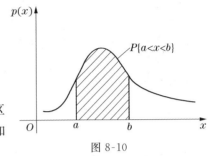

图 8-10

例 5 函数 $p(x) = \begin{cases} \sin x, & x \in D, \\ 0, & \text{其他}, \end{cases}$ 在下列指定区间 D 上能否满足随机变量 X 的分布密度的性质(Ⅰ)和(Ⅱ)?

(1) $\left[0, \dfrac{\pi}{2}\right]$; (2) $[0, \pi]$.

解 (1) 因为在 $\left[0, \dfrac{\pi}{2}\right]$ 上,$p(x) = \sin x \geqslant 0$,且

$$\int_{-\infty}^{+\infty} p(x)\mathrm{d}x = \int_0^{\frac{\pi}{2}} \sin x \mathrm{d}x = -\cos x \Big|_0^{\frac{\pi}{2}} = 1,$$

所以在 $\left[0, \dfrac{\pi}{2}\right]$ 上,$p(x)$ 满足性质(Ⅰ),(Ⅱ).

(2) 在 $[0,\pi]$ 上,$p(x) = \sin x \geqslant 0$,即满足性质(Ⅰ),但

$$\int_{-\infty}^{+\infty} p(x)\mathrm{d}x = \int_0^{\pi} \sin x \mathrm{d}x = -\cos x \Big|_0^{\pi} = 2 \neq 1,$$

故不满足性质(Ⅱ).

注:凡满足性质(Ⅰ),(Ⅱ)的函数 $p(x)$ 必为随机变量 X 的分布密度.

例 6 设随机变量 X 的分布密度为

$$p(x) = \begin{cases} \dfrac{A}{\sqrt{1-x^2}}, & |x| < 1, \\ 0, & |x| \geqslant 1. \end{cases}$$

试求:(1) 系数 A; (2) $P\left(|X| < \dfrac{1}{2}\right)$; (3) $P\left(-\dfrac{\sqrt{3}}{2} \leqslant X < 2\right)$.

解 (1) 由 $p(x)$ 的性质有

$$1 = \int_{-\infty}^{+\infty} p(x)\mathrm{d}x = \int_{-1}^{1} \dfrac{A}{\sqrt{1-x^2}}\mathrm{d}x = A\arcsin x \Big|_{-1}^{1} = A\pi,$$

所以 $A = \dfrac{1}{\pi}$.

(2) $P\left(|X|<\dfrac{1}{2}\right)=P\left(-\dfrac{1}{2}<X<\dfrac{1}{2}\right)=\displaystyle\int_{-\frac{1}{2}}^{\frac{1}{2}}\dfrac{1}{\pi\sqrt{1-x^2}}\mathrm{d}x$

$=\dfrac{1}{\pi}\arcsin x\Big|_{-\frac{1}{2}}^{\frac{1}{2}}=\dfrac{1}{3}.$

(3) $P\left(-\dfrac{\sqrt{3}}{2}\leqslant X<2\right)=\displaystyle\int_{-\frac{\sqrt{3}}{2}}^{2}p(x)\mathrm{d}x=\displaystyle\int_{-\frac{\sqrt{3}}{2}}^{1}\dfrac{1}{\pi\sqrt{1-x^2}}\mathrm{d}x$

$=\dfrac{1}{\pi}\arcsin x\Big|_{-\frac{\sqrt{3}}{2}}^{1}=\dfrac{5}{6}.$

五、常见的连续型随机变量的分布

1. 均匀分布

设随机变量 X 的概率密度为

$$p(x)=\begin{cases}\dfrac{1}{b-a}, & a\leqslant x\leqslant b,\\ 0, & \text{其他}.\end{cases}$$

则称 X 服从参数为 a,b 的均匀分布,记作 $X\sim U(a,b)$.

如果 X 在 $[a,b]$ 上服从均匀分布,则对任意满足 $a\leqslant c<d\leqslant b$ 的 c,d,有

$$P(c\leqslant X\leqslant d)=\int_{c}^{d}f(x)\mathrm{d}x=\dfrac{d-c}{b-a}.$$

这表明,X 取值于 $[a,b]$ 中任一小区间的概率与区间的长度成正比,而与该小区间的具体位置无关. 均匀分布的概率密度如图 8-11 所示.

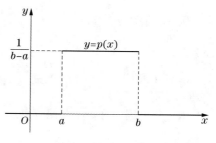

图 8-11

实际中,乘客在公共汽车站候车的时间 X 一般服从均匀分布. 例如,在不知道汽车通过车站的时间的情况下,乘客的候车时间 X 是一个随机变量. 假如候车站每隔 8 分钟有一辆公共汽车通过. 则乘客在 0 到 8 分钟内乘上汽车的可能性是相同的. 因此 X 服从均匀分布,概率密度为

$$p(x)=\begin{cases}\dfrac{1}{8}, & 0\leqslant x\leqslant 8,\\ 0, & \text{其他}.\end{cases}$$

可以计算他候车时间不超过 2 分钟的概率是

$$P(0\leqslant X\leqslant 2)=\int_{0}^{2}\dfrac{1}{8}\mathrm{d}x=0.25.$$

超过 5 分钟的概率是

$$P(5\leqslant X\leqslant 8)=\int_{5}^{8}\dfrac{1}{8}\mathrm{d}x=0.375.$$

2. 指数分布

设随机变量 X 的概率密度为

$$p(x)=\begin{cases}\lambda\mathrm{e}^{-\lambda x}, & x>0,\\ 0, & x\leqslant 0.\end{cases}\quad(\lambda>0)$$

则称 X 服从参数为 λ 的指数分布,记作 $X\sim E(\lambda)$. 不难看出
$$\int_{-\infty}^{+\infty} p(x)\mathrm{d}x = \int_{-\infty}^{0} 0\mathrm{d}x + \int_{0}^{+\infty} \lambda e^{-\lambda x}\mathrm{d}x = 1.$$

3. 正态分布

设随机变量 X 的概率密度为
$$p(x)=\frac{1}{\sqrt{2\pi}\cdot\sigma}e^{-\frac{(x-\mu)^2}{2\sigma^2}} \quad (-\infty<x<+\infty).$$

其中 μ,σ 为常数且 $\sigma>0$,则称 X 服从参数为 μ,σ^2 的正态分布,记作 $X\sim N(\mu,\sigma^2)$.

正态分布的图形呈钟形,如图 8-12 所示.

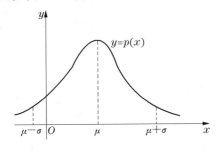

图 8-12

由图 8-12 可见,概率密度函数 $p(x)$ 具有以下性态:

(1) 概率密度函数曲线以直线 $x=\mu$ 为对称轴,并在 $x=\mu$ 处取得最大值 $p(\mu)=\dfrac{1}{\sqrt{2\pi}\cdot\sigma}$;

(2) 当 $x\to\pm\infty$ 时,$p(x)\to 0$,即 $p(x)$ 以 x 轴为渐近线;

(3) 概率密度函数曲线在 $x=\mu\pm\sigma$ 处有两个拐点,且当 $x<\mu-\sigma$ 和 $x>\mu+\sigma$ 时,曲线是凹的,当 $\mu-\sigma<x<\mu+\sigma$ 时,曲线是凸的;

(4) 参数 μ 的大小决定曲线的位置:固定 σ 的值,当 μ 增大时,曲线向右移动;当 μ 减小时曲线向左移动,如图 8-13(a) 所示. 参数 σ 的大小决定曲线的形状:固定 μ 的值,σ 越大,曲线越平坦;σ 越小,曲线越陡峭,如图 8-13(b) 所示.

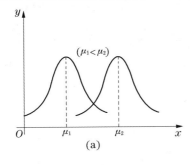
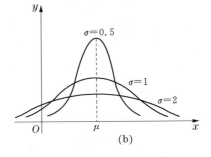

图 8-13

正态分布是一个比较重要的分布,在自然现象和社会现象中,大量的随机变量如:测量误差;灯泡寿命;农作物的收获量;人的身高、体重;射击时弹着点和靶心的距离等都可以认为服从正态分布.

若正态分布 $N(\mu,\sigma^2)$ 中的两个参数,$\mu=0$,$\sigma=1$ 时,相应的分布 $N(0,1)$ 称为标准正态分

布.标准正态分布的图形关于 y 轴对称,如图 8-14 所示.

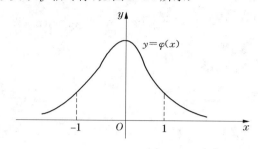

图 8-14

通常用 $\varphi(x)$ 表示标准正态分布 $N(0,1)$ 的概率密度,即

$$\varphi(x)=\frac{1}{\sqrt{2\pi}}\mathrm{e}^{-\frac{x^2}{2}}.$$

记

$$\Phi(x)=P(X\leqslant x)=\int_{-\infty}^{x}\varphi(t)\mathrm{d}t=\int_{-\infty}^{x}\frac{1}{\sqrt{2\pi}}\mathrm{e}^{-\frac{t^2}{2}}\mathrm{d}t.$$

这说明,若随机变量 $X\sim N(0,1)$,则事件 $\{X\leqslant x\}$ 的概率是标准正态分布概率密度函数曲线下小于 x 的区域面积,即如图 8-15 所示的阴影部分的面积.由此不难得到事件 $\{a\leqslant X\leqslant b\}$ 的概率为

$$P(a\leqslant X\leqslant b)=\int_{a}^{b}\frac{1}{\sqrt{2\pi}}\mathrm{e}^{-\frac{t^2}{2}}\mathrm{d}t=\Phi(b)-\Phi(a).$$

由于 $\varphi(x)$ 是偶函数,故有 $\Phi(-x)=1-\Phi(x)$ 或 $\Phi(x)=1-\Phi(-x)$,如图 8-16 所示.显然

$$\Phi(0)=0.5.$$

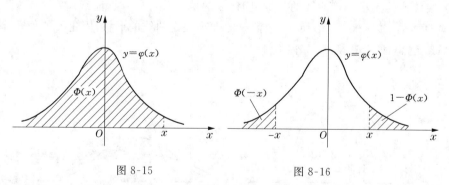

图 8-15　　　　　图 8-16

若随机变量 $X\sim N(0,1)$,则 $P(X\leqslant x)$ 和 $P(a\leqslant X\leqslant b)$ 就转化为求 $\Phi(x)$ 的值,而 $\Phi(x)$ 的计算是很困难的,为此我们编制了它的近似值表(见本书末附表Ⅰ),以供使用.

例7 查表求 $\Phi(1.25),\Phi(0.32),\Phi(-1.96)$.

解 求 $\Phi(1.25)$:在标准正态分布数值表中第 1 列找到 1.2 的行,再从表顶找到"0.05"的列,它们交叉处的数"0.8944"即为所求,$\Phi(1.25)=0.8944$.

用同样的方法可得,$\Phi(0.32)=0.6255$.

求 $\Phi(-1.96)$:$\Phi(-1.96)=1-\Phi(1.96)$,在标准正态分布数值表查得

$\Phi(1.96)=0.9750$,于是 $\Phi(-1.96)=1-0.9750=0.0250$.

例8 设随机变量 $X\sim N(0,1)$,求 $P(X<1.25),P\{1.25\leqslant X<1.65\},P\{X\geqslant 1.65\}$.

解 $P(X<1.25)=\Phi(1.25)=0.8944$,

$P\{1.25\leqslant X<1.65\}=\Phi(1.65)-\Phi(1.25)$
$=0.9505-0.8944=0.0561$,

$P\{X\geqslant 1.65\}=1-P(X<1.65)=1-0.9505=0.0495$.

现在讨论一般正态分布 $N(\mu,\sigma^2)$ 的概率计算问题.

设 $X\sim N(\mu,\sigma^2)$,对任意的 $x_1<x_2$,由概率密度的定义,有

$$P(x_1\leqslant X<x_2)=\int_{x_1}^{x_2}\frac{1}{\sqrt{2\pi}\cdot\sigma}e^{-\frac{(x-\mu)^2}{2\sigma^2}}dx,$$

做积分换元,设 $y=\dfrac{x-\mu}{\sigma}$,则

$$\int_{x_1}^{x_2}\frac{1}{\sqrt{2\pi}\cdot\sigma}e^{-\frac{(x-\mu)^2}{2\sigma^2}}dx=\int_{\frac{x_1-\mu}{\sigma}}^{\frac{x_2-\mu}{\sigma}}\frac{1}{\sqrt{2\pi}}e^{-\frac{y^2}{2}}dy$$
$$=\Phi\left(\frac{x_2-\mu}{\sigma}\right)-\Phi\left(\frac{x_1-\mu}{\sigma}\right),$$

即 $P(x_1\leqslant X<x_2)=\Phi\left(\dfrac{x_2-\mu}{\sigma}\right)-\Phi\left(\dfrac{x_1-\mu}{\sigma}\right)$.

一般地,若随机变量 $X\sim N(\mu,\sigma^2)$,则随机变量 $Y=\dfrac{X-\mu}{\sigma}\sim N(0,1)$.

例9 设 $X\sim N(1.5,2^2)$,计算:(1) $P(X<3.5)$;(2) $P(X<-4)$;(3) $P(1\leqslant X<2)$;(4) $P(X>2)$;(5) $P(|X|>3)$.

解 设 $Y=\dfrac{X-\mu}{\sigma}=\dfrac{X-1.5}{2}$,则 $Y\sim N(0,1)$,于是

(1) $P(X<3.5)=P\left(Y<\dfrac{3.5-1.5}{2}\right)=\Phi(1)=0.8413$.

(2) $P(X<-4)=P\left(Y<\dfrac{-4-1.5}{2}\right)=\Phi(-2.75)$
$=1-\Phi(2.75)=1-0.9970=0.0030$.

(3) $P(1\leqslant X<2)=P\left(\dfrac{1-1.5}{2}\leqslant Y<\dfrac{2-1.5}{2}\right)$
$=P(-0.25\leqslant Y<0.25)=\Phi(0.25)-\Phi(-0.25)$
$=\Phi(0.25)-(1-\Phi(0.25))$
$=2\Phi(0.25)-1=2\times 0.5987-1$
$=0.1974$.

(4) $P(X>2)=1-P(X\leqslant 2)=1-P\left(Y\leqslant\dfrac{2-1.5}{2}\right)$
$=1-\Phi(0.25)=1-0.5987=0.4013$.

(5) $P(|X|>3)=1-P(|X|\leqslant 3)=1-P(-3\leqslant X\leqslant 3)$
$$=1-P\left(\frac{-3-1.5}{2}\leqslant Y\leqslant \frac{3-1.5}{2}\right)$$
$$=1-[\Phi(0.75)-\Phi(-2.25)]$$
$$=1-[\Phi(0.75)-(1-\Phi(2.25))]$$
$$=2-\Phi(0.75)-\Phi(2.25)$$
$$=2-0.7734-0.9878=0.2388.$$

例 10 已知某批建筑材料的强度 X 服从正态分布 $N(200,18^2)$,现从中任取一件时,求:

(1) 取得这件材料的强度不低于 180 的概率;

(2) 如果所用材料要求以 99% 的概率保证强度不低于 150,问这批材料是否符合这个要求.

解 已知 $X\sim N(200,18^2)$,故 $Y=\dfrac{X-200}{18}\sim N(0,1)$.

(1) $P(X\geqslant 180)=1-P(X<180)=1-P\left(Y<\dfrac{180-120}{18}\right)$
$$=1-\Phi(-1.11)=\Phi(1.11)=0.8665,$$

即任取一件材料,其强度不低于 180 的概率为 0.8665.

(2) $P(X\geqslant 150)=1-P(X<150)=1-P\left(Y<\dfrac{150-200}{18}\right)$
$$=1-\Phi(-2.78)=\Phi(2.78)=0.9973,$$

即从这批材料中任取一件,以概率 99.73%(大于 99%)保证强度不低于 150,故这批材料符合所提要求.

例 11 设 $X\sim N(\mu,\sigma^2)$.求 (1) $P(|X-\mu|<\sigma)$;(2) $P(|X-\mu|<2\sigma)$;(3) $P(|X-\mu|<3\sigma)$.

解 (1) $P(|X-\mu|<\sigma)=P(\mu-\sigma<X<\mu+\sigma)$
$$=P\left(\frac{\mu-\sigma-\mu}{\sigma}<\frac{X-\mu}{\sigma}<\frac{\mu+\sigma-\mu}{\sigma}\right)$$
$$=\Phi(1)-\Phi(-1)=2\Phi(1)-1$$
$$=2\times 0.8413-1=0.6826;$$

同理可得

(2) $P(|X-\mu|<2\sigma)=0.9544$;

(3) $P(|X-\mu|<3\sigma)=0.9974$.

由此例可知,服从正态分布的随机变量 X,其取值几乎全部落在 $(\mu-3\sigma,\mu+3\sigma)$ 区间内(约占 99.74%),这个结果通常称为 3σ 准则.

习题 8.5

1. 一个口袋中有六个球,在这六个球上分别标有 $-3,-3,1,1,1,2$ 这样的数字.从这口袋中任取一个球,求取得的球上标明的数字 X 的概率分布.

2. 盒中装有某种产品 15 件,其中有两件次品,现从中任取 3 件,试写出取出次品数 X 的分布列.

3. 某射手有五发子弹,射一次,命中的概率为 0.9,如果命中了就停止射击,如果不命中就一直射到子弹用尽,求耗用子弹 X 的概率分布.

4. 设随机变量 X 的概率密度为 $p(x)=\begin{cases} Cx, & 0\leqslant x\leqslant 1, \\ 0, & 其他. \end{cases}$
求:(1) 常数 C;(2) X 落在区间 $(0.3,0.7)$ 内的概率;(3) X 落在区间 $(0.5,1.2)$ 内的概率.

5. 设随机变量 X 的概率密度为 $p(x)=Ae^{|x|}, -\infty<x<+\infty$. 求:(1) 常数 A;(2) $P(0<X<1)$.

6. 在相同条件下相互独立地进行 5 次射击,每次射击时击中目标的概率为 0.6,求击中目标次数 X 的概率分布.

7. 已知随机变量 $X\sim P(\lambda), P(X=0)=0.4$,求参数 λ.

8. 设随机变量 $X\sim U(0,10)$.(1) 试写出 X 的概率密度;(2) 试求概率 $P(X<3)$ 和 $P(4<X\leqslant 9)$.

9. 设某元件使用寿命 X 服从参数为 $\lambda=\dfrac{1}{2000}$ 的指数分布,求元件正常使用达 1000 小时以上的概率.

10. 设 $X\sim N(0,1)$,试借助标准正态分布的近似值表计算:
(1) $P(X<2.2)$;(2) $P(0<X\leqslant 1.90)$;(3) $P(-1.83<X<0)$;(4) $P(|X|<1.55)$.

11. 设 $X\sim N(1,0.6^2)$,求 $P(X>0)$ 和 $P(0.2<X<1.8)$.

12. 设电池的寿命 X(单位:小时)是一个随机变量,$X\sim N(300,35^2)$:
(1) 求这样的电池寿命在 250 小时以上的概率;
(2) 求一个数目 x,使得电池寿命取区间 $(300-x,300+x)$ 内的值的概率不小于 0.9.

§8.6 随机变量的数字特征

随机变量是按一定的规律(即分布)来取值的. 在实际问题中,有时并不需要了解这个规律的全貌,而只需要知道它的某个侧面. 这时,往往可以用一个或几个数字来描述这个侧面. 这种数字是按分布而定的,它部分地描述了分布的性态. 称这种数字为随机变量的数字特征. 数学期望与方差是最常用的随机变量的数字特征.

一、数学期望

1. 离散型随机变量的数学期望

定义 1 设离散型随机变量 X 的概率分布为

X	x_1	x_2	$\cdots$	x_n
$P(X=x_k)$	p_1	p_2	$\cdots$	p_n

则称 $\sum_{k=1}^{n} x_k p_k = x_1 p_1 + x_2 p_2 + \cdots + x_n p_n$ 为随机变量 X 的数学期望,简称期望,记作 $E(X)$ 或 EX.

当 X 的可能取值 x_k 为可列个时:$P(X=k)=x_k (k=1,2,\cdots)$,则 $E(X)=\sum_{k=1}^{\infty} x_k p_k$,此时要求 $\sum_{k=1}^{\infty} |x_k| p_k < +\infty$,以保证和式 $\sum_{k=1}^{\infty} x_k p_k$ 的值不随和式中各项次序的改变而改变.

对于离散型随机变量 X 的函数 $Y=f(X)$ 的数学期望有如下结论:

设 X 的概率分布为 $p_k = P(X = x_k)$ $(k=1,2,\cdots)$，如果 $\sum_{k=1}^{\infty} f(x_k)$ 绝对收敛，则有

$$EY = Ef(X) = \sum_{k=1}^{\infty} f(x_k) p_k.$$

例1 甲、乙两台自动机床生产同一种标准件，生产 1000 件产品所出的次品数用 X, Y 表示，它们的分布列为

X	0	1	2	3
p_k	0.7	0.1	0.1	0.1

Y	0	1	2	3
p_k	0.5	0.3	0.2	0

问哪一台机床加工的产品质量好些？

解 $EX = 0 \times 0.7 + 1 \times 0.1 + 2 \times 0.1 + 3 \times 0.1 = 0.6$,

$EY = 0 \times 0.5 + 1 \times 0.3 + 2 \times 0.2 + 3 \times 0 = 0.7$.

因为 $EX < EY$，所以生产 1000 件产品，甲机床所出的平均次品数较乙机床少，因此，甲机床加工的产品质量好些．

例2 设 X 的分布列为

X	-1	0	2	3
p_k	$\frac{1}{8}$	$\frac{1}{4}$	$\frac{3}{8}$	$\frac{1}{4}$

求 $EX, EX^2, E(-2X+1)$.

解 $EX = -1 \times \frac{1}{8} + 0 \times \frac{1}{4} + 2 \times \frac{3}{8} + 3 \times \frac{1}{4} = \frac{11}{8}$,

$EX^2 = (-1)^2 \frac{1}{8} + 0^2 \times \frac{1}{4} + 2^2 \times \frac{3}{8} + 3^2 \times \frac{1}{4} = \frac{31}{8}$,

$E(-2X+1) = 3 \times \frac{1}{8} + 1 \times \frac{1}{4} - 3 \times \frac{3}{8} - 5 \times \frac{1}{4} = -\frac{7}{4}$.

2. 连续型随机变量的数学期望

定义2 设连续型随机变量 X 的概率密度为 $p(x)$，若积分 $\int_{-\infty}^{+\infty} |x| p(x) \mathrm{d}x < +\infty$，则称 $\int_{-\infty}^{+\infty} x p(x) \mathrm{d}x$ 为随机变量 X 的数学期望，记作 $E(X)$ 或 EX，即

$$EX = \int_{-\infty}^{+\infty} x p(x) \mathrm{d}x.$$

设 $Y = f(x)$ 为随机变量 X 的函数，随机变量 X 的概率密度为 $p(x)$，如果 $\int_{-\infty}^{+\infty} f(x) p(x) \mathrm{d}x$ 绝对收敛，则有

$$EY = Ef(x) = \int_{-\infty}^{+\infty} f(x) p(x) \mathrm{d}x.$$

例3 设 $X \sim U(a, b)$，求 EX.

解 因为 $p(x) = \begin{cases} \dfrac{1}{b-a}, & a \leqslant x \leqslant b, \\ 0, & \text{其他}. \end{cases}$

$$EX = \int_{-\infty}^{+\infty} xp(x)\mathrm{d}x = \int_a^b \frac{1}{b-a} x \mathrm{d}x = \frac{a+b}{2}.$$

这个结果是显然的,这是因为 $X \sim U(a,b)$,所以 X 取值的平均值应为区间 $[a,b]$ 的中点,即 $\frac{a+b}{2}$.

例 4 对圆的直径做近似测量,其值均匀分布在区间 $[a,b]$ 上,求圆面积的数学期望.

解 设随机变量 X 为圆的直径测量值,Y 为圆的面积,则 $Y = f(x) = \frac{\pi}{4} X^2$. 因为随机变量 X 的概率密度为

$$p(x) = \begin{cases} \dfrac{1}{b-a}, & a \leqslant x \leqslant b, \\ 0, & \text{其他}. \end{cases} \quad (a,b > 0)$$

所以

$$EY = Ef(x) = \int_{-\infty}^{+\infty} f(x) p(x) \mathrm{d}x = \int_a^b \frac{1}{b-a} \cdot \frac{\pi}{4} x^2 \mathrm{d}x$$

$$= \frac{\pi}{4(b-a)} \left[\frac{x^3}{3} \right]_a^b = \frac{\pi}{12} (a^2 + ab + b^2).$$

3. 数学期望的性质

数学期望具有以下性质:

性质 1 $E(C) = C$ (C 为任意常数).

性质 2 $E(kX) = kE(X)$ (k 为常数).

性质 3 $E(X \pm Y) = E(X) \pm E(Y)$.

性质 2,3 称为期望的线性性质,通常写为 $E(k_1 X \pm k_2 Y) = k_1 EX \pm k_2 EY$.

二、方差

实用上除了要了解一组事物中各个事物的某方面指标的平均值外,还需要弄清楚这组事物中各个事物的实际指标与这平均值的偏差情况.例如,有两批钢筋,每批各十根,它们的抗拉指标依次为

第一批:110,120,120,125,125,125,130,130,135,140.

第二批:90,100,120,125,125,130,135,145,145,145.

这两批的抗拉指标的平均值都是 126.但是使用钢筋时,一般要求抗拉指标不低于一个指定数值,例如 115.那么,第二批钢筋的诸抗拉指标由于平均值偏差较大,即取值较分散,所以它们中间尽管有几根的抗拉指标很大,但是不合格的根数比第一批多.从实用价值来讲,可以认为第二批的质量比第一批差.从这个例子中看出,了解实际指标与平均值的偏差情况是有必要的.

对于随机变量 X 取的值也有同样的问题.一般希望了解 X 取值时以 EX 为中心的分散程度.通常用 $(X - EX)^2$ 来计量 X 与 EX 的偏差.由于 $(X - EX)^2$ 也是一个随机变量,所以通常用它的数学期望 $E(X - EX)^2$ 来计量 X 取值时以 EX 为中心的分散程度.把这个数字特征叫作 X 的方差,记作 $D(X)$ 或 DX,即

$$D(X) = E[X - E(X)]^2.$$

实际使用中,为了使单位统一,引入标准差 $\sqrt{D(X)}$ 描述 X 的偏离程度,
$$\sqrt{D(X)}=\sqrt{E[X-E(X)]^2}.$$
若离散型随机变量 X 的概率分布为 $p_k=P(X=x_k)$ $(k=1,2,\cdots)$,则 X 的方差为
$$D(X)=\sum_k [x_k-E(X)]^2 p_k.$$
若连续型随机变量 X 的概率密度为 $p(x)$,则 X 的方差为
$$D(X)=\int_{-\infty}^{+\infty}[x-E(X)]^2 p(x)\mathrm{d}x.$$
因为
$$\begin{aligned}D(X)&=E[X-E(X)]^2=E[X^2-2XE(X)+(EX)^2]\\&=E(X^2)-2(EX)(EX)+(EX)^2=E(X^2)-(EX)^2,\end{aligned}$$
所以 $D(X)=E(X^2)-(EX)^2$.

例 5 设 $X\sim B(1,p)$,求 $D(X)$.

解 因为 $P(X=1)=p,P(X=0)=1-p=q$ $(p+q=1)$,所以
$$EX=1\cdot p+0\cdot q=p,$$
$$E(X^2)=1^2\cdot p+0^2\cdot q=p,$$
$$D(X)=E(X^2)-(EX)^2=p-p^2=pq.$$

例 6 设 $X\sim N(0,1)$,求 $D(X)$.

解 $EX=\int_{-\infty}^{+\infty}x\cdot\dfrac{1}{\sqrt{2\pi}}e^{-\frac{x^2}{2}}\mathrm{d}x.$

由于被积函数是奇函数,故积分为零,即 $EX=0$.
$$\begin{aligned}E(X^2)&=\int_{-\infty}^{+\infty}x^2\cdot\frac{1}{\sqrt{2\pi}}e^{-\frac{x^2}{2}}\mathrm{d}x=\int_{-\infty}^{+\infty}x\mathrm{d}\left(-\frac{1}{\sqrt{2\pi}}e^{-\frac{x^2}{2}}\right)\\&=\left[-x\frac{1}{\sqrt{2\pi}}e^{-\frac{x^2}{2}}\right]_{-\infty}^{+\infty}+\int_{-\infty}^{+\infty}\frac{1}{\sqrt{2\pi}}e^{-\frac{x^2}{2}}\mathrm{d}x=0+1=1.\end{aligned}$$
于是 $D(X)=E(X^2)-(EX)^2=1-0=1$.

方差具有以下性质:

性质 4 $D(C)=0$ (C 为任意常数).

性质 5 $D(kX)=k^2 D(X)$ (k 为常数).

性质 6 $D(X+C)=D(X)$.

性质 4,5,6 可以合写为一个式子,即
$$D(kX+C)=k^2 D(X).$$

例 7 已知 $Y\sim N(3,0.2^2)$,求 EY 和 DY.

解 令 $X=\dfrac{Y-3}{0.2}$,则 $X\sim N(0,1),Y=0.2X+3$.

由例 6 知 $EX=0,D(X)=1$,则
$$EY=E(0.2X+3)=0.2EX+3=3,$$
$$DY=D(0.2X+3)=0.2^2 DX=0.2^2.$$

一般地,正态分布 $N(\mu,\sigma^2)$ 中的两个参数 μ,σ 即为正态分布的数学期望和标准差.

三、常用分布的期望与方差

1. 两点分布

设 $X \sim B(1,p)$，即 X 的概率分布为 $P(X=1)=p$，$P(X=0)=1-p=q$，则
$$E(X)=p, \quad D(X)=pq.$$

2. 二项分布

设 $X \sim B(n,p)$，即 X 的概率分布为
$$p_k = P(X=k) = C_n^k p^k (1-p)^{n-k} \quad (k=0,1,2,\cdots,n),$$
则
$$E(X)=np, \quad D(X)=np(1-q).$$

3. 泊松分布

设 $X \sim P(\lambda)$，即 X 的概率分布为
$$P(X=k) = \frac{\lambda^k}{k!} e^{-\lambda} \quad (k=1,2,\cdots),$$
则
$$E(X)=\lambda, \quad D(X)=\lambda.$$

4. 均匀分布

设 $X \sim U(a,b)$，则
$$E(X)=\frac{a+b}{2}, \quad D(X)=\frac{(b-a)^2}{12}.$$

5. 指数分布

设 $X \sim E(\lambda)$，则
$$E(X)=\frac{1}{\lambda}, \quad D(X)=\frac{1}{\lambda^2}.$$

6. 正态分布

设 $X \sim N(\mu,\sigma^2)$，则
$$E(X)=\mu, \quad D(X)=\sigma^2.$$

特别地，设 $X \sim N(0,1)$，则 $E(X)=0, D(X)=1.$

习题 8.6

1. 设 X 的分布列为

X	-1	0	$\frac{1}{2}$	1	2
p_k	$\frac{1}{3}$	$\frac{1}{6}$	$\frac{1}{6}$	$\frac{1}{12}$	$\frac{1}{4}$

求：(1) EX；(2) $E(-X+1)$；(3) $E(X^2)$.

2. 设 X 的概率密度为 $p(x)=\frac{1}{2}e^{-|x|}$，求：(1) EX；(2) $E(X^2)$.

3. 设 X 的概率密度为 $p(x)=\begin{cases} \frac{3}{8}x^2, & 0<x<2, \\ 0, & \text{其他}, \end{cases}$ 求 $E\left(\frac{1}{X^2}\right)$.

4. 设随机变量 X_1, X_2 的概率密度分别为

$$p_1(x) = \begin{cases} 2e^{-2x}, & x > 0, \\ 0, & x \leqslant 0; \end{cases} \quad p_2(x) = \begin{cases} 4e^{-4x}, & x > 0, \\ 0, & x \leqslant 0. \end{cases}$$

求：(1) $E(X_1 + X_2)$，$E(2X_1 - 3X_2)$；(2) $D(2X_1 - 3)$，$D(3X_2 + 5)$.

5. 求第 1 题到第 3 题中的随机变量 X 的方差和标准差.

习 题 8

1. 选择题

(1) 设 A 表示事件"甲种产品畅销，乙种产品滞销"，则其对立事件 $\overline{A}$ 为(　　)；

A. "甲种产品滞销，乙种产品畅销"

B. "甲、乙两种产品均畅销"

C. "甲种产品滞销"

D. "甲种产品滞销或乙种产品畅销"

(2) 设 A, B 为两随机事件，且 $B \subset A$，则下列式子正确的是(　　)；

A. $P(A + B) = P(A)$　　　　B. $P(AB) = P(A)$

C. $P(B|A) = P(B)$　　　　D. $P(B - A) = P(B) - P(A)$

(3) 假设事件 A 和 B 满足 $P(B|A) = 1$，则(　　)；

A. A 是必然事件　　　　B. $P(B|\overline{A}) = 0$

C. $A \subset B$　　　　D. $A \supset B$

(4) 设 $P(A) = a, P(B) = b, P(A + B) = c$，则 $P(A\overline{B})$ 为(　　)；

A. ab　　B. $a + b$　　C. $c - a - b$　　D. $a + b - c$

(5) 设 A, B 为两个互斥事件，且 $P(A) > 0, P(B) > 0$，则下列结论正确的是(　　)；

A. $P(B|A) > 0$　　B. $P(A|B) = P(A)$　　C. $P(A|B) = 0$　　D. $P(AB) = P(A)P(B)$

(6) 设 $p(x) = \begin{cases} \cos x, & x \in D, \\ 0, & \text{其他} \end{cases}$ 是随机变量 X 的概率密度，则 $D = ($　　$)$；

A. $\left[-\pi, -\dfrac{\pi}{2}\right]$　　B. $[0, \pi]$　　C. $\left[0, \dfrac{\pi}{2}\right]$　　D. $\left[-\dfrac{\pi}{2}, \dfrac{\pi}{2}\right]$

(7) 设随机变量 X 服从正态分布 $N(\mu, \sigma^2)$，则随 σ 的增大，概率 $P\{|X - \mu| < \sigma\}$(　　)；

A. 单调增大　　B. 单调减少　　C. 保持不变　　D. 增减不定

(8) 设随机变量 X 的分布列为

X	-2	-1	0	1	2
p	$\dfrac{1}{5}$	0	$\dfrac{2}{5}$	$\dfrac{1}{5}$	$\dfrac{1}{5}$

则 $Y = X^2$ 的分布列为(　　)；

A.
Y	4	1	0	1	4
p	$\dfrac{1}{5}$	0	$\dfrac{2}{5}$	$\dfrac{1}{5}$	$\dfrac{1}{5}$

B.
Y	4	1	0	1	4
p	$\dfrac{1}{25}$	0	$\dfrac{4}{25}$	$\dfrac{1}{25}$	$\dfrac{1}{25}$

C.
Y	0	1	4
p	$\dfrac{4}{25}$	$\dfrac{1}{25}$	$\dfrac{2}{25}$

D.
Y	0	1	4
p	$\dfrac{2}{5}$	$\dfrac{1}{5}$	$\dfrac{2}{5}$

(9) 设 $X \sim N(0,1), Y = 2X + 1$,则 Y 服从(   );

A. $N(1,4)$　　　　B. $N(0,1)$　　　　C. $N(1,1)$　　　　D. $N(1,2)$

(10) 已知离散型随机变量 X 的可能值为 $-1, 0, 1$,且 $E(X) = 0.1, D(X) = 0.89$,则对应于 $-1, 0, 1$ 的概率 p_1, p_2, p_3 分别为(   ).

A. $p_1 = 0.1, p_2 = 0.4, p_3 = 0.5$　　　　B. $p_1 = 0.4, p_2 = 0.1, p_3 = 0.5$

C. $p_1 = 0.5, p_2 = 0.1, p_3 = 0.4$　　　　D. $p_1 = 0.4, p_2 = 0.5, p_3 = 0.1$

2. 填空题

(1) 已知 $\Omega = \{x | 2 < x < 9\}, A = \{x | 4 \leq x \leq 6\}, B = \{x | 3 < x \leq 7\}$,则 $\overline{AB} = $ _____;

(2) 一批产品共有 8 个正品和 2 个次品,任意抽取两次,每次抽一个,抽出后不再放回,则第二次抽取的是次品的概率为 _____;

(3) 已知 $P(A) = 0.4, P(B) = 0.3, P(AB) = 0.18$,则 $P(\overline{A}\,\overline{B}) = $ _____;

(4) 已知 $P(A) = 0.4, P(B) = 0.3$,又 A, B 相互独立,则 $P(\overline{A}B) = $ _____;

(5) 设 $A \subset B, P(A) = 0.1, P(B) = 0.5$,则 $P(A | B) = $ _____;

(6) 已知随机变量 X 只能取 $-1, 0, 1, 2$ 四个数值,相应的概率依次为 $\dfrac{1}{2C}, \dfrac{3}{4C}, \dfrac{5}{8C}, \dfrac{2}{16C}$,则 $C = $ _____;

(7) 设在三次独立试验中,事件 A 出现的概率相等,若已知 A 至少出现一次的概率等于 $\dfrac{19}{27}$,则事件 A 在一次试验中出现的概率为 _____;

(8) 已知随机变量 X 服从参数为 λ 的泊松分布,且 $P(X=1) = P(X=2)$,则 $\lambda = $ _____;

(9) 已知 X 表示 10 次独立重复射击命中目标的次数,每次射中目标的概率为 0.4,则 X^2 的数学期望为 _____;

(10) 设 X_1, X_2, X_3 都服从 $[0, 2]$ 上的均匀分布,则 $E(3X_1 - X_2 + 2X_3) = $ _____.

3. 同时投掷甲、乙两枚均匀的骰子,求下列事件的概率:

(1) "两骰子的点数和大于 10";

(2) "两骰子出现不同点数";

(3) "甲骰子出现的点数不小于乙骰子的点数".

4. 一口袋中装有红球 7 个,白球 4 个,黑球 2 个,从中任取 3 球,求下列事件的概率:

(1) 红、白、黑色球齐全;　(2) 三球同色;　(3) 有且仅有两种颜色球.

5. 10 把钥匙中有 3 把能打开门,现在任取 2 把,求能打开门的概率.

6. 甲、乙两炮同时向一架敌机射击,已知甲炮的击中率为 0.5,乙炮的击中率为 0.6,甲、乙两炮都击中的概率为 0.3,求飞机被击中的概率是多少?

7. 已知 A, B 两个事件满足 $P(AB) = P(\overline{A}\,\overline{B})$,且 $P(A) = p$,求 $P(B)$.

8. 设一个厂生产的每台仪器,有 80% 可以直接出厂,有 20% 需进一步调试,调试后有 70% 可以出厂,30% 定为不合格品而不能出厂,计算该厂产品的合格率.

9. 设有 100 个圆柱形零件,其中 95 个长度合格,92 个直径合格,87 个长度、直径都合格,即为合格品,现从中抽取一件该产品,求:

(1) 若已知该产品直径合格,求该产品是合格品的概率;

(2) 若已知该产品长度合格,求该产品是合格品的概率.

10. 市场上有三个厂家生产的同一种商品,其供货量第一个厂家是第二个厂家的 2 倍,第三个厂家是第二个厂家的 $\dfrac{1}{3}$,且各厂产品的次品率分别为 2%, 10%, 5%. 求市场上供应的该种商品的正品率.

11. 已知某地为甲种疾病多发区,该地分南、北、中三个行政小区,其人口比为 9:7:4,据统计资料,甲种疾病在该地区三个小区内的发病率依次为 0.4‰,0.2‰,0.5‰,求整个地区甲种疾病的发病率 p.

12. 甲、乙、丙三人各自独立地同时破译一个密码,假设它们的破译率分别为 0.4,0.3,0.6.计算:(1) 只有一人破译出的概率 α;(2) 最多有一人破译出的概率 β;(3) 密码能被破译出的概率 γ.

13. 设 A,B 是两个随机事件,已知 $P(A+B)=0.8, P(A-B)=0.2$,并且 $P(\bar{A}\bar{B})=P(\bar{A})P(\bar{B})$. 求 $P(B), P(A), P(AB), P(B-A)$.

14. 一条生产线上的产品合格率为 0.8,连续检验 3 件产品,计算最多有一件不合格的概率 p.

15. 一条成虫每次产卵 3 个,每个卵能孵成虫的概率为 0.7,设该虫共产卵 3 次,求恰有一次没孵出虫的概率.

16. 袋中有 12 个球,其中 5 个红球、4 个白球、3 个黑球,从中一次取出两个球,X 表示取得的白球个数,求随机变量 X 的概率分布,并计算 $P(X\leqslant 1)$ 和 $P\{X>0|X\leqslant 1\}$.

17. 汽车需要通过 4 盏红绿信号灯的道路才能到达目的地.设汽车在每盏红绿灯前通过的概率为 0.6,停止前进(即遇到红灯)的概率为 0.4,求汽车首次停止前进(遇红灯或到达目的地)时,已通过的信号灯数 ξ 的概率分布.

18. 一条自动生产线上产品的次品率为 0.2,连续生产 20 件,求次品率不超过 10% 的概率.

19. 设连续型随机变量 X 的概率密度为

$$p(x)=\begin{cases} kx+b, & 0\leqslant x\leqslant 2, \\ 0, & \text{其他}. \end{cases}$$

又知 $P(1.5\leqslant X\leqslant 2.5)=0.0625$.确定常数 k 与 b 的值并计算 $P(1\leqslant X\leqslant 3)$.

20. 设随机变量 ξ 在 $[1,6]$ 上服从均匀分布,求方程 $x^2+\xi x+1=0$ 有实根的概率.

21. 设随机变量 X 在 $[2,5]$ 上服从均匀分布,现对 X 进行三次独立观测,试求至少有两次观测值大于 3 的概率.

22. 设连续型随机变量 X 的概率密度为 $f(x)=\dfrac{C}{1+x^2}, -\infty<x<+\infty$,确定 C 的值.如果 $P(X\leqslant a)=\dfrac{1}{3}$,求 a 的值.

23. 某电子管的寿命 X(单位:小时)是一个随机变量,其概率密度为

$$p(x)=\begin{cases} \dfrac{100}{x^2}, & x\geqslant 100, \\ 0, & \text{其他}. \end{cases}$$

现有三只电子管,问在 150 小时内:
(1) 三只管子中没有一只损坏的概率是多少?
(2) 三只管子全损坏的概率是多少?

24. 经调查获悉,某地区人群身高(单位:m)$X\sim N(1.75,0.05^2)$,房地产商按部颁规范将公共建筑物的门高按 1.9m 设计.试求在此设计下,出入房门时因门高不够而遇麻烦的人数比例.

25. 设连续型随机变量 $X\sim N(\mu,\sigma^2)$,随机变量 $(X-2)\sim N(0,1)$,求 $P(1\leqslant X\leqslant 3)$.

26. 某车床加工零件的长度 X(单位:mm)服从正态分布 $N(50,0.75^2)$,按规定要求合格零件的长度允许在 (50 ± 1.5)mm 之间,试求该车床生产零件的合格率.

27. 已知随机变量 X 的分布列为

X	-1	0	1	5
p_k	0.2	0.3	0.1	0.4

试求 $E(X), E(2-3X), E(X^2-2X+3), D(X)$.

28. 已知随机变量 X 的概率密度为
$$p(x) = \begin{cases} 2x, & 0<x<1, \\ 0, & \text{其他}. \end{cases}$$
试求 $E(X), E(2-3X), E(X^2-2X+3), D(X)$.

29. 设随机变量 X 的概率密度为
$$p(x) = \begin{cases} e^{-x}, & x>0, \\ 0, & x \leq 0. \end{cases}$$
求 $Y = e^{-2X}$ 的数学期望.

30. 设 15000 件产品有 1000 件次品,从中抽取 150 件进行检查,求查得次品数的数学期望和方差.

31. 对球的直径作近似测量,其值均匀地分布在区间 $[a,b]$ 上,求球的体积的数学期望.

第9章 级 数

级数是高等数学的一个重要组成部分,它是进行数值计算、解微分方程等问题的一种有效工具,又是研究函数性质的一个重要手段.数项级数是函数项级数的特殊情况,又是函数项级数的基础.我们首先讨论数项级数的基本理论.

§9.1 数项级数的概念与性质

一、数项级数的概念

定义 设已给数列 $U_1,U_2,\cdots,U_n,\cdots$,则式子
$$U_1+U_2+\cdots+U_n+\cdots \tag{1}$$
简记为 $\sum_{n=1}^{\infty}U_n$,称为无穷级数(简称级数).其中第 n 项 U_n 称为级数的一般项或通项.

级数前 n 项的和 $S_n=U_1+U_2+\cdots+U_n$ 称为部分和.

若 $\lim_{n\to\infty}S_n=S$(存在),则称级数 $\sum_{n=1}^{\infty}U_n$ 收敛,S 是它的和,并记为
$$S=\sum_{n=1}^{\infty}U_n=U_1+U_2+\cdots+U_n+\cdots.$$

若 $\lim_{n\to\infty}S_n$ 不存在,则称级数 $\sum_{n=1}^{\infty}U_n$ 发散.

当级数(1)收敛时,前 n 项和 S_n 是级数(1)和 S 的近似值,它们的差
$$R_n=S-S_n=U_{n+1}+U_{n+2}+\cdots$$
称为级数的余项.用 S_n 作 S 的近似值所产生的误差,就是余项的绝对值 $|R_n|$.

例1(几何级数或等比级数) 讨论级数
$$\sum_{n=1}^{\infty}aq^{n-1}=a+aq+aq^2+\cdots+aq^{n-1}+\cdots$$
的敛散性,其中 $a\neq 0$.

解 (1) 当 $|q|\neq 1$ 时,
$$S_n=a+aq+aq^2+\cdots+aq^{n-1}=\frac{a}{1-q}(1-q^n),$$
$$\lim_{n\to\infty}S_n=\lim_{n\to\infty}\frac{a}{1-q}(1-q^n)=\begin{cases}\dfrac{a}{1-q}, & |q|<1, \\ \infty, & |q|>1.\end{cases}$$

(2) 当 $q=1$ 时,$S_n=na$, $\lim_{n\to\infty}S_n=\infty$.

(3) 当 $q=-1$ 时,
$$S_n=\begin{cases}0, & n\text{ 为偶数}, \\ a, & n\text{ 为奇数},\end{cases} \quad \lim_{n\to\infty}S_n \text{ 不存在}.$$

综上所述,几何级数 $\sum\limits_{n=1}^{\infty} aq^{n-1}$,当 $|q|<1$ 时收敛;当 $|q|\geqslant 1$ 时发散.

例2 讨论级数 $\sum\limits_{n=1}^{\infty} \dfrac{1}{n(n+1)}$ 的敛散性.

解 $U_n = \dfrac{1}{n(n+1)} = \dfrac{1}{n} - \dfrac{1}{n+1}$,

其部分和

$$S_n = \dfrac{1}{1 \cdot 2} + \dfrac{1}{2 \cdot 3} + \cdots + \dfrac{1}{n(n+1)}$$
$$= \left(1 - \dfrac{1}{2}\right) + \left(\dfrac{1}{2} - \dfrac{1}{3}\right) + \cdots + \left(\dfrac{1}{n} - \dfrac{1}{n+1}\right)$$
$$= 1 - \dfrac{1}{n+1},$$
$$\lim_{n\to\infty} S_n = \lim_{n\to\infty}\left(1 - \dfrac{1}{n+1}\right) = 1,$$

故级数收敛.

例3 讨论级数 $\sum\limits_{n=1}^{\infty} \ln\dfrac{n+1}{n}$ 的敛散性.

解 $U_n = \ln\dfrac{n+1}{n} = \ln(n+1) - \ln n$,

其部分和

$$S_n = \ln\dfrac{2}{1} + \ln\dfrac{3}{2} + \cdots + \ln\dfrac{n+1}{n}$$
$$= (\ln 2 - \ln 1) + (\ln 3 - \ln 2) + \cdots + [\ln(n+1) - \ln n]$$
$$= \ln(n+1),$$
$$\lim_{n\to\infty} S_n = \lim_{n\to\infty} \ln(n+1) = +\infty,$$

故级数发散.

二、数项级数的性质

从以上例子可以看到,判断一个级数收敛的基本方法是看部分和数列极限是否存在.但使用这种方法的前提是能求出部分和 S_n,对于大多数级数来说,求和是一件极困难的工作,甚至办不到,需要寻找一些易于实行的判别法.为此,要研究级数的性质并推导一些判别法.

性质1 如果级数 $\sum\limits_{n=1}^{\infty} U_n$ 与 $\sum\limits_{n=1}^{\infty} V_n$ 都收敛,它们的和分别为 S 及 W,则级数 $\sum\limits_{n=1}^{\infty}(U_n \pm V_n)$ 也收敛,其和为 $S \pm W$.

注:反之不一定成立,例如 $\sum\limits_{n=1}^{\infty}(1-1)$ 收敛,但 $\sum\limits_{n=1}^{\infty} 1$ 与 $\sum\limits_{n=1}^{\infty}(-1)$ 均发散.

性质2 级数 $\sum\limits_{n=1}^{\infty} U_n = U_1 + U_2 + \cdots + U_n + \cdots$ 的每一项都乘以一个不为零的常数 C 后所得级数 $\sum\limits_{n=1}^{\infty} CU_n = CU_1 + CU_2 + \cdots + CU_n + \cdots$,与原级数具有相同的敛散性.如果 $\sum\limits_{n=1}^{\infty} U_n$ 收敛于 S,则 $\sum\limits_{n=1}^{\infty} CU_n$ 收敛于 CS.

性质 3 改变级数的有限项,级数的敛散性不变.收敛时,一般和要改变.

性质 4(收敛的必要条件) 如果级数 $\sum_{n=1}^{\infty} U_n$ 收敛,则 $\lim_{n\to\infty} U_n = 0$.

注:(1) 如果级数的一般项不趋于零(即 $\lim_{n\to\infty} U_n \neq 0$),则级数必发散.

(2) 即使级数 $\sum_{n=1}^{\infty} U_n$ 的一般项趋于零($\lim_{n\to\infty} U_n = 0$),但也不能断定此级数是收敛的.

例如 $\sum_{n=1}^{\infty} \ln\frac{n+1}{n}$,有 $\lim_{n\to\infty} \ln\frac{n+1}{n} = 0$,而该级数发散.

例 4 讨论级数 $\sum_{n=1}^{\infty} \frac{n}{2n+1}$ 的敛散性.

解 由于 $\lim_{n\to\infty} \frac{n}{2n+1} = \frac{1}{2}$,所以级数发散.

习题 9.1

1. 写出下列级数第 n 项的最简公式:

(1) $1 + \frac{1}{3} + \frac{1}{5} + \frac{1}{7} + \cdots$;

(2) $\frac{2}{1} + \frac{3}{2} + \frac{4}{3} + \frac{5}{4} + \cdots$;

(3) $\frac{\sin 1}{2} - \frac{\sin 2}{2^2} + \frac{\sin 3}{2^3} - \frac{\sin 4}{2^4} + \cdots$;

(4) $\frac{1}{2} + \frac{1}{6} + \frac{1}{12} + \frac{1}{20} + \frac{1}{30} + \cdots$.

2. 判断下列级数的敛散性:

(1) $\frac{1}{3} + \frac{1}{3^2} + \frac{1}{3^3} + \cdots + \frac{1}{3^n} + \cdots$;

(2) $\frac{4}{5} - \frac{4^2}{5^2} + \frac{4^3}{5^3} + \cdots + (-1)^{n-1}\frac{4^n}{5^n} + \cdots$;

(3) $\frac{1}{2} + \frac{2}{3} + \frac{3}{4} + \frac{4}{5} + \cdots$;

(4) $\left(\frac{1}{2} + \frac{1}{3}\right) + \left(\frac{1}{4} + \frac{1}{9}\right) + \left(\frac{1}{8} + \frac{1}{27}\right) + \cdots$;

(5) $\sum_{n=1}^{\infty} (\sqrt{n+1} - \sqrt{n})$.

3. 设篮球架上的篮筐到地面的距离为 3.05m,一学生投篮,球从篮筐边滚下落地后反弹到原来高度的 40%,落地后又反弹,后一次反弹的高度总是前一次高度的 40%,这样一直反弹下去,试求篮球反弹的高度之和.

§9.2 数项级数的审敛法

一、正项级数

定义 1 如果级数 $U_1 + U_2 + \cdots + U_n + \cdots$ 满足条件 $U_n \geq 0$ $(n=1,2,3,\cdots)$,则称此级数为正项级数.

下面我们不加证明给出正项级数敛散性的判别法.

定理 1(比较判别法)

如果两个正项级数 $\sum_{n=1}^{\infty} U_n$ 及 $\sum_{n=1}^{\infty} V_n$ 满足关系式 $U_n \leq V_n (n=1,2,\cdots)$,那么

(1) 当级数 $\sum_{n=1}^{\infty} V_n$ 收敛时,级数 $\sum_{n=1}^{\infty} U_n$ 也收敛;

(2) 当级数 $\sum\limits_{n=1}^{\infty} U_n$ 发散时,级数 $\sum\limits_{n=1}^{\infty} V_n$ 也发散.

例 1 判定调和级数 $\sum\limits_{n=1}^{\infty} \dfrac{1}{n} = 1 + \dfrac{1}{2} + \dfrac{1}{3} + \dfrac{1}{4} + \cdots + \dfrac{1}{n} + \cdots$ 的敛散性.

解
$$\sum_{n=1}^{\infty} \frac{1}{n} = \left(1 + \frac{1}{2}\right) + \left(\frac{1}{3} + \frac{1}{4}\right) + \left(\frac{1}{5} + \frac{1}{6} + \frac{1}{7} + \frac{1}{8}\right) + \cdots$$
$$> \frac{1}{2} + \left(\frac{1}{4} + \frac{1}{4}\right) + \left(\frac{1}{8} + \frac{1}{8} + \frac{1}{8} + \frac{1}{8}\right) + \cdots$$
$$= \frac{1}{2} + \frac{1}{2} + \frac{1}{2} + \cdots.$$

由于 $\sum\limits_{n=1}^{\infty} \dfrac{1}{2}$ 发散,于是 $\sum\limits_{n=1}^{\infty} \dfrac{1}{n}$ 发散.

例 2 判定 P 级数 $\sum\limits_{n=1}^{\infty} \dfrac{1}{n^P} = 1 + \dfrac{1}{2^P} + \dfrac{1}{3^P} + \cdots + \dfrac{1}{n^P} + \cdots$(常数 $P>0$)的敛散性.

解 当 $P \leqslant 1$ 时,$\dfrac{1}{n^P} \geqslant \dfrac{1}{n}$,则由例 1 知,级数 $\sum\limits_{n=1}^{\infty} \dfrac{1}{n^P}$ 发散.

当 $P>1$ 时,有
$$\sum_{n=1}^{\infty} \frac{1}{n^P} = 1 + \left(\frac{1}{2^P} + \frac{1}{3^P}\right) + \left(\frac{1}{4^P} + \frac{1}{5^P} + \frac{1}{6^P} + \frac{1}{7^P}\right) + \left(\frac{1}{8^P} + \cdots + \frac{1}{15^P}\right) + \cdots$$
$$< 1 + \left(\frac{1}{2^P} + \frac{1}{2^P}\right) + \left(\frac{1}{4^P} + \frac{1}{4^P} + \frac{1}{4^P} + \frac{1}{4^P}\right) + \left(\frac{1}{8^P} + \cdots + \frac{1}{8^P}\right) + \cdots$$
$$= 1 + \frac{1}{2^{P-1}} + \left(\frac{1}{2^{P-1}}\right)^2 + \left(\frac{1}{2^{P-1}}\right)^3 + \cdots.$$

由于 $\sum\limits_{n=1}^{\infty} \left(\dfrac{1}{2^{P-1}}\right)^{n-1}$ 为等比级数且公比 $q = \dfrac{1}{2^{P-1}} < 1$,所以 $\sum\limits_{n=1}^{\infty} \left(\dfrac{1}{2^{P-1}}\right)^{n-1}$ 收敛,于是 $\sum\limits_{n=1}^{\infty} \dfrac{1}{n^P}$ 收敛.

综上所述,$\sum\limits_{n=1}^{\infty} \dfrac{1}{n^P}$ 当 $0 < P \leqslant 1$ 时发散,当 $P > 1$ 时收敛.

例 3 判定级数 $\sum\limits_{n=1}^{\infty} \dfrac{1}{n\sqrt{n+1}}$ 的敛散性.

解 因为 $\dfrac{1}{n\sqrt{n+1}} < \dfrac{1}{n^{\frac{3}{2}}}$,而 $\sum\limits_{n=1}^{\infty} \dfrac{1}{n^{\frac{3}{2}}}$ 为 P 级数 $\left(P = \dfrac{3}{2} > 1\right)$ 收敛,所以 $\sum\limits_{n=1}^{\infty} \dfrac{1}{n\sqrt{n+1}}$ 收敛.

注:① 比较判别法中的不等式 $U_n \leqslant V_n$,不要求从 $n=1$ 时就满足,只要求 $n=N$(N 为某一正整数)开始后各项都满足不等式即可.

② 比较判别法可直观理解为:若值大者收敛,则值小者必收敛;若值小者发散,则值大者必发散.

定理 2(达朗贝尔比值判别法)

如果正项级数 $\sum\limits_{n=1}^{\infty} U_n$ 满足条件
$$\lim_{n \to \infty} \frac{U_{n+1}}{U_n} = l,$$

则 (1) $l<1$ 时,级数收敛;

(2) $l>1$ 时,级数发散;

(3) $l=1$ 时,级数的敛散性不能判定.

例如,级数 $\sum\limits_{n=1}^{\infty}\dfrac{1}{n^2}$ 与 $\sum\limits_{n=1}^{\infty}\dfrac{1}{n}$,使用定理 2,$l$ 为 1,无法判定.

例 4 判定级数 $\sum\limits_{n=1}^{\infty}\dfrac{10^n}{n!}$ 的敛散性.

解 $U_n=\dfrac{10^n}{n!}$,

$$\lim_{n\to\infty}\dfrac{U_{n+1}}{U_n}=\lim_{n\to\infty}\dfrac{\dfrac{10^{n+1}}{(n+1)!}}{\dfrac{10^n}{n!}}=\lim_{n\to\infty}\dfrac{10}{n+1}=0<1,$$

由比值法可知,该级数收敛.

例 5 判定级数 $\sum\limits_{n=1}^{\infty}\dfrac{n^n}{n!}$ 的敛散性.

解 $U_n=\dfrac{n^n}{n!}$,

$$\lim_{n\to\infty}\dfrac{U_{n+1}}{U_n}=\lim_{n\to\infty}\dfrac{\dfrac{(n+1)^{n+1}}{(n+1)!}}{\dfrac{n^n}{n!}}=\lim_{n\to\infty}\left(1+\dfrac{1}{n}\right)^n=e>1,$$

由比值法可知,该级数发散.

例 6 判定级数 $\sum\limits_{n=1}^{\infty}\dfrac{x^n}{n}$,$(x>0)$ 的敛散性.

解 $U_n=\dfrac{x^n}{n}$,

$$\lim_{n\to\infty}\dfrac{U_{n+1}}{U_n}=\lim_{n\to\infty}\dfrac{\dfrac{x^{n+1}}{n+1}}{\dfrac{x^n}{n}}=x\lim_{n\to\infty}\dfrac{n}{n+1}=x,$$

由比值法可知,当 $0<x<1$ 时,级数收敛;当 $x>1$ 时,级数发散;当 $x=1$ 时,原级数为 $\sum\limits_{n=1}^{\infty}\dfrac{1}{n}$ 发散.

二、交错级数

定义 2 各项符号正负相间的级数称为交错级数,它具有如下形式

$$\sum_{n=1}^{\infty}(-1)^{n-1}U_n=U_1-U_2+U_3-U_4+\cdots+(-1)^{n-1}U_n+\cdots,$$

其中 $U_n>0$,$n=1,2,\cdots$.

关于交错级数收敛性,有下面的定理.

定理 3(莱布尼兹判别法) 如果交错级数满足条件:

(1) $U_n\geq U_{n+1}(n=1,2,3,\cdots)$;

(2) $\lim\limits_{n\to\infty}U_n=0$,

则级数 $\sum\limits_{n=1}^{\infty}(-1)^{n-1}U_n$ 收敛,且其和 $S\leqslant U_1$.

例 7 判断级数 $\sum\limits_{n=1}^{\infty}(-1)^{n-1}\dfrac{1}{n}$ 的敛散性.

解 $U_n=\dfrac{1}{n}>\dfrac{1}{n+1}=U_{n+1}$,且 $\lim\limits_{n\to\infty}U_n=\lim\limits_{n\to\infty}\dfrac{1}{n}=0$,

所以 $\sum\limits_{n=1}^{\infty}(-1)^{n-1}\dfrac{1}{n}$ 收敛.

三、任意项级数

既有正项又有负项的常数项级数,称为任意项级数. 由于任意项级数的各项不保持一定的符号,因而正项级数的敛散性判别法对它来说是不适用的. 为此,我们给出下面的定理.

定理 4 如果任意项级数 $\sum\limits_{n=1}^{\infty}U_n$ 的各项绝对值组成的级数 $\sum\limits_{n=1}^{\infty}|U_n|=|U_1|+|U_2|+\cdots+|U_n|+\cdots$ 收敛,则原级数 $\sum\limits_{n=1}^{\infty}U_n$ 也收敛.

如果 $\sum\limits_{n=1}^{\infty}|U_n|$ 收敛,则称级数 $\sum\limits_{n=1}^{\infty}U_n$ 绝对收敛;

如果 $\sum\limits_{n=1}^{\infty}|U_n|$ 发散,而 $\sum\limits_{n=1}^{\infty}U_n$ 收敛,则称级数 $\sum\limits_{n=1}^{\infty}U_n$ 为条件收敛.

由于任意项级数各项的绝对值组成的级数是正项级数,因此判别正项级数敛散性的判别法,可以用来判别任意项级数是否绝对收敛. 由此有下面判别定理.

定理 5 如果任意项级数 $\sum\limits_{n=1}^{\infty}U_n$ 满足条件 $\lim\limits_{n\to\infty}\left|\dfrac{U_{n+1}}{U_n}\right|=l$,则当 $l<1$ 时,级数绝对收敛;当 $l>1$ 时,级数发散.

例 8 判定级数 $\sum\limits_{n=1}^{\infty}(-1)^n\dfrac{n!}{n^n}$ 是否绝对收敛.

解 因为

$$\lim_{n\to\infty}\left|\dfrac{U_{n+1}}{U_n}\right|=\lim_{n\to\infty}\dfrac{\dfrac{(n+1)!}{(n+1)^{n+1}}}{\dfrac{n!}{n^n}}=\lim_{n\to\infty}\left(\dfrac{n}{n+1}\right)^n=\dfrac{1}{\mathrm{e}}<1,$$

所以级数绝对收敛.

例 9 判定级数 $\sum\limits_{n=1}^{\infty}\dfrac{x^n}{n!}$ 的敛散性.

解 因为

$$\lim_{n\to\infty}\left|\dfrac{U_{n+1}}{U_n}\right|=\lim_{n\to\infty}\dfrac{\dfrac{|x|^{n+1}}{(n+1)!}}{\dfrac{|x|^n}{n!}}=\lim_{n\to\infty}\dfrac{|x|}{n+1}=0,$$

所以级数对任意 x $(-\infty<x<+\infty)$ 绝对收敛.

例 10 判定级数 $\sum\limits_{n=1}^{\infty} \dfrac{x^n}{n}$ 的敛散性.

解 因为

$$\lim_{n\to\infty}\left|\dfrac{U_{n+1}}{U_n}\right|=\lim_{n\to\infty}\dfrac{\dfrac{|x|^{n+1}}{n+1}}{\dfrac{|x|^n}{n}}=\lim_{n\to\infty}\dfrac{n}{n+1}|x|=|x|,$$

所以,当 $|x|<1$ 时,级数绝对收敛;当 $|x|>1$ 时,级数发散;当 $x=1$ 时,级数为 $\sum\limits_{n=1}^{\infty}\dfrac{1}{n}$ 发散;当 $x=-1$ 时,级数为 $\sum\limits_{n=1}^{\infty}(-1)^n\dfrac{1}{n}$ 条件收敛.

习题 9.2

1. 用比较判别法判定下列级数的敛散性:

(1) $1+\dfrac{1}{3}+\dfrac{1}{5}+\dfrac{1}{7}+\cdots$;

(2) $\dfrac{1}{2}+\dfrac{1}{5}+\dfrac{1}{10}+\cdots+\dfrac{1}{n^2+1}+\cdots$;

(3) $\sum\limits_{n=1}^{\infty}\dfrac{1}{\ln(n+1)}$;

(4) $\dfrac{2}{1\cdot 3}+\dfrac{2^2}{3\cdot 3^2}+\dfrac{2^3}{5\cdot 3^3}+\dfrac{2^4}{7\cdot 3^4}+\cdots$;

(5) $\sum\limits_{n=1}^{\infty}\dfrac{1}{n\sqrt{n+2}}$;

(6) $\sum\limits_{n=1}^{\infty}2^n\sin\dfrac{\pi}{3^n}$.

2. 用比值判别法判定下列级数的敛散性:

(1) $\dfrac{1}{2}+\dfrac{3}{2^2}+\dfrac{5}{2^3}+\dfrac{7}{2^4}+\cdots$;

(2) $1+\dfrac{1}{2!}+\dfrac{1}{3!}+\dfrac{1}{4!}+\cdots$;

(3) $\sum\limits_{n=1}^{\infty}\dfrac{1}{(2n+1)!}$;

(4) $\sum\limits_{n=1}^{\infty}\dfrac{1}{2^{2n-1}(2n-1)}$;

(5) $\dfrac{1}{1000}+\dfrac{2^2}{2000}+\dfrac{3^2}{3000}+\dfrac{4^2}{4000}+\cdots$;

(6) $\sum\limits_{n=1}^{\infty}\dfrac{3^n n!}{n^n}$.

3. 讨论下列交错级数的敛散性:

(1) $1-\dfrac{1}{\sqrt{2}}+\dfrac{1}{\sqrt{3}}-\dfrac{1}{\sqrt{4}}+\cdots$;

(2) $1-\dfrac{1}{2!}+\dfrac{1}{3!}-\dfrac{1}{4!}+\cdots$;

(3) $1-\dfrac{2}{3}+\dfrac{3}{5}-\dfrac{4}{7}+\cdots$.

4. 判定下列级数哪些是绝对收敛?哪些是条件收敛?

(1) $1-\dfrac{1}{3^2}+\dfrac{1}{5^2}-\dfrac{1}{7^2}+\dfrac{1}{9^2}-\cdots$;

(2) $\dfrac{1}{2}-\dfrac{1}{2\cdot 2^2}+\dfrac{1}{3\cdot 2^3}-\dfrac{1}{4\cdot 2^4}+\cdots$;

(3) $\sum\limits_{n=1}^{\infty}\dfrac{(-1)^{n+1}}{\ln(n+1)}$.

§9.3 幂级数

一、幂级数的概念

前面研究的级数是常数项级数,如果一个级数的各项都是定义在某个区间 I 上的函数,则称该级数为函数项级数,一般可表示为

$$U_1(x)+U_2(x)+\cdots+U_n(x)+\cdots,(x\in I). \tag{2}$$

当给 x 以确定值 $x_0(x_0 \in I)$,则函数项级数(2)成为一个常数项级数
$$U_1(x_0)+U_2(x_0)+\cdots+U_n(x_0)+\cdots. \qquad (3)$$
若级数(3)收敛,则称 x_0 为函数项级数(2)的收敛点;若级数(3)发散,则称 x_0 为函数项级数的发散点.函数项级数(2)的收敛点的全体称为它的收敛域,对于收敛域内的任意一点 x,函数项级数(2)成为一个收敛的常数项级数,因而有一个确定的和.因此,收敛域上函数项级数(2)的和是 x 的函数,记作 $S(x)$,称 $S(x)$ 为函数项级数(2)的和函数.和函数 $S(x)$ 的定义域就是级数(2)的收敛域,即在收敛域内
$$S(x)=U_1(x)+U_2(x)+\cdots+U_n(x)+\cdots.$$
这里,我们不再讨论一般的函数项级数,只讨论两种最重要的函数项级数——幂级数和傅里叶级数,傅里叶级数将在 6.5 节中讨论.

定义 级数
$$\sum_{n=0}^{\infty} a_n(x-x_0)^n = a_0+a_1(x-x_0)+a_2(x-x_0)^2+\cdots+a_n(x-x_0)^n+\cdots \qquad (4)$$
称为 $(x-x_0)$ 的幂级数.其中 $a_0,a_1,a_2,\cdots,a_n,\cdots$ 都是常数,称为幂级数的系数.

当 $x_0=0$ 时,上述成为
$$\sum_{n=0}^{\infty} a_n x^n = a_0+a_1 x+a_2 x^2+\cdots+a_n x^n+\cdots \qquad (5)$$
称为 x 的幂级数.它的每一项都是 x 的幂函数.如果对(4)式作变换 $X=x-x_0$,则级数就变为(1)的形式.因此,我们主要讨论形如(5)的幂级数.

首先讨论幂级数(5)的收敛域,将 x 的幂级数中的各项取绝对值,得到正项级数
$$\sum_{n=0}^{\infty} |a_n x^n| = |a_0|+|a_1 x|+|a_2 x^2|+\cdots+|a_n x^n|+\cdots.$$
设 $\lim_{n\to\infty} \left|\dfrac{a_{n+1}}{a_n}\right|=l$,于是有
$$\lim_{n\to\infty}\left|\frac{U_{n+1}(x)}{U_n(x)}\right|=\lim_{n\to\infty}\left|\frac{a_{n+1}}{a_n}\right||x|=l|x|.$$
由比值判别法可知:

(1) 如果 $l|x|<1$ $(l\neq 0)$,即 $|x|<\dfrac{1}{l}=R$,则 x 的幂级数绝对收敛;

(2) 如果 $l|x|>1$,即 $|x|>\dfrac{1}{l}=R$,则 x 的幂级数发散;

(3) 如果 $l|x|=1$,即 $|x|=\dfrac{1}{l}=R$,则不能用比值法;

(4) 如果 $l=0$,则 $l|x|=0<1$,这时 x 的幂级数对任何 x 都收敛.

由以上分析可知,幂级数 $\sum_{n=0}^{\infty} a_n x^n$ 的收敛域是一个以原点为中心,从 $-R$ 到 R 的区间,此区间叫作幂级数 $\sum_{n=0}^{\infty} a_n x^n$ 的收敛区间,其中 $R=\dfrac{1}{l}$,叫作 x 的幂级数的收敛半径.

如果 x 的幂级数(除点 $x=0$ 外)对一切 $x\neq 0$ 都发散,则规定 $R=0$,幂级数(5)收敛域为点 $x=0$;如果 x 的幂级数对任何 x 都收敛,则记作 $R=+\infty$,这时幂级数(5)的收敛区间为 $(-\infty,+\infty)$.

当 $0<R<+\infty$ 时,对点 $x=\pm R$ 处幂级数(5)的敛散性要单独讨论,以决定收敛区间是开区间还是闭区间或半开半闭区间.

综上所述,得到以下定理.

定理 1 如果幂级数 $\sum_{n=0}^{\infty} a_n x^n = a_0 + a_1 x + a_2 x^2 + \cdots + a_n x^n + \cdots$ 的系数满足条件 $\lim_{n \to \infty} \left| \frac{a_{n+1}}{a_n} \right| = l$,则

(1) 当 $0 < l < +\infty$ 时,$R = \frac{1}{l}$;

(2) 当 $l = 0$ 时,$R = +\infty$;

(3) 当 $l = +\infty$ 时,$R = 0$.

例 1 求幂级数 $\sum_{n=1}^{\infty} \frac{(-1)^{n-1} x^n}{n}$ 的收敛半径及收敛区间.

解 $l = \lim_{n \to \infty} \left| \frac{a_{n+1}}{a_n} \right| = \lim_{n \to \infty} \frac{n}{n+1} = 1$,收敛半径 $R = 1$.

当 $x = -1$ 时,它成为调和级数 $\sum_{n=1}^{\infty} \frac{(-1)^{2n-1}}{n} = -\sum_{n=1}^{\infty} \frac{1}{n}$,发散.

当 $x = 1$ 时,它成为交错级数 $\sum_{n=1}^{\infty} \frac{(-1)^{n-1}}{n}$,收敛.

所以,收敛区间为 $(-1, 1]$.

例 2 求级数 $\sum_{n=1}^{\infty} \frac{x^n}{n^n}$ 收敛区间.

解 $l = \lim_{n \to \infty} \left| \frac{a_{n+1}}{a_n} \right| = \lim_{n \to \infty} \frac{n^n}{(n+1)^{n+1}} = \lim_{n \to \infty} \frac{1}{\left(1 + \frac{1}{n}\right)^n} \cdot \frac{1}{n+1} = 0$,

得到收敛半径 $R = +\infty$,所以收敛区间为 $(-\infty, +\infty)$.

例 3 求级数 $\sum_{n=1}^{\infty} \frac{n}{3^n} x^n$ 的收敛区间.

解 $l = \lim_{n \to \infty} \left| \frac{a_{n+1}}{a_n} \right| = \lim_{n \to \infty} \frac{1}{3} \left(1 + \frac{1}{n}\right) = \frac{1}{3}$,

得到收敛半径 $R = 3$.

当 $x = -3$ 时,它成为级数 $\sum_{n=1}^{\infty} (-1)^n n$,发散;当 $x = 3$ 时,它成为级数 $\sum_{n=1}^{\infty} n$,发散,所以收敛区间为 $(-3, 3)$.

例 4 求幂级数 $\frac{x}{2} - \frac{2x^3}{2^2} + \frac{3x^5}{2^3} - \frac{4x^7}{2^4} + \cdots + (-1)^{n-1} \frac{nx^{2n-1}}{2^n} + \cdots$ 的收敛区间.

解 因为在这个幂级数中 x 的偶次项不出现,即 $a_{2n} = 0$. 因而不能根据定理1直接求出收敛半径. 应该用比值判别法来讨论,有

$$\lim_{n \to \infty} \left| \frac{U_{n+1}(x)}{U_n(x)} \right| = \lim_{n \to \infty} \left| \frac{(-1)^n (n+1) x^{2n+1}}{2^{n+1}} \Big/ \frac{(-1)^{n-1} n x^{2n-1}}{2^n} \right|$$

$$= \lim_{n \to \infty} \frac{n+1}{2n} |x|^2 = \frac{1}{2} |x|^2.$$

当 $\frac{1}{2}|x|^2 < 1$，即 $|x| < \sqrt{2}$ 时，级数绝对收敛；

当 $\frac{1}{2}|x|^2 > 1$，即 $|x| > \sqrt{2}$ 时，级数发散；

当 $x = \pm\sqrt{2}$ 时，所给级数发散. 因此，收敛域为 $(-\sqrt{2}, \sqrt{2})$.

二、幂级数的性质

在解决某种问题时，往往要对幂级数进行加、减、乘以及求导数和积分运算，这就要了解幂级数的运算法则和一些基本性质.

性质 1 幂级数的和函数在收敛区间内连续. 即若 $\sum\limits_{n=0}^{\infty} a_n x^n = f(x), x \in (-R, R)$，则 $f(x)$ 在收敛区间内连续.

设 $\sum\limits_{n=0}^{\infty} a_n x^n = f(x), x \in (-R_1, R_1)$，$\sum\limits_{n=0}^{\infty} b_n x^n = g(x), x \in (-R_2, R_2)$，记 $R = \min\{R_1, R_2\}$，则在 $(-R, R)$ 内有如下运算法则：

性质 2 （加法运算）
$$\sum_{n=0}^{\infty} a_n x^n \pm \sum_{n=0}^{\infty} b_n x^n = \sum_{n=0}^{\infty} (a_n + b_n) x^n = f(x) \pm g(x).$$

性质 3 （乘法运算）
$$\sum_{n=0}^{\infty} a_n x^n \cdot \sum_{n=0}^{\infty} b_n x^n = a_0 b_0 + (a_0 b_1 + a_1 b_0) x + (a_0 b_2 + a_1 b_1 + a_2 b_0) x^2 + \cdots$$
$$+ (a_0 b_n + a_1 b_{n-1} + \cdots + a_n b_0) x^n + \cdots$$
$$= f(x) \cdot g(x).$$

设 $\sum\limits_{n=0}^{\infty} a_n x^n = s(x)$，收敛半径为 R，则在 $(-R, R)$ 内有如下运算法则.

性质 4 （微分运算）
$$\left(\sum_{n=0}^{\infty} a_n x^n\right)' = \sum_{n=0}^{\infty} (a_n x^n)' = \sum_{n=1}^{\infty} n a_n x^{n-1} = s'(x).$$

且收敛半径仍为 R.

性质 5 （积分运算）
$$\int_0^x \left(\sum_{n=0}^{\infty} a_n x^n\right) \mathrm{d}x = \sum_{n=0}^{\infty} \int_0^x a_n x^n \mathrm{d}x = \sum_{n=0}^{\infty} \frac{a_n}{n+1} x^{n+1}$$
$$= \int_0^x s(x) \mathrm{d}x,$$

且收敛半径仍为 R.

例 5 求幂级数 $\sum\limits_{n=1}^{\infty} n x^{n-1}$ 的收敛域与和函数.

解 $l = \lim\limits_{n \to \infty} \left|\dfrac{a_{n+1}}{a_n}\right| = \lim\limits_{n \to \infty} \dfrac{n+1}{n} = 1$，

收敛半径 $R = 1$. 在点 $x = -1$ 处，级数为 $\sum\limits_{n=1}^{\infty} (-1)^{n-1} n$，是发散的；在点 $x = 1$ 处，级数

为 $\sum_{n=1}^{\infty} n$，也是发散的. 因此级数 $\sum_{n=1}^{\infty} nx^{n-1}$ 的收敛域为 $(-1,1)$.

设级数的和函数为 $s(x)$，即

$$s(x) = \sum_{n=1}^{\infty} nx^{n-1} \quad x \in (-1,1),$$

逐项积分，得

$$\int_0^x s(t)\,dt = \sum_{n=1}^{\infty} \int_0^x nt^{n-1}\,dt = \sum_{n=1}^{\infty} x^n = \frac{x}{1-x} \quad x \in (-1,1),$$

上式两端求导，得

$$s(x) = \left(\frac{x}{1-x}\right)' = \frac{1}{(1-x)^2},$$

于是

$$\sum_{n=1}^{\infty} nx^{n-1} = \frac{1}{(1-x)^2} \quad x \in (-1,1).$$

例 6 求 $\sum_{n=0}^{\infty} (-1)^n \frac{1}{2n+1} x^{2n+1}$ 的和函数.

解 设 $s(x) = \sum_{n=0}^{\infty} (-1)^n \frac{1}{2n+1} x^{2n+1}$，两端求导得

$$s'(x) = \sum_{n=0}^{\infty} (-1)^n x^{2n} = \sum_{n=0}^{\infty} (-x^2)^n = \frac{1}{1+x^2} \quad x \in (-1,1),$$

两端积分得

$$s(x) = \int_0^x \frac{dx}{1+x^2} = \arctan x \quad x \in (-1,1),$$

即

$$\sum_{n=0}^{\infty} (-1)^n \frac{1}{2n+1} x^{2n+1} = \arctan x \quad x \in (-1,1).$$

当 $x = -1$ 时，$\sum_{n=0}^{\infty} (-1)^{n+1} \frac{1}{2n+1}$ 收敛；$x=1$ 时，$\sum_{n=0}^{\infty} (-1)^n \frac{1}{2n+1}$ 收敛，所以

$$\sum_{n=0}^{\infty} (-1)^n \frac{1}{2n+1} x^{2n+1} = \arctan x \quad x \in [-1,1].$$

习题 9.3

1. 求下列幂级数的收敛半径：

   (1) $x - \frac{x^2}{2} + \frac{x^3}{3} - \frac{x^4}{4} + \cdots$；

   (2) $1 + \frac{x}{2!} + \frac{x^2}{4!} + \frac{x^3}{6!} + \cdots$；

   (3) $\sum_{n=1}^{\infty} \frac{x^n}{(2n-1)(2n)}$；

   (4) $\frac{1}{2} + \frac{x}{2^2} + \frac{x^2}{2^3} + \frac{x^3}{2^4} + \cdots$.

2. 求下列幂级数的收敛区间：

   (1) $1 - \frac{x}{2!} + \frac{x^2}{4!} - \frac{x^6}{6!} + \cdots$；

   (2) $1 - \frac{x}{5\sqrt{2}} + \frac{x^2}{5^2\sqrt{3}} - \frac{x^3}{5^3\sqrt{4}} + \cdots$；

   (3) $\sum_{n=1}^{\infty} \frac{x^{n-1}}{3^{n-1}n}$；

   (4) $\sum_{n=1}^{\infty} (-1)^{n-1} \frac{(x+1)^n}{n}$.

3. 用逐项微分法或逐项积分法,求下列级数的和函数及和函数的定义域:

(1) $\sum_{n=1}^{\infty} \frac{x^n}{n}$;

(2) $\sum_{n=1}^{\infty} nx^n$;

(3) $\sum_{n=1}^{\infty} n(n+1)x^n$.

§9.4 函数展开成幂级数

前面我们讨论了幂级数在收敛区间内求和函数问题.自然会提出一个相反问题,给出一个函数,能否在一个区间上展开为 x 的幂级数呢？如果把初等函数、非初等函数都展开成幂级数,无论认识性质还是进行代数运算,都会变得容易.这也是幂级数发展的源泉之一,也就是本节所要研究的问题.下面直接给出几个常见初等函数幂级数展开式.利用间接的方法,将函数展成 x 的幂级数.

$$e^x = 1 + x + \frac{x^2}{2!} + \cdots + \frac{x^n}{n!} + \cdots \qquad x \in (-\infty, +\infty),$$

$$\ln(1+x) = x - \frac{x^2}{2} + \frac{x^3}{3} - \frac{x^4}{4} + \cdots + (-1)^{n-1}\frac{x^n}{n} + \cdots \qquad x \in (-1, 1],$$

$$\sin x = x - \frac{x^3}{3!} + \frac{x^5}{5!} + \cdots + (-1)^{n-1}\frac{x^{2n-1}}{(2n-1)!} + \cdots \qquad x \in (-\infty, +\infty),$$

$$\cos x = 1 - \frac{x^2}{2!} + \frac{x^4}{4!} - \cdots + (-1)^n \frac{x^{2n}}{(2n)!} + \cdots \qquad x \in (-\infty, +\infty),$$

$$(1+x)^\alpha = 1 + \alpha x + \frac{\alpha(\alpha-1)}{2!}x^2 + \frac{\alpha(\alpha-1)(\alpha-2)}{3!}x^3 + \cdots$$

$$+ \frac{\alpha(\alpha-1)\cdots(\alpha-n+1)}{n!}x^n + \cdots \qquad x \in (-1, 1),$$

其中 α 为任意实数.

例1 将下列函数展开为幂级数并求其收敛域.

(1) $f(x) = \frac{e^x - e^{-x}}{2}$;

(2) $f(x) = \sin x^2$;

(3) $f(x) = (1+x)\ln(1+x)$;

(4) $f(x) = \arctan x$.

解 (1) 已知

$$e^x = 1 + x + \frac{x^2}{2!} + \cdots + \frac{x^n}{n!} + \cdots \quad x \in (-\infty, +\infty), \tag{6}$$

将 $-x$ 代入(6)式得

$$e^{-x} = 1 - x + \frac{x^2}{2!} - \cdots + (-1)^n \frac{x^n}{n!} + \cdots \quad x \in (-\infty, +\infty), \tag{7}$$

(6)-(7)并乘以 $\frac{1}{2}$,得

$$f(x) = \frac{e^x - e^{-x}}{2} = x + \frac{x^3}{3!} + \frac{x^5}{5!} + \cdots + \frac{x^{2n-1}}{(2n-1)!} + \cdots \quad x \in (-\infty, +\infty).$$

(2) 已知

$$\sin x = x - \frac{x^3}{3!} + \frac{x^5}{5!} + \cdots + (-1)^{n-1}\frac{x^{2n-1}}{(2n-1)!} + \cdots \quad x \in (-\infty, +\infty), \tag{8}$$

用 x^2 代入(8)式,得
$$\sin x^2 = x^2 - \frac{x^6}{3!} + \frac{x^{10}}{5!} + \cdots + (-1)^{n-1} \frac{x^{2(2n-1)}}{(2n-1)!} + \cdots,$$
收敛域为 $(-\infty, +\infty)$.

(3) 已知
$$\ln(1+x) = \sum_{n=1}^{\infty} (-1)^{n-1} \frac{x^n}{n},$$
$$(1+x)\ln(1+x) = (1+x) \sum_{n=1}^{\infty} (-1)^{n-1} \frac{x^n}{n}$$
$$= \left(x - \frac{x^2}{2} + \frac{x^3}{3} - \frac{x^4}{4} + \cdots + (-1)^{n-1} \frac{x^n}{n} + \cdots \right)$$
$$+ \left(x^2 - \frac{x^3}{2} + \frac{x^4}{3} - \cdots + (-1)^{n-1} \frac{x^{n+1}}{n} + \cdots \right)$$
$$= x + \frac{x^2}{2} - \frac{x^3}{2 \times 3} + \frac{x^4}{3 \times 4} + - \cdots + (-1)^n \frac{x^{n+1}}{n(n+1)} + \cdots$$
$$= x + \sum_{n=1}^{\infty} \frac{(-1)^{n-1}}{n(n+1)} x^{n+1},$$
收敛域为 $[-1, 1]$.

(4) 已知 $\dfrac{d \arctan x}{dx} = \dfrac{1}{1+x^2}$, 而
$$\frac{1}{1+x^2} = 1 - x^2 + x^4 - x^6 + \cdots + (-1)^n x^{2n} + \cdots \quad x \in (-1, 1),$$
所以
$$\arctan x = \int_0^x \frac{dt}{1+t^2} = x - \frac{x^3}{3} + \frac{x^5}{5} - \frac{x^7}{7} + \cdots + \frac{(-1)^{n-1}}{2n-1} x^{2n-1} + \cdots,$$
收敛域为 $[-1, 1]$.

例 2 将函数 $f(x) = \dfrac{1}{x}$ 展开成 $x-2$ 的幂级数.

解 由于 $f(x) = \dfrac{1}{x} = \dfrac{1}{2+x-2} = \dfrac{1}{2} \cdot \dfrac{1}{1+\dfrac{x-2}{2}}$. 已知
$$\frac{1}{1+x} = 1 - x + x^2 - \cdots + (-1)^n x^n + \cdots \quad x \in (-1, 1), \tag{9}$$
用 $\dfrac{x-2}{2}$ 代入(9)式,得
$$\frac{1}{1+\dfrac{x-2}{2}} = 1 - \frac{x-2}{2} + \left(\frac{x-2}{2}\right)^2 - \cdots + (-1)^n \left(\frac{x-2}{2}\right)^n + \cdots,$$
$$f(x) = \frac{1}{2} \cdot \frac{1}{1+\dfrac{x-2}{2}} = \frac{1}{2} \left[1 - \frac{x-2}{2} + \frac{(x-2)^2}{2^2} - \cdots + (-1)^n \frac{(x-2)^n}{2^n} + \cdots \right]$$
$$= \frac{1}{2} - \frac{x-2}{2^2} + \frac{(x-2)^2}{2^3} - \cdots + (-1)^n \frac{(x-2)^n}{2^{n+1}} + \cdots,$$
收敛域为 $(0, 4)$.

例3 验证欧拉公式
$$e^{i\theta} = \cos\theta + i\sin\theta \quad (\theta \text{ 为实数}). \tag{10}$$

证
$$e^{i\theta} = 1 + i\theta + \frac{1}{2!}(i\theta)^2 + \cdots + \frac{1}{n!}(i\theta)^n + \cdots$$
$$= 1 + i\theta - \frac{1}{2!}\theta^2 - i\cdot\frac{1}{3!}\theta^3 + \frac{1}{4!}\theta^4 + i\cdot\frac{1}{5!}\theta^5 + \cdots$$
$$= \left(1 - \frac{1}{2!}\theta^2 + \frac{1}{4!}\theta^4 - \cdots\right) + i\left(\theta - \frac{1}{3!}\theta^3 + \frac{1}{5!}\theta^5 - \cdots\right)$$
$$= \cos\theta + i\sin\theta.$$

在(10)式中,把 θ 换成 $-\theta$,有
$$e^{-i\theta} = \cos\theta - i\sin\theta, \tag{11}$$

把(10)式与(11)式相加或相减,再除以 2,得
$$\begin{cases} \cos\theta = \dfrac{e^{i\theta} + e^{-i\theta}}{2}, \\ \sin\theta = \dfrac{e^{i\theta} - e^{-i\theta}}{2i}. \end{cases} \tag{12}$$

(12)是欧拉公式的又一形式.

习题 9.4

1. 将下列函数展开成 x 的幂级数:

(1) $\dfrac{a^x + a^{-x}}{2}$;   (2) $\dfrac{3x}{x^2 + x - 2}$;

(3) $x^2 e^{x^2}$;   (4) $(1+x^2)\arctan x$;

(5) $\dfrac{1-x}{(1+x)^2}$.

2. 将函数 $f(x) = \dfrac{1}{x^2 + 3x + 2}$ 展开成 $x+4$ 的幂级数.

3. 将函数 $f(x) = \ln x$ 展开成 $x-2$ 的幂级数.

§9.5 傅里叶级数

除了幂级数,还有一类重要的函数项级数,就是三角级数,三角级数也称为傅里叶级数,一般形式是
$$\frac{a_0}{2} + \sum_{n=1}^{\infty}(a_n\cos nx + b_n\sin nx),$$

其中 $a_0, a_n, b_n (n=1,2,\cdots)$ 都是常数,称为系数. 特别地,当 $a_n = 0\ (n=0,1,2,\cdots)$ 时,级数只含正弦项,称为正弦级数;当 $b_n = 0\ (n=1,2,\cdots)$ 时,级数只含常数项和余弦项,称为余弦级数. 对于三角级数,我们主要讨论它的收敛性以及如何把一个函数展开为三角级数.

一、以 2π 为周期的函数展开成傅里叶级数

设 $f(x)$ 是以 2π 为周期的函数,所谓 $f(x)$ 能展开成三角级数,也就是说能把 $f(x)$ 表示成

$$f(x) = \frac{a_0}{2} + \sum_{n=1}^{\infty}(a_n \cos nx + b_n \sin nx), \tag{13}$$

求 $f(x)$ 的三角级数展开式，也就是求(13)式中的系数 $a_0, a_1, b_1, a_2, b_2, \cdots$. 为此我们直接给出以下结论.

定理 1　求 $f(x)$ 的傅里叶系数的公式是

$$\begin{cases} a_n = \dfrac{1}{\pi}\displaystyle\int_{-\pi}^{\pi} f(x)\cos nx \, \mathrm{d}x, & n = 0, 1, 2, \cdots, \\ b_n = \dfrac{1}{\pi}\displaystyle\int_{-\pi}^{\pi} f(x)\sin nx \, \mathrm{d}x, & n = 1, 2, \cdots. \end{cases} \tag{14}$$

由 $f(x)$ 的傅里叶系数所确定的三角级数

$$\frac{a_0}{2} + \sum_{n=1}^{\infty}(a_n \cos nx + b_n \sin nx)$$

称为 $f(x)$ 的傅里叶级数.

对于给定的 $f(x)$，只要 $f(x)$ 能使公式(14)的积分可积，就可以计算出 $f(x)$ 的傅里叶系数，从而得到 $f(x)$ 的傅里叶级数. 但是这个傅里叶级数却不一定收敛，即使收敛也不一定收敛于 $f(x)$. 为此下面的定理就是这方面的一个结论.

定理 2　设以 2π 为周期的函数 $f(x)$ 在 $[-\pi, \pi]$ 上满足狄利克雷条件：

(1) 没有间断点或仅有有限个第一类间断点；

(2) 至多只有有限个极值点，

则 $f(x)$ 的傅里叶级数收敛，且有：

(1) 当 x 是 $f(x)$ 的连续点时，级数收敛于 $f(x)$；

(2) 当 x_0 是 $f(x)$ 的第一类间断点时，级数收敛于这一点左、右极限的算术平均数 $\dfrac{f(x_0-0)+f(x_0+0)}{2}$.

注：第一类间断点：若 x_0 是 $f(x)$ 的间断点，且在 x_0 处左极限 $\lim\limits_{x \to x_0^-} f(x)$ 与右极限 $\lim\limits_{x \to x_0^+} f(x)$ 都存在，则称 x_0 为 $f(x)$ 的第一类间断点.

例如函数 $f(x) = \begin{cases} -1, & -\pi \leqslant x < 0, \\ 1, & 0 \leqslant x < \pi. \end{cases}$

$x_0 = 0$ 是 $f(x)$ 的第一类间断点.

例 1　正弦交流电 $I(x) = \sin x$ 经过二极管整流后(如图 9-1 所示)，变为

$$f(x) = \begin{cases} 0, & (2k-1)\pi \leqslant x < 2k\pi, \\ \sin x, & 2k\pi \leqslant x < (2k+1)\pi \end{cases} \quad k \text{ 为整数}.$$

把 $f(x)$ 展开为傅里叶级数.

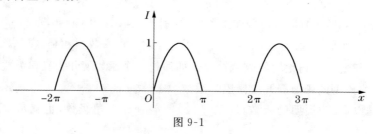

图 9-1

解 由收敛定理可知,$f(x)$的傅里叶级数处处收敛于$f(x)$,计算傅里叶系数:

$$a_0 = \frac{1}{\pi}\int_{-\pi}^{\pi} f(x)\mathrm{d}x = \frac{1}{\pi}\int_0^{\pi}\sin x\mathrm{d}x = \frac{2}{\pi},$$

$$a_n = \frac{1}{\pi}\int_{-\pi}^{\pi} f(x)\cos nx\mathrm{d}x = \frac{1}{\pi}\int_0^{\pi}\sin x\cos nx\mathrm{d}x$$

$$= \begin{cases} 0, & n\text{ 为奇数}, \\ -\dfrac{2}{(n^2-1)\pi}, & n\text{ 为偶数}, \end{cases}$$

$$b_n = \frac{1}{\pi}\int_{-\pi}^{\pi} f(x)\sin nx\mathrm{d}x = \frac{1}{\pi}\int_0^{\pi}\sin nx\mathrm{d}x = \begin{cases} 0, & n\neq 1, \\ \dfrac{1}{2}, & n=1. \end{cases}$$

所以,$f(x)$的傅里叶展开式为

$$f(x) = \frac{1}{\pi} + \frac{1}{2}\sin x - \frac{2}{\pi}\left(\frac{\cos 2x}{3} + \frac{\cos 4x}{15} + \frac{\cos 6x}{35} + \cdots + \frac{\cos 2kx}{4k^2-1} + \cdots\right), \quad x\in(-\infty,+\infty).$$

例 2 一矩形波的表达式为

$$f(x) = \begin{cases} -1, & (2k-1)\pi \leqslant x < 2k\pi, \\ 1, & 2k\pi \leqslant x < (2k+1)\pi, \end{cases} \quad k\text{ 为整数}.$$

求 $f(x)$的傅里叶级数展开式.

解 如图 9-2 所示,由收敛定理知当 $x\neq k\pi$(k 为整数)时,$f(x)$的傅里叶级数收敛于 $f(x)$;当 $x=k\pi$ 时,级数收敛于 $\dfrac{1+(-1)}{2}=0$. 计算傅里叶级数:

$$a_0 = \frac{1}{\pi}\int_{-\pi}^{\pi} f(x)\mathrm{d}x = \frac{1}{\pi}\int_{-\pi}^{0}(-1)\mathrm{d}x + \int_0^{\pi}\mathrm{d}x = 0,$$

$$a_n = \frac{1}{\pi}\int_{-\pi}^{\pi} f(x)\cos nx\mathrm{d}x = \frac{1}{\pi}\int_{-\pi}^{0}(-\cos nx)\mathrm{d}x + \frac{1}{\pi}\int_0^{\pi}\cos nx\mathrm{d}x$$

$$= 0 \quad (n=1,2,\cdots),$$

$$b_n = \frac{1}{\pi}\int_{-\pi}^{\pi} f(x)\sin nx\mathrm{d}x = \frac{1}{\pi}\int_{-\pi}^{0}(-\sin nx)\mathrm{d}x + \frac{1}{\pi}\int_0^{\pi}\sin nx\mathrm{d}x$$

$$= \begin{cases} \dfrac{4}{n\pi}, & n\text{ 为奇数}, \\ 0, & n\text{ 为偶数}. \end{cases}$$

所以,$f(x)$的傅里叶展开式为

$$f(x) = \frac{4}{\pi}\left[\sin x + \frac{\sin 3x}{3} + \frac{\sin 5x}{5} + \cdots + \frac{\sin(2k-1)x}{2k-1} + \cdots\right], x\in(-\infty,+\infty), \text{且 } x\neq 0, \pm\pi, \pm 2\pi\cdots.$$

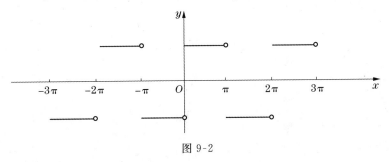

图 9-2

由于求 $f(x)$ 的傅里叶系数只用到 $f(x)$ 在 $[-\pi,\pi]$ 上的部分,由此可见,即使 $f(x)$ 只在 $[-\pi,\pi]$ 上有定义,或虽在 $[-\pi,\pi]$ 外也有定义,但不是周期函数,我们仍可用公式(10)求 $f(x)$ 的傅里叶系数,而且如果 $f(x)$ 在 $[-\pi,\pi]$ 上满足收敛定理条件,则至少 $f(x)$ 在 $[-\pi,\pi]$ 内的连续点上傅里叶级数是收敛于 $f(x)$ 的,而在 $x=\pm\pi$ 处,级数收敛于 $\dfrac{f(\pi-0)+f(-\pi+0)}{2}$.

二、正弦级数与余弦级数

设 $f(x)$ 是以 2π 为周期的函数,由定理 1 知,当 $f(x)$ 为奇函数时,公式(10)中的 $a_n=0$;当 $f(x)$ 为偶函数时,公式(10)中的 $b_n=0$,得如下结论.

推论 当 $f(x)$ 是周期为 2π 的奇函数时,它的傅里叶级数为正弦级数 $\sum\limits_{n=1}^{\infty} b_n\sin nx$,其中系数

$$b_n=\dfrac{2}{\pi}\int_0^{\pi} f(x)\sin nx\,\mathrm{d}x \quad (n=1,2,\cdots).$$

当 $f(x)$ 是周期为 2π 的偶函数时,它的傅里叶级数为余弦级数 $\dfrac{a_0}{2}+\sum\limits_{n=1}^{\infty} a_n\cos nx$,其中系数

$$a_n=\dfrac{2}{\pi}\int_0^{\pi} f(x)\cos nx\,\mathrm{d}x \quad (n=0,1,2,\cdots).$$

如果 $f(x)$ 只在 $[0,\pi]$ 上有定义且满足收敛定理条件,要得到 $f(x)$ 在 $[0,\pi]$ 上的傅里叶级数展开式,可以任意补充 $f(x)$ 在 $[-\pi,0]$ 上的定义,称为函数的延拓,便可得到相应的傅里叶级数展开式,这一展开式至少在 $[0,\pi]$ 内的连续点上是收敛到 $f(x)$. 常用的两种延拓方法是把 $f(x)$ 延拓成偶函数或奇函数,这样做的好处是可以利用推论的傅里叶系数公式把 $f(x)$ 展开成正弦级数或余弦级数.

例 3 将函数 $f(x)=x$, $x\in[0,\pi]$ 分别展开成正弦级数和余弦级数.

解 为把 $f(x)$ 展开成正弦级数,将 $f(x)$ 延拓为奇函数 $f^*(x)=x$, $x\in[-\pi,\pi]$,再利用推论的公式计算

$$b_n=\dfrac{2}{\pi}\int_0^{\pi} f(x)\sin nx\,\mathrm{d}x=\dfrac{2}{\pi}\int_0^{\pi} x\sin nx\,\mathrm{d}x=(-1)^{n+1}\dfrac{2}{n}.$$

由此得 $f^*(x)=x$ 在 $[-\pi,\pi]$ 内的展开式,也即 $f(x)$ 在 $[0,\pi]$ 内的展开式为

$$x=2\left(\sin x-\dfrac{\sin 2x}{2}+\dfrac{\sin 3x}{3}-\cdots+(-1)^{n+1}\dfrac{\sin nx}{n}+\cdots\right) \quad x\in[0,\pi).$$

在 $x=\pi$ 处,上述正弦级数收敛于 $\dfrac{f(\pi-0)+f(-\pi+0)}{2}=\dfrac{-\pi+\pi}{2}=0$.

类似地,为把 $f(x)$ 展开成余弦级数,将 $f(x)$ 延拓为偶函数 $f^*(x)=|x|$, $x\in[-\pi,\pi]$,再利用推论的公式求出

$$a_0=\dfrac{2}{\pi}\int_0^{\pi} f(x)\,\mathrm{d}x=\dfrac{2}{\pi}\int_0^{\pi} x\,\mathrm{d}x=\pi,$$

$$a_n=\dfrac{2}{\pi}\int_0^{\pi} f(x)\cos nx\,\mathrm{d}x=\dfrac{2}{\pi}\int_0^{\pi} x\cos nx\,\mathrm{d}x$$

$$=\begin{cases} -\dfrac{4}{n^2\pi}, & n \text{ 为奇数}, \\ 0, & n \text{ 为偶数}, \end{cases}$$

于是得到 $f(x)$ 在 $[0,\pi]$ 上的余弦级数展开式.
$$x = \frac{\pi}{2} - \frac{4}{\pi}\left(\cos x + \frac{\cos 3x}{3^2} + \frac{\cos 5x}{5^2} + \cdots + \frac{\cos(2n-1)x}{(2n-1)^2} + \cdots\right) \quad x \in [0,\pi].$$

由此例可见 $f(x)$ 在 $[0,\pi]$ 上的傅里叶级数展开式不是唯一的.

三、以 $2l$ 为周期的函数展开成傅里叶级数

设 $f(x)$ 是以 $2l$ 为周期的函数，且在 $[-l,l]$ 上满足收敛定理的条件，做变换 $x = \frac{l}{\pi}t$，即 $t = \frac{\pi}{l}x$，$f(x) = f\left(\frac{l}{\pi}t\right) = F(t)$，则 $F(t)$ 是以 2π 为周期的函数，且在 $[-\pi,\pi]$ 上满足收敛定理条件，于是得 $F(t)$ 的傅里叶级数展开式

$$F(t) = \frac{a_0}{2} + \sum_{n=1}^{\infty}(a_n \cos nt + b_n \sin nt).$$

然后再把 t 换回 x 就得到

$$F(x) = \frac{a_0}{2} + \sum_{n=1}^{\infty}\left(a_n \cos \frac{n\pi}{l}x + b_n \sin \frac{n\pi}{l}x\right).$$

例 4 如图 9-3 所示的三角波的波形函数是以 2 为周期的函数 $f(x)$，$f(x)$ 在 $[-1,1]$ 上的表达式是 $f(x) = |x|$，$|x| \leqslant 1$，求 $f(x)$ 的傅里叶展开式.

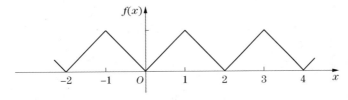

图 9-3

解 做变换 $x = \frac{1}{\pi}t$，则 $F(t)$ 在 $[-\pi,\pi]$ 上的表达式为

$$F(t) = \left|\frac{1}{\pi}t\right| = \frac{1}{\pi}|t|, \quad |t| \leqslant \pi.$$

利用例 3 的后半部分可直接得出系数

$$a_0 = 1,$$

$$a_n = \begin{cases} -\dfrac{4}{n^2\pi^2}, & n \text{ 为奇函数}, \\ 0, & n \text{ 为偶函数}. \end{cases}$$

于是得 $F(t)$ 的展开式

$$F(t) = \frac{1}{2} - \frac{4}{\pi^2}\left(\cos t + \frac{\cos 3t}{3^2} + \frac{\cos 5t}{5^2} + \cdots\right) \quad t \in (-\infty, +\infty).$$

把 t 换回 πx，即

$$f(x) = \frac{1}{2} - \frac{4}{\pi^2}\left(\cos \pi x + \frac{\cos 3\pi x}{3^2} + \frac{\cos 5\pi x}{5^2} + \cdots\right) \quad x \in (-\infty, +\infty).$$

类似地，我们也可把 $[0,l]$ 上函数 $f(x)$ 展开成正弦级数和余弦级数.

习题 9.5

1. 设 $f(x)$ 以 2π 为周期,且当 $x \in [-\pi, \pi]$ 时,$f(x) = x^2$,将 $f(x)$ 展开成傅里叶级数.

2. 设 $f(x) = e^x (-\pi \leqslant x \leqslant \pi)$,把 $f(x)$ 展开成傅里叶级数,并求此级数当 $x = -\pi$ 及 $x = \pi$ 时收敛于何值.

3. 设 $f(x) = \sin \dfrac{x}{2}$ $(-\pi \leqslant x \leqslant \pi)$,把 $f(x)$ 展开成傅里叶级数.

4. 设 $f(x) = \begin{cases} x, & 0 \leqslant x \leqslant \dfrac{\pi}{2}, \\ \dfrac{\pi}{2}, & \dfrac{\pi}{2} < x \leqslant \pi, \end{cases}$ 把 $f(x)$ 分别展开成余弦级数和正弦级数.

5. 设 $f(x) = \begin{cases} 0, & -l \leqslant x \leqslant 0, \\ 2, & 0 < x \leqslant l \end{cases}$ $(l > 0)$,试将 $f(x)$ 展开成傅里叶级数.

6. 设 $f(x) = \sin \dfrac{x}{l}$ $(-l \leqslant x \leqslant l)$,把 $f(x)$ 展开成傅里叶级数.

习 题 9

1. 选择题:

(1) 下列级数收敛的是( ).

A. $\sum\limits_{n=1}^{\infty} \dfrac{1}{2n-1}$ B. $\sum\limits_{n=1}^{\infty} \dfrac{1}{\sqrt[3]{n^4}}$ C. $\sum\limits_{n=1}^{\infty} \dfrac{1}{\ln n}$ D. $\sum\limits_{n=1}^{\infty} \dfrac{1+n}{n^2}$

(2) 设正项级数 $\sum\limits_{n=1}^{\infty} U_n$ 收敛,则级数( )一定收敛.

A. $\sum\limits_{n=1}^{\infty} \sqrt{U_n}$ B. $\sum\limits_{n=1}^{\infty} (-1)^n U_n$ C. $\sum\limits_{n=1}^{\infty} \dfrac{1}{U_n}$ D. $\sum\limits_{n=1}^{\infty} n U_n$

(3) 级数 $\sum\limits_{n=1}^{\infty} (-1)^n n^P$ 绝对收敛的充分条件是( ).

A. $P < -1$ B. $P \leqslant -1$ C. $P > 1$ D. $P \geqslant 1$

(4) 正项级数 $\sum\limits_{n=1}^{\infty} a_n$ 若满足条件( )必收敛.

A. $\lim\limits_{n \to \infty} a_n = 0$ B. $\lim\limits_{n \to \infty} \dfrac{a_n}{a_{n+1}} < 1$ C. $\lim\limits_{n \to \infty} \dfrac{a_{n+1}}{a_n} \leqslant 1$ D. $\lim\limits_{n \to \infty} \dfrac{a_n}{a_{n+1}} > 1$

(5) 若 $\sum\limits_{n=1}^{\infty} a_n (x+4)^n$ 在 $x = -2$ 处收敛,则它在 $x = 2$ 处( ).

A. 发散 B. 条件收敛 C. 绝对收敛 D. 不能判断

2. 填空题:

(1) 若正项级数 $\sum\limits_{n=1}^{\infty} U_n$ 收敛,则正项级数 $\sum\limits_{n=1}^{\infty} \dfrac{1}{U_n}$ 的敛散性是_____;

(2) 当 k _____ 时,级数 $\sum\limits_{n=1}^{\infty} e^{kn}$ 收敛;

(3) 当 k _____ 时,级数 $\sum\limits_{n=1}^{\infty} \dfrac{1}{\sqrt[k]{n}}$ 发散;

(4) 当 P _____ 时,级数 $\sum\limits_{n=1}^{\infty} (-1)^n \dfrac{1}{n^P}$ 条件收敛;

(5) 级数 $\sum\limits_{n=1}^{\infty} \dfrac{a^n}{n}$ 绝对收敛的充分条件是_____;

(6) 设 $\sum\limits_{n=1}^{\infty} a_n x^n$ 的收敛半径为 R,则 $\sum\limits_{n=1}^{\infty} a_n x^{2n}$ 的收敛半径为 _____;

(7) 设 $f(x)$ 以 2π 为周期,在 $[-\pi,\pi]$ 的表达式为
$$f(x)=\begin{cases} 1-x, & -\pi\leqslant x<0, \\ 1+x, & 0\leqslant x<\pi. \end{cases}$$
则 $f(x)$ 的傅里叶级数在 $x=\pi$ 处收敛于 _____.

3. 判定下列级数的敛散性:

(1) $\sum\limits_{n=1}^{\infty}(\sqrt{n+1}-\sqrt{n})$;

(2) $\sum\limits_{n=1}^{\infty}\dfrac{1}{3^n}$;

(3) $\sum\limits_{n=1}^{\infty}\dfrac{1}{n(n+1)}$;

(4) $\sum\limits_{n=1}^{\infty}(\ln(n+1)-\ln n)$.

4. 判定下列级数的敛散性:

(1) $\sum\limits_{n=1}^{\infty}\dfrac{2}{n(n+1)}$;

(2) $\sum\limits_{n=1}^{\infty}\ln\left(1+\dfrac{1}{n^2}\right)$;

(3) $\sum\limits_{n=1}^{\infty}\dfrac{1}{2n+1}$;

(4) $\sum\limits_{n=1}^{\infty}\dfrac{n^2}{3^n}$;

(5) $\sum\limits_{n=1}^{\infty}2^n\sin\dfrac{\pi}{3^n}$;

(6) $\sum\limits_{n=1}^{\infty}\dfrac{n\cos^2 n}{2^n}$.

5. 判定下列级数的敛散性:

(1) $\sum\limits_{n=1}^{\infty}(-1)^n\dfrac{n}{2n+1}$;

(2) $\sum\limits_{n=1}^{\infty}(-1)^n\dfrac{1}{\sqrt{n+100}}$;

(3) $\sum\limits_{n=1}^{\infty}(-1)^{n-1}\dfrac{2^n}{n}$;

(4) $\sum\limits_{n=1}^{\infty}(-1)^{n-1}\dfrac{1}{\sqrt[3]{n^2}}$.

6. 求下列级数的收敛半径和收敛域:

(1) $\sum\limits_{n=0}^{\infty}\dfrac{x^n}{n^2+1}$;

(2) $\sum\limits_{n=1}^{\infty}\dfrac{x^n}{2^n n}$;

(3) $\sum\limits_{n=1}^{\infty}\dfrac{x^n}{n!}$;

(4) $\sum\limits_{n=0}^{\infty}n!x^n$;

(5) $\sum\limits_{n=1}^{\infty}(-1)^n\dfrac{x^n}{2n-1}$;

(6) $\sum\limits_{n=0}^{\infty}\dfrac{\sqrt{n}}{n^2+1}x^n$.

7. 分别求级数 $\sum\limits_{n=1}^{\infty}nx^{n-1}$ 与 $\sum\limits_{n=1}^{\infty}\dfrac{x^{2n+1}}{2n+1}$ 的和函数.

8. 将函数 $f(x)=\dfrac{2}{1-x^2}$ 展开成 x 的幂级数.

9. 将函数 $f(x)=\dfrac{1}{x}$ 按 $(x-2)$ 展开成幂级数.

10. 将函数 $f(x)=\ln x$ 展开成 $(x-1)$ 的幂级数.

11. 设 $f(x)=\begin{cases} 0, & -\pi\leqslant x<0, \\ \pi-x, & 0\leqslant x\leqslant\pi. \end{cases}$ 将 $f(x)$ 在 $[-\pi,\pi]$ 上展开成傅里叶级数.

第 10 章 拉普拉斯变换

拉普拉斯变换是求解常系数线性微分方程时经常采用的一种较简便的方法. 本章将简要介绍拉普拉斯变换(以下简称拉氏变换)的基本方法及其应用.

§10.1 拉氏变换的基本概念

一、拉氏变换的定义

定义 设函数 $f(t)$ 当 $t \geqslant 0$ 时有定义,而且积分
$$\int_0^{+\infty} f(t) e^{-st} dt \quad (s \text{ 是一个复参量}),$$
在 s 的某一区域内收敛,则此积分所确定的复变量 s 的函数
$$F(s) = \int_0^{+\infty} f(t) e^{-st} dt, \tag{1}$$
式(1)称为函数 $f(t)$ 的拉普拉斯变换式(简称拉氏变换式),记作
$$F(s) = L[f(t)].$$

$F(s)$ 称为 $f(t)$ 的拉氏变换(或称为 $f(t)$ 的象函数).

若 $F(s)$ 是 $f(t)$ 的拉氏变换,则称 $f(t)$ 为 $F(s)$ 的拉氏逆变换(或称 $F(s)$ 的象原函数),记为
$$f(t) = L^{-1}[F(s)].$$

二、拉氏变换的存在定理

定理 若函数 $f(t)$ 满足下列条件:

1° 在 $t \geqslant 0$ 的任一有限区间上分段连续;

2° 在 t 充分大后满足不等式 $|f(t)| \leqslant M e^{ct}$,其中 M, C 都是实常数,

则 $f(t)$ 的拉氏变换
$$F(s) = \int_0^{+\infty} f(t) e^{-st} dt.$$
在半平面 $\mathrm{Re}(s) > C$ 上,一定存在.

例 1 求指数函数 $f(t) = e^{kt}$ ($t \geqslant 0$, k 是实数)的拉氏变换.

解 根据公式(1)式,有
$$L[f(t)] = \int_0^{+\infty} e^{kt} e^{-st} dt = \int_0^{+\infty} e^{-(s-k)t} dt.$$
这个积分在 $\mathrm{Re}(s) > k$ 时收敛,而且有
$$\int_0^{+\infty} e^{-(s-k)t} dt = \frac{-1}{s-k} \left[e^{-(s-k)t} \right]_0^{+\infty} = \frac{1}{s-k}.$$
所以
$$L[e^{kt}] = \frac{1}{s-k} \quad (\mathrm{Re}(s) > k).$$

例 2 求函数 $f(t)=kt$（k 为常数，$t\geqslant 0$）的拉氏变换.

解 根据公式(1)，有
$$L[f(t)]=\int_0^{+\infty} kt\mathrm{e}^{-st}\mathrm{d}t=-\frac{k}{s}\int_0^{+\infty} t\mathrm{d}(\mathrm{e}^{-st})$$
$$=-\left[\frac{kt}{s}\mathrm{e}^{-st}\right]_0^{+\infty}+\frac{k}{s}\int_0^{+\infty}\mathrm{e}^{-st}\mathrm{d}t.$$

根据洛比达法则①，有
$$\lim_{t\to+\infty}\left(-\frac{kt}{s}\mathrm{e}^{-st}\right)=-\lim_{t\to+\infty}\frac{kt}{s\mathrm{e}^{st}}=-\lim_{t\to+\infty}\frac{k}{s^2\mathrm{e}^{st}}.$$

上述极限当 $\mathrm{Re}(s)>0$ 时收敛于 0，所有
$$\lim_{t\to+\infty}\left(-\frac{kt}{s}\mathrm{e}^{-st}\right)=0.$$

因此
$$L[f(t)]=\frac{k}{s}\int_0^{+\infty}\mathrm{e}^{-st}\mathrm{d}t=-\left[\frac{k}{s^2}\mathrm{e}^{-st}\right]\bigg|_0^{+\infty}=\frac{k}{s^2},$$

所以
$$L[kt]=\frac{k}{s^2}\quad(\mathrm{Re}(s)>0).$$

例 3 求函数 $f(t)=\begin{cases} 3, & t<\frac{\pi}{2}, \\ \cos t, & t\geqslant\frac{\pi}{2} \end{cases}$ 的拉氏变换式.

解 $L[f(t)]=\int_0^{+\infty} f(t)\mathrm{e}^{-st}\mathrm{d}t$
$$=\int_0^{\frac{\pi}{2}} 3\mathrm{e}^{-st}\mathrm{d}t+\int_{\frac{\pi}{2}}^{+\infty}\cos t\cdot\mathrm{e}^{-st}\mathrm{d}t.$$

对于第 2 个积分 $\int_{\frac{\pi}{2}}^{+\infty}\cos t\cdot\mathrm{e}^{-st}\mathrm{d}t$，利用两次分部积分法可得
$$\int_{\frac{\pi}{2}}^{+\infty}\cos t\cdot\mathrm{e}^{-st}\mathrm{d}t=\frac{\sin t-s\cos t}{(1+s^2)\cdot\mathrm{e}^{st}}\bigg|_{\frac{\pi}{2}}^{+\infty}=0-\frac{1}{(1+s^2)\mathrm{e}^{s\cdot\frac{\pi}{2}}}=-\frac{\mathrm{e}^{-\frac{\pi}{2}s}}{1+s^2}.$$

所以
$$L[f(t)]=-\frac{3}{s}\mathrm{e}^{-st}\bigg|_0^{\frac{\pi}{2}}-\frac{\mathrm{e}^{-\frac{\pi}{2}s}}{1+s^2}=\frac{3}{s}(1-\mathrm{e}^{-\frac{\pi}{2}s})-\frac{\mathrm{e}^{-\frac{\pi}{2}s}}{1+s^2}.$$

---

① 洛比达法则：设函数 $f(x)$ 和 $g(x)$ 在 x_0 点的某一去心邻域内有定义，且满足下列条件：
(1) $\lim_{x\to x_0}f(x)=0$ 且 $\lim_{x\to x_0}g(x)=0$（或 $\lim_{x\to x_0}f(x)=\infty$ 且 $\lim_{x\to x_0}g(x)=\infty$）；
(2) $f'(x)$ 和 $g'(x)$ 都存在且 $g'(x)\neq 0$；
(3) $\lim_{x\to x_0}\frac{f'(x)}{g'(x)}=A$（或 ∞），

则有 $\lim_{x\to x_0}\frac{f(x)}{g(x)}=\lim_{x\to x_0}\frac{f'(x)}{g'(x)}=A$（或 ∞）.

（上述定理对 $x\to\infty$ 时的 $\frac{0}{0}$ 和 $\frac{\infty}{\infty}$ 未定式同样适用）

在科技应用中,经常会遇到下述函数.

单位阶梯函数(如图 10-1(1)所示),它的表达式是

$$u(t)=\begin{cases}0, & t<0,\\ 1, & t\geqslant 0.\end{cases} \tag{2}$$

把 $u(t)$ 分别平移 $|a|$ 和 $|b|$ 个单位,如图 10-1(2)、图 10-1(3)所示,则有

$$u(t-a)=\begin{cases}0, & t<a,\\ 1, & t\geqslant a.\end{cases} \tag{3}$$

$$u(t-b)=\begin{cases}0, & t<b,\\ 1, & t\geqslant b.\end{cases} \tag{4}$$

当 $a<b$ 时,由(3)-(4)式,如图 10-1(4)所示,有

$$u(t-a)-u(t-b)\begin{cases}1, & a\leqslant t<b,\\ 0, & t<a \text{ 或 } t\geqslant b.\end{cases} \tag{5}$$

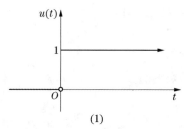

(1)

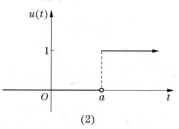

(2)

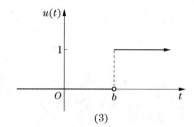

(3)

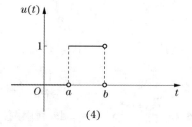

(4)

图 10-1

我们可以利用单位阶梯函数(2),(3),(4),(5)将某些分段函数的表达式合写成一个式子.

例 4 已知分段函数

$$f(t)=\begin{cases}\cos t, & 0\leqslant t<\pi,\\ t, & t\geqslant \pi.\end{cases}$$

试利用单位阶梯函数 $u(t)$ 将 $f(t)$ 合写成一个式子.

解 因为

$$\cos t[u(t)-u(t-\pi)]=\begin{cases}\cos t, & 0\leqslant t<\pi,\\ t, & t<0 \text{ 或 } t\geqslant \pi,\end{cases}$$

$$tu(t-\pi)=\begin{cases}0, & t<\pi,\\ t, & t\geqslant \pi,\end{cases}$$

所以有

$$f(t)=\cos t[u(t)-u(t-\pi)]+tu(t-\pi)$$
$$=\cos t\,u(t)+(t-\cos t)u(t-\pi).$$

例 5 求单位阶梯函数 $u(t)$ 的拉氏变换.

解 $L[u(t)] = \int_0^{+\infty} u(t)e^{-st} dt = \int_0^{+\infty} e^{-st} dt$

$$= \left[-\frac{1}{s}e^{-st}\right]_0^{+\infty} = \frac{1}{s} \quad (\mathrm{Re}(s) > 0).$$

在实际应用中,我们并不需要用求广义积分的方法来求函数的拉氏变换,有现成的拉氏变换表可查,就如同使用积分表一样.在本章后的小结中已将常用函数的拉氏变换列于表中,以备读者查用.

下面再举一些通过查表求拉氏变换的例子.

例 6 求 $\frac{1}{4}(1-\cos 2t)$ 的拉氏变换.

解 根据表(17)式,$a=2$ 时,可以得到

$$L\left[\frac{1}{4}(1-\cos 2t)\right] = \frac{1}{s(s^2+4)}.$$

例 7 求 $\frac{1}{\sqrt{2}}(\cos 2t + \sin 2t)$ 的拉氏变换.

解 这个函数的拉氏变换,在本书列出的表中找不到现成的结果,但

$$\frac{1}{\sqrt{2}}(\cos 2t + \sin 2t) = \sin\left(2t + \frac{\pi}{4}\right).$$

根据表中第(10)式,在 $k=2, \varphi=\frac{\pi}{4}$ 时,可以得到

$$L\left[\frac{1}{\sqrt{2}}(\cos 2t + \sin 2t)\right] = L\left[\sin\left(2t + \frac{\pi}{4}\right)\right]$$

$$= \frac{s\sin\frac{\pi}{4} + 2\cos\frac{\pi}{4}}{s^2 + 2^2} = \frac{\sqrt{2}(s+2)}{2(s^2+4)}.$$

总之,查表求函数的拉氏变换要比按定义去做方便多了,特别是掌握了拉氏变换的性质,再使用查表的方法,就能更快地找到所求函数的拉氏变换.

习题 10.1

1. 求下列函数的拉氏变换式,并用查表的方法来验证结果.

(1) $f(t) = \sin\frac{t}{2}$; (2) $f(t) = e^{-2t}$; (3) $f(t) = t^2$;

(4) $f(t) = \sin t \cos t$; (5) $f(t) = \sin^2 t$; (6) $f(t) = \cos^2 t$.

2. 求函数

$$f(t) = \begin{cases} 1, & 0 \leqslant t < 1, \\ t, & t \geqslant 1 \end{cases}$$

的拉氏变换式.

3. 求函数

$$f(t) = \begin{cases} 3, & 0 \leqslant t < 2, \\ -1, & 2 \leqslant t < 4, \\ 0, & t \geqslant 4 \end{cases}$$

的拉氏变换式.

§10.2 拉氏变换的性质

在这一节里,我们将介绍拉氏变换的几个重要性质,利用它不仅可以求一些较为复杂的函数的拉氏变换,而且在拉氏变换的实际应用中都很重要.

性质 1(线性性质) 若 α,β 是常数,并设 $L[f_1(t)]=F_1(s)$,$L[f_2(t)]=F_2(s)$,则有
$$L[\alpha f_1(t)+\beta f_2(t)]=\alpha L[f_1(t)]+\beta L[f_2(t)].\tag{6}$$
性质 1 表明函数线性组合的拉氏变换等于各函数拉氏变换的线性组合.

例 1 求函数 $f(t)=\dfrac{1}{k}(\mathrm{e}^{kt}-\sin kt)$ 的拉氏变换.

解 $L\left[\dfrac{1}{k}(\mathrm{e}^{kt}-\sin kt)\right]=\dfrac{1}{k}L[\mathrm{e}^{kt}-\sin kt]=\dfrac{1}{k}\{L[\mathrm{e}^{kt}]-L[\sin kt]\}.$

由拉氏变换表,得
$$L\left[\dfrac{1}{k}(\mathrm{e}^{kt}-\sin kt)\right]=\dfrac{1}{k}\left[\dfrac{1}{s-k}-\dfrac{k}{s^2+k^2}\right]=\dfrac{s^2-ks+2k^2}{k(s-k)(s^2+k^2)}.$$

性质 2(平移性质) 若 $L[f(t)]=F(s)$,则
$$L[\mathrm{e}^{at}f(t)]=F(s-a),\quad (\operatorname{Re}(s-a)>0).\tag{7}$$

这个性质指出,象原函数乘以 e^{at} 的拉氏变换等于其象函数作位移 a,因此这个性质称为平移性质.

例 2 求 $L[\mathrm{e}^{-at}\sin kt]$.

解 由拉氏变换表知 $L[\sin kt]=\dfrac{k}{s^2+k^2}$. 因此,根据平移性质有
$$L[\mathrm{e}^{-at}\sin kt]=\dfrac{k}{(s+a)^2+k^2}.$$

性质 3(延滞性质) 若 $L[f(t)]=F(s)$,又 $t<0$ 时 $f(t)=0$,则对于任一实数 a,有
$$L[f(t-a)]=\mathrm{e}^{-as}F(s),\quad a>0.\tag{8}$$

在这个性质中,函数 $f(t-a)$ 表示函数 $f(t)$ 在时间上滞后 a 个单位(如图 10-2 所示),所以这个性质称为延滞性质.在实际应用中,为了突出"滞后"这个特点,常在 $f(t-a)$ 这个函数上再乘以 $u(t-a)$,所以延滞性质也表示为
$$L[u(t-a)f(t-a)]=\mathrm{e}^{-as}F(s).$$

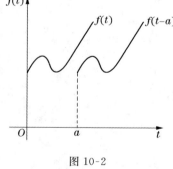

图 10-2

例 3 求 $L[u(t-a)]$.

解 因为 $L[u(t)]=\dfrac{1}{s}$,所以根据公式(8)得
$$L[u(t-a)]=\mathrm{e}^{-as}\dfrac{1}{s},\quad (a>0).$$

例 4 求 $L[\mathrm{e}^{a(t-\tau)}u(t-\tau)]$.

解 因为 $L[\mathrm{e}^{at}]=\dfrac{1}{s-a}$,所以
$$L[\mathrm{e}^{a(t-\tau)}u(t-\tau)]=\mathrm{e}^{-\tau s}\dfrac{1}{s-a},\quad (\tau>0).$$

例 5 求 $L[u(kt+a)\sin(kt+a)]$, $(k \neq 0)$.

解 因为 $u(kt+a) = u\left[k\left(t+\dfrac{a}{k}\right)\right]$, 即

$$u(kt+a) = \begin{cases} 0, & t < -\dfrac{a}{k}, \\ 1, & t \geq -\dfrac{a}{k}, \end{cases}$$

所以 $u(kt+a) = u\left(t+\dfrac{a}{k}\right)$, 因此

$$L\left[u\left(t+\dfrac{a}{k}\right)\sin k\left(t+\dfrac{a}{k}\right)\right] = \exp\left(\dfrac{a}{k}s\right)\dfrac{k}{s^2+k^2}.$$

性质 4（微分性质） 若 $L[f(t)] = F(s)$, 则有
$$L[f'(t)] = sF(s) - f(0). \tag{9}$$

微分性质表明,一个函数求导后取拉氏变换等于这个函数的拉氏变换乘以参数 s, 再减去函数的初始值.

推论 若 $L[f(t)] = F(s)$, 则有
$$L[f^{(n)}(t)] = s^n F(s) - s^{n-1}f(0) - s^{n-2}f'(0) - \cdots - f^{(n-1)}(0), \quad (\operatorname{Re}(s)>0). \tag{10}$$

特别地,当初始值 $f(0) = f'(0) = \cdots = f^{(n-1)}(0)$ 时,有更简单结果
$$L[f^{(n)}(t)] = s^n F(s), \quad (n=1,2,\cdots).$$

利用这个性质,可将函数的微分运算化为代数运算,这是拉氏变换的一个重要特点.

例 6 利用(10)式求函数 $f(t) = \cos kt$ 的拉氏变换.

解 由于 $f(0) = 1$, $f'(t) = -k\sin kt$, $f'(0) = 0$, $f''(t) = -k^2\cos kt$, 则由(10)式有
$$L[-k^2\cos kt] = L[f''(t)] = s^2 L[f(t)] - sf(0) - f'(0)$$
即 $-k^2 L[\cos kt] = s^2 L[\cos kt] - s$, 移项化简得
$$L[\cos kt] = \dfrac{s}{s^2+k^2}, \quad (\operatorname{Re}(s)>0).$$

性质 5（积分性质） 若 $L[f(t)] = F(s)$, $(s \neq 0)$, 则
$$L\left[\int_0^t f(t)\mathrm{d}t\right] = \dfrac{1}{s}F(s). \tag{12}$$

积分性质表明:一个函数积分后再取拉氏变换,等于这个函数的拉氏变换除以参数 s. 重复应用(12)式,就可得到
$$L\left\{\underbrace{\int_0^t \mathrm{d}t \int_0^t \mathrm{d}t \cdots \int_0^t}_{n次} f(t)\mathrm{d}t\right\} = \dfrac{1}{s^n}F(s). \tag{13}$$

例 7 求 $L[t^n]$ (n 为整数).

解 因为
$$t = \int_0^t 1\mathrm{d}t, \quad t^2 = \int_0^t 2t\mathrm{d}t, \quad \cdots, \quad t^n = \int_0^t nt^{n-1}\mathrm{d}t.$$

所以根据公式(12),得
$$L[t] = L\left[\int_0^t 1\mathrm{d}t\right] = \dfrac{L[1]}{s} = \dfrac{\dfrac{1}{s}}{s} = \dfrac{1}{s^2},$$

$$L[t^2] = L\left[\int_0^t 2t\,dt\right] = \frac{2}{s}L[t] = \frac{1}{s^3},$$

$$L[t^3] = L\left[\int_0^t 3t^2\,dt\right] = \frac{3}{s}L[t^2] = \frac{3\times 2}{s^4}.$$

一般地,有

$$L[t^n] = L\left[\int_0^t nt^{n-1}\,dt\right] = \frac{n}{s}L[t^{n-1}] = \frac{n!}{s^{n+1}}, \quad (\mathrm{Re}(s) > 0).$$

拉氏变换除去上述 5 个主要性质外,根据拉氏变换的定义,还可以得到下列性质.

性质 6 若 $L[f(t)] = F(s)$,则当 $a > 0$ 时,有

$$L[f(at)] = \frac{1}{a}F\left(\frac{s}{a}\right). \tag{14}$$

性质 7 若 $L[f(t)] = F(s)$,有

$$L[t^n f(t)] = (-1)^n F^{(n)}(s). \tag{15}$$

性质 8 若 $L[f(t)] = F(s)$,且 $\lim\limits_{t\to 0}\dfrac{f(t)}{t}$ 存在,则

$$L\left[\frac{f(t)}{t}\right] = \int_s^{+\infty} F(s)\,dt. \tag{16}$$

例 8 求 $L[t\cos kt]$.

解 因为 $L[\cos kt] = \dfrac{s}{s^2 + k^2}$,所以由公式(15),可得

$$L[t\cos kt] = -\frac{d}{ds}\left(\frac{s}{s^2 + k^2}\right) = \frac{s^2 - k^2}{(s^2 + k^2)^2}.$$

例 9 求 $L\left[\dfrac{\sin t}{t}\right]$.

解 因为 $L[\sin t] = \dfrac{1}{1 + s^2}$,且 $\lim\limits_{t\to 0}\dfrac{\sin t}{t} = 1$,所以由公式(16),可得

$$L\left[\frac{\sin t}{t}\right] = \int_s^{+\infty} \frac{1}{1 + s^2}\,ds = \arctan s\,\Big|_s^{+\infty} = \frac{\pi}{2} - \arctan s.$$

习题 10.2

1. 求下列函数的拉氏变换式.

(1) $f(t) = t^2 + 3t + 2$;

(2) $f(t) = 1 - te^t$;

(3) $f(t) = (t-1)^2 e^t$;

(4) $f(t) = \dfrac{t}{2a}\sin at$;

(5) $f(t) = 5\sin 2t - 2\cos 2t$;

(6) $f(t) = t\cos at$;

(7) $f(t) = e^{-2t}\sin 6t$;

(8) $f(t) = e^{-4t}\cos 4t$;

(9) $f(t) = t^n e^{at}$;

(10) $f(t) = u(3t - 5)$;

(11) $f(t) = \sin^2 t$;

(12) $f(t) = \cos^2 t$.

2. 利用拉氏变换的性质 7 和性质 8,求下列各拉氏变换.

(1) $f(t) = te^{-3t}\sin 2t$;

(2) $f(t) = t\int_0^t e^{-3t}\sin 2t\,dt$;

(3) $f(t) = \dfrac{\sin kt}{t}$;

(4) $f(t) = \dfrac{e^{-3t}\sin 2t}{t}$.

§10.3 拉氏逆变换

前面我们主要讨论了由已知函数 $f(t)$ 求它的象函数 $F(s)$，但在实际应用中常会遇到与此相反的问题，即已知象函数 $F(s)$，要求它的象原函数 $f(t)$，也就是本节要讨论的拉氏逆变换问题，对于常用的象函数 $F(s)$ 可以直接从拉氏变换表中查找。应该注意的是：在使用拉氏变换表求逆变换时，要结合使用拉氏变换的性质。为此，在这里再把常用的拉氏变换的性质用逆变换的形式一一列出。

性质1（线性性质） 若 α, β 是常数，则有
$$L^{-1}[\alpha F_1(s) + \beta F_2(s)] = \alpha L^{-1}[F_1(s)] + \beta L^{-1}[F_2(s)] = \alpha f_1(t) + \beta f_2(t).$$

性质2（平移性质）
$$L^{-1}[F(s-a)] = e^{at} L^{-1}[F(s)] = e^{at} f(t).$$

性质3（延滞性质）
$$L^{-1}[e^{-as} F(s)] = f(t-a)u(t-a).$$

利用性质及查拉氏变换表可求得象函数的逆变换。

例1 求下列象函数的逆变换。

(1) $F(s) = \dfrac{1}{s-2}$；　　(2) $F(s) = \dfrac{1}{(s-4)^3}$；

(3) $F(s) = \dfrac{2s-3}{s^2}$；　　(4) $F(s) = \dfrac{4s-1}{s^2+16}$.

解 (1) 将 $a=2$ 代入附表(4)式，得
$$f(t) = L^{-1}\left[\dfrac{1}{s-2}\right] = e^{2t}.$$

(2) 由性质(2)及附表(3)式，得
$$f(t) = L^{-1}\left[\dfrac{1}{(s-4)^3}\right] = e^{2t} L^{-1}\left[\dfrac{1}{s^3}\right] = \dfrac{1}{2} e^{2t} L^{-1}\left[\dfrac{2!}{s^3}\right] = \dfrac{1}{2} e^{2t} t^2.$$

(3) 由性质(1)及附表(1)式、(2)式，得
$$f(t) = L^{-1}\left[\dfrac{2s-3}{s^2}\right] = 2L^{-1}\left[\dfrac{1}{s}\right] - 3L^{-1}\left[\dfrac{1}{s^2}\right] = 2 - 3t.$$

(4) 由性质(1)及附表(8)式、(9)式，得
$$f(t) = L^{-1}\left[\dfrac{4s-1}{s^2+16}\right] = 4L^{-1}\left[\dfrac{s}{s^2+4^2}\right] - \dfrac{1}{4} L^{-1}\left[\dfrac{4}{s^2+4^2}\right]$$
$$= 3\cos 4t - \dfrac{1}{4}\sin 4t.$$

例2 求 $F(s) = \dfrac{2s+5}{s^2+2s+2}$ 的逆变换。

解 $f(t) = L^{-1}\left[\dfrac{2s+5}{s^2+2s+2}\right] = L^{-1}\left[\dfrac{2(s+1)+3}{(s+1)^2+1}\right]$
$$= 2L^{-1}\left[\dfrac{s+1}{(s+1)^2+1}\right] + 3L^{-1}\left[\dfrac{1}{(s+1)^2+1}\right]$$
$$= 2e^{-t}\cos t + 3e^{-t}\sin t = e^{-t}(2\cos t + 3\sin t).$$

例3 求 $F(s)=\dfrac{s-13}{s^2-s-6}$ 的逆变换.

解 先将 $F(s)$ 分解为两个最简分式之和：
$$\frac{s-13}{s^2-s-6}=\frac{s-13}{(s+2)(s-3)}=\frac{A}{s+2}+\frac{B}{s-3}.$$
用待定系数法求得 $A=3,B=-2$，所以有
$$\frac{s-13}{s^2-s-6}=\frac{3}{s+2}-\frac{2}{s-3}.$$
于是
$$f(t)=L^{-1}[F(s)]=L^{-1}\left[\frac{3}{s+2}-\frac{2}{s-3}\right]$$
$$=3L^{-1}\left[\frac{1}{s+2}\right]-2L^{-1}\left[\frac{1}{s-3}\right]=3e^{-2t}-2e^{2t}.$$

例4 求 $F(s)=\dfrac{s^2+2}{s^3+6s^2+9s}$ 的逆变换.

解 先将 $F(s)$ 分解为几个简单分式之和：
$$\frac{s^2+2}{s^3+6s^2+9s}=\frac{s^2+2}{s(s+3)^2}=\frac{A}{s}+\frac{B}{s+3}+\frac{C}{(s+3)^2}.$$
用待定系数法求得
$$A=\frac{2}{9},\quad B=\frac{7}{9},\quad C=-\frac{11}{3},$$
所以
$$F(s)=\frac{s^2+2}{s^3+6s^2+9s}=\frac{2}{9}\frac{1}{s}+\frac{7}{9}\frac{1}{s+3}-\frac{11}{3}\frac{1}{(s+3)^2}.$$
于是
$$f(t)=L^{-1}[F(s)]=L^{-1}\left[\frac{2}{9}\frac{1}{s}+\frac{7}{9}\frac{1}{s+3}-\frac{11}{3}\frac{1}{(s+3)^2}\right]$$
$$=\frac{2}{9}L^{-1}\left[\frac{1}{s}\right]+\frac{7}{9}L^{-1}\left[\frac{1}{s+3}\right]-\frac{11}{3}L^{-1}\left[\frac{1}{(s+3)^2}\right]$$
$$=\frac{2}{9}+\frac{7}{9}e^{-3t}-\frac{11}{3}te^{-3t}.$$

例5 求 $F(s)=\dfrac{s^2}{(s+2)(s^2+2s+2)}$ 的逆变换.

解 先将 $F(s)$ 分解为几个简单分式之和：
$$F(s)=\frac{s^2}{(s+2)(s^2+2s+2)}=\frac{A}{s+2}+\frac{Bs+C}{s^2+2s+2}.$$
用待定系数法求得
$$A=2,\quad B=-1,\quad C=-2,$$
所以
$$F(s)=\frac{s^2}{(s+2)(s^2+2s+2)}=\frac{2}{s+2}-\frac{s+2}{s^2+2s+2}$$
$$=\frac{2}{s+2}-\frac{s+1}{(s+1)^2+1}-\frac{1}{(s+1)^2+1}.$$

于是

$$f(t) = L^{-1}\left[\frac{s^2}{(s+2)(s^2+2s+2)}\right]$$
$$= L^{-1}\left[\frac{2}{s+2}\right] - L^{-1}\left[\frac{s+1}{(s+1)^2+1}\right] - L^{-1}\left[\frac{1}{(s+1)^2+1}\right]$$
$$= 2e^{-2t} - e^{-t}\cos t - e^{-t}\sin t$$
$$= 2e^{-2t} - e^{-t}(\cos t + \sin t).$$

由象函数找象原函数,除了上述介绍的方法外,还可以用查表法来解决.

例 6 求 $F(s) = \dfrac{1}{s(s^2+4)}$ 的逆变换.

解 虽然是有理式,但利用部分分式的方法,较为麻烦,可利用查表的方法求得结果.根据拉氏变换表第(17)式,在 $a=2$ 时,有

$$f(t) = \frac{1}{4}(1 - \cos 2t).$$

例 7 求 $F(s) = \dfrac{k-s}{s^2+k^2}$ 的逆变换.

解 在拉氏变换表中找不到现成的公式,但

$$F(s) = \frac{k-s}{s^2+k^2} = \frac{k}{s^2+k^2} - \frac{s}{s^2+k^2},$$

等式右端的两项,分别是拉氏变换表中第(8)式和第(9)式,所以

$$f(t) = L^{-1}\left[\frac{k}{s^2+k^2}\right] - L^{-1}\left[\frac{s}{s^2+k^2}\right] = \sin kt - \cos kt.$$

习题 10.3

1. 求下列函数的拉氏逆变换.

(1) $F(s) = \dfrac{1}{s^2+4}$;

(2) $F(a) = \dfrac{1}{s^4}$;

(3) $F(s) = \dfrac{1}{(s+1)^4}$;

(4) $F(s) = \dfrac{1}{s+3}$;

(5) $F(s) = \dfrac{2s+3}{s^2+9}$;

(6) $F(s) = \dfrac{s+3}{(s+1)(s-3)}$;

(7) $F(s) = \dfrac{s+1}{s^2+s-6}$;

(8) $F(s) = \dfrac{2s+5}{s^2+4s+13}$.

2. 求下列函数的拉氏逆变换.

(1) $F(s) = \dfrac{s^2+2a^2}{(s^2+a^2)^2}$;

(2) $F(s) = \dfrac{s+c}{(s+a)(s+b)^2}$;

(3) $F(s) = \dfrac{1}{s(s+a)(s+b)}$;

(4) $F(s) = \dfrac{1}{s^4-a^4}$;

(5) $F(s) = \dfrac{s^2+2s-1}{s(s-1)^2}$;

(6) $F(s) = \dfrac{s}{(s^2+1)(s^2+4)}$;

(7) $F(s) = \dfrac{1}{s^4+5s^2+4}$;

(8) $F(s) = \dfrac{s+1}{9s^2+6s+5}$;

(9) $F(s) = \dfrac{s+2}{(s^2+4s+5)^2}$;

(10) $F(s) = \dfrac{2s^2+s+5}{s^3+6s^2+11s+6}$.

§10.4 拉氏变换的应用

下面举例说明拉氏变换在解线性微分方程中的应用,这里仅讨论用拉氏变换来解常微分方程的方法,其方法是先取拉氏变换把微分方程化为象函数的代数方程,根据这个代数方程求出象函数,然后再取逆变换就得出原来微分方程的解.这种解法的示意图如下所示.

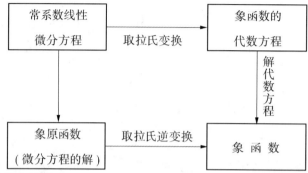

具体做法看下面的例子.

例1 求微分方程 $y'(t)-y(t)=e^{2t}$ 满足初始条件 $y(0)=1$ 的解.

解 第一步,对方程两端取拉氏变换,并设
$$L[y(t)]=Y(s).$$
因为
$$L[y'(t)-y(t)]=L[e^{2t}],$$
$$L[y'(t)]-L[y(t)]=L[e^{2t}],$$
所以
$$sY(s)-y(0)-Y(s)=\frac{1}{s-2}.$$

将初始条件 $y(0)=1$ 代入上式,得 $(s-1)Y(s)=\frac{s-1}{s-2}$. 这样,原来的微分方程经过拉氏变换后,就得到一个象函数的代数方程.

第二步,解出 $Y(s)$:
$$Y(s)=\frac{1}{s-2}.$$

第三步,求象函数的逆变换:
$$y(t)=L^{-1}[Y(s)]=L^{-1}\left[\frac{1}{s-2}\right]=e^{2t}.$$

这样就得到了微分方程的解 $y(t)=e^{2t}$.

例2 求微分方程 $y''-3y'+2y=2e^{-t}$ 满足初始条件 $y(0)=2, y'(0)=-1$ 的解.

解 设 $L[y(t)]=Y(s)$. 对方程的两边取拉氏变换,并考虑到初始条件,则得
$$[s^2Y(s)-2s+1]-3[sY(s)-2]+2Y(s)=\frac{2}{s+1}.$$

这里含未知量 $Y(s)$ 的代数方程,整理后解出 $Y(s)$,得
$$Y(s)=\frac{2s^2-5s-5}{(s+1)(s-2)(s-1)},$$

这便是所求函数的拉氏变换,取它的逆变换便可得出所求函数 $y(t)$.

为了求 $Y(s)$ 的逆变换,将它写成部分分式的形式

$$Y(s)=\frac{2s^2-5s-5}{(s+1)(s-2)(s-1)}=\frac{1}{3}\frac{1}{s+1}+4\frac{1}{s-1}-\frac{7}{3}\frac{1}{s-2},$$

再取逆变换,就得到微分方程的解为

$$y(t)=\frac{1}{3}e^{-t}+4e^t-\frac{7}{3}e^{2t}.$$

例3 求微分方程组 $\begin{cases} y''-x''+x'-y=e^t-2, \\ 2y''-x''-2y'+x=-t, \end{cases}$ 满足初始条件 $x(0)=x'(0)=y(0)=y'(0)=0$ 的解.

解 设 $L[x(t)]=X(s), L[y(t)]=Y(s)$,对方程组取拉氏变换,并考虑到初始条件,则得

$$\begin{cases} s^2Y(s)-s^2X(s)+sX(s)-Y(s)=\dfrac{1}{s-1}-\dfrac{2}{s}, \\ 2s^2Y(s)-s^2X(s)-2sY(s)+X(s)=-\dfrac{1}{s^2}, \end{cases}$$

整理化简后得

$$\begin{cases} (s+1)Y(s)-sX(s)=\dfrac{-s+2}{s(s-1)^2}, \\ 2sY(s)-(s+1)X(s)=-\dfrac{1}{s^2(s-1)}. \end{cases}$$

解此方程组,得

$$\begin{cases} X(s)=\dfrac{2s-1}{s^2(s-1)^2}, \\ Y(s)=-\dfrac{1}{s(s-1)^2}. \end{cases}$$

取逆变换,得所求的解为 $\begin{cases} x(t)=-t+te^t, \\ y(t)=1-e^t+te^t. \end{cases}$

从以上例子可以看出一个特点:在解的过程中,初始条件也同时用上去了,求出的结果就是需要的特解,避免了微分方程的一般解法中,先求通解而后根据初始条件确定任意常数的复杂运算.

例4 在如图 10-3 所示的电路中,设输入电压为

$$u_0=\begin{cases} 1, & 0\leqslant t<T, \\ 0, & t\geqslant T. \end{cases}$$

求输出电压 $u_R(t)$(电容 C 在 $t=0$ 时不带电).

解 设电路中的电流为 $i(t)$,由图可得关于 $i(t)$ 的方程为

$$\begin{cases} Ri(t)+\dfrac{1}{c}\int_0^t i(t)\mathrm{d}t, \\ u_R(t)=Ri(t). \end{cases}$$

对所列方程作拉氏变换,设 $L[i(t)]=I(s), L[u_R(t)]=U_R(s)$,又因为

$$u_0(t)=u(t)-u(t-T),$$

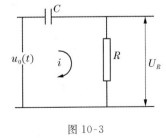

图 10-3

这里 $u(t)$ 是单位阶梯函数,所以有

$$L[u_0(t)] = L[u(t)] - L[u(t-T)] = \frac{1}{s} - \frac{e^{-Ts}}{s} = \frac{1}{s}(1-e^{-Ts}).$$

因此,由 $i(t)$ 方程式得到

$$\begin{cases} RI(s) + \dfrac{1}{sC}I(s) = \dfrac{1}{s}(1-e^{-Ts}), \\ U_R(s) = RI(s), \end{cases}$$

解得 $I(s) = \dfrac{C(1-e^{-Ts})}{RCs+1}$,代入 $U_R(s)$,得

$$U_R(s) = \frac{RC(1-e^{-Ts})}{RCs+1} = \frac{RC}{RCs+1} - \frac{RCe^{-Ts}}{RCs+1},$$

求逆变换可得

$$u_R(t) = \exp\left(-\frac{t}{RC}\right) - u(t-T)\exp\left(-\frac{t-T}{RC}\right).$$

输入、输出的电压与时间 t 的关系如图 10-4 所示.

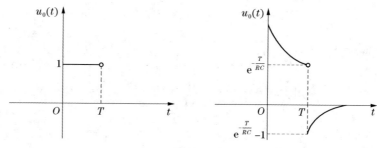

图 10-4

习题 10.4

1. 求下列微分方程的解.
(1) $y'' + 4y' + 3y = e^{-t}$, $y(0) = y'(0) = 1$;
(2) $y'' - y' = 4\sin t + 5\cos 2t$, $y(0) = -1, y'(0) = -2$;
(3) $y'' - 2y' + 2y = 2e^t \cos t$, $y(0) = y'(0) = 0$;
(4) $y''' + y' = e^{2t}$, $y(0) = y'(0) = y''(0) = 0$.

2. 求下列微分方程组的解.

(1) $\begin{cases} x' + x - y = e^t, \\ y' + 3x - 2y = 2e^t, \end{cases}$ $x(0) = y(0) = 1$;

(2) $\begin{cases} x'' - x + y + z = 0, \\ x + y'' - y + z = 0, \\ x + y + z'' - z = 0, \end{cases}$ $x(0) = 1, y(0) = z(0) = x'(0) = y'(0) = z'(0) = 0.$

3. 设有如图 10-5 所示的 RL 串联电路,在 $t = t_0$ 时,将电路接上直流电源 E,求电路中的电流 $i(t)$.

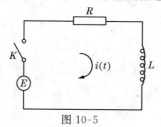

图 10-5

习 题 10

1. 求下列函数的拉氏变换.

(1) $f(t) = \cos \dfrac{t}{2}$；

(2) $f(t) = e^{2t}$；

(3) $f(t) = 3t$；

(4) $f(t) = \sin 2t$；

(5) $f(t) = \dfrac{1}{4}(1 - \cos 2t)$；

(6) $f(t) = \cos t + \sin t$.

2. 求下列函数的拉氏变换.

(1) $f(t) = t^2 + 5t + 6$；

(2) $f(t) = 1 + t e^t$；

(3) $f(t) = t \sin at$；

(4) $f(t) = \sin^2 t$；

(5) $f(t) = e^{-t} \sin 2t$；

(6) $f(t) = \dfrac{\sin 2t}{t}$.

3. 求下列函数的拉氏逆变换.

(1) $F(s) = \dfrac{1}{(s^2 + 4)^2}$；

(2) $F(s) = \dfrac{2s + 1}{s(s+1)(s+2)}$；

(3) $F(s) = \dfrac{1}{(s^2 + 2s + 2)^2}$；

(4) $F(s) = \dfrac{1}{s^2 + a^2}$；

(5) $F(s) = \dfrac{s}{(s-a)(s-b)}$；

(6) $F(s) = \dfrac{1}{(s^2 + a^2)s^3}$.

4. 求下列微分方程式及方程组的解.

(1) $y''' + 3y'' + 3y' + y = 1$, $\quad y(0) = y'(0) = y''(0) = 0$；

(2) $y''' + 3y'' + 3y' + y = 6e^{-t}$, $\quad y(0) = y'(0) = y''(0) = 0$；

(3) $y^{(4)} + y''' = \cos t$, $\quad y(0) = y'(0) = y''(0) = 0, y'''(0) = C$；

(4) $\begin{cases} (2x'' - x' + 9x) - (y'' + y' + 3y) = 0, \\ (2x'' + x' + 7x) - (y'' - y' + 5y) = 0, \end{cases}$ $\begin{cases} x(0) = x'(0) = 1, \\ y(0) = y'(0) = 1. \end{cases}$

附录Ⅰ 初等数学常用公式

一、乘法公式与因式分解

1. $(a \pm b)^2 = a^2 \pm 2ab + b^2$

2. $(a \pm b)^3 = a^3 \pm 3a^2b + 3ab^2 \pm b^3$

3. $a^2 - b^2 = (a+b)(a-b)$

4. $a^3 \pm b^3 = (a \pm b)(a^2 \mp ab + b^2)$

二、指数运算

1. $a^{-n} = \dfrac{1}{a^n} (a \neq 0)$

2. $a^0 = 1 (a \neq 1)$

3. $a^{\frac{m}{n}} = \sqrt[n]{a^m} (a \geqslant 0)$

4. $a^m \cdot a^n = a^{m+n}$

5. $a^m \div a^n = a^{m-n}$

6. $(a^m)^n = a^{mn}$

7. $\left(\dfrac{b}{a}\right)^n = \dfrac{b^n}{a^n} (a \neq 0)$

8. $(ab)^n = a^n \cdot b^n$

三、对数运算

1. $a^{\log_a N} = N$

2. $\log_a M^n = n \cdot \log_a M$

3. $\log_a \sqrt[n]{M} = \dfrac{1}{n} \log_a M$

4. $\log_a(MN) = \log_a M + \log_a N$

5. $\log_a \left(\dfrac{M}{N}\right) = \log_a M - \log_a N$

四、三角函数

1. 同角三角函数的关系

平方关系：$\sin^2\alpha + \cos^2\alpha = 1 \qquad 1 + \tan^2\alpha = \sec^2\alpha \qquad 1 + \cot^2\alpha = \csc^2\alpha$

倒数关系：$\sin\alpha = \dfrac{1}{\csc\alpha} \qquad \cos\alpha = \dfrac{1}{\sec\alpha} \qquad \tan\alpha = \dfrac{1}{\cot\alpha}$

商的关系：$\tan\alpha = \dfrac{\sin\alpha}{\cos\alpha} \qquad \cot\alpha = \dfrac{\cos\alpha}{\sin\alpha}$

2. 倍角与半角公司

倍角公式：$\sin 2\alpha = 2\sin\alpha\cos\alpha$

$\cos 2\alpha = \cos^2\alpha - \sin^2\alpha = 1 - 2\sin^2\alpha = 2\cos^2\alpha - 1$

$$\tan 2\alpha = \frac{2\tan\alpha}{1-\tan^2\alpha}$$

半角公式：$\sin^2\dfrac{\alpha}{2}=\dfrac{1-\cos\alpha}{2}$ $\qquad \cos^2\dfrac{\alpha}{2}=\dfrac{1+\cos\alpha}{2}$

3. 和差化积公式

$$\sin\alpha+\sin\beta=2\sin\frac{\alpha+\beta}{2}\cos\frac{\alpha-\beta}{2}$$

$$\sin\alpha-\sin\beta=2\cos\frac{\alpha+\beta}{2}\sin\frac{\alpha-\beta}{2}$$

$$\cos\alpha+\cos\beta=2\cos\frac{\alpha+\beta}{2}\cos\frac{\alpha-\beta}{2}$$

$$\cos\alpha-\cos\beta=-2\sin\frac{\alpha+\beta}{2}\sin\frac{\alpha-\beta}{2}$$

4. 两角和差公式

$$\sin(\alpha\pm\beta)=\sin\alpha\cos\beta\pm\cos\alpha\sin\beta$$

$$\cos(\alpha\pm\beta)=\cos\alpha\cos\beta\mp\sin\alpha\sin\beta$$

$$\tan(\alpha\pm\beta)=\frac{\tan\alpha\pm\tan\beta}{1\mp\tan\alpha\tan\beta}$$

五、数列

1. 等差数列 $\{a_n\}$

通项公式：$a_n=a_1+(n-1)d$

等差中项：若 a,b,c 成等差数列，则等差中项 $b=\dfrac{a+b}{2}$

前 n 项的和：$S_n=\dfrac{n(a_1+a_n)}{2}=na_1+\dfrac{n(n+1)}{2}d$

2. 等比数列

通项公式：$a_n=a_1 q^{n-1}$

等比中项：若 a,b,c 成等比数列，则等比中项 $G=\pm\sqrt{ab}$

前 n 项的和：$S_n=\dfrac{a_1(1-q^n)}{1-q}=\dfrac{a_1-a_n q}{1-q}$

六、排列与组合

1. 排列

$$P_n^m=n(n-1)(n-2)\cdots[n-(m-1)]=\frac{n!}{(n-m)!}$$

$$P_n^n=n(n-1)(n-2)\cdots 2\cdot 1=n!$$

$0!=1$

2. 组合

$$C_n^m=\frac{P_n^m}{m!}=\frac{n!}{m!(n-m)!}$$

$$C_n^m=C_n^{n-m}$$

附录 Ⅱ 标准正态分布表

$$\Phi(x) = \frac{1}{\sqrt{2\pi}} \int_{-\infty}^{x} e^{-\frac{t^2}{2}} dt$$

$\Phi(x)$ \ x	0.00	0.01	0.02	0.03	0.04	0.05	0.06	0.07	0.08	0.09
0.0	0.5000	0.5040	0.5080	0.5120	0.5160	0.5199	0.5239	0.5279	0.5319	0.5359
0.1	0.5398	0.5438	0.5478	0.5517	0.5557	0.5596	0.5636	0.5675	0.5714	0.5753
0.2	0.5793	0.5832	0.5871	0.5910	0.5948	0.5987	0.6026	0.6064	0.6103	0.6141
0.3	0.6179	0.6217	0.6255	0.6293	0.6331	0.6368	0.6406	0.6443	0.6480	0.6517
0.4	0.6554	0.6591	0.6628	0.6664	0.6700	0.6736	0.6772	0.6808	0.6844	0.6879
0.5	0.6915	0.6950	0.6985	0.7019	0.7054	0.7088	0.7123	0.7157	0.7190	0.7224
0.6	0.7257	0.7291	0.7324	0.7357	0.7389	0.7422	0.7454	0.7486	0.7517	0.7549
0.7	0.7580	0.7611	0.7642	0.7673	0.7703	0.7734	0.7764	0.7794	0.7823	0.7852
0.8	0.7881	0.7910	0.7939	0.7967	0.7995	0.8023	0.8051	0.8078	0.8106	0.8133
0.9	0.8159	0.8186	0.8212	0.8238	0.8264	0.8289	0.8315	0.8340	0.8365	0.8389
1.0	0.8413	0.8438	0.8461	0.8485	0.8508	0.8531	0.8554	0.8577	0.8599	0.8621
1.1	0.8643	0.8665	0.8686	0.8708	0.8729	0.8749	0.8770	0.8790	0.8810	0.8830
1.2	0.8849	0.8869	0.8888	0.8907	0.8925	0.8944	0.8962	0.8980	0.8997	0.9015
1.3	0.9032	0.9049	0.9066	0.9082	0.9099	0.9115	0.9131	0.9147	0.9162	0.9177
1.4	0.9192	0.9207	0.9222	0.9236	0.9251	0.9265	0.9278	0.9292	0.9306	0.9319

(续表)

x \ $\Phi(x)$	0.00	0.01	0.02	0.03	0.04	0.05	0.06	0.07	0.08	0.09
1.5	0.9332	0.9345	0.9357	0.9370	0.9382	0.9394	0.9406	0.9418	0.9430	0.9441
1.6	0.9452	0.9463	0.9474	0.9484	0.9495	0.9505	0.9515	0.9525	0.9535	0.9545
1.7	0.9554	0.9564	0.9573	0.9582	0.9591	0.9599	0.9608	0.9616	0.9625	0.9633
1.8	0.9641	0.9648	0.9656	0.9664	0.9671	0.9678	0.9686	0.9693	0.9700	0.9706
1.9	0.9713	0.9719	0.9726	0.9732	0.9738	0.9744	0.9750	0.9756	0.9762	0.9767
2.0	0.9772	0.9778	0.9783	0.9788	0.9793	0.9798	0.9803	0.9808	0.9812	0.9817
2.1	0.9821	0.9826	0.9830	0.9834	0.9838	0.9842	0.9846	0.9850	0.9854	0.9857
2.2	0.9861	0.9864	0.9868	0.9871	0.9874	0.9878	0.9881	0.9884	0.9887	0.9890
2.3	0.9893	0.9896	0.9898	0.9901	0.9904	0.9906	0.9909	0.9911	0.9913	0.9916
2.4	0.9918	0.9920	0.9922	0.9925	0.9927	0.9929	0.9931	0.9932	0.9934	0.9936
2.5	0.9938	0.9940	0.9941	0.9943	0.9945	0.9946	0.9948	0.9949	0.9951	0.9952
2.6	0.9953	0.9955	0.9956	0.9957	0.9959	0.9960	0.9961	0.9962	0.9963	0.9964
2.7	0.9965	0.9966	0.9967	0.9968	0.9969	0.9970	0.9971	0.9972	0.9973	0.9974
2.8	0.9974	0.9975	0.9976	0.9977	0.9977	0.9978	0.9979	0.9979	0.9980	0.9981
2.9	0.9981	0.9982	0.9982	0.9983	0.9984	0.9984	0.9985	0.9985	0.9986	0.9986
3.0	0.9987	0.9990	0.9993	0.9995	0.9997	0.9998	0.9998	0.9999	0.9999	1.0000

注：本表最后一行自左至右依次是 $\Phi(3.0), \Phi(3.1), \cdots, \Phi(3.9)$

附录Ⅲ　Mathematica 的极限、导数和积分的计算

一、Mathematica 的启动和运行

Mathematica 是由美国 Wolfram 研究公司研制开发的一个著名数学软件,能够完成符号运算、数学图形绘制,甚至动画制作等操作,软件本身小巧好用.

1. 安装

放入软件光盘后运行"setup.exe"进入安装画面,然后按照系统提示安装即可.

2. 启动和退出

安装完毕后就可以使用 Mathematica 软件了,以 Mathematica 5.0 为例,可以通过"开始"菜单栏的"程序"项启动,如建立了快捷方式,则可以通过双击该快捷方式启动,屏幕会显示 Notebook 窗口,系统暂时取名 Untitled-1(文件名后缀固定为.nb),直到用户保存时重新命名为止.

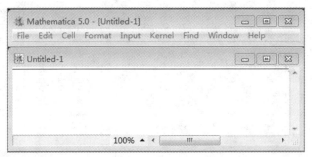

这时就可以输入指令运行了.

3. 从 Mathematica 中获取帮助信息

Mathematica 提供了多种获取帮助信息的方法.用户可以在工作区窗口中通过使用"?"来得到帮助,例如,使用"? Plot",系统将给出调用 Plot 的格式及 Plot 命令的功能.

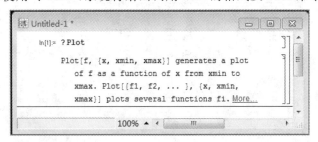

二、学习 Mathematica 命令

这里仅涉及极限、导数和积分的命令.

1. Limit 命令

极限的命令是 Limit,它的使用方法如下表:

命　令	功　能
Limit[expr,$x \to x_0$]	当 x 趋向于 x_0 时,求 expr 的极限
Limit[expr,$x \to x_0$,Direction$\to$1]	当 x 趋向于 x_0 时,求 expr 的左极限
Limit[expr,$x \to x_0$,Direction$\to -1$]	当 x 趋向于 x_0 时,求 expr 的右极限

注:表中的 x_0 也可以是 $+\infty$、$-\infty$,但不可以是 ∞;Mathematica 软件视"∞"为"$+\infty$"之意.

例 1 求 $\lim\limits_{x \to 0} \dfrac{\sin^2 2x}{x^2}$.

解 使用具体的命令 Limit$\left[\dfrac{\sin^2 2x}{x^2}, x \to 0\right]$,屏幕显示如下:

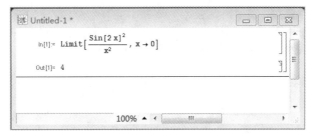

即 $\lim\limits_{x \to 0} \dfrac{\sin^2 2x}{x^2} = 4$.

例 2 求 $\lim\limits_{x \to 0^-} \dfrac{1}{x}$.

解 使用具体的命令 Limit[$1/x, x \to 0$, Direction $\to 1$],屏幕显示如下:

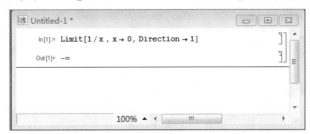

即 $\lim\limits_{x \to 0^-} \dfrac{1}{x} = -\infty$.

例 3 求 $\lim\limits_{x \to 0^+} \dfrac{1}{x}$.

解 使用具体的命令 Limit[$1/x, x \to 0$, Direction $\to -1$],屏幕显示如下:

即 $\lim\limits_{x \to 0^+} \dfrac{1}{x} = +\infty$.

例 4 求 $\lim\limits_{x \to 0} \sin \dfrac{1}{x}$.

解 使用具体的命令 $\text{Limit}\left[\sin\dfrac{1}{x}, x \to 0\right]$，屏幕显示如下：

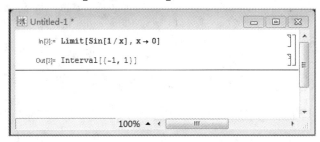

输出结果表示此极限在区间 $[-1, 1]$ 上取值，由极限的唯一性知，
$$\lim_{x \to 0} \sin \frac{1}{x}$$
不存在.

例 5 求 $\lim\limits_{x \to \infty}\left(x \sin \dfrac{1}{x}\right)$.

解 使用具体的命令 $\text{Limit}\left[x\sin\dfrac{1}{x}, x \to \infty\right]$，屏幕显示如下：

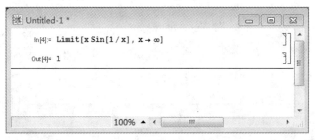

即 $\lim\limits_{x \to \infty}(x\sin\dfrac{1}{x}) = 1$【实则 $\lim\limits_{x \to +\infty}(x\sin\dfrac{1}{x}) = 1$】.

例 6 求 $\lim\limits_{x \to -\infty}(\sqrt{1-x})$.

解 使用具体的命令 $\text{Limit}[\sqrt{1-x}, x \to -\infty]$，屏幕显示如下：

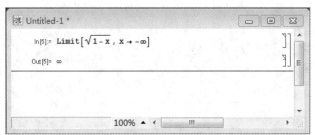

即 $\lim\limits_{x \to -\infty}(\sqrt{1-x}) = +\infty$.

例 7* 求 $\lim\limits_{x \to +\infty}(\sqrt{1-x})$.

解 使用具体的命令 $\text{Limit}[\sqrt{1-x}, x \to +\infty]$，屏幕显示如下：

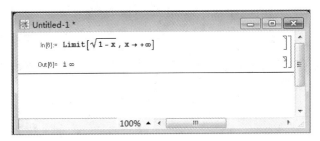

即 $\lim\limits_{x\to+\infty}(\sqrt{1-x})=(+\infty)\cdot i$.

例 8* 求 $\lim\limits_{x\to 3}(\sqrt{1-x})$.

解   使用具体的命令 $\mathrm{Limit}\left[\sqrt{1-x},x\to 3\right]$,屏幕显示如下：

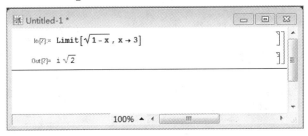

即 $\lim\limits_{x\to 3}(\sqrt{1-x})=\sqrt{2}i$.

思考题：求 $\lim\limits_{x\to 0}\dfrac{1}{x}$.

分析：使用具体的命令 $\mathrm{Limit}[1/x,x\to 0]$,屏幕可显示如下：

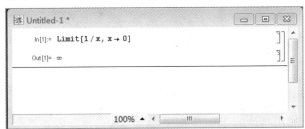

此结果于例2、3冲突,似乎 $\lim\limits_{x\to 0}\dfrac{1}{x}=+\infty$[注意软件中的"$\infty$"指"$+\infty$"],而不是事实上的 $\lim\limits_{x\to 0}\dfrac{1}{x}=\infty$；进一步研究表明,遇此麻烦,软件内部一律将其调整为右极限. 如此看来,软件仍有待完善.

2. D命令

导数的命令是 D,它的使用方法如下表：

命 令	功 能
$D[f,x]$	计算导数 $\dfrac{\mathrm{d}}{\mathrm{d}x}f(x)$
$D[\{f_1,f_2,\cdots,f_n\},x]$	计算导数 $\dfrac{\mathrm{d}}{\mathrm{d}x}f_1(x)$,$\dfrac{\mathrm{d}}{\mathrm{d}x}f_2(x)$,$\cdots$,$\dfrac{\mathrm{d}}{\mathrm{d}x}f_m(x)$
$D[f,\{x,n\}]$	计算 n 阶导数 $\dfrac{\mathrm{d}^n}{\mathrm{d}x^n}f(x)$

例 9 设 $y=x\sin x+\cos x$,求 y'、$y'(\pi)$.

解 使用具体的命令 $D[x\sin x+\cos x,x]$,屏幕显示如下：

即 $y'=x\cos x$.又工作区中的符号" %/. "表示将第一次输出结果赋值 $x=\pi$,可见 $y'(\pi)=-\pi$.

例 10 求下列函数的一阶导数.

$$y_1=3x+\frac{2}{x^2};\ y_2=2x^2-5\sqrt{x};\ y_3=\frac{1-x^2}{x}.$$

解 使用具体的命令 $D\left[\left\{3x+\frac{2}{x^2},2x^2-5\sqrt{x},\frac{1-x^2}{x}\right\},x\right]$,屏幕显示如下：

即 $y'_1=3-\dfrac{4}{x^3}$, $y'_2=-\dfrac{5}{2\sqrt{x}}+4x$, $y'_3=-2-\dfrac{1-x^2}{x^2}$.

例 11 求 $y=\dfrac{1-x}{1+x}$ 的二阶导数 y''.

解（法一） 可先使用具体的命令 $D\left[\dfrac{1-x}{1+x},x\right]$ 求得 y',再基于此求出 y'';计算过程中用命令 Simplify[%] 简化 y' 的输出结果.屏幕显示如下：

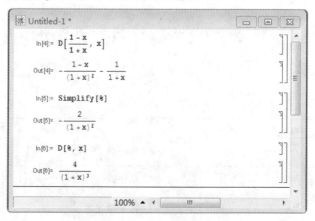

即 $y'' = \dfrac{4}{(1+x)^3}$.

解（法二） 使用具体的命令 $D\left[\dfrac{1-x}{1+x},\{x,2\}\right]$，屏幕显示如下：

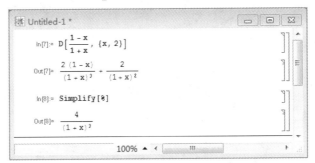

即 $y'' = \dfrac{4}{(1+x)^3}$ （已用命令 Simplify[%] 简化了结果）.

3. Integrate 命令

积分的命令是 D，它的使用方法如下表：

命　令	功　能
Integrate$[f(x),x]$ 或 $\int f(x)\mathrm{d}x$	求 $f(x)$ 的一个原函数 $\int_a^b f(x)\mathrm{d}x$
Integrate$[f(x),\{x,a,b\}]$ 或 $\int_a^b f(x)\mathrm{d}x$	计算 $f(x)$ 在 $[a,b]$ 上的定积分
NIntegrate$[f(x),\{x,a,b\}]$ 或 $N\left[\int_a^b f(x)\mathrm{d}x\right]$	计算 $f(x)$ 在 $[a,b]$ 上定积分的近似值

例 12　求 $y = \int \dfrac{1}{1+\cos 2x}\mathrm{d}x$.

解　使用具体的命令 Integrate$[1/(1+\cos 2x),x]$ 或 $\int \dfrac{1}{1+\cos 2x}\mathrm{d}x$ 表示求 $\dfrac{1}{1+\cos 2x}$ 的一个原函数，屏幕显示如下：

即 $y = \dfrac{1}{2}\tan x + C$.

例 13　对于一些手工计算相当复杂的不定积分，Mathematica 却能轻易求得，计算
$$y = \int \dfrac{\cos x \sin x}{(1+\cos x)^2}\mathrm{d}x.$$

解 使用具体的命令 $\int \frac{\cos x \sin x}{(1+\cos x)^2} \mathrm{d}x$ 表示求 $\frac{\cos x \sin x}{(1+\cos x)^2}$ 的一个原函数,屏幕显示如下：

即 $y = -\frac{1}{1+\cos x} - \ln(1+\cos x) + C$.

例 14 求 $\int_0^{\frac{\pi}{2}} \sqrt{1-\sin 2x}\,\mathrm{d}x$.

解 使用具体的命令 $\mathrm{Integrate}\left[\sqrt{1-\sin 2x},\left\{x,0,\frac{\pi}{2}\right\}\right]$ 或 $\int_0^{\frac{\pi}{2}} \sqrt{1-\sin 2x}\,\mathrm{d}x$ 表示计算 $\sqrt{1-\sin 2x}$ 在 $\left[0,\frac{\pi}{2}\right]$ 上的定积分,屏幕显示如下：

即 $\int_0^{\frac{\pi}{2}} \sqrt{1-\sin 2x}\,\mathrm{d}x = 2(-1+\sqrt{2})$.

例 15 判断广义积分 $\int_0^{+\infty} \frac{1}{1+x^2}\,\mathrm{d}x$ 是否收敛.

解 使用命令 $\mathrm{Integrate}[f(x),\{x,a,b\}]$ 或 $\int_a^b f(x)\,\mathrm{d}x$ 也可用来计算广义积分,本例中的屏幕显示如下：

即广义积分 $\int_0^{+\infty} \frac{1}{1+x^2}\,\mathrm{d}x = \frac{\pi}{2}$ 收敛.

例 16 判断广义积分 $\int_0^1 x\ln x\,\mathrm{d}x$、$\int_0^2 \dfrac{1}{(1-x)^2}\mathrm{d}x$ 是否收敛.

解 说明同上,本例中的屏幕显示如下:

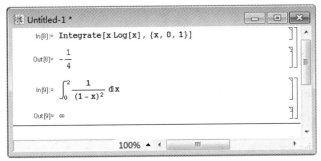

即广义积分 $\int_0^1 x\ln x\,\mathrm{d}x = -\dfrac{1}{4}$ 收敛及广义积分 $\int_0^2 \dfrac{1}{(1-x)^2}\mathrm{d}x$ 发散.

例 17 计算 $\int_0^1 \sin(\sin x)\mathrm{d}x$.

解 命令 $N\left[\int_a^b f(x)\mathrm{d}x\right]$ 可用来求数值积分,本例中的屏幕显示如下:

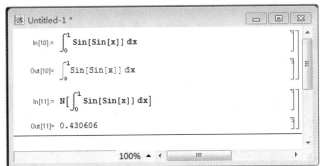

Out[10] 表示原定积分无精确值,Out[11] 是原定积分的近似值.

即 $\int_0^1 \sin(\sin x)\mathrm{d}x \approx 0.430606$.

例 18 求 $\int_0^1 \dfrac{\sin x}{x}\mathrm{d}x$ 的近似值.

解 说明同上,本例中的屏幕显示如下:

即 $\int_0^1 \dfrac{\sin x}{x}\mathrm{d}x \approx 0.946083$.

例 19* 求变上限定积分函数 $\int_0^x \dfrac{\arctan t}{1+t^2}\mathrm{d}t$、$\int_1^{\sqrt{\ln x}} \mathrm{e}^{t^2}\mathrm{d}t$ 的导数.

解 求导、积分命令可一起使用,本例中的屏幕显示如下:

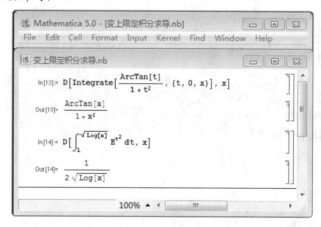

即 $\left(\int_0^x \dfrac{\arctan t}{1+t^2}\mathrm{d}t\right)' = \dfrac{\arctan x}{1+x^2}$、$\left(\int_1^{\sqrt{\ln x}} \mathrm{e}^{t^2}\mathrm{d}t\right)' = \dfrac{1}{2\sqrt{\ln x}}$.

注:假如要保存上面的文件(例如到桌面)并取名(例如)"变上限定积分求导",则应点击菜单 File → Save,当出现"另存为"对话框时,点击"桌面"位置,输入要保存文件的名称"变上限定积分求导"(默认后缀.nb),最后点击"保存"即可.若欲打开先前创建的文件,则应点击菜单 File → Open…,当出现"打开"对话框时,点击"桌面"位置,找到文件"变上限定积分求导"后,在其上双击即可.

附录Ⅳ　EXCEL 在解线性代数问题中的应用

　　Microsoft Excel 功能强大,它在解线性代数方面的问题时也会发挥绝妙的功效.大家知道线性代数有着广泛的应用,但线性代数中如计算行列式的值、矩阵的积、矩阵求逆、解线性方程组和解矩阵方程等又都是比较烦琐的,Excel 提供了这些计算函数.本节介绍用 EXCEL 中相关函数来解决线性代数的计算问题.

一、Excel 函数介绍

　　启动 Excel,点击工具栏上的"粘贴函数"如图一:

图一

　　选择"数学与三角函数"如图二,你会看到各种数学函数.

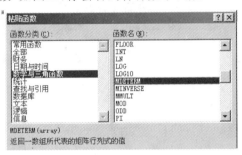

图二

　　这里主要用到以下三个函数,如：

函数名	功　　能	数学函数式
MDETERM	计算行列式的值	$|A|$
MINVERSE	求逆矩阵	A^{-1}
MMULT	计算两矩阵相乘	AB

二、案例操作

　　操作一　计算行列式 $A = \begin{vmatrix} 1 & 3 & 4 & -1 \\ 0 & 1 & 1 & 3 \\ 4 & 5 & 3 & 1 \\ 1 & 2 & 1 & 1 \end{vmatrix}$ 的值.

　　1.在 A1:D4 区域的单元格中输入数据;

　　2.选定某一单元格如 C6,输入=MDETERM(A1:D4),按下 Enter 键,即可得到结果

A=22. 如图三：

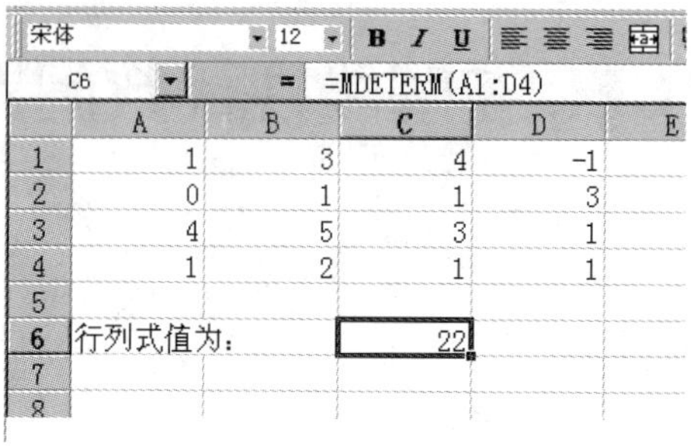

C6 =MDETERM(A1:D4)

	A	B	C	D	E
1	1	3	4	-1	
2	0	1	1	3	
3	4	5	3	1	
4	1	2	1	1	
5					
6	行列式值为：		22		
7					

图三

操作二 求两矩阵的积.

$$C=\begin{bmatrix}-1 & 2 & 3\\ 3 & -1 & 0\end{bmatrix}\begin{bmatrix}2 & 5 & 0\\ -4 & 3 & -2\\ 3 & -1 & 1\end{bmatrix}$$

1. 分别在 A1:C2 和 E1:G3 中输入两个矩阵的数据；

2. 因为所得结果为 2 行 3 列的矩阵，所以选定 B5:D6 区域且把 B5 作为活动单元格，在 B5 中输入=MMULT(A1:C2,E1:G3)，按下 Ctrl+Shift+Enter！如图四.

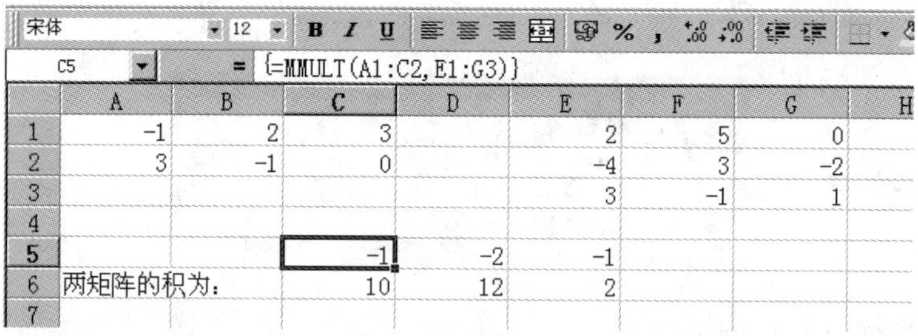

C5 {=MMULT(A1:C2,E1:G3)}

	A	B	C	D	E	F	G	H
1	-1	2	3		2	5	0	
2	3	-1	0		-4	3	-2	
3					3	-1	1	
4								
5			-1	-2	-1			
6	两矩阵的积为：		10	12	2			
7								

图四

操作三 求矩阵 A 的逆. $A=\begin{bmatrix}1 & 2 & 3 & 4\\ 2 & 3 & 1 & 2\\ 1 & 1 & 1 & -1\\ 1 & 0 & -2 & -6\end{bmatrix}$

1. 选定 A1:D4 区域输入矩阵的数据；

2. 选取某一区域如 C6:F9 存放逆矩阵，C6 为活动单元格，在 C6 中输入=MINVERSE(A1:D4)，按下 Ctrl+Shift+Enter 即可，更快！如图五.

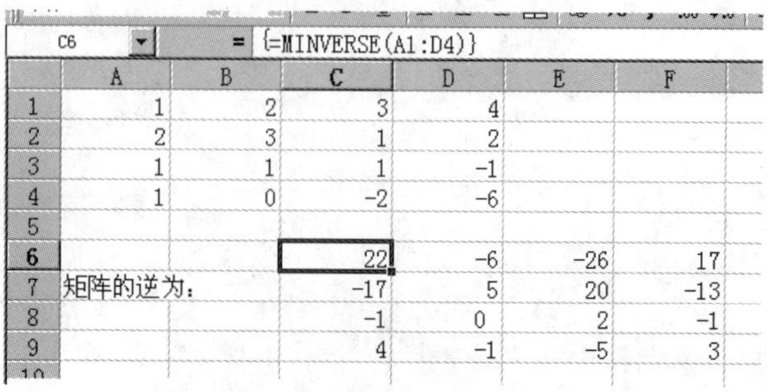

C6 {=MINVERSE(A1:D4)}

	A	B	C	D	E	F
1	1	2	3	4		
2	2	3	1	2		
3	1	1	1	-1		
4	1	0	-2	-6		
5						
6			22	-6	-26	17
7	矩阵的逆为：		-17	5	20	-13
8			-1	0	2	-1
9			4	-1	-5	3

图五

操作四 解四元一次方程组.

$$\begin{cases} x_1 - x_2 + 3x_3 + 2x_4 = 2 \\ \quad ?x_2 - 2x_3 + 3x_4 = 8 \\ x_1 + 2x_2 \qquad + 6x_4 = 13 \\ 4x_1 - 3x_2 + 5x_3 + x_4 = 1. \end{cases}$$

［**分析**］ 解此类型的方程可化为矩阵形式：AX＝b，其中 A 为系数矩阵，X 为解的矩阵，b 为常数矩阵，$X = A^{-1}b$.

1. 先求系数矩阵的逆矩阵；

2. 再用系数矩阵的逆矩阵乘以常数矩阵.

操作如图六.

F8 = {=MMULT(A8:D11,F2:F5)}

	A	B	C	D	E	F
1		系数矩阵				常数矩阵
2	1	-1	3	2		2
3	0	1	-2	3		8
4	1	2	0	6		13
5	4	-3	5	1		1
6						
7		系数矩阵的逆				方程的解
8	-0.72727	-0.18182	0.272727	0.363636		1
9	-0.56364	-0.89091	0.636364	-0.01818		0
10	0.181818	-0.45455	0.181818	-0.09091		-1
11	0.309091	0.327273	-0.09091	-0.05455		2

图六

操作五 解矩阵方程 $AXB = C$.

解之：$X = A^{-1}CB^{-1}$，其中：

$$A = \begin{bmatrix} 4 & -2 & 0 \\ 4 & -2 & -1 \\ -3 & 1 & 2 \end{bmatrix}, B = \begin{bmatrix} 3 & -1 & 2 \\ 1 & 0 & -1 \\ -2 & 1 & 4 \end{bmatrix}, C = \begin{bmatrix} 5 & 0 & -1 \\ 1 & -3 & 0 \\ -2 & 1 & 3 \end{bmatrix}$$

1. 先求 A 的逆、B 的逆；

2. 再用 A 的逆乘以 C，后再乘以 B 的逆.

操作如图七：

宋体 12 B I U %

A12 = {=MMULT(I7:K9,E7:G9)}

	A	B	C	D	E	F	G	H	I	J	K	L
1		矩阵A				矩阵B				矩阵C		
2	4	-2	0		3	-1	2		5	0	-1	
3	4	-2	-1		1	0	-1		1	-3	0	
4	-3	1	2		-2	1	4		-2	1	3	
5												
6		矩阵A的逆				矩阵B的逆				A逆乘以C		
7	1.5	-2	-1		0.1	0.9	0.1		7.5	5	-5	
8	2.5	-4	-2		-0	2.3	0.7		13	10	-9	
9	1	-1	0		0.1	-0	0.1		4	3	-1	
10												
11		X的解										
12	-1	18.5	4									
13	-2.3	34.79	7.7									
14	-0.4	10.43	2.6									

图七

操作六 解方程组.

$$\begin{cases}4k_a+2k_b-k_c-0.87=0\\2k_a+5k_b+3k_c-1.12=0\\-k_a+3k_b+6k_c+0.41=0.\end{cases}$$

［**分析**］ $X=A^{-1}b$，选取某一区域如 G2:G4 存放解矩阵，G2 为活动单元格，在 G2 中输入＝MMULT(MINVERSE(A2:C4),E2:E4)按下 Ctrl＋Shift＋Enter 即可．如图八．

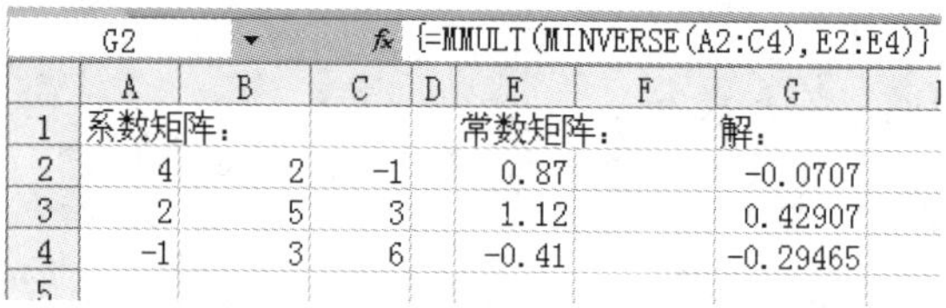

G2 ▾ fx {=MMULT(MINVERSE(A2:C4),E2:E4)}

	A	B	C	D	E	F	G
1	系数矩阵：				常数矩阵：		解：
2	4	2	-1		0.87		-0.0707
3	2	5	3		1.12		0.42907
4	-1	3	6		-0.41		-0.29465
5							

图八

附录V 习题参考答案

第1章

习题1.1

1.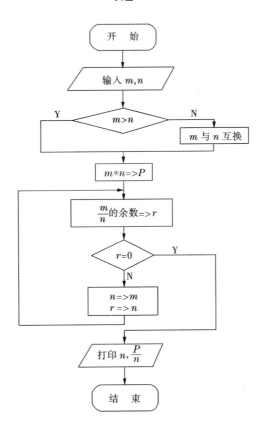

2. 略.   3. (1) B；(2) D.
4. (1) $(-2,6)$；(2) $[0,+\infty)$；(3) $[-1,7]$；(4) $(-3,3)$.

习题1.2

1. (1) A,C,D；(2) A；(3) C.
2. (1) 110111.101；(2) 718.84375；(3) 5A.A；
   (4) 1010101100110100.0101，125464.101.
3. (1) 171.625；(2) 111001.01，39.14453125；(3) 1011001110.11011，718.84375.

习题1.3

1. 与$\overrightarrow{DE}$相等的向量：$\overrightarrow{AF},\overrightarrow{FC}$；

与 $\overrightarrow{EF}$ 相等的向量：$\overrightarrow{BD}, \overrightarrow{DA}$；

与 $\overrightarrow{FD}$ 相等的向量：$\overrightarrow{CE}, \overrightarrow{EB}$.

2. (1) $3a-2b$； (2) $\dfrac{9}{2}a+2b$. **3.** $(8,0)$. **4.** $(9,7)$.

5. $-6\sqrt{3}$，$25-12\sqrt{3}$. **6.** $120°$. **7.** $x=4$，$y=-2$.

8. (1) $m=0, m=3$； (2) $m\neq 3, m\neq 0$； (3) $m=2$.

9. (1) $45+10i$； (2) -5； (3) $-2i$； (4) i.

习题 1.4

1. (1) 不同 对应法则不同； (2) 不同 定义域不同；
(3) 不同 定义域不同； (4) 相同.

2. (1) $(-\infty,-1)\cup(-1,1)\cup(1,+\infty)$； (2) $(-\infty,-\sqrt{3})\cup(\sqrt{3},+\infty)$；
(3) $\left(\dfrac{1}{2},2\right]$； (4) $(-\infty,1)\cup(1,2)\cup(2,+\infty)$；
(5) $[-1,3]$； (6) $(-\infty,+\infty)$； (7) $(0,\pi]$.

3. $2, \sqrt{5}, \sqrt{5}, \sqrt{4+x_0^2}, \sqrt{4+\dfrac{1}{a^2}}$.

4. $-1, 3x_0+2, 3$. **5.** $x^2+6x+11, x^2+4x+6$. **6.** 略.

7. $(-\infty,+\infty), \dfrac{\sqrt{3}}{2}, \dfrac{\sqrt{2}}{2}, 2, 2$.

8. (1) 非奇非偶； (2) 偶； (3) 奇； (4) 奇.

9. (1) 增； (2) 减； (3) 减； (4) 增.

10. (1) $\dfrac{2}{3}\pi$； (2) π； (3) π； (4) 非周期函数.

习题 1.5

1—3. 略.

4. (1) $y=\sin^2 x$，$y_1=\dfrac{1}{2}$，$y_2=\dfrac{3}{4}$； (2) $y=\cos 2x$，$y_1=\dfrac{\sqrt{2}}{2}$，$y_2=0$；
(3) $y=\sqrt{1+x^2}$，$y_1=\sqrt{2}$，$y_2=2$； (4) $y=e^{x^2}$，$y_1=e^4$，$y_2=e$；
(5) $y=e^{2x}$，$y_1=e^2$，$y_2=e^{-2}$.

5. (1) $y=u^{\frac{3}{2}}$，$u=1+x$； (2) $y=u^2$，$u=\sin v$，$v=2x+\dfrac{\pi}{3}$；
(3) $y=\ln u$，$u=\tan x$； (4) $y=e^u$，$u=\cot v$，$v=\dfrac{x}{2}$.

6. $2^{x^2}, 4^x$. **7.** 略，$1-x$.

习题 1.6

1. $5, 20$. **2.** $R(Q)=\begin{cases} 80Q, & 0<Q\leqslant 800, \\ 72(Q-800)+6400, & Q>800. \end{cases}$

3. (1) $C(Q)=100+3Q$，$C_0=100(\text{元})$； (2) $C(200)=700(\text{元})$，$\overline{C}(200)=3.5(\text{元})$.

4. $R(Q)=200Q-\dfrac{Q^2}{5}$，$R(200)=32000$.

5. (1) $C(Q)=100+6Q$； (2) $R(Q)=\left(10-\dfrac{Q}{100}\right)Q=10Q-\dfrac{Q^2}{100}$；

(3) $L(Q)=4Q-\dfrac{Q^2}{100}-100$.

6. $A=h\sqrt{d^2-h^2}$.   **7.** $y=ax^2+\dfrac{8va}{x}$.

8. $V=\begin{cases}10+0.5t, & 0\leqslant t<180,\\ 100, & t\geqslant 180.\end{cases}$ **9.** $y=\begin{cases}5, & x\leqslant 3,\\ 5+(x-3)\times 1.2, & x>3.\end{cases}$

习题 1

1. (1) D; (2) B; (3) C; (4) D; (5) A; (6) C.

2. (1) $(-\infty,0)\cup(0,3]$; (2) 0; (3) $16x-7$; (4) $2x+1$;
(5) π; (6) $y=e^u, u=\sin v, v=2x+1$.

3. (1) $[-1,0)\cup(0,1]$; (2) $(-3,3)$; (3) $[-2,1)$; (4) $\left[-\dfrac{1}{3},1\right]$.

4. (1) $y=u^{\frac{1}{2}}$, $u=\ln v$, $v=x^{\frac{1}{2}}$;   (2) $y=3^u$, $u=v^2$, $v=4x+1$;
(3) $y=\sin u$, $u=e^v$, $v=2x$;   (4) $y=u^3$, $u=\cos v$, $v=\dfrac{x}{2}$.

5. 略.   **6.** $f(x)=x^2-2x+2$.   **7.** 奇.

8. (1) $[0,4]$; (2) $-\dfrac{1}{4}$.   **9.** $R=r\left(1-\dfrac{x}{h}\right)$, $v=\pi r^2\left(1-\dfrac{x}{h}\right)^2 x$.

10. $y=\begin{cases}0, & x\leqslant 20,\\ (x-20)\times 0.5, & 20<x\leqslant 50,\\ 15+(x-50)\times 0.6, & x>50.\end{cases}$

11. (1) 10000000000, 0.101, 11001.1011, 1111101.001;
(2) 101011110, 10000001.010110;
(3) $(1673)_8$, $(53.54)_8$;
(4) 11101101, 1111111111, 101001101.001111, 11101100.0001001;
(5) DB, 3B.E8, 2DD, 2E.C.

12.
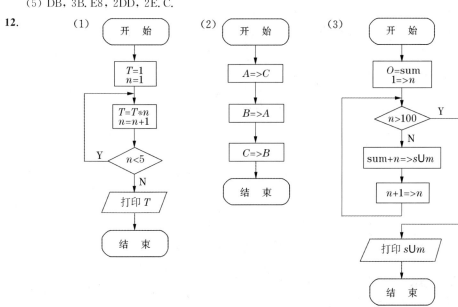

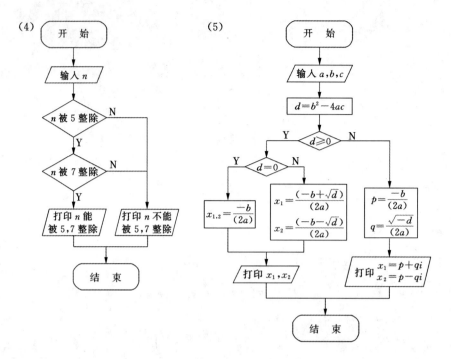

13. (1) 略； (2) $\frac{1}{3}(a+b)$.

14. $\sqrt{3}+1$.

第 2 章

习题 2.1

1. (1) 0； (2) $\frac{1}{2}$； (3) 1； (4) 5；(5) 2； (6) 发散； (7) 发散； (8) 发散.
2. 1.　3. 0.　4. $+\infty$.　5. 0.　6. 1.
7. (1) 2； (2) 1； (3) 2.　8. 0.　11. C.

习题 2.2

1. (1) $\frac{1}{2}$； (2) 2； (3) $\frac{1}{3}$.

2. (1) 2； (2) $\frac{2}{3}$； (3) 0； (4) -4； (5) $\frac{2}{3}$； (6) -1； (7) $\frac{2}{3}$； (8) 0.

3. (1) $\frac{\sqrt{6}}{6}$； (2) $\frac{1}{8}$.　4. 20.

习题 2.3

1. (1) a； (2) $\frac{1}{2}$； (3) $\frac{2}{3}$； (4) 0； (5) 1； (6) 1.

2. (1) $\frac{1}{e}$； (2) e^2； (3) e^2； (4) $e^{\frac{5}{3}}$.

· 298 ·

习题 2.4

1. (1) 大；(2) 小；(3) 小；(4) 小；(5) 小；(6) 大.

2. (1) 0；(2) 0；(3) 1.   3. 略.

4. (1) $\dfrac{2}{5}$；(2) 1；(3) 1；(4) $\dfrac{1}{2}$；(5) 1；(6) 2.

5. (1) 8.8235，9.8361，5.1576；(2) 0.

习题 2.5

1. (1) 是；(2) 否；(3) 否；(4) 否.

2. (1) 2；(2) $-\dfrac{\sqrt{2}}{2}$；(3) 0；(4) 1.

3. (1) $(-\infty,1)\cup(1,2)\cup(2,+\infty)$；(2) $\left(\dfrac{1}{2},+\infty\right)$；(3) $(-\infty,-2)\cup(-2,+\infty)$.

4. 不连续.

习题 2

1. (1) A；(2) D；(3) D；(4) D；(5) B；(6) C.

2. (1) -2；(2) $\dfrac{1}{2}$；(3) -2；(4) $\dfrac{1}{4}$；(5) $\dfrac{1}{2}$；(6) $\dfrac{1}{2}$.

3. (1) $\dfrac{3}{2}$；(2) 0；(3) ∞；(4) 0.

4. (1) $-\dfrac{1}{4}$；(2) -1；(3) 0；(4) 1；(5) 1；(6) -3.

5. (1) $\dfrac{m}{n}$；(2) 2；(3) 1；(4) $\dfrac{1}{2}$；(5) e^{-2}；(6) $\dfrac{1}{e}$；(7) e^{-2}；(8) 1.

6. $a=1$，$b=-\dfrac{1}{2}$.   提示：$\lim\limits_{x\to +\infty}\dfrac{\sqrt{x^2-x+1}-ax-b}{x}=0$.

7. $A_n=\dfrac{n}{2}R^2\sin\dfrac{2\pi}{n}$，$\lim\limits_{n\to\infty}A_n=\pi R^2$.

第 3 章

习题 3.1

1. (1) $10-g-\dfrac{1}{2}g\Delta t$；(2) $10-g$；(3) $10-gt_0-\dfrac{1}{2}g\Delta t$；(4) $10-gt_0$.

2. 12 m/s.   3. (1) $\dfrac{1}{2}$；(2) a.

4. (1) $3x^2$；(2) $\dfrac{3}{4}x^{-\frac{1}{4}}$；(3) $\dfrac{5}{2}x^{\frac{3}{2}}$；(4) $-\dfrac{1}{2}x^{-\frac{3}{2}}$；(5) $-2x^{-3}$；(6) $1.8x^{0.8}$.

5. 切线：$y-\dfrac{1}{2}=-\dfrac{\sqrt{3}}{2}\left(x-\dfrac{\pi}{3}\right)$，法线：$y-\dfrac{1}{2}=\dfrac{2}{3}\sqrt{3}\left(x-\dfrac{\pi}{3}\right)$.

6. 切线：$y-1=\dfrac{1}{e}(x-e)$，法线：$y-1=-e(x-e)$.   7. 2.4.

习题 3.2

1. (1) $3x^2-4\sin x$; (2) $3x^2+\dfrac{5}{2}x^{\frac{3}{2}}$; (3) $1+\ln x$; (4) $\tan x+x\sec^2 x-\sec x\cdot\tan x$;

   (5) $\lg x(\sin x+x\cos x)+\dfrac{\sin x}{\ln 10}$; (6) $-\csc x\cdot(\cot^2 x+2\csc x+\csc^2 x)$; (7) $\dfrac{-2}{(1+x)^2}$;

   (8) $\dfrac{1-3\ln x}{x^4}$; (9) $4x^3-\dfrac{1}{2}x^{-\frac{3}{2}}-\dfrac{1}{x^2}$; (10) $\dfrac{(\sin x+x\cos x)(1+\tan x)-x\sin x\sec^2 x}{(1+\tan x)^2}$;

   (11) $3x^2+3^x\ln 3$; (12) $\dfrac{2\ln 10\cdot 10^x}{(10^x+1)^2}$; (13) 0; (14) $2x\arctan x+1$;

   (15) $\dfrac{1-\sin x}{(x+\cos x)^2}$; (16) $3x^2\cos x-x^3\sin x$.

2. (1) 0; (2) $\sqrt{3}+\dfrac{4}{3}\pi-\dfrac{\sqrt{3}}{4}$; (3) $-\dfrac{1}{18}$; (4) $\dfrac{17}{15}$.

3. 16, 0.

4. (1) $24x(3x^2+1)^3$; (2) $-2\sin(2x-3)$; (3) $\dfrac{-1}{\sqrt{1-2x}}$; (4) $3\sec^3 x\cdot\tan x$;

   (5) $\dfrac{2x}{1+x^2}$; (6) $-4xe^{-2x^2}$; (7) $2x\sec^2 x^2$; (8) $\dfrac{2x+1}{(x^2+x+1)\ln a}$;

   (9) $\csc x$; (10) $\dfrac{3\sin x}{\cos^4 x}$; (11) $\dfrac{1}{2}\sin x$; (12) $\csc x$;

   (13) $-2\sin 6x\cdot(1+\cos 6x)^{-\frac{2}{3}}$; (14) $\sin 2x\cdot\tan 2x+2\sin^2 x\sec^2 2x$;

   (15) $\dfrac{1}{\sqrt{x^4-x^2}}$; (16) $\sec^2\dfrac{x}{5}$; (17) $\dfrac{2x\cos 2x-\sin 2x}{x^2}$;

   (18) $-\dfrac{1}{2}e^{-\frac{x}{2}}(\cos 3x+6\sin 3x)$; (19) $\dfrac{1}{\ln\ln x}\cdot\dfrac{1}{\ln x}\cdot\dfrac{1}{x}$; (20) $-\dfrac{1}{1+x^2}$.

5. 切线:$y=2x$, 法线:$y=-\dfrac{1}{2}x$. 6. $(1,0)$, $(-1,-4)$. 7. $F'=-\dfrac{2GMm}{r^3}$.

习题 3.3

1. 略.

2. (1) $\left(-\dfrac{1}{x^2}+\dfrac{1}{\sqrt{x}}\right)dx$; (2) $(\sin 2x+2x\cos 2x)dx$; (3) $2xe^{2x}(x+1)dx$;

   (4) $4x\sec^2(1+2x^2)dx$; (5) $5^{\ln x}\cdot\ln 5\cdot\dfrac{1}{x}dx$;

   (6) $\dfrac{1}{\sqrt{4-x^2}}dx$; (7) $y=\dfrac{1-2\ln x}{x^3}dx$;

   (8) $-\dfrac{2\cos x\cot x(1+x^2)+4x\csc x}{(1+x^2)^2}dx$; (9) $\left(\dfrac{x}{\sqrt{1+x^2}}+2x\cos x^2\right)dx$; (10) $\sec x dx$.

3. (1) $2x+C$; (2) $\dfrac{x^2}{2}+C$; (3) $\sin x+C$; (4) $\ln(1+x)+C$;

   (5) $2\sqrt{x}+C$; (6) $-\dfrac{1}{2}e^{-2x}+C$.

4. (1) 1.050; (2) 1.007; (3) 0.485. 5. 约 1.16g.

习题 3.4

1. (1) $\dfrac{9}{4}$； (2) $\sqrt{\dfrac{4-\pi}{\pi}}$.

2. (1) $(-\infty,+\infty)$减； (2) $\left(0,\dfrac{1}{2}\right]$减，$\left[\dfrac{1}{2},+\infty\right)$增；
   (3) $(-\infty,-3]$减，$[-3,+\infty)$增； (4) $(-\infty,+\infty)$增；
   (5) $(-\infty,-2],[2,+\infty)$增，$[-2,0),(0,2]$减；
   (6) $(-\infty,-1],[1,+\infty)$减，$[-1,1]$增.

3. (1) 极大值 $f(-1)=10$,极小值 $f(3)=-22$；
   (2) 极小值 $f\left(\dfrac{2}{5}\right)=-\dfrac{3}{5}\left(\dfrac{2}{5}\right)^{\frac{2}{3}}$,极大值 $f(0)=0$；
   (3) 极大值 $f(1)=1$；
   (4) 极大值 $f(-2^{-\frac{3}{2}})=-\dfrac{2}{3}2^{-\frac{3}{2}}+2^{-\frac{1}{2}}$,极小值 $f(2^{-\frac{3}{2}})=\dfrac{2}{3}2^{-\frac{3}{2}}-2^{-\frac{1}{2}}$；
   (5) 极小值 $f(0)=0$,极大值 $f(2)=\dfrac{4}{\mathrm{e}^2}$；
   (6) 极小值 $f(-1)=-\dfrac{3}{2}$,极大值 $f(1)=\dfrac{3}{2}$.

习题 3.5

1. 1. 2. R^2. 3. 底半径 $x=\sqrt[3]{\dfrac{V}{2\pi}}$. 4. 3200(元). 5. 595(元).

习题 3.6

1. $\dfrac{\partial z}{\partial x}=-\dfrac{y}{x^2}$，$\dfrac{\partial z}{\partial y}=\dfrac{1}{x}$.

2. $\dfrac{\partial z}{\partial x}=-\tan(x-2y)$，$\dfrac{\partial z}{\partial y}=2\tan(x-2y)$.

3. $\dfrac{\partial z}{\partial x}=\dfrac{y}{x^2+y^2}$，$\dfrac{\partial z}{\partial y}=-\dfrac{x}{x^2+y^2}$.

4. $\dfrac{\partial z}{\partial x}=y^x\ln y$，$\dfrac{\partial z}{\partial y}=xy^{x-1}$.

5. $\dfrac{\partial z}{\partial x}=6\pi$，$\dfrac{\partial z}{\partial y}=21+\pi^2$.

习题 3

1. (1) C； (2) A； (3) D； (4) C； (5) C；
   (6) B； (7) B； (8) D； (9) D； (10) A.

2. (1) 1； (2) $-\dfrac{1}{2}$； (3) $-\dfrac{1}{x^2}$； (4) $(2\cos x-x\sin x)\mathrm{d}x$；
   (5) $-6x^2$； (6) $3t^2+2$； (7) $\sqrt{2}$； (8) $x=0$； (9) $[-1,3]$； (10) $-1,2$.

3. (1) $4x+\dfrac{3}{2}\sqrt{x}$； (2) $x\mathrm{e}^x(2+x)$； (3) $\dfrac{1}{\sqrt{x}(1-\sqrt{x})^2}$； (4) $\dfrac{2x+1}{x^2+x+1}$；
   (5) $-\dfrac{1}{x^2}\sec^2\dfrac{1}{x}$； (6) $\dfrac{-3}{(x+1)^4}$； (7) $\mathrm{e}^{\sqrt{x}}$； (8) $\dfrac{-\sin 2x}{\sqrt{1+\cos 2x}}$；

(9) $e^{x\sin x}(\sin x+x\cos x)$;　　(10) $-\dfrac{1}{2}3^{\cot\frac{x}{2}}\cdot\ln 3\cdot\csc^2\dfrac{x}{2}$;　　(11) $1-x^{-\frac{3}{2}}+\dfrac{5}{3}x^{-\frac{2}{3}}$;

(12) $1+\ln(1+x^2)+\dfrac{2x^2}{1+x^2}$;　　(13) $x(1-x^2)^{-\frac{3}{2}}$;　　(14) $\sec^2 x+2x\sec^2 x\tan x+\csc^2 x$.

4. $\varphi(a)$.　　**5.** 略.　　**6.** $\dfrac{1}{\sqrt{1+x^2}}\mathrm{d}x$.

7. (1) $c'=3Q^2+6Q+5$;　　(2) 365.　　**8.** $\dfrac{1}{10\pi}$cm/s.　　**9.** 240.2(元).

10. (1) $(-\infty,1],[2,+\infty)$增，$[1,2]$减;

(2) $(-\infty,0),(0,+\infty)$增;

(3) $(0,1),(1,e]$减，$[e,+\infty]$增;

(4) $(-\infty,-2],\left[-\dfrac{4}{5},+\infty\right)$增，$\left[-2,-\dfrac{4}{5}\right]$减.

11. (1) 极大值 $f(-1)=17$，极小值 $f(3)=-47$;

(2) 极大值 $f(-\sqrt{2})=f(\sqrt{2})=\dfrac{1}{4}$，极小值 $f(0)=0$;

(3) 极大值 $f\left(\dfrac{1}{2}\right)=\dfrac{3}{2}$;　　(4) 极小值 $f(1)=\dfrac{1}{2}$.

12. 128.　　**13.** $\dfrac{2}{\sqrt{3}}R$.　　**14.** $\dfrac{a}{6}$.　　**15.** 250.

16. 25(元).　　**17.** 200 单位.　　**18.** 8%.

第 4 章

习题 4.1

1. $y=x^3+1$.　　**2.** 8.

3. (1) $\dfrac{2}{5}x^{\frac{5}{2}}+C$;　　(2) $-\dfrac{2}{3}x^{-\frac{3}{2}}+C$;　　(3) $\dfrac{1}{3}x^3-\dfrac{3}{2}x^2+2x+C$;

(4) $x^3-\ln|x|-\dfrac{1}{x}+C$;　　(5) $\dfrac{1}{3}x^3+x^2+x+C$;　　(6) $\dfrac{1}{2}x^2-\ln|x|+C$;

(7) $\dfrac{1}{3}x^3-\dfrac{3^x}{\ln 3}+e^x+\sin\dfrac{\pi}{7}x+C$;　　(8) $x-\arctan x+C$;　　(9) $\dfrac{(3e)^x}{1+\ln 3}+C$;

(10) $\dfrac{1}{3}x^3-x+\arctan x+C$;　　(11) $-\dfrac{1}{x}-\arctan x+C$;　　(12) $-\cot x-x+C$;

(13) $\dfrac{1}{2}\tan x+C$;　　(14) $x+\cos x+C$.

习题 4.2

1. (1) $\dfrac{1}{a}$;　　(2) $-\dfrac{1}{3}$;　　(3) $\dfrac{1}{2}$;　　(4) $-\dfrac{1}{x}$;　　(5) -1;

(6) $-\dfrac{1}{2}$;　　(7) $\ln|x|$;　　(8) $\ln x,\dfrac{\ln^2 x}{2}$;　　(9) $2\sqrt{x}$;　　(10) $\dfrac{1}{2}$.

2. (1) $-\dfrac{1}{3}\cos 3x+C$;　　(2) $-\dfrac{1}{3}(1-2x)^{\frac{3}{2}}+C$;　　(3) $\dfrac{1}{2}\ln|x|+C$;

(4) $\dfrac{3}{10}(3+2x)^{\frac{5}{3}}+C$;　　(5) $-e^{-x}+C$;　　(6) $-\dfrac{1}{11}(1-x)^{11}+C$;

302

(7) $\frac{1}{2}\arctan 2x + C$;   (8) $\frac{1}{2}\arcsin\frac{2}{3}x + C$;   (9) $\frac{1}{3}(1+x^2)^{\frac{3}{2}} + C$;

(10) $-\sqrt{1-x^2} + C$;   (11) $\frac{1}{3}\ln|1+x^3| + C$;   (12) $\frac{1}{2}e^{x^2} + C$;

(13) $\frac{1}{2}\ln^2 x + C$;   (14) $\ln|\ln x| + C$;   (15) $\frac{1}{2}\ln(1+e^{2x}) + C$;

(16) $\arctan e^x + C$;   (17) $2e^{\sqrt{x}} + C$;   (18) $-\sin\frac{1}{x} + C$;

(19) $\ln|1+\sin x| + C$;   (20) $\frac{1}{\cos x} + C$;   (21) $\frac{1}{2}(\arctan x)^2 + C$;

(22) $\frac{1}{2}(\arcsin x)^2 + C$.

3. (1) $\frac{2}{5}(x-1)^{\frac{5}{2}} + \frac{2}{3}(x-1)^{\frac{3}{2}} + C$;   (2) $2(\sqrt{x} - \arctan\sqrt{x}) + C$;

(3) $-6(2-x)^{\frac{2}{3}} + \frac{12}{5}(2-x)^{\frac{5}{3}} - \frac{3}{8}(2-x)^{\frac{8}{3}} + C$;

(4) $-\sqrt{2x+1} - \ln|1-\sqrt{2x+1}| + C$;

(5) $\frac{-\sqrt{1-x^2}}{x} - \arcsin x + C$;   (6) $\ln\left|\frac{1-\sqrt{1-x^2}}{x}\right| + \sqrt{1-x^2} + C$;

(7) $\frac{-\sqrt{1+x^2}}{x} + C$;   (8) $\frac{x}{4\sqrt{4+x^2}} + C$;

(9) $\pm\ln|x \pm \sqrt{x^2-1}| + C$;   (10) $\sqrt{x^2-1} \mp \arccos\frac{1}{x} + C$.

习题 4.3

1. $\frac{1}{3}x\sin 3x + \frac{1}{9}\cos 3x + C$.   **2.** $-xe^{-x} - e^{-x} + C$.

3. $x\tan x + \ln|\cos x| + C$.   **4.** $\frac{1}{2}x^2 e^{2x} - \frac{1}{2}xe^{2x} + \frac{1}{4}e^{2x} + C$.

5. $\left(\frac{x}{\ln 5} - \frac{1}{(\ln 5)^2} - \frac{1}{\ln 5}\right)5^x + C$.   **6.** $-x\cos x + \sin x + C$.

7. $\frac{1}{2}x^2 \arctan x - \frac{1}{2}x + \frac{1}{2}\arctan x + C$.   **8.** $x\arccos x - \sqrt{1-x^2} + C$.

9. $\frac{1}{2}e^x(\sin x - \cos x) + C$.   **10.** $x\ln(1+x^2) - 2x + 2\arctan x + C$.

习题 4.4

1. (1) $y = x^2$ 是特解，$y = cx^2$ 是通解，$y = e^x$ 非解；

(2) $y = \sin x$，$y = 3\sin x - 4\cos x$ 是特解，$y = e^{-x}$ 非解；

(3) $y = Ce^{2x}$ 是通解，$y = e^x$，$y = \sin 2x$ 非解.

2. $y = x^3 + 1$.

3. (1) $y = \frac{2}{3}x^{\frac{3}{2}} + C$;   (2) $y = C\ln x$;   (3) $(x^2-1)(y^2-1) = C$;

(4) $s = ce^{\frac{1}{2}t^2}$;   (5) $e^y = \frac{1}{2}e^{2x} + \frac{1}{2}$;   (6) $y = -\sqrt{1-x^2} + C$.

4. (1) $y = \frac{1}{2} + Ce^{-2x}$;   (2) $y = (x+C)(x+1)^2$;   (3) $y = \frac{1}{3}x + \frac{C}{x^2}$;

(4) $y=(x+C)e^{-x}$; (5) $y=x(x-2)(x-4)$; (6) $y=\dfrac{x-1}{\cos x}$.

5. 670.6(min). 6. $I=\dfrac{4}{5}e^{-t}+\dfrac{16}{5}\cos 2t-\dfrac{8}{5}\sin 2t$.

习题 4

1. (1) A; (2) D; (3) D; (4) B; (5) C; (6) B.

2. (1) $\dfrac{1}{3}f^3(x)+C$; (2) $\dfrac{2}{1+4x^2}$; (3) xe^x-e^x+C;

   (4) $\dfrac{2^x e^x}{1+\ln 2}+C$; (5) $-\dfrac{1}{x^2}$; (6) $\dfrac{1}{2}x^2+C_1 x+C_2$.

3. (1) xe^x-e^x+C; (2) $\dfrac{1}{2}e^{x^2}+C$; (3) $\dfrac{1}{2}(\ln x)^2+C$;

   (4) $\dfrac{1}{2}x^2\ln x-\dfrac{1}{4}x^2+C$; (5) $2\arcsin\dfrac{x}{2}+\dfrac{x}{2}\sqrt{4-x^2}+C$;

   (6) $\dfrac{x}{2}\sqrt{x^2+4}+2\ln(x+\sqrt{x^2+4})+C$; (7) $\dfrac{x}{2}\sqrt{x^2-4}-2\ln(x+\sqrt{x^2-4})+C$;

   (8) $(x^2-4)^{\frac{3}{2}}+C$; (9) $\dfrac{1}{2}\ln(1+x^2)+C$; (10) $x-\arctan x+C$;

   (11) $x\ln(1+x)-x+\ln(1+x)+C$; (12) $\dfrac{8}{15}x^{\frac{15}{8}}+C$;

   (13) $2\ln x-\dfrac{\ln^2 x}{2}+C$; (14) $\pm\arccos\dfrac{1}{x}+C$; (15) $\ln\dfrac{\sqrt{1+e^x}-1}{\sqrt{1+e^x}+1}+C$;

   (16) $2\arctan\sqrt{x}+C$; (17) $\arctan e^x+C$; (18) $\dfrac{1}{2}x^2-\dfrac{1}{2}\ln(x^2+1)+C$.

4. (1) $y^2=\ln x^2-x^2+C$; (2) $(1+x^2)(1+y^2)=C$; (3) $y=C(x+1)+1$;

   (4) $y=\dfrac{1}{x}e^x$; (5) $y=\dfrac{1}{x}(-\cos x+1+\cos 1)$.

5. $f(x)=\dfrac{1}{2}x^3$. 6. (1) $V=gt, S=\dfrac{1}{2}gt^2$; (2) $h=1960$.

第 5 章

习题 5.1

1. (1) $\dfrac{5}{2}$; (2) $\dfrac{1}{2}\pi R^2$; (3) 0.

2. $s=\displaystyle\int_1^3 (t^2+2t)dt$.

3. (a) $\displaystyle\int_0^1 3x\,dx$; (b) $\displaystyle\int_0^2 (x^2+1)dx$;

   (c) $\displaystyle\int_{-1}^2 (x+2-x^2)dx$; (d) $\displaystyle\int_0^1 x\,dx+\int_1^2 (-x+2)dx$.

4. (1) $\displaystyle\int_0^1 x\,dx\geqslant\int_0^1 x^3\,dx$; (2) $\displaystyle\int_e^{e^2}\ln x\,dx\leqslant\int_e^{e^2}\ln^2 x\,dx$;

   (3) $\displaystyle\int_0^1 e^x\,dx\geqslant\int_0^1 e^{-x}\,dx$; (4) $\displaystyle\int_0^{\frac{\pi}{4}}\sin x\,dx\leqslant\int_0^{\frac{\pi}{4}}\cos x\,dx$.

5. (1) $2 \leqslant \int_0^2 (x^2+1)dx \leqslant 10$;　(2) $\dfrac{3}{4}\pi \leqslant \int_{\frac{\pi}{4}}^{\pi}(1+\sin^2 x)dx \leqslant \dfrac{3}{2}\pi$.

6. 略.

习题 5.2

1. (1) $\dfrac{7}{3}$;　(2) $\dfrac{2}{\ln 3}$;　(3) $1-\dfrac{\sqrt{2}}{2}$;　(4) $\ln(2\cos 1)$;　(5) 1.

2. (1) $\dfrac{17}{6}$;　(2) $\dfrac{e^2}{2\ln 2}$;　(3) $\sqrt{3}-\dfrac{\pi}{3}$;　(4) $\dfrac{\pi}{4}-\dfrac{1}{2}$;　(5) $\dfrac{\pi-2\sqrt{2}}{4}$.

3. (1) $1+\dfrac{3}{8}\pi^2$;　(2) $\dfrac{8}{3}$.

4. (1) $2\ln 3$;　(2) $7+2\ln 2$;　(3) $\dfrac{38}{15}$;　(4) $\dfrac{2}{5}(1+\ln 2)$;　(5) π;

   (6) $\sqrt{3}-1$;　(7) $\dfrac{3}{5}(\sqrt[3]{32}-1)$;　(8) 4;　(9) $\sin\dfrac{2}{\pi}$.

5. (1) -4;　(2) $\dfrac{1}{2}$;　(3) $\dfrac{7}{3}$;　(4) $2-\sqrt{3}$;　(5) $\dfrac{2}{3}$;

   (6) $\dfrac{3}{2}$;　(7) $\dfrac{3}{5}(\sqrt[3]{32}-1)$;　(8) 4;　(9) $\sin\dfrac{2}{\pi}$.

6. (1) -2;　(2) 1;　(3) $\dfrac{e^2-3}{4}$;　(4) $\dfrac{1}{2}e(\sin 1-\cos 1)+\dfrac{1}{2}$;　(5) $\dfrac{\pi}{4}-\dfrac{1}{2}\ln 2$;

   (6) $2-\dfrac{5}{e}$;　(7) $2-\ln 2$;　(8) $-\dfrac{2}{\pi^2}$;　(9) $\dfrac{1}{4}-\dfrac{\sin 2}{2}-\dfrac{\cos 2}{4}$.

7. (1) 略;　(2) 提示:令 $1-x=t$.

习题 5.3

1. (1) 收敛,1;　(2) 收敛,$\dfrac{1}{2e}$;　(3) 收敛,$\dfrac{2}{15}\ln 2$;　(4) 收敛,-1;　(5) 1.

2. $p \leqslant 1$,发散;$p>1$,收敛.

习题 5.4

1. 1.　　2. $\dfrac{4}{3}$.　　3. $e+e^{-1}-2$.　　4. 1.　　5. $\dfrac{\pi^2}{2}$.　　6. $\dfrac{16}{15}\pi,\dfrac{8}{3}\pi$.

习题 5.5

1. $0.125(J)$.　　2. $882(J)$.　　3. $1.00352 \times 10^4(J)$.

4. $1.41 \times 10^3(N)$.　　5. $22.05(kN)$.

习题 5.6

1. 25(吨).　　2. 250 单位,425(元).　　3. 316(万元),2000(万元).

4. (1) 9987.5(元);　(2) 19850(元).

习题 5

1. (1) C;　(2) C;　(3) C;　(4) B;　(5) D;　(6) C;　(7) C.

2. 略.

305

3. (1) $\dfrac{6545}{4}$; (2) $\dfrac{3+\ln 2}{3\ln 2}$; (3) $\dfrac{7}{3}+\ln 2$; (4) $a^3-\dfrac{1}{2}a^2+a$; (5) $\dfrac{40}{3}$;

(6) $1-\dfrac{1}{e}$; (7) $-\ln 2$; (8) $\dfrac{1}{4}$; (9) $\dfrac{3}{2}$; (10) $\dfrac{\pi}{6}$; (11) $4-3\ln 3$;

(12) $\sqrt{2}-1$; (13) 0; (14) $\dfrac{4}{3}$.

4. (1) $1-2\ln 2$; (2) $\dfrac{1}{6}$; (3) $7+2\ln 2$; (4) $\dfrac{\pi}{2}$; (5) $\dfrac{3}{16}\pi$;

(6) $\sqrt{3}-1-\dfrac{\pi}{12}$; (7) 0; (8) $\dfrac{\pi}{2}$; (9) 0; (10) $\dfrac{3}{2}\pi$.

5. 略.

6. (1) $1-\dfrac{2}{e}$; (2) $\dfrac{1}{4}e^2-\dfrac{3}{4}$; (3) $\dfrac{2}{9}e^3+\dfrac{1}{9}$; (4) $\pi-2$;

(5) $\dfrac{1}{4}(e^2-1)$; (6) $\dfrac{1}{2}e(\sin 1-\cos 1)+\dfrac{1}{2}$.

7. (1) 发散; (2) 收敛,1; (3) 收敛,$\ln 2$; (4) 发散; (5) 收敛,$\dfrac{1}{\ln 2}$; (6) 发散.

8. (1) $\dfrac{3}{2}-\ln 2$; (2) $2-\dfrac{2}{e}$; (3) $\dfrac{4}{3}$; (4) $\dfrac{125}{6}$; (5) 18; (6) $2\pi+\dfrac{4}{3},6\pi-\dfrac{4}{3}$.

9. (1) $\dfrac{\pi}{5},\dfrac{\pi}{2}$; (2) $\dfrac{3}{10}\pi$; (3) $160\pi^2$.

10. $18K$. 11. $\dfrac{225}{2}\pi g$ (J). 12. $\dfrac{4}{3}\pi r^4 g$ (J). 13. 2.5088×10^7 (N).

14. 1.764×10^5 (N). 15. 增加一倍.

16. $c(q)=0.1q^3-0.5q^2+2q+7.5$(元),185(元).

17. 59600(元),58400(元).

18. (1) 14(万元),20(万元); (2) 4(百台); (3) $c=6q+\dfrac{1}{4}q^2+5, L=6q-\dfrac{3}{4}q^2-5$.

第 6 章

习题 6.1

1. (1) 1; (2) 0; (3) 0.

2. (1) $(-1)^{2+3}\begin{vmatrix} 1 & 2 \\ 0 & -1 \end{vmatrix}$; (2) $(-1)^{2+3}\begin{vmatrix} 1 & 2 & -1 \\ 0 & 2 & -1 \\ 5 & 0 & 3 \end{vmatrix}$.

3. (1) 20; (2) -27; (3) 24.

4. (1) 1; (2) 1; (3) 1; (4) 1.

习题 6.2

1. (1) 0; (2) 0; (3) -2; (4) -21; (5) $-w^2(w-1)^2$; (6) $(a-1)^2(a-10)$.

2. $(x-a)^{n-1}[(n-1)a+x]$.

3. 略.

4. (1) $x_1=3, x_2=4, x_3=-\dfrac{3}{2}$; (2) $x_1=1, x_2=-2, x_3=-3$.

5. 当 $k=4$ 或 $k=-1$ 时，有非零解.

习题 6.3

1. $\begin{pmatrix} 8 & 6 & 7 \\ 5 & 3 & 4 \end{pmatrix}$.

2. (1) $\begin{pmatrix} 4 & 2 & -3 \\ 2 & -1 & 1 \\ 5 & 1 & 0 \end{pmatrix}$; (2) $\begin{pmatrix} 3 & -2 & 1 \\ 0 & 1 & 4 \\ 0 & 0 & 1 \end{pmatrix}$; (3) $\begin{pmatrix} 5 & 0 & 0 \\ 0 & 2 & 0 \\ 0 & 0 & 1 \end{pmatrix}$.

3. $x_1=1, x_2=3$.

4. $A+B = \begin{pmatrix} 1 & 4 & 4 & 7 \\ 4 & 0 & 5 & 4 \\ 2 & 0 & 3 & 5 \end{pmatrix}$, $2A+3B = \begin{pmatrix} 2 & 10 & 9 & 17 \\ 12 & 1 & 10 & 10 \\ 4 & -3 & 8 & 15 \end{pmatrix}$.

5. $\begin{pmatrix} 1 & 2 & -1 & 9 \\ 0 & 5 & -4 & 4 \end{pmatrix}$, $\begin{pmatrix} 2 & -6 \\ 7 & -5 \\ -11 & 10 \\ 6 & 14 \end{pmatrix}$, $\begin{pmatrix} -4 & -11 & 15 & 8 \\ 0 & -3 & 9 & 12 \\ 4 & 14 & -24 & -20 \\ 12 & 25 & -21 & 8 \end{pmatrix}$,

$\begin{pmatrix} 5 & 30 \\ 31 & -28 \end{pmatrix}$, $\begin{pmatrix} 5 & 31 \\ 30 & -28 \end{pmatrix}$.

6. (1) $\begin{pmatrix} 2 & 6 & 4 \\ 1 & 3 & 2 \\ 3 & 9 & 6 \end{pmatrix}$; (2) (11); (3) $\begin{pmatrix} 2 & 5 \\ 3 & 6 \\ -7 & 9 \end{pmatrix}$; (4) $\begin{pmatrix} 0 & 0 \\ 0 & 0 \end{pmatrix}$;

(5) $\begin{cases} x_1+2x_2-x_3 \\ 2x_1+3x_2+x_4 \\ -x_1+3x_3+x_4 \end{cases}$.

7. (1) $\begin{pmatrix} 5 & 3 & 3 \\ 3 & 5 & -3 \\ 3 & -3 & 5 \end{pmatrix}$; (2) $\begin{pmatrix} 1 & n \\ 0 & 1 \end{pmatrix}$.

习题 6.4

1. (1) 2；(2) 3；(3) 3；(4) 4；(5) 2；(6) 3.
2. $r(A) = r(A^T) = 3$.
3. 当 $\lambda = \dfrac{9}{4}$ 时，$r(A)$ 有最小值且 $r(A)=2$.

习题 6.5

1. (1) 不可逆；(2) 不可逆；(3) 可逆.
2. $x=2, y=-1$.
3. (1) $\begin{pmatrix} -\dfrac{3}{4} & \dfrac{3}{4} & \dfrac{1}{4} \\ -1 & 0 & 1 \\ \dfrac{5}{4} & -\dfrac{1}{4} & -\dfrac{3}{4} \end{pmatrix}$; (2) $\begin{pmatrix} \dfrac{1}{2} & \dfrac{3}{2} & -\dfrac{1}{2} \\ -\dfrac{1}{2} & \dfrac{5}{2} & -\dfrac{1}{2} \\ -\dfrac{1}{2} & -\dfrac{1}{2} & \dfrac{1}{2} \end{pmatrix}$;

(3) $\dfrac{1}{11}\begin{pmatrix} -7 & 8 & 3 \\ 1 & 2 & -2 \\ 19 & -17 & -5 \end{pmatrix}$; (4) $\dfrac{1}{4}\begin{pmatrix} 1 & 1 & 1 & 1 \\ 1 & 1 & -1 & -1 \\ 1 & -1 & 1 & -1 \\ 1 & -1 & -1 & 1 \end{pmatrix}$.

4. $x_1 = \dfrac{1}{6}$, $x_2 = -\dfrac{13}{6}$, $x_3 = \dfrac{1}{2}$.

习题 6.6

1. (1) r($\boldsymbol{A} \vdots \boldsymbol{B}$) = 4 ≠ r($\boldsymbol{A}$) = 3,无解;

(2) r($\boldsymbol{A} \vdots \boldsymbol{B}$) = r($\boldsymbol{A}$) = 2 < 3,无穷多解;

(3) r($\boldsymbol{A} \vdots \boldsymbol{B}$) = r($\boldsymbol{A}$) = 3 = n,唯一解;

(4) 有非零解; (5) 只有零解.

2. (1) $m = 17$ 且 $n \neq 2$ 时无解; (2) $m \neq 17$ 时有唯一解;

(3) $m = 17$ 且 $n = 2$ 时,方程组有无穷多解.

3. (1) $\begin{cases} x_1 = \dfrac{6}{7} + \dfrac{1}{7}k_1 + \dfrac{1}{7}k_2, \\ x_2 = -\dfrac{5}{7} + \dfrac{5}{7}k_1 - \dfrac{9}{7}k_2, \\ x_3 = k_1, \\ x_4 = k_2 \end{cases}$ (k_1, k_2 为任意常数);

(2) 无解; (3) $\begin{cases} x_1 = \dfrac{5}{11}, \\ x_2 = 3, \\ x_3 = \dfrac{64}{11} \end{cases}$;

(4) $\begin{cases} x_1 = 44k_1 - 10k_2, \\ x_2 = -20k_1 + 5k_2, \\ x_3 = -7k_1 + 2k_2, \\ x_4 = k_1, \\ x_5 = k_2 \end{cases}$ (k_1, k_2 为任意常数).

4. (1) $\begin{cases} x_1 = -8, \\ x_2 = 3, \\ x_3 = 6 \end{cases}$; (2) $\begin{cases} x_1 = -2k - 2, \\ x_2 = k + 3, \\ x_3 = k \end{cases}$ (k 为任意常数);

(3) 无解. (4) $\begin{cases} x_1 = 2, \\ x_2 = -k + 1, \\ x_3 = 2, \\ x_4 = k \end{cases}$ (k 为任意常数).

5. ①非零解;②唯一解;③无解.

6. 当 $a = 3$ 时,有无穷个数;当 $a \neq 3$ 且 $a \neq -2$ 时,有唯一解;当 $a = -2$ 时,无解.

习题 6

1. (1) D; (2) D; (3) D; (4) B; (5) D; (6) C.

2. (1) $AB = \begin{pmatrix} 8 & 7 \\ 3 & 6 \end{pmatrix}$, $B^T A^T = \begin{pmatrix} 8 & 3 \\ 7 & 6 \end{pmatrix}$; (2) $\begin{pmatrix} -2 & -7 \\ 2 & 3 \end{pmatrix}$; (3) $\begin{pmatrix} 1 & 0 & n \\ 0 & 1 & 0 \\ 0 & 0 & 1 \end{pmatrix}$;

(4) $A^{-1} = \begin{pmatrix} \dfrac{1}{a} & 0 & 0 \\ 0 & \dfrac{1}{b} & 0 \\ 0 & 0 & \dfrac{1}{c} \end{pmatrix}$; (5) $r(A) = 2$; (6) 4.

3. (1) -24; (2) 0; (3) 4.

4. $\begin{pmatrix} -9 & -6 \\ 5 & 0 \end{pmatrix}$. 5. $\begin{pmatrix} 2 & 0 & 1 \\ 0 & 3 & 0 \\ 1 & 0 & 2 \end{pmatrix}$.

6. $AB = E_2$, $AC = E_2$, 即虽然 $AB = AC$, 但 $B \neq C$ 说明矩阵的乘法不满足交换律.

7. $\begin{pmatrix} \dfrac{10}{3} & -\dfrac{1}{3} & \dfrac{1}{3} \\ \dfrac{1}{3} & \dfrac{2}{3} & \dfrac{1}{3} \end{pmatrix}$.

8. $X = (A-E)^{-1} B = \begin{pmatrix} -\dfrac{5}{3} & -1 & 1 \\ -\dfrac{8}{3} & -1 & -1 \\ -\dfrac{2}{3} & 1 & 1 \end{pmatrix}$.

9. 提示: $A^n \cdot (A^{-1})^n = A^{n-1}(AA^{-1})(A^{-1})^{n-1} = A^{n-1}(A^{-1})^{n-1} = \cdots$.

10. (1) $\begin{pmatrix} 1 & -1 & 1 \\ 0 & 1 & -1 \\ 0 & 0 & 1 \end{pmatrix}$; (2) $\begin{pmatrix} 1 & -1 & 1 \\ 1 & 1 & -2 \\ -1 & 0 & 1 \end{pmatrix}$; (3) $\dfrac{1}{9}\begin{pmatrix} 1 & 2 & 2 \\ 2 & 1 & -2 \\ 2 & -2 & 1 \end{pmatrix}$; (4) 不可逆.

11. 提示: $AB - A - B + E = E$, 即 $A(B-E) - (B-E) = E$, 故 $(A-E)(B-E) = E$, 即 $(A-E)^{-1} = B - E$.

13. (1) $\begin{cases} x_1 = -8, \\ x_2 = 3, \\ x_3 = 6 \end{cases}$; (2) $\begin{cases} x_1 = -2k_1 - k_2, \\ x_2 = k_1 - 3k_2, \\ x_3 = k_1, \\ x_4 = k_2 \end{cases}$ (k_1, k_2 为任意常数);

(3) 无解; (4) $\begin{cases} x_1 = 1, \\ x_2 = 1-k, \\ x_3 = 2, \\ x_4 = k \end{cases}$ (k 为任意常数).

14. 当 $a \neq 3$ 且 $a \neq -1$ 时有唯一解; 当 $a = -1$ 时, 无解; 当 $a = 3$ 时, 有无穷多解.

第 7 章

习题 7.1

1. (1) 是, F; (2) 不是; (3) 不是; (4) 不是; (5) 不是; (6) 是, T.

2. (1) 设 P:张荣是计算机学生,Q:住在1号公寓305室,R:住在1号公寓306室,
    符号化:$P \wedge (Q \vee R)$;
   (2) 设 P:交通堵塞,Q:老王准时到火车站,
    符号化:$P \wedge Q$;
   (3) 设 P:猩猩是人,
    符号化:$\neg P$;
   (4) 设 P:有志者,Q:事竟成,
    符号化:$P \leftrightarrow Q$;
   (5) 设 P:人知,Q:己为,
    符号化:$\neg P \leftrightarrow \neg Q$;
   (6) 设 P:天气好,Q:比赛,
    符号化:$\neg P \rightarrow \neg Q$.

3. (1) 1; (2) 0; (3) 1; (4) 1; (5) 0; (6) 1.
4. 略. 5. 略.
6. (1) 略;
   (2) 提示:先将命题符号化.
    设 P:电脑死机,Q:电脑染毒,R:非法操作,
    符号化:$((Q \vee R) \rightarrow P) \wedge (P \wedge \neg Q) \Rightarrow R \rightarrow P$.

习题 7.2

1. (1) 设 $A(x)$:x 是大学生,a:小李,
    有:$\neg A(a)$;
   (2) 设 $A(x)$:x 聪明,$B(x)$:x 美丽,a:小莉,
    有:$A(a) \wedge B(a)$;
   (3) 设 $A(m)$:m 是整数,$B(m)$:$2m+1$ 是奇数,
    有:$A(m) \rightarrow B(m)$;
   (4) 设 $A(x)$:x 是人类的朋友,$B(x)$:x 是人类的食物,m:动物,
    有:$\exists m(A(m) \wedge B(m))$;
   (5) 设 $A(x)$:x 犯错误,$B(x)$:x 为人,
    有 $\neg(\exists x(B(x) \wedge \neg A(x)))$;
   (6) 设 $A(x)$:x 在中国工作,$B(x)$:x 是中国人,
    有 $\neg(\forall x(A(x) \rightarrow B(x)))$.

2. (1) 1; (2) 0.
3. (1) 0; (2) 1.
4. 提示:设 $A(x)$:x 是委员会成员,$B(x)$:x 是教授,
        $C(x)$:x 是工程师,$D(x)$:x 是年轻专家,
   前提:$\forall x(A(x) \rightarrow B(x) \wedge C(x))$,$\exists x(A(x) \wedge D(x))$,
   结论:$\exists x(A(x) \wedge C(x) \wedge D(x))$.

习题 7.3

1.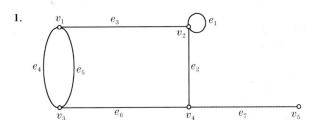

2.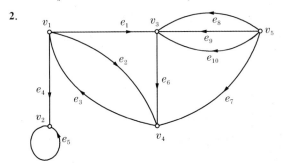

3. (a) $A(G)=\begin{pmatrix} 0 & 1 & 0 & 0 & 1 \\ 1 & 0 & 1 & 1 & 1 \\ 0 & 1 & 0 & 1 & 0 \\ 0 & 1 & 1 & 0 & 1 \\ 1 & 1 & 0 & 1 & 0 \end{pmatrix}$; (b) $A(G)=\begin{pmatrix} 0 & 1 & 0 & 1 & 0 \\ 1 & 0 & 1 & 1 & 1 \\ 0 & 1 & 0 & 0 & 1 \\ 1 & 0 & 0 & 0 & 0 \\ 0 & 0 & 0 & 1 & 0 \end{pmatrix}$.

4. $A(G)=\begin{pmatrix} 0 & 1 & 0 & 1 \\ 0 & 0 & 1 & 1 \\ 0 & 1 & 0 & 1 \\ 0 & 1 & 0 & 0 \end{pmatrix}$, 11, 4.

5. (a) $A(G)=\begin{pmatrix} 0 & 1 & 0 & 1 & 1 \\ 1 & 0 & 1 & 0 & 1 \\ 0 & 1 & 0 & 1 & 0 \\ 1 & 0 & 1 & 0 & 1 \\ 1 & 1 & 0 & 1 & 0 \end{pmatrix}$, $P=\begin{pmatrix} 1 & 1 & 1 & 1 & 1 \\ 1 & 1 & 1 & 1 & 1 \\ 1 & 1 & 1 & 1 & 1 \\ 1 & 1 & 1 & 1 & 1 \\ 1 & 1 & 1 & 1 & 1 \end{pmatrix}$;

(b) $A(G)=\begin{pmatrix} 0 & 0 & 1 & 0 & 0 \\ 1 & 0 & 0 & 0 & 0 \\ 0 & 0 & 0 & 1 & 0 \\ 0 & 0 & 0 & 0 & 1 \\ 0 & 0 & 1 & 0 & 0 \end{pmatrix}$, $P=\begin{pmatrix} 0 & 0 & 1 & 1 & 1 \\ 1 & 0 & 1 & 1 & 1 \\ 0 & 0 & 1 & 1 & 1 \\ 0 & 0 & 1 & 1 & 1 \\ 0 & 0 & 1 & 1 & 1 \end{pmatrix}$.

习题 7.4

1. 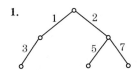   2.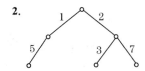

3. 提示：设 T 中有 x 片树叶，y 个分枝点，于是 T 中有 $x+y$ 个顶点，有 $x+y-1$ 条边. T 中所有顶点的度数之和：

$$\sum_{i=1}^{x+y} d(v_i) = 2(x+y-1).$$

又树叶的度为 1，任一分枝点的度 ≥ 2，且度最大的顶点必是分枝点，于是

$$\sum_{i=1}^{x+y} d(v_i) \geq x \cdot 1 + 2(y-2) + k + k = x + 2y + 2k - 4,$$

从而 $2(x+y-1) \geq x+2y+2k-4, x \geq 2k-2$.

习题 7.5

1.

2.

3. $A:11$，$B:001$，$C:1001$，$D:101$，$E:01$，$F:0001$，$G:0000$，$H:1000$.

习题 7

1. (1) C； (2) D； (3) C； (4) D； (5) C.

2. (1)

(2) 仅由孤立结点组成的图；

(3) 关联于同一结点的一条边,2;
(4) 对称的;
(5) 一个连通且无回路的无向图,n 个无回路的无向图;
(6) 2;
(7) 0,0;
(8) 3;
(9) $2n$;
(10) 对给出的文本具有最短的编码序列,任一个字符 C_i 的编码不会是另一个 C_j 编码的前缀.

3. (1) 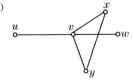　　　$u:1,\quad v:4,\quad w:1,\quad x:2,\quad y:2$;

(2) 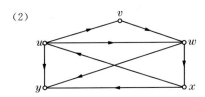　　u:入度:1,出度:3;　v:入度:1,出度:1;
w:入度:2,出度:2;　x:入度:1,出度:2;
y:入度:3,出度:0.

4. (1)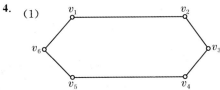

(3) 不可能,因 $1+2+3+4+4+5=19$ 为奇数.

5. $A = \begin{pmatrix} 0 & 1 & 0 & 0 & 0 \\ 1 & 0 & 1 & 0 & 0 \\ 0 & 1 & 0 & 0 & 0 \\ 0 & 0 & 0 & 0 & 1 \\ 0 & 0 & 0 & 1 & 0 \end{pmatrix}, \quad A^2 = \begin{pmatrix} 1 & 0 & 1 & 0 & 0 \\ 0 & 2 & 0 & 0 & 0 \\ 1 & 0 & 1 & 0 & 0 \\ 0 & 0 & 0 & 1 & 0 \\ 0 & 0 & 0 & 0 & 1 \end{pmatrix}.$

6. 1,1,1,3.

7. $P = \begin{pmatrix} 1 & 1 & 1 & 1 \\ 1 & 1 & 1 & 1 \\ 1 & 1 & 1 & 1 \\ 1 & 1 & 1 & 1 \end{pmatrix},$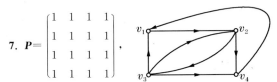

8. 9.

9. $n_1 = \sum_{i=2}^{k} n_i(i-2) + 2.$

10. 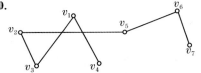　　11.

12.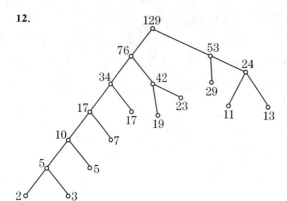

13. A.1000, B.011, C.010, D.00000, E.1001, F.0001,
    G.101, H.11, I.001, J.00001.

14. (1) 设 P:李强聪明,Q:李强用功,R:李强帅气,
       则:$P \wedge Q \wedge R$;
    (2) 设 P:选张老师出国,Q:选李老师出国,
       则:$(P \wedge \neg Q) \vee (\neg P \wedge Q)$;
    (3) 设 P:天下雨,Q:我们去郊游,
       则:$\neg P \rightarrow Q$;
    (4) 设 P:你努力,Q:你失败,
       则:$\neg P \rightarrow Q$;
    (5) 设 P:二加二等于四,Q:雪是白的,
       则:$P \leftrightarrow Q$.

15. 略.

16. (1) 略;
    (2) 提示:符号化命题
       设 P:天气冷,Q:加衣服,R:生病,T:不能上课而影响学习,
       有:$P \wedge \neg Q \rightarrow R, R \rightarrow T, P \wedge \neg Q \Rightarrow T$.

17. (1) 0; (2) 1.

18. 提示:符号化.
    设 $H(x)$:x 是中国人,$C(x)$:x 是公民,$D(x)$:履行公民义务,
    $R(x)$:x 享受公民权利,
    前提:$(\forall x)((H(x) \wedge C(x)) \rightarrow (R(x) \wedge D(x)))$,
         $(\exists x)(H(x) \wedge \neg D(x))$,
    结论:$(\exists x)\neg(H(x) \wedge C(x))$.

第8章

习题 8.1

1. 4.49(元/kg). 2. (1) 68; (2) 62; (3) 62; (4) 第2个和第3个.

3. (1)

组限	组中值	唱票	组频数	组频率
(500,600]	550	正口	6	0.10
(600,700]	650	正口	9	0.15
(700,800]	750	正正	10	0.17
(800,900]	850	正正正	15	0.25
(900,1000]	950	正正口	12	0.20
(1000,1100]	1050	正口	8	0.13

(2) 略.

习题 8.2

1. (1) $A\bar{B}\bar{C}$; (2) $AB\bar{C}$; (3) ABC; (4) $A+B+C$; (5) $\bar{A}\bar{B}\bar{C}$;
(6) $AB+BC+CA$; (7) $A\bar{B}\bar{C}+\bar{A}B\bar{C}+\bar{A}\bar{B}C$; (8) $\overline{ABC}$.

2. (1) $A\subset B$; (2) $B\subset A$.

3. (1) {5}; (2) {1,3,4,5,6,7,8,9,10}; (3) {2,3,4,5};
(4) {1,5,6,7,8,9,10}; (5) {1,2,5,6,7,8,9,10}.

4. (1) 该生是三年级男生但不是运动员;
(2) 某系的运动员全是三年级男生时;
(3) 某系除三年级外其他年级的学生都不是运动员时;
(4) 某系三年级学生都是女生,而其他年级都没有女生时.

5. $A_1+A_2A_3+A_4$, $\overline{A_1+A_2A_3+A_4}$.

习题 8.3

1. $\dfrac{99}{392}$. **2.** $\dfrac{5}{6}$. **3.** (1) 0.36, 0.3; (2) 0.48, 0.6; (3) 0.64, 0.7.

4. 0.3. **5.** 35%. **6.** 0.107. **7.** 略.

习题 8.4

1. $\dfrac{2}{3}, \dfrac{4}{7}$. **2.** 0.7. **3.** $\dfrac{1}{11}$. **4.** 3.45%. **5.** $\dfrac{23}{45}$.

6. 0.5. **7.** 略. **8.** 0.504, 0.496. **9.** 0.104.

习题 8.5

1.

X	-3	1	2
p	$\dfrac{1}{3}$	$\dfrac{1}{2}$	$\dfrac{1}{6}$

2. $P(X=i)=\dfrac{C_2^i C_{13}^{3-i}}{C_{15}^3}$ ($i=0,1,2$).

3.

X	1	2	3	4	5
p	0.9	0.1×0.9	$(0.1)^2\times 0.9$	$(0.1)^3\times 0.9$	$(0.1)^4$

4. (1) 2; (2) 0.4; (3) 0.75.

5. (1) $\dfrac{1}{2}$; (2) $\dfrac{1}{2}(1-e^{-1})$.

6.

X	0	1	2	3	4	5
p	$(0.4)^5$	$5\times(0.5)^4\times 0.6$	$10\times(0.4)^3\times(0.6)^2$	$10\times(0.4)^2\times(0.6)^3$	$5\times 0.4\times(0.6)^4$	$(0.6)^5$

7. 0.91.   8. (1) $p(x)=\begin{cases}0.1, & 0\leqslant x\leqslant 10,\\ 0, & 其他\end{cases}$;   (2) 0.3, 0.5.

9. 0.6065.   10. (1) 0.9861; (2) 0.4713; (3) 0.4664; (4) 0.8788.

11. (1) 0.9515; (2) 0.8164.   12. (1) 0.92; (2) $x=57.5$.

习题 8.6

1. (1) $\dfrac{1}{3}$; (2) $\dfrac{2}{3}$; (3) $\dfrac{35}{24}$.   2. (1) 0; (2) 2.

3. $\dfrac{3}{4}$.   4. (1) $\dfrac{3}{4},\dfrac{1}{4}$; (2) $1,\dfrac{9}{16}$.

5. (1) $\dfrac{97}{72},\dfrac{\sqrt{97}}{6\sqrt{2}}$; (2) $2,\sqrt{2}$; (3) $\dfrac{3}{20},\dfrac{\sqrt{3}}{2\sqrt{5}}$.

习题 8

1. (1) D; (2) A; (3) D; (4) D; (5) C;
   (6) C; (7) C; (8) D; (9) A; (10) B.

2. (1) $\{x|2<x<4\ 或\ 6\leqslant x<9\}$; (2) $\dfrac{1}{5}$; (3) 0.48; (4) 0.18; (5) 0.2;
   (6) 2; (7) $\dfrac{1}{3}$; (8) 2; (9) 18.4; (10) 4.

3. (1) $\dfrac{1}{12}$; (2) $\dfrac{5}{6}$; (3) $\dfrac{7}{12}$.

4. (1) 0.1958; (2) 0.1364; (3) 0.6678.

5. $\dfrac{8}{15}$.   6. 0.8.   7. $1-p$.   8. 0.94.

9. (1) 0.9457; (2) 0.9158.

10. 0.953.   11. 0.00035.

12. (1) 0.436; (2) 0.604; (3) 0.832.

13. 0.6, 0.5, 0.3, 0.3.   14. 0.896.   15. 0.077.

16.

X	0	1	2
p	$\dfrac{14}{33}$	$\dfrac{16}{33}$	$\dfrac{1}{11}$

$P(X\leqslant 1)=\dfrac{30}{33}$, $P(X>0|X\leqslant 1)=\dfrac{8}{15}$.

17.

ξ	0	1	2	3	4
p	0.4	0.24	0.144	0.0864	0.1296

18. 0.206.   19. $k=-\dfrac{1}{2}, b=1, P(1\leqslant X\leqslant 3)=\dfrac{1}{4}$.

20. $\dfrac{4}{5}$.   21. $\dfrac{20}{27}$.   22. $c=\dfrac{1}{\pi}, a=-\dfrac{\sqrt{3}}{3}$.

23. (1) $\dfrac{8}{27}$; (2) $\dfrac{1}{27}$.   **24.** 0.13%.   **25.** 0.6826.   **26.** 0.9544.

27. 1.9, -3.7, 9.5, 6.69.   **28.** $\dfrac{2}{3}$, 0, $\dfrac{13}{6}$, $\dfrac{1}{18}$.

29. $\dfrac{1}{3}$.   **30.** 10, $\dfrac{28}{3}$.   **31.** $\dfrac{\pi(b+a)(b^2+a^2)}{24}$.

第 9 章

习题 9.1

1. (1) $\dfrac{1}{2n-1}$; (2) $1+\dfrac{1}{n}$; (3) $(-1)^{n+1}\dfrac{\sin n}{2^n}$; (4) $\dfrac{1}{n(n+1)}$.

2. (1) 收敛; (2) 收敛; (3) 发散; (4) 收敛; (5) 发散.

3. 2.03m.

习题 9.2

1. (1) 发散; (2) 收敛; (3) 发散; (4) 收敛; (5) 收敛; (6) 收敛.

2. (1) 收敛; (2) 收敛; (3) 收敛; (4) 收敛; (5) 发散; (6) 发散.

3. (1) 收敛; (2) 收敛; (3) 发散.

4. (1) 绝对收敛; (2) 绝对收敛; (3) 条件收敛.

习题 9.3

1. (1) $R=1$; (2) $R=+\infty$; (3) $R=1$; (4) $R=2$.

2. (1) $(-\infty,+\infty)$; (2) $(-5,5]$; (3) $[-3,3]$; (4) $(-2,0]$.

3. (1) $-\ln(1-x), x\in[-1,1)$;

 (2) $\dfrac{x}{(1-x)^2}, x\in(-1,1)$;

 (3) $\dfrac{2x}{(1-x)^3}, x\in(-1,1)$.

习题 9.4

1. (1) $\sum\limits_{n=0}^{\infty}\dfrac{(x\ln a)^{2n}}{(2n)!}, x\in(-\infty,+\infty)$;

 (2) $\sum\limits_{n=1}^{\infty}\left[\left(-\dfrac{1}{2}\right)^n-1\right]x^n, x\in(-1,1)$;

 (3) $\sum\limits_{n=0}^{\infty}\dfrac{x^{2(n+1)}}{n!}, x\in(-\infty,+\infty)$;

 (4) $x+\sum\limits_{n=1}^{\infty}\dfrac{2(-1)^{n-1}}{4n^2-1}x^{2n+1}, x\in[-1,1]$;

 (5) $\sum\limits_{n=0}^{\infty}(-1)^n(2n+1)x^n, x\in(-1,1)$.

2. $\sum\limits_{n=0}^{\infty}\left(\dfrac{1}{2^{n+1}}-\dfrac{1}{3^{n+1}}\right)(x+4)^n, x\in(-6,-2)$.

3. $\ln x = \ln 2 + \sum_{n=1}^{\infty} \frac{(-1)^{n-1}}{n \cdot 2^n}(x-2)^n, x \in (0,4]$.

习题 9.5

1. $x^2 = \frac{\pi^2}{3} + 4\sum_{n=1}^{\infty}(-1)^n \frac{\cos nx}{n^2}, \quad x \in (-\infty, +\infty)$.

2. $e^x = \frac{1}{2\pi}(e^\pi - e^{-\pi}) + \frac{1}{\pi}(e^\pi - e^{-\pi})\sum_{n=1}^{\infty}\frac{(-1)^n}{1+n^2}(\cos nx - n\sin nx)$;

   $x \in (-\pi, \pi)$, 当 $x = \pm\pi$ 时, 级数收敛于 $\frac{e^\pi + e^{-\pi}}{2}$.

3. $\sin\frac{x}{2} = \frac{8}{\pi}\sum_{n=1}^{\infty}(-1)^{n+1}\frac{n\sin nx}{4n^2-1}, \quad -\pi < x < \pi$.

4. 正弦级数 $f(x) = \sum_{n=1}^{\infty}\left[\frac{(-1)^{n+1}}{n} + \frac{2}{n^2\pi}\right]\sin\frac{n^2\pi}{2}, \quad 0 \leqslant x \leqslant \pi$;

   余弦级数 $f(x) = \frac{3}{8}\pi + \sum_{n=1}^{\infty}\frac{2}{n^2\pi}\left(\cos\frac{n\pi}{2}-1\right)\cos nx, \quad 0 \leqslant x \leqslant \pi$.

5. $f(x) = 1 + \frac{4}{\pi}\sum_{n=1}^{\infty}\frac{1}{2n-1}\sin\frac{(2n-1)\pi}{l}x, \quad -l < x < 0$ 及 $0 < x < l$.

6. $f(x) = \sum_{n=1}^{\infty}\left(\frac{\sin(n\pi-1)}{n\pi-1} - \frac{\sin(n\pi+1)}{n\pi+1}\right)\sin\frac{n\pi}{l}x, \quad -l \leqslant x \leqslant l$.

习题 9

1. (1) B; (2) B; (3) A; (4) D; (5) D.
2. (1) 发散; (2) $k < 0$; (3) $k \geqslant 1$; (4) $0 < p \leqslant 1$;
   (5) $-1 < a < 1$; (6) $\sqrt{R}$; (7) $\pi+1$.
3. (1) 发散; (2) 收敛; (3) 收敛; (4) 发散.
4. (1) 收敛; (2) 收敛; (3) 收敛; (4) 收敛; (5) 收敛; (6) 收敛.
5. (1) 发散; (2) 收敛; (3) 发散; (4) 收敛.
6. (1) $R=1, [-1,1]$; (2) $R=2, [-2,2)$; (3) $R=+\infty, (-\infty,+\infty)$;
   (4) $R=0, x=0$; (5) $R=1, (-1,1]$; (6) $R=1, [-1,1]$.
7. $s(x) = \frac{1}{(1-x)^2}, x \in (-1,1)$; $s(x) = \frac{1}{2}\ln\frac{1+x}{1-x}, x \in (-1,1)$.
8. $\sum_{n=0}^{\infty} 2x^{2n}, x \in (-1,1)$. 9. $\sum_{n=0}^{\infty}\frac{(-1)^n(x-2)^n}{2^{n+1}}, x \in (0,4)$.
10. $\sum_{n=1}^{\infty}(-1)^{n-1}\frac{(x-1)^n}{n}, x \in (0,2]$.
11. $\frac{\pi}{4} + \sum_{n=1}^{\infty}\left[\frac{1-(-1)^n}{n^2\pi}\cos nx + \frac{1}{n}\sin nx\right], x \in (-\pi,\pi)$.

第 10 章

习题 10.1

1. (1) $\frac{2}{4s^2+1}$; (2) $\frac{1}{s+2}$; (3) $\frac{2}{s^3}$; (4) $\frac{1}{s^2+4}$; (5) $\frac{2}{s(s^2+4)}$; (6) $\frac{s^2+2}{s(s^2+4)}$.

2. $\dfrac{1}{s} + \dfrac{1}{s^2}e^{-s}$.   **3.** $\dfrac{1}{s}(3 - 4e^{-2s} + e^{-4s})$.

习题 10.2

1. (1) $\dfrac{1}{s^3}(2s^2 + 3s + 2)$;   (2) $\dfrac{1}{s} - \dfrac{1}{(s-1)^2}$;   (3) $\dfrac{s^2 - 4s + 5}{(s-1)^3}$;   (4) $\dfrac{s}{(s^2+a^2)^2}$;

(5) $\dfrac{10 - 3s}{s^2 + 4}$;   (6) $\dfrac{s^2 - a^2}{(s^2+a^2)^2}$;   (7) $\dfrac{6}{(s+2)^2 + 36}$;   (8) $\dfrac{s+4}{(s+4)^2 + 16}$;

(9) $\dfrac{n!}{(s-a)^{n+1}}$;   (10) $\dfrac{1}{s}e^{-\frac{5}{3}s}$;   (11) $\dfrac{2}{s(s^2+4)}$;   (12) $\dfrac{s^2+2}{s(s^2+4)}$.

2. (1) $\dfrac{4(s+3)}{[(s+3)^2 + 4]^2}$;   (2) $\dfrac{2(3s^2 + 12s + 13)}{s^2[(s+3)^2 + 4]^2}$;   (3) $\operatorname{arccot}\dfrac{s}{k}$;   (4) $\operatorname{arccot}\dfrac{s+3}{2}$.

习题 10.3

1. (1) $\dfrac{1}{2}\sin 2t$;   (2) $\dfrac{1}{6}t^3$;   (3) $\dfrac{1}{6}t^3 e^{-t}$;   (4) e^{-3t};   (5) $2\cos 3t + \sin 2t$;

(6) $\dfrac{3}{2}e^{3t} - \dfrac{1}{2}e^{-t}$;   (7) $\dfrac{1}{5}(3e^{2t} + 2e^{-3t})$;   (8) $2e^{-2t}\cos 3t + \dfrac{1}{3}e^{-2t}\sin 3t$.

2. (1) $\dfrac{3}{2a}\sin at - \dfrac{t}{2}\cos at$;   (2) $\dfrac{c-a}{(b-a)^2}e^{-at} + \left[\dfrac{c-b}{a-b}t + \dfrac{a-c}{(a-b)^2}\right]e^{-bt}$;

(3) $\dfrac{1}{ab} + \dfrac{1}{a-b}\left[\dfrac{e^{-at}}{a} - \dfrac{e^{-bt}}{b}\right]$;   (4) $\dfrac{1}{2a^3}(\operatorname{sh} at - \sin at)$;

(5) $2te^t + 2e^t - 1$;   (6) $\dfrac{1}{3}(\cos t - \cos 2t)$;

(7) $\dfrac{1}{3}\left(\sin t - \dfrac{1}{2}\sin 2t\right)$;   (8) $\dfrac{1}{9}e^{-\frac{t}{3}}\left(\cos\dfrac{2}{3}t + \sin\dfrac{2}{3}t\right)$;

(9) $\dfrac{t}{2}e^{-2t}\sin t$;   (10) $3e^{-t} - 11e^{-2t} + 10e^{-3t}$.

习题 10.4

1. (1) $y(t) = \dfrac{7}{4}e^{-t} + \dfrac{1}{2}te^{-t} - \dfrac{3}{4}e^{-3t}$;   (2) $y(t) = -2\sin t - \cos 2t$;

(3) $y(t) = te^t \sin t$;   (4) $y(t) = \dfrac{2}{5}\cos t - \dfrac{1}{5}\sin t + \dfrac{1}{10}e^{2t} - \dfrac{1}{2}$.

2. (1) $x(t) = y(t) = e^t$;

(2) $\begin{cases} x(t) = \dfrac{1}{3}(\cos t + 2\operatorname{ch}\sqrt{2}t), \\ y(t) = z(t) = \dfrac{1}{3}(\cos t - \operatorname{ch}\sqrt{2}t). \end{cases}$

3. $i(t) = \dfrac{E}{R}\left[1 - e^{-\frac{R}{L}(t-t_0)}\right]$.

习题 10

1. (1) $\dfrac{4s}{4s^2 + 1}$;   (2) $\dfrac{1}{s-2}$;   (3) $\dfrac{3}{s^2}$;   (4) $\dfrac{2}{s^2+4}$;   (5) $\dfrac{1}{s(s^2+4)}$;   (6) $\dfrac{s+1}{s^2+1}$.

2. (1) $\dfrac{6s^2 + 5s + 2}{s^3}$;   (2) $\dfrac{1}{s} + \dfrac{1}{(s-1)^2}$;   (3) $\dfrac{2as}{(s^2+a^2)^2}$;

(4) $\dfrac{2}{s(s^2+4)}$;   (5) $\dfrac{2}{(s+1)^2+4}$;   (6) $\operatorname{arccot}\dfrac{s}{2}$.

3. (1) $\dfrac{1}{16}\sin 2t-\dfrac{t}{8}\cos 2t$;   (2) $\dfrac{1}{2}(1+2e^{-t}-3e^{-2t})$;   (3) $\dfrac{1}{2}e^{-t}(\sin t-t\cos t)$;

   (4) $\dfrac{1}{a}\sin at$;   (5) $\dfrac{ae^{at}-be^{bt}}{a-b}$;   (6) $\dfrac{1}{a^4}(\cos at-1)+\dfrac{t^2}{2a^2}$.

4. (1) $y(t)=1-\left(\dfrac{1}{2}t^2+t+1\right)e^{-t}$;   (2) $y(t)=t^3 e^{-t}$;

   (3) $y(t)=\dfrac{c}{2}t^2+t-1+\dfrac{1}{2}e^{-t}+\dfrac{1}{2}(\cos t-\sin t)$;

   (4) $\begin{cases} x(t)=\dfrac{1}{3}(e^t+2\cos 2t+\sin 2t), \\ y(t)=\dfrac{1}{3}(2e^t-2\cos 2t-\sin 2t). \end{cases}$

参 考 文 献

1. 同济大学数学教研室.高等数学(上、下).北京:高等教育出版社,2000.
2. 腾桂兰等.高等数学.天津:天津大学出版社,1996.
3. 候风波.高等数学.北京:高等教育出版社,2000.
4. 宣立新.高等数学(上、下).北京:高等教育出版社,2000.
5. 盛耀祥.高等数学(第三版).北京:高等教育出版社,2004.
6. 谢国瑞等.高职高专数学教程.北京:高等教育出版社,2002.
7. 林益.工程数学.北京:高等教育出版社,2003.
8. 洪帆等.离散数学基础(上、下).北京:高等教育出版社,1995.
9. 刘树利等.计算机数学基础.北京:高等教育出版社,2001.
10. 顾静相.经济数学基础(上、下).北京:高等教育出版社,2000.
11. 钱椿林.线性代数.北京:高等教育出版社,2000.